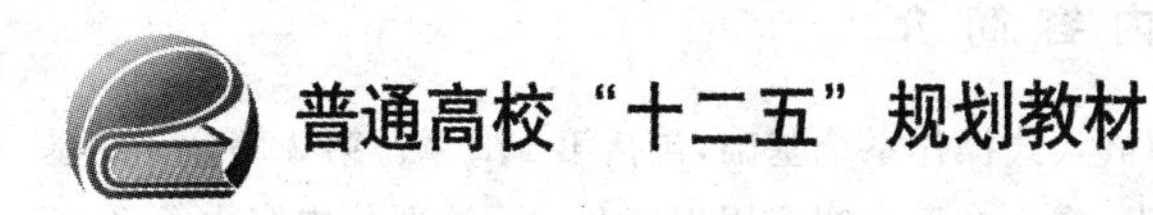

嵌入式软件设计与应用

主　编　文全刚　王艺璇　陈红玲

副主编　钟锦辉　董鑫正　张荣高　邓人铭

审　校　粤嵌教育中心

北京航空航天大学出版社

内容简介

本书主要分成3个部分:第1部分介绍嵌入式操作系统基础,包括第1、2章。第2部分介绍基于嵌入式操作系统 Windows CE 的软件开发,重点在于介绍应用程序开发。这部分内容由第3～7章组成,具体包括 Windows CE 操作系统开发基础、嵌入式 MFC 应用程序开发、C#开发嵌入式应用程序、嵌入式通信编程、嵌入式数据库编程等内容。第3部分是实验内容,包括第8章。

本书主要介绍基于 Windows CE 6.0 的应用软件设计,是学习嵌入式软件设计的入门级教材,非常适合于应用型本科生的教学,此外,对于嵌入式入门工程师来说,这本书也满足了他们的需要。

图书在版编目(CIP)数据

嵌入式软件设计与应用 / 文全刚,王艺璇,陈红玲主编. -- 北京 : 北京航空航天大学出版社,2012.8
ISBN 978-7-5124-0893-7

Ⅰ. ①嵌… Ⅱ. ①文… ②王… ③陈… Ⅲ. ①软件设计 Ⅳ. ①TP311.5

中国版本图书馆 CIP 数据核字(2012)第173627号

嵌入式软件设计与应用

主　编　文全刚　王艺璇　陈红玲
副主编　钟锦辉　董鑫正　张荣高　邓人铭
审　校　粤嵌教育中心
责任编辑　何　献　叶建增　王国业

*

北京航空航天大学出版社出版发行
北京市海淀区学院路37号(邮编100191)　http://www.buaapress.com.cn
发行部电话:(010)82317024　传真:(010)82328026
读者信箱:emsbook@gmail.com　邮购电话:(010)82316936
涿州市新华印刷有限公司印装　各地书店经销

*

开本:710×1000　1/16　印张:27.5　字数:586千字
2012年8月第1版　2012年8月第1次印刷　印数:4 000册
ISBN 978-7-5124-0893-7　定价:52.00元

若本书有倒页、脱页、缺页等印装质量问题,请与本社发行部联系调换。联系电话:(010)82317024

前　言

目前，嵌入式产品已经无处不在：通信、信息、数字家庭、工业控制等领域，随处都能见到嵌入式产品。国内也掀起了学习嵌入式知识的高潮，嵌入式知识的学习范围很广，不仅要学习软件知识还要学习硬件知识，并且要以应用为导向。因此，建议学习者首先选择一个主流芯片，以点带面、循序渐进地进行。从应用市场来看，以ARM为核心的嵌入式技术逐渐成为我国嵌入式教学的主流。

结合多年的教学实践，笔者编写了嵌入式系列教材：《汇编语言程序设计——基于ARM体系结构》、《嵌入式系统接口原理与应用》、《嵌入式Linux操作系统原理与应用》、《嵌入式软件设计与应用》、《移动设备软件开发与应用》。

嵌入式系统的设计包括硬件设计和软件设计，不同专业的学生应该有所偏重。在现今的嵌入式开发中，通常是基于某种开发板做二次开发，从这个角度看，硬件开发所占的比重不到20%，而软件开发的比重占到了80%。因此本书嵌入式硬件设计只是简单介绍，而是着重于嵌入式软件的开发和设计。本书主要介绍基于Windows CE 6.0嵌入式操作系统的应用软件设计，是学习嵌入式软件设计的入门级教材。

本书主要内容分成3个部分：第1部分介绍嵌入式操作系统基础，包括第1、2章。第2部分介绍基于嵌入式操作系统Windows CE的软件开发，本书的重点在于介绍应用程序开发。这部分内容由第3～7章组成，具体包括Windows CE操作系统开发基础、嵌入式MFC应用程序开发、C#开发嵌入式应用程序、嵌入式通信编程、嵌入式数据库编程等内容。第3部分是实验内容，包括第8章。具体章节安排如下：

第1章嵌入式系统基础：本章首先介绍了嵌入式系统的基本概念、嵌入式系统的系统设计方法，然后介绍了嵌入式硬件设计和二次开发等有关内容。

第2章嵌入式系统软件设计：本章首先介绍了嵌入式系统的软件体系结构，然后介绍了嵌入式软件设计的基本流程以及嵌入式系统分析与设计常用的一些工具软件，最后介绍了嵌入式系统集成、测试和可靠性设计等内容。

第3章 Windows CE操作系统开发基础：本章首先介绍了 Windows CE

操作系统的发展历程以及技术特点，接下来重点介绍了基于 Windows CE 的嵌入式软件开发环境和开发流程，侧重点在于嵌入式应用程序的开发，因此关于 Windows CE 系统的体系结构、内核的定制以及移植、Windows CE 驱动程序、Windows CE 的 Bootloader 只做一般性介绍。关于开发环境考虑到教学的需要，本书选取了 Windows CE 4.2 和 EVC，Windows CE6.0 和 Visual 2005 两种版本，前者使用 C++或 MFC 语言，后者主要使用 C#语言。当然，在实践课程或开发中更侧重于使用 C#语言。

第 4 章 MFC 应用程序开发：本章首先比较了 C++编写嵌入式应用程序的几种方式，然后重点针对 MFC 来介绍嵌入式应用程序编写的基本技术，包括消息机制、对话框编程、常用控件编程、图形设备接口编程，最后结合简单的图形绘制介绍了一个综合实例。

第 5 章 C#开发嵌入式应用程序：Visual Studio.NET 开发平台是一款功能强大的、集成了多种编程语言的软件开发工具，其中 C#是微软公司最新推出的新一代面向对象编程语言。利用 Visual Studio.NET 开发平台和 C#语言，程序员可以快速开发出嵌入式应用程序。本章首先介绍.NET 开发环境和开发流程，然后结合实例重点介绍 C#开发嵌入式应用程序的相关技术，包括窗体设计技术、文件读取技术、图形图像处理技术以及组件编程技术。

第 6 章嵌入式通信编程：本章首先介绍了进程和线程有关的基本概念以及进程、线程之间的通信技术，然后介绍了 TCP/IP 网络模型，并介绍了 TCP/UDP 编程技术，最后对嵌入式系统中常用到的几种近距离通信技术，如串口、WiFi、蓝牙等通信编程进行了介绍，通过本章的学习，读者能使用 C#语言对常用的几种通信技术编程。

第 7 章嵌入式数据库编程：嵌入式数据库是嵌入式系统的重要组成部分，随着消费电子产品、移动计算设备、企业实时管理应用等市场的高速发展，嵌入式数据库的用途也日益广泛。本章首先介绍数据库技术的基础知识，然后介绍 Windows CE 下的常用数据库系统 SQLCE 的使用和 Windows CE 自带数据库 API 函数的使用。

第 8 章嵌入式软件设计与应用实验：本章主要介绍了嵌入式软件设计的实验过程，总共分为 10 个实验。考虑到读者使用的硬件平台各异，因此尽量淡化硬件平台的要求，大部分实验与硬件平台无关，在虚拟机中就可以实现，部分实验使用了粤嵌教育的 GEC210(ARM Cortex－A8)实验平台及博创公司的 UP－6410 实验平台。通过本章的学习和操作，读者可以掌握 Windows CE 平台下软件设计的基本过程，从而在此基础上设计出具体的嵌入式产品。基本实验都有相应的视频参考，读者可根据实际情况选做其中的实验。

本书有如下几个特点：

① 本书内容是嵌入式课程学习的嵌入式操作系统模块，适用于嵌入式方

向应用型本、专科院校、高职高专学校、嵌入式资格认证考试的教学,也适合读者自学。

② 本书融入了作者多年的项目经验,所有内容在编者8年的教学过程中得到不断地修改和完善,注重实践,尽量避免繁琐、高深的理论介绍,强调培养学生的动手能力。

③ 配套的实验教学视频,本书的实验使用了粤嵌教育的GEC210(ARM Cortex-A8)实验平台和博创公司的UP-6410实验平台,所有程序都可以在Windows CE模拟器中进行在线调试。针对这些实验提供的相关视频可以供学习者参考,真正做到了手把手教学。

④ 配套资料,本书中用到的工具软件、学习资料和所有的源程序都在配套资料中,利于教学与自学。有需要的读者可以从北京航空航天大学出版社(www.buaapress.com.cn)的"下载专区"免费下载;也可以直接向作者索取。

本书在编写的过程中得到了北京航空航天大学何立民教授、北京航空航天大学出版社马广云博士的很多帮助和鼓励。本书得到了吉林大学珠海学院2011年度教材立项的支持,粤嵌教育提供了硬件平台。参与本书编写工作的人员如下:吉林大学珠海学院王艺璇、陈红玲、张荣高、董鑫正、钟锦辉、邓人铭、孙奇、龚关、林璇等,以及湖南铁道职业技术学院刘志成。感谢王元良院长、庞振平副院长、教学工作部杨文彦主任、姜云飞教授、陈守孔教授等的大力支持,感谢家人对我的大力支持。

本书成书仓促,作者水平有限,错误和不足之处在所难免,谨请读者和同行专家批评指正,邮箱:wen_sir_125@163.com。

文全刚

2012年4月于珠海

目录

第1章

嵌入式系统基础

本章首先介绍了嵌入式系统的基本概念、嵌入式系统的系统设计方法，然后介绍了嵌入式硬件设计和二次开发等有关内容。嵌入式系统的设计包括硬件设计和软件设计，不同专业的学生应该有所偏重，在现今的嵌入式开发中，通常是基于某种开发板做二次开发，从这个角度看，硬件开发所占的比重不到20%，而软件开发的比重占到了80%。因此本书对嵌入式硬件设计只是简单介绍，着重于嵌入式软件的开发和设计。

1.1 嵌入式系统概述

1.1.1 嵌入式系统基本概念

1. 嵌入式系统的概念

据美国Gartner Group公司调查认为，2012年全球个人计算机出货量为4.406亿台。Gartner分析师指出，消费者移动个人计算机在过去5年里是个人计算机市场的增长引擎点，平均年增长接近40%。在这段时间内，移动个人计算机是消费者把网络导入日常生活的主要平台。然而，随着低价嵌入式WiFi模块的普及，消费者已能通过不同的移动设备进入网络，这使得他们几乎不需要移动个人计算机就可以从事各项喜欢的线上活动。

嵌入式系统种类繁多，广泛应用于工业、交通、商业、金融、国防等国民经济的各个领域。如自动控制领域的工业自动化仪表与检测设备、化工过程自动化设备、电网系统、自动抄表设备、空中交通控制系统、自动收费、航天器姿态与轨道定位装置、移动电话、自动柜员机、IC卡系统、POS系统、全球定位系统(GPS)、手持计算机(HPC)、个人数字处理(PDA)、信息家电、Internet接入终端设备等。嵌入式系统技术具有非常广阔的应用前景，其应用领域可以包括工业控制、交通管理、信息家电、家庭智能管理系统、POS网络及电子商务、环境工程与自然、机器人等。那么什么是嵌入式系统呢？

根据IEEE的定义，嵌入式系统是“控制、监视或者辅助操作机器和设备的装置”(原文为devices used to control, monitor, or assist the operation of equipment, machinery or plants)。这主要是从应用上加以定义的，从中可以看出嵌入式系统是软件和硬件的综合体，还可以涵盖机械等附属装置。

不过上述定义并不能充分体现出嵌入式系统的精髓，目前国内一个普遍被认同的定义是：以应用为中心、以计算机技术为基础，软、硬件可裁减，适应应用系统对功能、可靠性、成本、体积、功耗严格要求的专用计算机系统。

根据这个定义，可从3个方面来理解嵌入式系统：

① 嵌入式系统是面向用户、面向产品、面向应用的，必须与具体应用相结合才会具有生命力、才更具有优势。因此嵌入式系统是与应用紧密结合的，具有很强的专用性，必须结合实际系统需求进行合理的裁减利用。

② 嵌入式系统是将先进的计算机技术、半导体技术、电子技术和各个行业的具体应用相结合后的产物，这一点就决定了它必然是一个技术密集、资金密集、高度分散、不断创新的知识集成系统。

③ 嵌入式系统必须根据应用需求对软、硬件进行裁减，满足应用系统的功能、可靠性、成本、体积等要求。所以，如果能建立相对通用的软、硬件基础，然后在其上开发出适应各种需要的系统，是一个比较好的发展模式。目前嵌入式系统的核心往往是一个只有几K到几十K大小的微内核，需要根据实际应用进行功能扩展或者裁减，由于微内核的存在，这种扩展能够非常顺利地进行。

2. 嵌入式系统的特点

嵌入式系统的特点是相对通用计算机系统（通常指PC）而言的。与通用计算机相比，嵌入式系统的不同之处较多。下面列举了嵌入式系统的一些特点。

(1) 嵌入性

嵌入性指的是嵌入式系统通常需要与某些物理世界中特定的环境和设施紧密结合，这也是嵌入式系统的名称的由来。例如，汽车的电子防抱死系统必须与汽车的制动、刹车装置紧密结合；电子门锁必须嵌入到门内，数控机床的电子控制模块通常与机床也是一体的。

(2)专用性

和通用计算机不同，嵌入式系统通常是面向某个特定应用的，所以嵌入式系统的硬件和软件，尤其是软件，都是为特定用户群设计的，通常都具有某种专用性的特点。例如，方便实用的MP3、MP4有许多不同的外观形状，但都是实现某种特定功能的产品。

(3) 实时性

目前，嵌入式系统广泛应用于生产过程控制、数据采集、传输通信等场合，主要用来对宿主对象进行控制，所以都对嵌入式系统有或多或少的实时性要求。例如，对嵌入在武器装备中的嵌入式系统、在火箭中的嵌入式系统、一些工业控制装置中的控制系统等应用中的实时性要求就极高。当然，随着嵌入式系统应用的扩展，有些系统对实时性要求也并不是很高，例如，近年来发展速度比较快的手持式计算机、掌上计算机等。但总体来说，实时性是对嵌入式系统的普遍要求，是设计者和用户重点考虑的一个重要指标。

(4) 可靠性

可靠性有时候也称为鲁棒性(Robustness)，鲁棒是 Robust 的音译，也就是健壮和强壮的意思。由于有些嵌入式系统所承担的计算任务涉及产品质量、人身设备安全、国家机密等重大事务，加之有些嵌入式系统的宿主对象要工作在无人值守的场合，例如，危险性高的工业环境中、内嵌有嵌入式系统的仪器仪表中、在人迹罕至的气象检测系统中、在侦察敌方行动的小型智能装置中等。所以与普通系统相比较，对嵌入式系统有极高的可靠性要求。

(5) 可裁减性

从嵌入式系统专用性的特点来看，作为嵌入式系统的供应者，理应提供各式各样的硬件和软件以备选用。但是，这样做势必会提高产品的成本。为了既不提高成本，又满足专用性的需要，嵌入式系统的供应者必须采取相应措施使产品在通用和专用之间进行某种平衡。日前的做法是，把嵌入式系统硬件和操作系统设计成可裁减的，以便使嵌入式系统开发人员根据实际应用需要来量体裁衣，去除冗余，从而使系统在满足应用要求的前提下达到最精简的配置。

(6) 功耗低

有很多嵌入式系统的宿主对象都是一些小型应用系统，例如移动电话、PDA、MP3、数码相机等，这些设备不可能配置容量较大的电源，因此低功耗一直是嵌入式系统追求的目标。例如，手机的待机时间一直是重要性能指标之一，它基本上由内部的嵌入式系统功耗决定。而对有源的电视、DVD 等设备，低耗电也同样是追求的指标之一。对于功耗的节省也可以从两方面入手：一方面在嵌入式系统硬件设计的时候，尽量选择功耗比较低的芯片并把不需要的外设和端口去掉。另外一方面，嵌入式软件系统在对性能进行优化的同时，也需要对功耗做出必要的优化，尽可能节省对外设的使用，从而达到省电的目的。

1.1.2 嵌入式系统组成

嵌入式系统是软硬件结合紧密的系统，一般而言，嵌入式系统由嵌入式硬件平台、嵌入式软件组成。

其中，嵌入式系统硬件平台包括各种嵌入式器件，图 1-1 是典型的嵌入式系统组成，其下半部分所示的是一个以 ARM 嵌入式处理器为中心，由存储器、I/O 设备、通信模块以及电源等必要辅助接口组成的嵌入式系统。嵌入式系统的硬件核心是嵌入式微处理器，有时为了提高系统的信息处理能力，常外接 DSP 和 DSP 协处理器(也可内部集成)，以完成高性能信号处理。

嵌入式系统不同于普通计算机组成，是量身定做的专用计算机应用系统，在实际应用中的嵌入式系统硬件配置非常精简，除了微处理器和基本的外围电路以外，其余

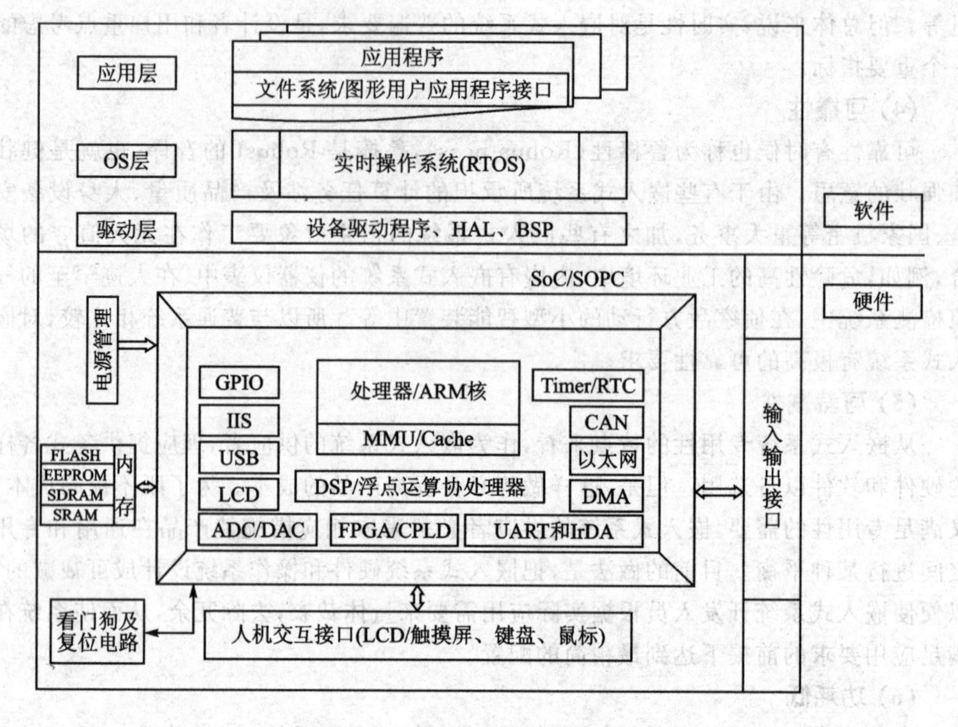

图 1-1　典型的嵌入式系统组成

的电路都可根据需求和成本进行裁减、定制，非常经济、可靠。随着计算机技术、微电子技术、应用技术的不断发展及纳米芯片加工工艺技术的发展，以微处理器为核心，集成多功能的 SoC 系统芯片已成为嵌入式系统的核心。在嵌入式系统设计中，要尽可能地选择满足系统功能接口的 SoC 芯片。这些 SoC 集成了大量的外围 USB、UART、以太网、AD/DA 等功能模块。

可编程片上系统 SOPC(System On Pragrammable Chip)结合了 SoC 和 PLD、FPGA 各自的技术特点，使得系统具有可编程的功能，是可编程逻辑器件在嵌入式应用中的完美体现，极大地提高了系统在线升级、换代能力。以 SoC/SOPC 为核心，用最少的外围部件和连接部件构成一个应用系统，满足系统的功能需求，这是嵌入式系统发展的一个方向。

1.1.3　嵌入式系统的发展趋势

信息时代、数字时代使得嵌入式产品获得了巨大的发展契机，为嵌入式市场展现了美好的前景，同时也对嵌入式生产厂商提出了新的挑战，从中可以看出未来嵌入式系统的几大发展趋势。

1. 由 8 位处理向 32 位过渡

初期的嵌入式处理器以单片机为主，单片机是集成了 CPU、ROM、RAM 和 I/O

口的微型计算机，有很强的接口性能，非常适合于工业控制，因此又叫微控制器(MCU)。它与通用处理器不同，它是以工业测控对象、环境、接口等特点出发，向着增强控制功能、提高工业环境下的可靠性等方向发展。随着微电子和嵌入式技术的蓬勃发展，基于高性能 ARM 微处理器的嵌入式工控机平台，以其体积小、可靠性高、成本低等优点，克服了传统工控机体积庞大、故障率高以及难以较长时间适应于工业控制恶劣环境等缺点，广泛应用于工业控制领域。

在嵌入式家族中，采用 32 位 RISC 架构的 ARM 微处理器迅速占领了大部分市场。随着国内嵌入式应用领域的发展，ARM 必然会获得更广泛的重视和应用。

2. 由单核向多核过渡

CPU 从诞生之日起，主频就在不断提高，如今主频之路已经走到了拐点。桌面处理器的主频在 2000 年达到了 1 GHz，2001 年达到 2 GHz，2002 年达到了 3 GHz。但在 10 年之后仍然没有看到 4 GHz 处理器的出现。电压和发热量成为最主要的障碍，导致在桌面处理器特别是笔记本电脑方面，Intel 和 AMD 无法再通过简单提升时钟频率就设计出下一代新的 CPU。面对主频之路走到尽头，Intel 和 AMD 开始寻找其他方式用以在提升能力的同时保持住或者提升处理器的能效，而最具实际意义的方式是增加 CPU 内处理核心的数量。

多内核是指在一枚处理器中集成两个或多个完整的计算引擎(内核)。多核技术的开发源于工程师们认识到，仅仅提高单核芯片的速度会产生过多热量且无法带来相应的性能改善，先前的处理器产品就是如此。他们认识到，在先前产品中以那种速率，处理器产生的热量很快会超过太阳表面。即便是没有热量问题，其性价比也令人难以接受，速度稍快的处理器价格就要高很多。

Intel 工程师们开发了多核芯片，使之满足“横向扩展”(而非“纵向扩充”)方法，从而提高性能。该架构实现了“分治法”战略。通过划分任务，线程应用能够充分利用多个执行内核，并可在特定的时间内执行更多任务。多核处理器是单枚芯片(也称为“硅核”)，能够直接插入单一的处理器插槽中，但操作系统会利用所有相关的资源，将它的每个执行内核作为分立的逻辑处理器。通过在两个执行内核之间划分任务，多核处理器可在特定的时钟周期内执行更多任务。目前单芯片多处理器已经成为处理器体系结构发展的一个重要趋势。

3. MCU、FPGA、ARM、DSP 等齐头并进

嵌入式的应用无处不在，因此未来必定是 MCU、FPGA、ARM、DSP 等齐头并进的局面，各种芯片在不同的领域都有特定的位置，很难出现一种芯片一统天下的局面。

单片机(MCU)，又称为微控制器，在一块半导体芯片上集中了 CPU、ROM、RAM、I/O 接口、时钟/计时器、中断系统，构成一台完整的数字计算机，单片机在工业控制领域还将占据很大市场。

FPGA 即现场可编程门阵列，是可由最终用户配置、实现许多复杂的逻辑功能的通用逻辑器件，常用于原型逻辑硬件设计，在嵌入式芯片设计方面占据主导地位。

ARM(Advanced RISC Machines)是微处理器行业的一家知名企业，设计了大量高性能、廉价、耗能低的 RISC 处理器、相关技术及软件。由于所有产品均采用一个通用的软件体系，所以相同的软件可在所有产品中运行，目前 ARM 在消费类电子产品中占有很大市场。

DSP(Digital Singnal Processor)是一种独特的微处理器，有自己的完整指令系统，是以数字信号来处理大量信息的器件。由于它运算能力很强、速度很快、体积很小，而且采用软件编程具有高度的灵活性，因此为从事各种复杂的应用提供了一条有效途径。

4. 向物联网方向发展

互联网在经历过以“大型主机”、“服务器和 PC 机”、“手机和移动互联网终端(MID)”为载体的 3 个发展阶段后，将逐步迈向以嵌入式设备为载体的第 4 阶段，即“物联网”阶段。物联网是新一代信息技术的重要组成部分，英文名称是 Internet Of Things。顾名思义，“物联网就是物物相连的互联网”，这有两层意思：第一，物联网的核心和基础仍然是互联网，是在互联网基础上延伸和扩展的网络；第二，其用户端延伸和扩展到了任何物品与物品之间，进行信息交换和通信。因此，物联网的定义是通过射频识别(RFID)、红外感应器、全球定位系统、激光扫描器等信息传感设备，按约定的协议，把任何物品与互联网相连接，进行信息交换和通信，以实现对物品的智能化识别、定位、跟踪、监控和管理的一种网络。在这个即将到来的第 4 阶段中，嵌入式设备和应用将真正让互联网无处不在，人们不论是在工作、娱乐、学习甚至休息的时候，都能随时与互联网保持连接。

为适应嵌入式分布处理结构和应用上网需求，面向 21 世纪的嵌入式系统要求配备标准的一种或多种网络通信接口。针对外部联网要求，嵌入式设备必须配有通信接口，相应需要 TCP/IP 协议簇软件支持；新一代嵌入式设备还需具备 IEEE1394、USB、CAN、Bluetooth 或 IrDA 通信接口，同时也需要提供相应的通信组网协议软件和物理层驱动软件。为了支持应用软件的特定编程模式，如 Web 或无线 Web 编程模式，还需要相应的浏览器，如 HTML、WML 等。

5. 嵌入式操作系统呈多元化趋势

嵌入式开发是一项系统工程，因此要求嵌入式系统厂商不仅要提供嵌入式软硬件系统本身，同时还需要提供强大的硬件开发工具和软件包支持。随着英特网技术的成熟、带宽的提高，像手机、电话及电冰箱、微波炉等嵌入式电子设备的功能不再单一，电气结构也更为复杂。为了满足应用功能的升级，设计师们一方面采用更强大的嵌入式处理器如 32 位、64 位 RISC 芯片或信号处理器 DSP 增强处理能力；同时还采用实时多任务编程技术和交叉开发工具技术来控制功能复杂性，简化应用程序设计、保障软件质量和缩短开发周期。目前很多厂商已经充分考虑到这一点，在主推系统的同时，将开发环境也作为重点推广。比如三星在推广 ARM7、ARM9 芯片的同时还提供开发板和板级支持包(BSP)，而 Windows CE 在主推系统时也提供 Embedded VC＋＋作为开发工具，还有 VxWorks 的 Tonado 开发环境，DeltaOS 的 Limda 编译环境等都是这一趋势的典型体现。当然，这也是市场竞争的结果。

目前，国外商品化的嵌入式实时操作系统已进入我国市场的有 WindRiver、Microsoft、QNX 和 Nuclear 等产品。我国自主开发的嵌入式系统软件产品如科银(CoreTek)公司的嵌入式软件开发平台 DeltaSystem，它不仅包括 DeltaCore 嵌入式实时操作系统，而且还包括 LamdaTools 交叉开发工具套件、测试工具、应用组件等；此外，中科院也推出了 Hopen 嵌入式操作系统。

1.2 嵌入式系统设计方法

1.2.1 嵌入式系统设计的特点

嵌入式系统是以应用为中心、以计算机技术为基础、软件硬件可裁减、适应应用系统，对功能、可靠性、成本、体积、功耗严格要求的专用计算机系统。嵌入式系统是将先进的计算机技术、半导体技术、电子技术和各个行业的具体应用相结合后的产物。

近年来，在计算机、互联网和通信技术高速发展的同时，嵌入式系统开发技术也取得迅速发展，嵌入式系统应用范围急剧扩大。数码产品、智能手机及各种掌上型多媒体设备都是典型的嵌入式系统，除此之外，更多的嵌入式系统隐身在不为人知的角落，小到电子手表、电子体温计、翻译机等，大到如冷气机、电冰箱、电视机，甚至是路上红绿灯的控制器、战斗机中的飞控系统、自动导航设备、汽车中燃油控制、汽车雷达、ABS 等的微计算机系统，到医院中的医疗器材、工厂中的自动机械等，不知不觉中，嵌入式系统已经环绕在我们的身边，成为日常生活中的一部分。

嵌入式计算机系统同通用型计算机系统开发有其自身的特点：

① 嵌入式系统通常是面向特定应用的，嵌入式 CPU 与通用型 CPU 的最大不同就是嵌入式 CPU 大多工作在为特定用户群设计的系统中，通常都具有低功耗、体积小、集成度高等特点，能够把通用 CPU 中许多由板卡完成的任务集成在芯片内部，从而有利于嵌入式系统设计趋于小型化，移动能力大大增强，跟网络的耦合也越来越紧密。

② 嵌入式系统是将先进的计算机技术、半导体技术和电子技术与各个行业的具体应用相结合后的产物。这一点就决定了它必然是一个技术密集、资金密集、高度分散、不断创新的知识集成系统。通常参与嵌入式系统设计的角色如图 1－2 所示。

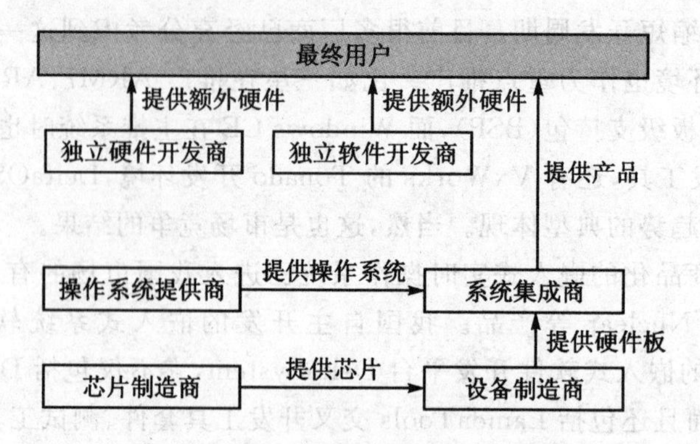

图 1-2　嵌入式系统开发的参与角色

③ 嵌入式系统的硬件和软件都必须高效率地设计，量体裁衣、去除冗余，力争在同样的硅片面积上实现更高的性能，这样才能在具体应用中对处理器的选择更具有竞争力。

④ 嵌入式系统和具体应用有机地结合在一起，它的升级换代也是和具体产品同步进行，因此嵌入式系统产品一旦进入市场，就具有较长的生命周期。

⑤ 为了提高执行速度和系统可靠性，嵌入式系统中的软件一般都固化在存储器芯片或单片机本身中，而不是存储于磁盘等载体中。

⑥ 嵌入式系统本身不具备自举开发能力，即使设计完成以后用户通常也是不能对其中的程序功能进行修改的，必须有一套开发工具和环境才能进行开发。

在设计完成以后，用户如果需要修改其中的程序功能，也必须借助于一套开发工具和环境。嵌入式系统开发分为软件开发部分和硬件开发部分。嵌入式软件开发过程一般都采用如图 1-3 所示的“宿主机/目标板”开发模式，即利用宿主机（PC 机）上丰富的软硬件资源及良好的开发环境和调试工具来开发目标板上的软件，然后通过交叉编译环境生成目标代码和可执行文件，通过串口/USB/以太网等方式下载到目标板上，利用交叉调试器在监控程序运行，实时分析，最后，将程序下载固化到目标机上，完成整个开发过程。

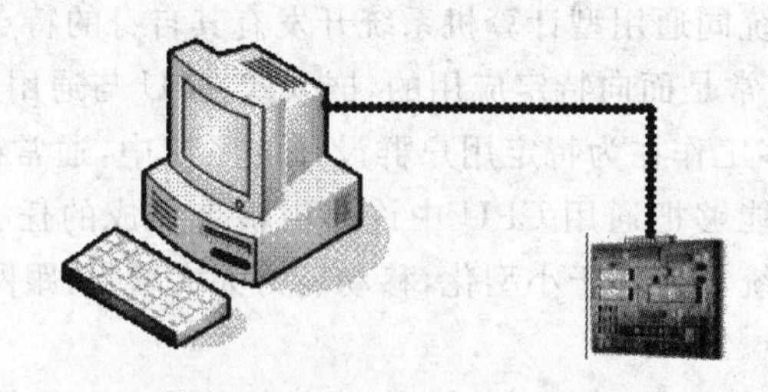

图 1-3　嵌入式软件开发模式

1.2.2 传统嵌入式系统设计方法

1. 传统嵌入式系统设计方法

通常,开发一个嵌入式系统就意味着软件与硬件的同时开发,其过程包括产品定义、系统总体设计、软硬件设计、软硬件集成、产品测试、产品发布、产品维护等阶段,如图 1-4 所示。

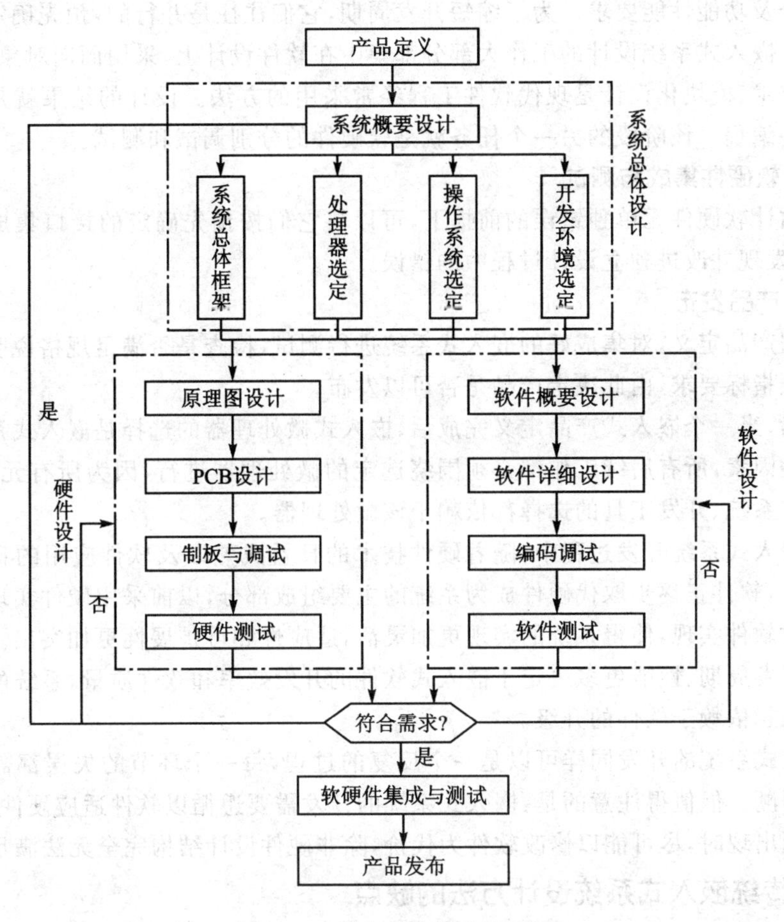

图 1-4 嵌入式软件开发过程

(1) 产品定义

也可以看成是产品的需求定义,其目标是确定开发任务和设计目标,并提炼出需求规格说明书,作为设计指导和验收的标准。系统的需求一般分为功能性需求和非功能性需求两方面。功能性需求是系统的基本功能,如输入/输出信号、操作方式等;非功能性需求包括系统性能、成本、功耗、体积、重量等因素。此外,作为实时系统,一般还需要考虑相关的实时性能指标,如采样频率、响应时限等。

(2) 系统总体设计

描述系统如何实现需求规格书中定义的各类指标，包括对硬件、软件和执行装置的功能划分，嵌入式微处理器、各个芯片的选型，系统软件和开发工具的选择等。一个好的总体设计是整个开发成功与否的关键。

(3) 软硬件设计

传统的嵌入式系统开发中，软硬件设计各自独立进行，依据是系统总体设计的软硬件划分及功能性能要求。为了缩短开发周期，它们往往是并行的，预先确定好相互的接口。嵌入式系统设计的工作大部分都集中在软件设计上，采用面向对象技术、软件组件技术、模块化设计是现代软件工程经常采用的方法。设计的结果就是硬件制板和软件编程。该阶段的另一个任务就是软硬件的分别调试和测试。

(4) 软硬件集成与测试

在估计软硬件无单独错误的前提下，可以将它们按预先确定的接口集成起来进行联调，发现并改进独立设计过程中的错误。

(5) 产品发布

依据产品定义，对集成好的嵌入式系统进行测试，检查是否满足规格说明书中给定的各项指标要求，由此决定产品是否可以发布。

显然，当一个嵌入式产品定义完成后，嵌入式微处理器的选择是嵌入式系统开发的决定性因素，所有后续工作都必须围绕选定的微处理器进行，因为所有元器件、嵌入式操作系统、开发工具的选择都依赖于该微处理器。

在嵌入式系统开发过程中，随着硬件技术的日益成熟以及软件应用的日益广泛和复杂化，软件正逐步取代硬件成为系统的主要组成部分，以前采用硬件实现的诸多功能改由软件实现，使得系统的实现更加灵活，适应性和可扩展性更加突出。嵌入式系统的开发周期、性能更多决定于嵌入式软件的开发效率和软件质量，系统的更新换代也越来越依赖于软件的升级。

嵌入式系统的开发同样可以是一个反复的过程，每一个环节的失误都需要对过程进行回溯。但值得注意的是：嵌入式系统的开发需要遵循以软件适应硬件的原则，即当问题出现时，尽可能以修改软件为代价，除非硬件设计结构完全无法满足要求。

2. 传统嵌入式系统设计方法的缺点

嵌入式系统是由若干个功能模块组成的，这些功能模块按照其性质可以分为软件模块和硬件模块两类。在过去几十年内，系统的设计方法经历了很大的变化，有自上向下的设计方法，也有模块化设计方法，它们总体上都是硬件模块优先的设计方法，将其统称为传统的设计方法。其基本思路如图 1－5 所示。

这种设计方法将硬件和软件分为两个独立的部分。在整个设计过程中，通常采用“硬件优先的原则”，即在粗略估计软件任务需求的情况下，首先进行硬件设计，然后在此硬件设计平台上进行软件设计。由于在硬件设计过程中缺乏对软件构架和实现机制的了解，硬件设计工作带有一定的盲目性。系统优化由于设计空间的限制，只能改善硬件和软件各自的性能，不可能对系统做出较好的综合优化，得到的最终设计结果很难充分利用硬软件资源，难以适应现代复杂的、大规模的系统设计任务。

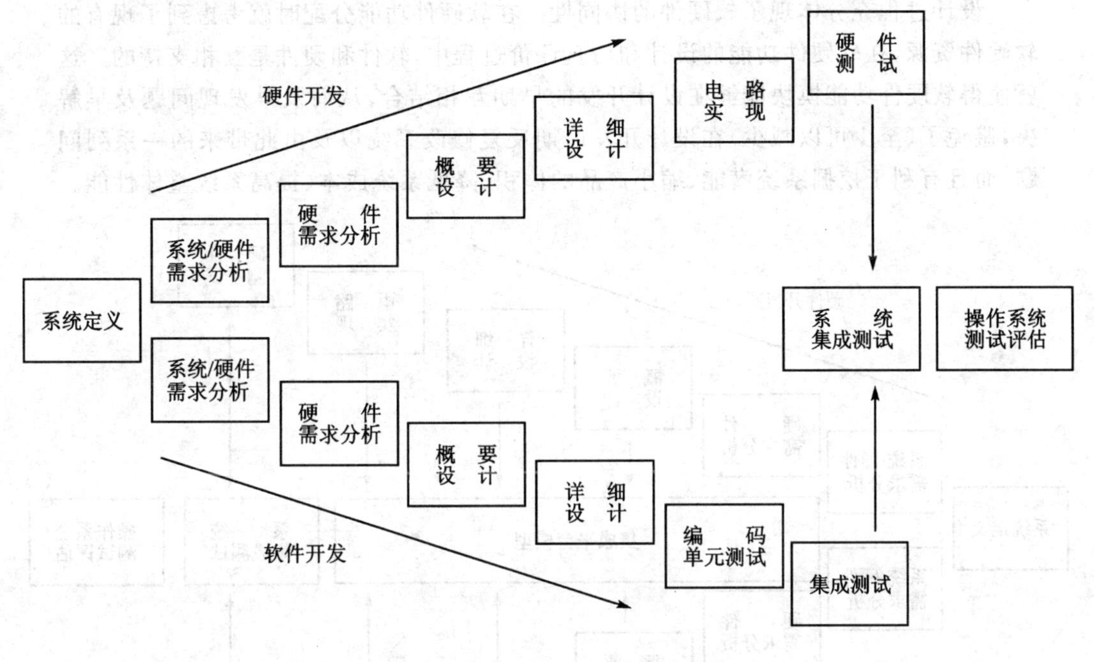

图 1-5 传统的嵌入式系统设计方法

传统的先硬件后软件嵌入式系统的系统设计模式需要反复修改、反复实验，整个设计过程在很大程度上依赖于设计者的经验，设计周期长、开发成本高，在反复修改过程中，常常会在某些方面背离原始设计的要求。在传统设计方法中，软硬件之间的交互受到很大限制，软硬件之间的相互影响很难评估；系统集成相对滞后；因此可能造成设计质量差，设计修改难，研制周期不能有效保障等问题。随着设计复杂度的提高，软硬件设计中的一些错误将使开发过程付出昂贵的代价。

1.2.3 软硬件协同设计方法

软硬件协同设计是为解决上述问题而提出的一种全新的系统设计思想。它依据系统目标要求，通过综合分析系统软硬件功能及现有资源，最大限度地挖掘系统软硬件之间的并发性，协同设计软硬件体系结构，以便系统能工作在最佳状态。这种设计方法，可以充分利用现有的软硬件资源，缩短系统开发周期、降低开发成本、提高系统性能，避免由于独立设计软硬件体系结构而带来的弊端。

而嵌入式系统软硬件协同设计是让软件设计和硬件设计作为一个整体并行设计，找到软硬件的最佳结合点，从而使系统高效工作。协同设计的基本思路如图 1-6 所示。

从图1-6可以看出，软硬件协同设计最主要的一个优点就是在设计过程中，硬件和软件设计是相互作用的，这种相互作用发生在设计过程的各个阶段和各个层次。

设计过程充分体现了软硬件的协同性。在软硬件功能分配时就考虑到了现有的软硬件资源，在软硬件功能的设计和仿真评价过程中，软件和硬件是互相支持的。这就使得软硬件功能模块能够在设计开发的早期互相结合，从而及早发现问题及早解决，避免了(至少可以减少)在设计开发后期反复修改系统以及由此带来的一系列问题，而且有利于挖掘系统潜能、缩小产品的体积、降低系统成本、提高系统整体性能。

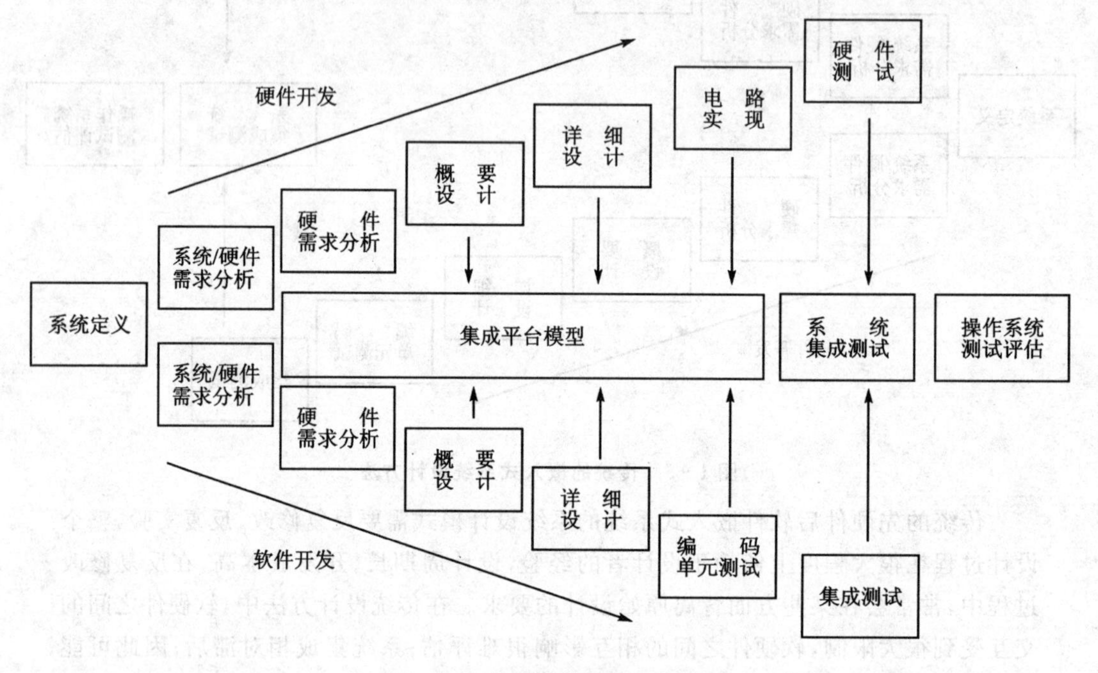

图1-6 软硬件协同设计方法

总的来说，软硬件协同设计的系统设计过程可以分为系统描述、系统设计、仿真验证与综合实现4个阶段。

系统描述是用一种或多种系统级描述语言对所要设计的嵌入式系统的功能和性能进行全面描述，建立系统的软硬件模型的过程。系统建模可以由设计者用非正式语言，甚至是自然语言来手工完成，也可以借助EDA工具实现。手工完成容易导致系统描述不准确，在后续过程中需要修改系统模型，从而使系统设计复杂化，而优秀的EDA工具可以克服这些弊端。

对于嵌入式系统来说，系统设计可以分为软硬件功能分配和系统映射2个阶段。软硬件功能分配就是要确定哪些系统功能由硬件模块来实现，哪些系统功能由软件模块来实现。硬件一般能够提供更好的性能，而软件更容易开发和修改，成本相对较低。由于硬件模块的可配置性、可编程性以及某些软件功能的硬件化、固件化，某些功能既能用软件实现，又能用硬件实现，软硬件的界限已经不十分明显。此外在进行软硬件功能分配时，既要考虑市场可以提供的资源状况，又要考虑系统成本、开发时间等诸多因素。因此，软硬件的功能划分是一个复杂而艰苦的过程，是整个任务流程最重要的环节。

系统映射是根据系统描述和软硬件任务划分的结果，分别选择系统的软硬件模块以及其接口的具体实现方法，并将其集成，最终确定系统的体系结构。具体地说，这一过程就是要确定系统将采用哪些硬件模块（如全定制芯片、MCU、DSP、FPGA、存储器、I/O 接口部件等）、软件模块（如嵌入式操作系统、驱动程序、功能模块等）和软硬件模块之间的通信方法（如总线、共享存储器、数据通道等）以及这些模块的具体实现方法。

仿真验证是检验系统设计正确性的过程。它对设计结果的正确性进行评估，以达到避免在系统实现过程中发现问题时再进行反复修改的目的。在系统仿真验证的过程中，模拟的工作环境和实际使用时差异很大，软硬件之间的相互作用方式及作用效果也就不同，这也使得难以保证系统在真实环境下工作的可靠性。因此，系统模拟的有效性是有限的。

软硬件综合就是软件、硬件系统的具体制作。设计结果经过仿真验证后，可按系统设计的要求进行系统制作，即按照前述工作的要求设计硬件、软件，并使它们能够协调一致地工作。

1.3 嵌入式硬件设计

1.3.1 嵌入式硬件设计流程

电路的设计主要分 3 个步骤：设计电路原理图、生成网络表、设计印制电路板，如图 1-7 所示。

图 1-7 电路板设计基本步骤

进行硬件设计开发，首先要进行原理图设计，需要将一个个元器件按一定的逻辑关系连接起来。设计一个原理图的元件来源是“原理图库”，除了元件库外还可以由用户自己增加建立新的元件，用户可以用这些元件来实现所要设计产品的逻辑功能。例如，利用 PROTEL 中的画线、总线等工具，将电路中具有电气意义的导线、符号和标识根据设计要求连接起来，构成一个完整的原理图。

原理图设计完成后要进行网络表输出。网络表是电路原理设计和印制电路板设计中的一个桥梁，是设计工具软件自动布线的灵魂，可以从原理图中生成，也可以从印制电路板图中提取。常见的原理图输入工具都具有 Verilog/VHDL 网络表生成功能，这些网络表包含所有的元件及元件之间的网络连接关系。

原理图设计完成后就可进行印制电路板设计。进行印制电路板设计时，可以利用 PROTEL 提供的包括自动布线、各种设计规则的确定、叠层的设计、布线方式的设计、信号完整性设计等强大的布线功能，完成复杂的印制电路板设计，达到系统的准确性、功能性、可靠性设计。

1.3.2 嵌入式硬件设计工具

随着计算机在国内的逐渐普及，EDA（Electronic Design Automation，电路设计自动化）软件在电路行业的应用也越来越广泛，以下是一些国内最为常用的 EDA 软件。

1. PROTEL

PROTEL 是 PORTEL 公司在 20 世纪 80 年代末推出的电路行业的 CAD 软件，它当之无愧地排在众多 EDA 软件的前面，是电路设计者的首选软件。它较早在国内使用，普及率也较高，有些高校的电路专业还专门开设了课程来学习它。几乎所有的电路公司都要用到它。早期的 PROTEL 主要作为印刷板自动布线工具使用，运行在 DOS 环境，对硬件的要求很低，在无硬盘 286 机的 1 MB 内存下就能运行。它的功能较少，只有电原理图绘制与印刷板设计功能，印刷板自动布线的布通率也低。现在的 PROTEL 已发展到 PROTEL2006，是个完整的全方位电路设计系统，它包含了电原理图绘制、模拟电路与数字电路混合信号仿真、多层印刷电路板设计（包含印刷电路板自动布线）、可编程逻辑器件设计、图表生成、电路表格生成、支持宏操作等功能，并具有 Client/Server（客户/服务器）体系结构，同时还兼容一些其他设计软件的文件格式，如 ORCAD、PSPICE、EXCEL 等。使用多层印制线路板的自动布线，可实现高密度 PCB 的 100%布通率。

2. ORCAD

ORCAD 是由 ORCAD 公司于 20 世纪 80 年代末推出的 EDA 软件。它是世界上使用最广的 EDA 软件之一，每天都有上百万的电路工程师在使用它，相对于其他 EDA 软件而言，它的功能也较强大，由于 ORCAD 软件使用了软件狗防盗版，因此在国内它并不普及，知名度也比不上 PROTEL，只有少数的电路设计者使用它。早在工作于 DOS 环境的 ORCAD 4.0，它就集成了电原理图绘制、印制电路板设计、数字电路仿真、可编程逻辑器件设计等功能，而且界面友好、直观。它的元器件库也是所有 EDA 软件中较丰富的，在世界上它一直是 EAD 软件中的首选之一。

3. PSPICE

PSPICE 是较早出现的 EDA 软件之一，1985 年就由 MICROSIM 公司推出。在电路仿真方面，它的功能比较强大，在国内被普遍使用。现在使用较多的是 PSPICE 9.2，整个软件由原理图编辑、电路仿真、激励编辑、元器件库编辑、波形图等几个部分组成，使用时是一个整体，但各个部分各有各的窗口。PSPICE 发展至今，已被并入 ORCAD，成为 ORCAD－PSPICE，但 PSPICE 仍然单独销售和使用。它可以进行各种各样的电路仿真、激励建立、温度与噪声分析、模拟控制、波形输出、数据输出，并在同一个窗口内同时显示模拟与数字的仿真结果。无论对哪种器件哪些电路进行仿真，包括 IGBT、脉宽调制电路、模/数转换、数/模转换等，都可以得到精确的仿真结果。对于库中没有的元器件模块，还可以自己编辑。

4. EWB

EWB (ELECTRONICS WORKBENCH EDA)软件是交互图像技术有限公司(INTERACTIVE IMAGE TECHNOLOGIES Ltd)在 20 世纪 90 年代初推出的 EDA 软件，但在国内开始使用却是近几年的事。现在普遍使用的是在 Windows 环境下工作的 EWB 10，它的仿真功能十分强大，几乎 100%地仿真出真实电路的结果，而且它在桌面上提供了万用表、示波器、信号发生器、扫频仪、逻辑分析仪、数字信号发生器、逻辑转换器等工具，它的器件库中则包含了许多大公司的晶体管元器件、集成电路和数字门电路芯片，器件库中没有的元器件，还可以由外部模块导入。在众多的电路仿真软件中，EWB 比较容易上手，它的工作界面非常直观，原理图和各种工具都在同一个窗口内，未接触过它的人稍加学习就可以很熟练地使用该软件。对于电路设计工作者来说，它是个极好的 EDA 工具，许多电路无须动用烙铁就可得知它的结果，而且若想更换元器件或改变元器件参数，只须点点鼠标即可，它也可以作为电学知识的辅助教学软件使用，利用它可以直接从屏幕上看到各种电路的输出波形。EWB 的兼容性也较好，其文件格式可以导出成能被 ORCAD 或 PROTEL 读取的格式。

1.3.3 嵌入式处理器的选择

目前世界上具有嵌入式功能特点的处理器已经超过 1000 种，流行体系结构包括 MCU、MPU 等 30 多个系列。鉴于嵌入式系统广阔的发展前景，很多半导体制造商都大规模生产嵌入式处理器，并且公司自主设计处理器也已经成为了未来嵌入式领域的一大趋势，其中从单片机、DSP 到 FPGA 有着各式各样的品种，速度越来越快，性能越来越强，价格也越来越低。目前嵌入式处理器的寻址空间可以从 64 KB 到 16 MB，处理速度最快可以达到 2000 MIPS，封装从 8 个引脚到数百个引脚不等。

几乎所有著名半导体公司(如 Intel、TI、SAMSUNG、Motorola、PHILIPS、意法半导体、ADI、ATMEL、Intersil、Alcatel、Altera、Cirrus Logic 等)都提供基于 ARM 核、满足不同领域应用的芯片，用户可根据自己产品功能的需求进行选择。本小节重点介绍 ARM 处理器的选择。

1. 内核的版本

用户如果希望使用 Windows CE 或标准 Linux 等操作系统以减少软件开发时

间，就需要选择 ARM720T 以上带有 MMU(Memory Management Unit)功能的 ARM 芯片，ARM720T、ARM920T、ARM922T、ARM946T、Strong - ARM 都带有 MMU 功能。而 ARM7TDMI 则没有 MMU，不支持 Windows CE 和标准 Linux，但目前有 μC Linux 等不需要 MMU 支持的操作系统可运行于 ARM7TDMI 硬件平台之上。事实上，μC Linux 已经成功移植到多种不带 MMU 的微处理器平台上，并在稳定性和其他方面都有上佳表现。

2. 系统的工作频率

系统的工作频率在很大程度上决定了 ARM 微处理器的处理能力。ARM7 系列微处理器的典型处理速度为 0.9 MIPS/MHz，常见的 ARM7 芯片系统主时钟为20～133 MHz，ARM9 系列微处理器的典型处理速度为 1.1 MIPS/MHz，常见的 ARM9 的系统主时钟频率为 100～233 MHz，ARM10 最高可以达到 700 MHz。不同芯片对时钟的处理不同，有的芯片只需要一个主时钟频率，有的芯片内部时钟控制器可以分别为 ARM 核和 USB、UART、DSP、音频等功能部件提供不同频率的时钟。

3. 芯片内存储器的容量

大多数的 ARM 微处理器片内存储器的容量都不太大，需要用户在设计系统时外扩存储器，但也有部分芯片具有相对较大的片内存储空间，如 ATMEL 的 AT91F40162 就具有高达 2 MB 的片内程序存储空间，用户在设计时可考虑选用这种类型，以简化系统的设计。

如果系统不需要大容量的存储器，而且一些产品对 PCB 面积的要求非常严格，要求所设计的 PCB 面积很小，就可考虑选择带有内置存储器的芯片来开发产品。OKI、ATMEL、PHILIPS、Hynix 等厂家都推出了带有内置存储器的芯片，如 OKI 的 ML67Q4001，内部含有 256 K 的 Flash；ATMEL 的 AT91FR40162，内部含有 2 MB的 Flash 和 256 KB 的 SRAM。

4. 片内外围电路的选择

除 ARM 微处理器核以外，几乎所有的 ARM 芯片均根据各自不同的应用领域，扩展了相关功能模块，并集成在芯片之中，被称为片内外围电路，如 USB 接口、IIS 接口、LCD 控制器、键盘接口、RTC、ADC 和 DAC、DSP 协处理器等，设计者应分析系统的需求，尽可能采用片内外围电路完成所需的功能，这样既可简化系统的设计，又同时提高系统的可靠性。

1.3.4 嵌入式硬件系统

1. 最小硬件模块

随着嵌入式相关技术的迅速发展，嵌入式系统的功能越来越强大，应用接口更加丰富，根据实际应用的需要设计出特定的嵌入式最小系统和应用系统，是嵌入式系统设计的关键。

当前在嵌入式领域中，ARM(Advanced RISC Machines)处理器被广泛应用于各种嵌入式设备中。由于ARM嵌入式体系结构类似并且具有通用的外围电路，同时ARM内核的嵌入式最小系统的设计原则及方法基本相同，嵌入式最小系统即是在尽可能减少上层应用的情况下，能够使系统运行的最小化模块配置。对于一个典型的嵌入式最小系统，都是以处理器为核心的电路，以S3C2410芯片为例，其构成模块及其各部分功能如图1-8所示，其中ARM微处理器、Flash和SDRAM模块是嵌入式最小系统的核心部分。

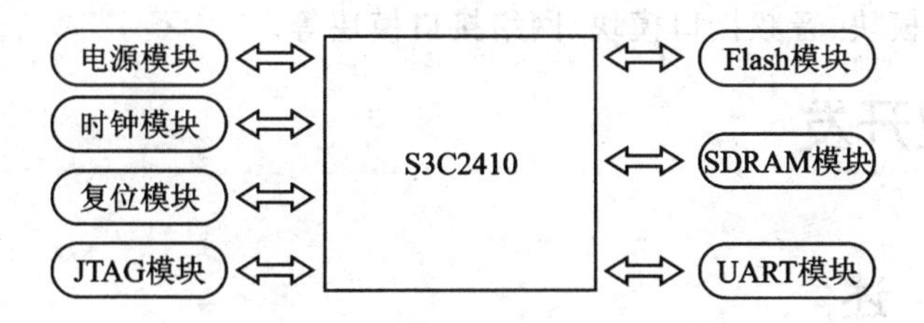

图1-8 基于S3C2410的最小电路模块

电源模块：为系统正常工作提供电源。

时钟模块：通常经ARM内部锁相环进行相应的倍频，以提供系统各模块运行所需的时钟频率输入。

复位模块：实现对系统的复位。

JTAG模块：实现对程序代码的下载和调试。

Flash存储模块：存放启动代码、操作系统和用户应用程序代码。

SDRAM模块：为系统运行提供动态存储空间，是系统代码运行的主要区域。

UART模块：实现对调试信息的终端显示。

ARM处理器与存储器(Flash和SDRAM)的接口技术是嵌入式最小系统硬件设计的关键。根据需要选择合理的接口方式，可以有效地提升嵌入式系统的整体性能。嵌入式系统中常用的存储器有Nor Flash、Nand Flash和SDRAM。

2. 扩展硬件模块

光有嵌入式最小系统电路的嵌入式产品是无法完成特定功能的，作为一个计算机系统，输入/输出设备是计算机系统的重要组成部分。程序、原始数据和各种来自现场采集到的资料和信息，要通过输入装置输入计算机；计算结果或各种控制信号要输出给各种输出装置，以便显示、打印和实现各种控制动作。CPU与外部设备交换信息也是计算机系统中十分重要和频繁的操作。因此嵌入式产品要根据实际需要实现输入/输出功能，当然这些模块有别于通用的PC机大而全的设计方式，嵌入式硬件设计总的原则是可裁减，按需扩展。另外这个裁减是以处理器为核心，例如S3C2410芯片是SAMSUNG公司的RISC微处理器。这个产品计划用于低成本、低功耗和高性能手持设备和一般应用的单片微处理器解决方案。为了降低系统成本，S3C2410包含了如下部件：独立的16 KB指令和16 KB数据缓存，用于虚拟内存管理的 MMU 单元，LCD 控制器(STN & TFT)，非线性(NAND)Flash 引导单元，系统管理器(包括片选逻辑和 SDRAM 控制器)，3 通道的异步串行口(UART)，4 个通道的 DMA，4 个通道的带脉宽调制器(PWM)的定时器，输入/输出端口，实时时钟单元(RTC)，带有触摸屏接口的 8 通道 10 位 AD 转换器，I^2C 总线接口，I^2S 总线接口，USB 的主机(Host)单元，USB 的设备(Device)接口，SD 卡和 MMC(Multi - Media Card)卡接口，2 通道 SPI 接口和锁相环(PLL)时钟发生器。

根据这个芯片的功能可以实现键盘与鼠标接口模块、数/模转换模块、触摸屏模块、显示器接口模块、音频接口模块、网络接口模块等。

1.4 二次开发

1.4.1 概 述

1. 交叉开发

嵌入式软件开发是一个交叉开发过程，交叉编译这个概念的出现、流行是和嵌入式系统的广泛发展同步的。常用的计算机软件，都需要通过编译的方式，把使用高级计算机语言编写的代码(比如 C 代码)编译(Compile)成计算机可以识别和执行的二进制代码。比如在 Windows 平台上，可使用 Visual C＋＋开发环境，编写程序并编译成可执行程序。这种方式下，使用 PC 平台上的 Windows 工具开发针对 Windows 本身的可执行程序，这种编译过程称为 Native compilation，中文可理解为本机编译。然而，在进行嵌入式系统的开发时，运行程序的目标平台通常具有有限的存储空间和运算能力，比如常见的 ARM 平台，其一般的静态存储空间大概是 16～32 MB，而 CPU 的主频大概在 100～500 MHz 之间。这种情况下，在 ARM 平台上进行本机编译就不太可能了，这是因为一般的编译工具链(Compilation Tool Chain)需要很大的存储空间，并需要很强的 CPU 运算能力。为了解决这个问题，交叉编译工具就应运而生了。通过交叉编译工具，就可以在 CPU 能力很强、存储控件足够的主机平台上(比如 PC 上)编译出针对其他平台的可执行程序。要进行交叉编译，需要在主机平台上安装对应的交叉编译工具链(Cross Compilation Tool Chain)，然后用这个交叉编译工具链编译源代码，最终生成可在目标平台上运行的代码。常见的交叉编译例子如下：

- 在 Windows PC 上，利用 ADS(ARM 开发环境)，使用 armcc 编译器，则可编译出针对 ARM CPU 的可执行代码。
- 在 Linux PC 上，利用 arm - linux - gcc 编译器，可编译出针对 Linux ARM 平台的可执行代码。
- 在 Windows PC 上，利用 cygwin 环境，运行 arm - elf - gcc 编译器，可编译出针对 ARM CPU 的可执行代码。

2. 二次开发

所谓二次开发是利用现成的开发板进行开发,不同于通用计算机和工作站上的软件开发工程,一个嵌入式软件的开发过程具有很多特点和不确定性。其中最重要的一点是软件跟硬件的紧密耦合特性。由于嵌入式系统的灵活性和多样性,给软件设计人员带来了极大的困难。第一,在软件设计过程中过多地考虑硬件,给开发和调试都带来了很多不便;第二,如果所有的软件工作都需要在硬件平台就绪之后进行,自然就延长了整个的系统开发周期。这些都是应该从方法上加以改进和避免的问题。为了解决这个问题,通常的做法是基于某种开发板做二次开发,从这个角度看,硬件开发所占的比重不到20%,而软件开发的比重占到了80%。

可以在特定的EDA工具环境下面进行开发,使用开发板进行二次开发,这样缩短了开发周期,提高了产品的可靠性,降低了开发难度。目前国内有很多这样的公司提供二次开发所需要的开发板。

把脱离于硬件的嵌入式软件开发阶段称之为"PC软件"的开发,图1-9说明了一个嵌入式系统软件的开发模式。在"PC软件"开发阶段,可以用软件仿真,即指令集模拟的方法,来对用户程序进行验证。在ARM公司的开发工具中,ADS内嵌的ARMulator和RealView开发工具中的ISS,都提供了这项功能。在模拟环境下,用户可以设置ARM处理器的型号、时钟频率等,同时还可以配置存储器访问接口的时序参数。程序在模拟环境下运行,不但能够进行程序的运行流程和逻辑测试,还能够统计系统运行的时钟周期数、存储器访问周期数、处理器运行时的流水线状态(有效周期、等待周期、连续和非连续访问周期)等信息。这些宝贵的信息是在硬件调试阶段都无法取得的,对于程序的性能评估非常有价值。为了更加完整和真实地模拟一个目标系统,ARMulator和ISS还提供了一个开放的API编程环境。用户可以用标准C来描述各种各样的硬件模块,连同工具提供的内核模块一起,组成一个完整的"软"硬件环境。在这个环境下面开发的软件,可以更大程度地接近最终的目标。利用这种先进的EDA工具环境,极大地方便了程序开发人员进行嵌入式开发的工作。

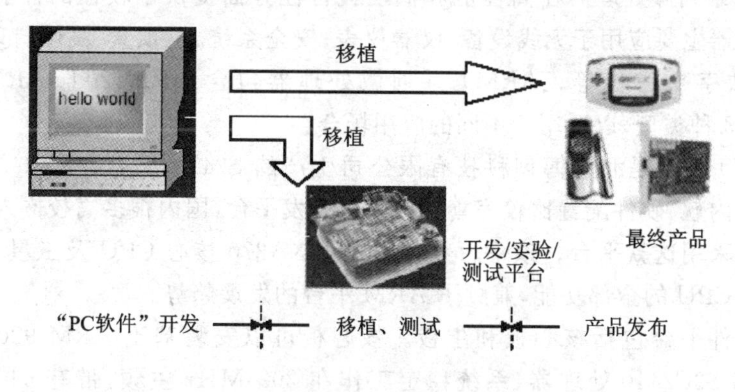

图1-9 基于开发板的二次开发

当完成一个“PC 软件”的开发之后，只要进行正确的移植，一个真正的嵌入式软件就开发成功了。

1.4.2 常见开发板

目前在国内常用的有 ARM7、ARM9、ARM11、Cortex 系列处理器。从芯片生产厂家来说主要有原英特尔公司生产的 Xscale 系列芯片，三星公司生产的 S3C 系列芯片，NXP 公司生产的系列芯片等。国内提供嵌入式开发平台的厂家主要有北京博创科技有限公司、广州周立功公司、广东省嵌入式软件公共技术中心、深圳英蓓特、深圳优龙公司等。由于 ARM 嵌入式体系结构类似并且具有通用的外围电路，同时 ARM 内核的嵌入式最小系统的设计原则及方法基本相同。所以下面根据处理器系列分类来介绍各种开发平台。

1. ARM7 开发平台

ARM7 系列微处理器为低功耗的 32 位 RISC 处理器，最适合用于对价位和功耗要求较高的消费类应用。ARM7 系列微处理器的主要应用领域为：工业控制、Internet 设备、网络和调制解调器设备、移动电话等多种多媒体和嵌入式应用。ARM7 系列微处理器包括如下几种类型的核：ARM7TDMI、ARM7TDMI－S、ARM720T、ARM7EJ，以适用于不同的应用场合。

如图 1－10 所示是周立功公司(广州致远电子有限公司)生产的一款 SmartARM2400 实验箱。

SmartARM2400 套件以 NXP 公司的 LPC2478 为核心，该芯片具有 EMC(外部总线接口)，可支持核心板上集成的 8 MB SDRAM 和 2 MB NOR Flash，并提供 4 路串口、1 路 10/100 M 以太网接口、2 个 CAN－bus 接口、1 路 I^2S 接口、1 路 USB OTG 接口、1 路 USB Host 接口、一个可支持 STN 和 TFT 液晶的 LCD 控制器。

2. ARM9 微处理器系列

ARM9 系列微处理器在高性能和低功耗特性方面提供了较佳的性能。ARM9 系列微处理器主要应用于无线设备、仪器仪表、安全系统、机顶盒、高端打印机、数字照相机和数字摄像机等。ARM9 系列微处理器包含 ARM920T、ARM922T 和 ARM940T 3 种类型，以适用于不同的应用场合。

图 1－11 所示是北京博创科技有限公司生产的 S2410/S2440/P270 平台，该平台是目前国内软、硬件配置比较完善的嵌入式开发平台，国内很多高校嵌入式实验室用户均选择采用这款平台。该平台兼容 Intel PXA270 核心 CPU 及三星 S3C2410、S2440 核心 CPU 的全部功能，兼顾了 ARM 平台的发展趋势。

整个硬件平台包括核心板和主板。核心板可以安装基于 ARM 920T 内核的 SAMSUNG S3C2410 处理器，系统稳定工作在 202 MHz 主频，带有 64 MB Nand Flash 和 64 MB SDRAM；主板集成了常用的接口电路如 CF 卡接口(PC Card 模

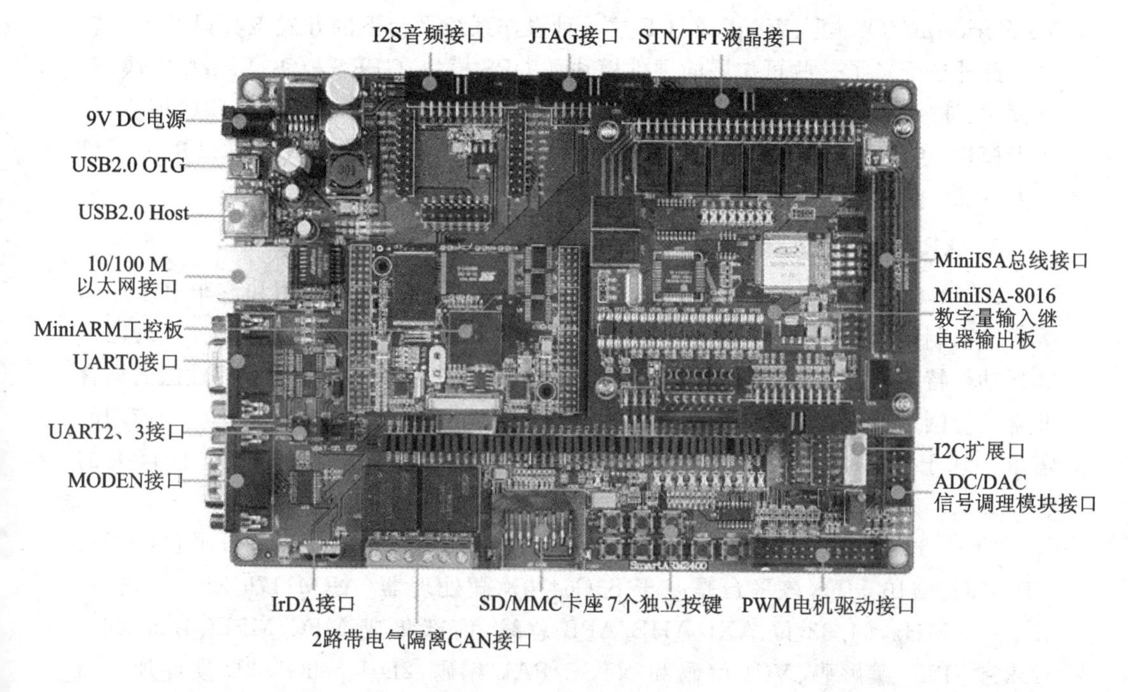

图 1-10　ARM7 开发平台

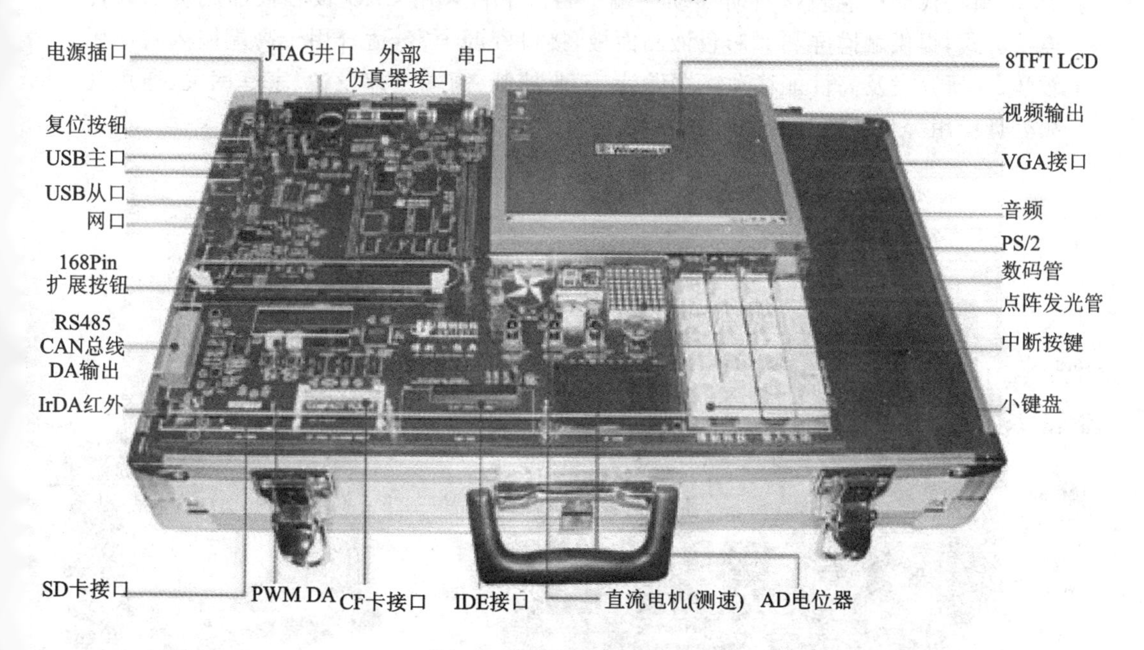

图 1-11　ARM9 开发平台

式)、8 通道 10 位 AD 转换、IDE 接口、一个 100M 网口、JTAG 接口(包括 14 Pin 和 20 Pin 标准)、CAN 总线接口等,方便用户扩展功能。软件资源包括 Linux、

VxWorks、μC/OS－Ⅱ、Windows CE 这 4 种操作系统平台下的开发工具以及支持软件。此外还配备了一些可扩展的硬件模块如 GPS 模块、GPRS 模块、FPGA 模块、蓝牙模块、红外模块、USB 摄像头、USB 无线网卡、CAN 通信模块、微型打印机模块、射频卡模块、条码扫描模块、指纹扫描模块。这些既方便学生学习也可以用于项目开发。

3. ARM11 处理器

ARMv6 架构是根据下一代的消费类电子、无线设备、网络应用和汽车电子产品等需求而制定的。ARM11 处理器是基于 ARMv6 架构的处理器，具有媒体处理能力和低功耗特点，特别适用于无线和消费类电子产品；其高数据吞吐量和高性能的结合非常适合网络处理应用；另外，也在实时性能和浮点处理等方面满足汽车电子应用的需求。基于 AMRv6 体系结构的 ARM11 系列处理器将在上述领域发挥巨大的作用。

图 1－12 所示是北京博创科技有限公司生产的 ARM11 教学科研平台（型号：UP－CUP6410－II），该平台是基于 S3C6410X 微处理器（ARM1176JZF－S 内核，533/667 MHz，64/32 位 AXI/AHB/APB 总线，内部集成 MFC/MPEG4/H. 263/H. 264/JPEG 编解码、VC1 解码和 NTSC/PAL 编码，2D/OpenGL 3D 硬件加速器等）的新一代高性能教学科研移动终端平台。平台采用 CPU 核心板加底板的硬件连接方式，提供触摸屏和 8″彩色液晶面板，接口资源丰富，适合用于高端嵌入式应用教学、科研开发及高性能移动终端设计、工业控制、高端医疗设备、家庭网关、通用视频处理应用等相关产品开发解决方案。

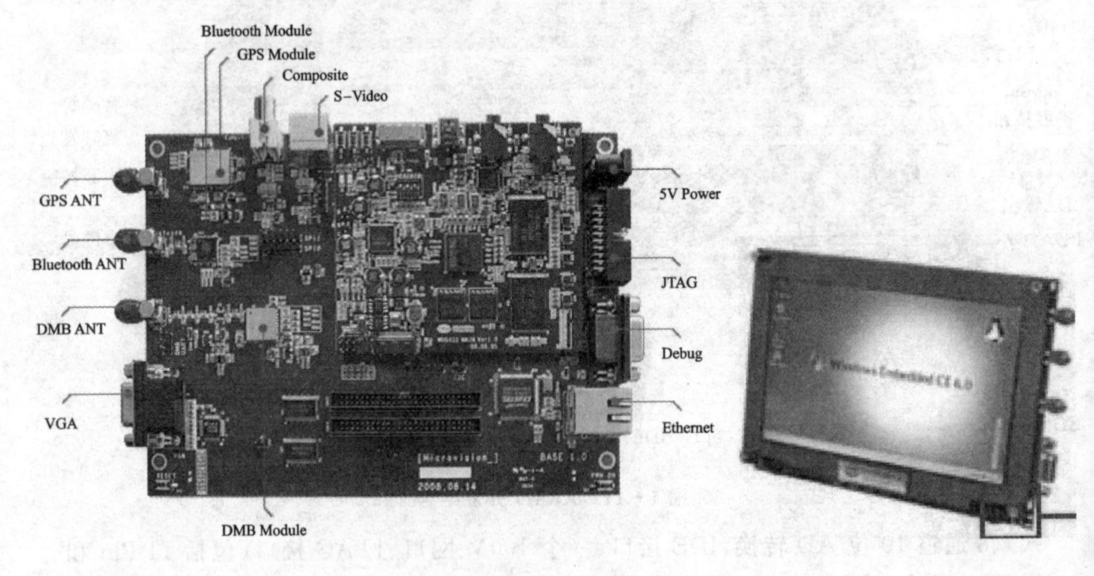

图 1－12　ARM11 开发平台

4. Cortex 系列处理器

目前，随着对嵌入式系统的要求越来越高，作为其核心的嵌入式微处理器的综合性能也受到日益严峻的考验，最典型的例子就是伴随3G、4G网络的推广，对手机的本地处理能力要求很高，现在一个高端的智能手机的处理能力几乎可以和几年前的笔记本电脑相当。为了迎合市场的需求，ARM公司也在加紧研发他们最新的ARM架构，Cortex系列就是这样的产品。在Cortex之前，ARM核都是以ARM为前缀命名的，从ARM1一直到ARM11，之后就是Cortex系列了。

Cortex系列属于ARMv7架构，这是ARM公司最新的指令集架构，ARMv7架构定义了3大分工明确的系列：

Cortex-A系列：面向尖端的基于虚拟内存的操作系统和用户应用，Cortex-A系列是针对日益增长的，运行包括Linux、Windows CE、Android、Symbian操作系统在内的消费娱乐和无线产品设计的。目前，Cortex-A8被广泛运用到高端旗舰手机上面。诸如iPhone 4、i9000、3GS和Milestone等移动设备，均是采用的此构架的处理器。

Cortex-R系列：Cortex-R系列针对的是需要运行实时操作系统来进行控制应用的系统，包括汽车电子、网络和影像系统等。

Cortex-M系列：为微控制器和低成本应用提供优化。Cortex-M系列则面向微控制器领域，为那些对开发费用非常敏感同时对性能要求不断增加的嵌入式应用所设计的。随着物联网技术的发展，该系列芯片将得到很好的应用。

可见随着在各种不同领域应用需求的增加，微处理器市场也在趋于多样化。下面针对Cortex-M系列和Cortex-A系列介绍两种开发平台。

如图1-13所示是周立功公司(广州致远电子有限公司)生产的一款EasyCortex M3-1300开发平台。该开发平台核心控制器采用了NXP公司推出低功耗高性价比芯片——LPC1343，该芯片采用Cortex-M3 Rev2处理器内核，支持全速USB 2.0设备，内部ROM集成人机接口设备类HID和大容量存储设备类MSC的底层软件驱动，使得USB开发从此像串口一样简单。此外，LPC1300系列芯片与LPC1100系列引脚完全兼容，移植与开发简单方便。

EasyCortex M3-1300开发平台板载USB仿真器，支持USB2.0设备，具有带电气隔离的RS-485接口等功能。EasyCortex M3-1300开发平台配套提供多种免费商业化软件包及其详尽的开发文档，加快产品开发。

如图1-14所示是深圳英蓓特公司生产的EM-S5PV210开发平台，EM-S5PV210是一款功能极其强大的高端ARM Cortex-A8开发平台，其功能全面、接口丰富，完美展现了SAMSUNG S5PV210芯片的强大，主要面向企业用户进行产品开发过程中，对S5PV210芯片的性能评估、设计参考使用。

图 1－13　Cortex－M 开发平台

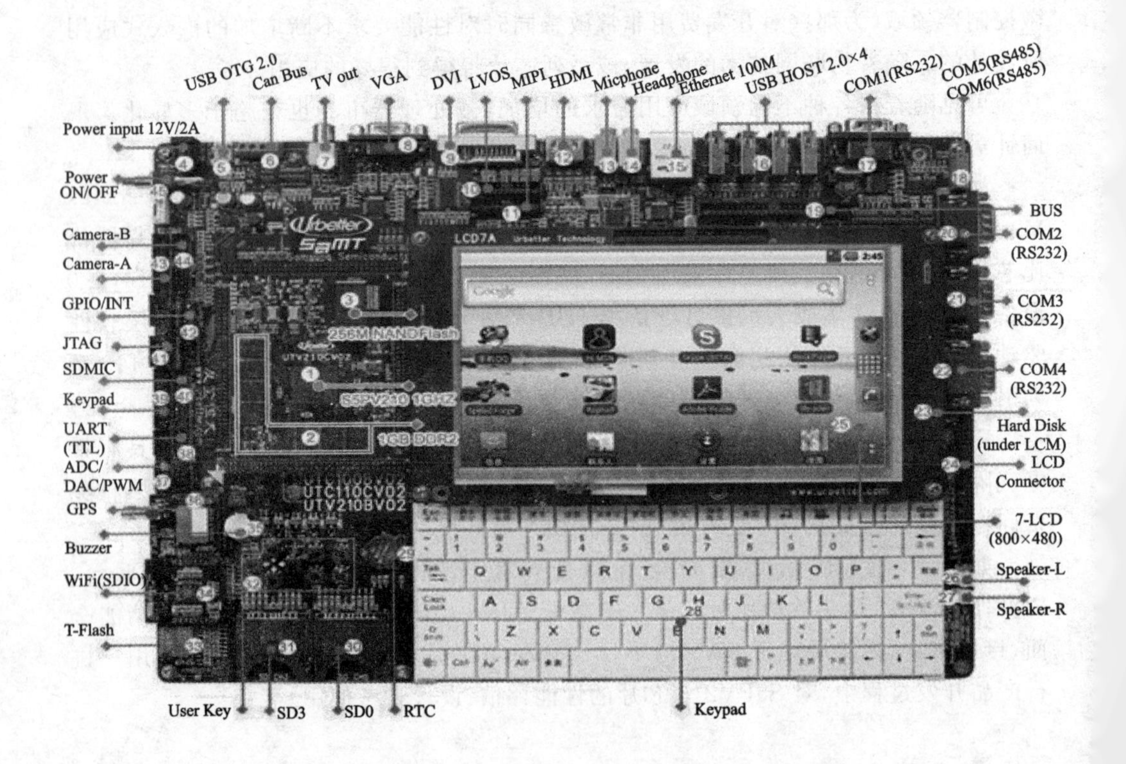

图 1－14　Cortex－A8 开发平台

思考题一

1. 实时系统如何分类?
2. 举例说明嵌入式系统有哪些特点?
3. 简述成本对嵌入式系统的影响。
4. 举例说明可靠性、安全性在嵌入式系统设计中的重要性。
5. 嵌入式系统开发的特点有哪些?
6. 简述嵌入式系统开发的基本过程。
7. 嵌入式软件开发过程与传统软件开发过程有何异同?

第 2 章

嵌入式系统软件设计

本章首先介绍了嵌入式系统的软件体系结构，然后介绍了嵌入式软件设计的基本流程以及嵌入式系统分析与设计常用的一些工具软件，最后介绍了嵌入式系统集成和测试、可靠性设计等内容。

2.1 嵌入式软件体系结构

2.1.1 软件体系结构

1. 概 念

在过程实践中，使用模型和结构是普遍现象，如建筑过程中的砖瓦结构、钢筋混凝土结构、框架结构等，它们代表了不同类型的建筑风格和建筑质量。随着软件复杂程度的提高，软件复用已成为一个必然趋势。

软件系统设计有 4 个重点：体系设计、功能模块设计、数据库及算法设计和界面设计。体系设计是系统设计中的重中之重，系统体系结构是软件设计中的核心。那么，什么是软件体系结构呢？

软件体系结构为软件系统提供了结构、行为和属性的高级抽象，由构成系统的元素描述、这些元素的相互作用、指导元素集成的模式以及这些模式的约束组成。软件体系结构不仅指定了系统的组织结构和拓扑结构，并且显示了系统需求和构成系统的元素之间的对应关系，提供了一些设计决策的基本原理，是构建于软件系统之上的系统级复用。

软件体系结构风格为系统级别的软件复用提供了可能。然而，对于应用体系结构风格来说，由于视角的不同，系统设计师有很大的选择空间。要为系统选择或设计某一个体系结构风格，必须根据特定项目的具体特点，进行分析比较后再确定，体系结构风格的使用几乎完全是特化的。

2. 软件体系结构的风格

一个小型的软件可能具有一种软件体系结构，而大型的软件一般由多种软件体系结构组成，软件体系结构只有几种风格，但是经过长期的大型软件设计与分析，人们总结出了一些最为常用的软件体系结构风格，总共有 5 种，分别是：

(1) 数据流风格的体系结构(Data Flow Style)

数据流风格的体系结构，可以在系统中找到非常明显的数据流，处理过程通常在数据流的路线上“自顶向下、逐步求精”，并且处理过程依赖于执行过程，而不是数据到来的顺序。比较有代表性的是批作业序列风格、管道/过滤器风格。

(2) 调用/返回风格的体系结构(Call - and - Return Style)

调用/返回风格的体系结构在过去的 30 年间占有重要的地位，是大型软件开发中的主流风格的体系结构。这类系统中呈现出比较明显的调用/返回的关系。调用/返回风格在常用软件体系结构风格中内涵是比较丰富的，它可以分为主-子程序风格、面向对象概念中的对象体系结构风格以及层次型系统风格 3 种子风格。

这类架构中的组件就是各种不同的操作单元(例如子程序、对象、层次)，而连接器则是这些对象之间的调用关系(例如主-子程序调用，或者对象的方法以及层次体系结构中的协议)。调用/返回结构的优点在于，容易将大的架构分解为一种层次模型，在较高的层次，隐藏那些比较具体的细节，而在较低的层次又能够表现出实现细节。在这类体系结构中，调用者和被调用者之间的关系往往比较紧密。在这样的情况下，架构的扩充通常需要被调用者和所有调用者都进行适当的修改。

(3) 虚拟机风格的体系结构(Virtual Machine Style)

虚拟机风格的体系结构设计的初衷主要是考虑体系结构的可移植性。这种体系结构力图模拟它运行于其上的软件或者硬件的功能。通常虚拟机会限制在其中运行的软件的行为，特别是那些以实现跨平台为目的的虚拟机，如 Java 虚拟机和. NET CLR。这类虚拟机往往希望虚拟机器的代码完全不了解虚拟机以外的现实世界。这是在灵活性、效率与软件跨平台性之间进行的一种折中。

(4) 独立组件风格的体系结构(Independent Components Style)

独立组件风格的体系结构由很多独立的通过消息交互的过程或者对象组成。这种软件体系结构通过对各自部分计算的解耦操作来达到易更改的目的。它们之间相互的传输数据，但是不直接控制双方。常见的子风格有：事件系统、通信处理、客户端-服务器等。

(5) 仓库风格的体系结构(Data Centered (Repositories) Style)

在仓库风格中，有两种不同的组件：中央数据结构(用于说明当前状态)和独立组件(在中央数据存储上执行)，仓库与外组件间的相互作用在系统中会有大的变化。仓库风格的体系结构的优点在于可扩充性比较强，模块间耦合比较松散，便于扩充。控制原则的选取产生两个主要的子类。若输入流中某类时间触发进程执行的选择，则仓库是一个传统型数据库；系统中的组件通常包括数据存储区，以及与这些存储区进行交流的进程或处理单元，而连接器则是对于存储区的访问。这类系统中数据处理进程往往并不直接发生联系，它们之间的联系主要是通过共享的数据存储区来完成的。这种现象非常类似于在独立组件架构中的情况。另一方面，若中央数据结构的当前状态触发进程执行的选择，则仓库是一个黑板系统。

2.1.2 常用的嵌入式软件体系结构

随着软件研发技术不断进步，软件体系结构的5种模式也不能完全代表体系结构的基本构成了，在嵌入式软件开发中常用的体系结构有：整体结构、层次结构、客户端/服务器结构。不同的结构有不同的强项和弱点，一个系统的体系结构应该根据实际需要进行选择，以解决实际问题。

1. 宏内核结构

宏内核结构也称为整体结构，是嵌入式软件常用形式之一，特别适合低端嵌入式应用开发，也是早期嵌入式软件开发的唯一体系结构。这种结构指的就是“无体系结构”：整个嵌入式软件是一组程序（函数）的集合，不区分应用软件、系统软件、驱动程序等，每个函数均可根据需要调用其他任意函数。图2-1给出了宏内核体系结构的示意模型。

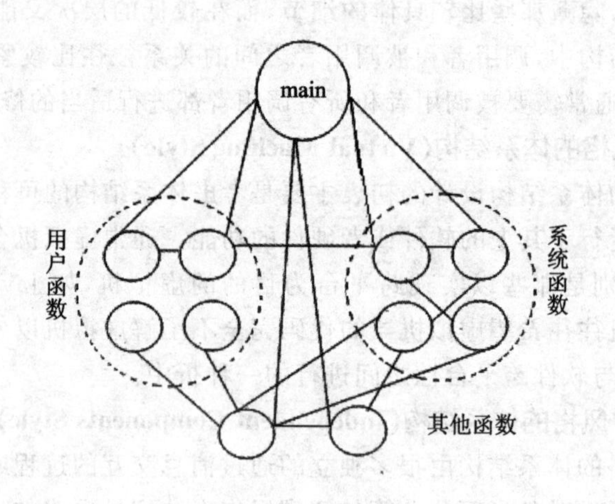

图2-1 宏内核结构

宏内核结构内部又可以被分为若干模块（或者是层次或其他）。但是在运行的时候，它是一个独立的二进制大映象。其模块间的通信是通过直接调用其他模块中的函数实现的，而不是消息传递。使用这种结构的优点是：模块之间直接调用函数，除了函数调用的开销外，没有额外开销，代码执行效率高。缺点是：庞大的操作系统有数以千计的函数，复杂的调用关系势必导致操作系统维护的困难。因此，可移植性和扩展性非常差。这种体系结构下的嵌入式软件开发有以下特点：

① 系统中每个函数有唯一定义好的接口参数和返回值，函数间调用不受限制。

② 软件开发是设计、函数编码/调试、链接成系统的反复过程，所有函数相互可见，不存在任何的信息隐藏。

③ 函数调用可以有简单的分类，如核心调用、系统调用、用户调用等，用以简化

编程，当然也可以不严格划分。

④ 系统有唯一的主程序入口(如 C 程序的 main 函数)。

整体结构常常采用轮循结构的程序来实现。例如在工业现场网络中，由于需要控制的设备较多、相互距离又较远，且现场有较强的工业干扰，因此采用体积小、抗干扰能力强的单片机作为上位机并且与现场控制器一起组成分布式数据采集与控制系统，是一种较好的选择。

2. 分层结构

图 2-2 给出了层次结构(Layered Architecture)的系统模型，其中各种软件分层组织，每层为上层软件提供服务并作为下层软件的客户。对多数层次结构而言，内层只对直接外层开放，对其他各层隐蔽，因此这些层次往往可以看成是虚拟机(或抽象层)。

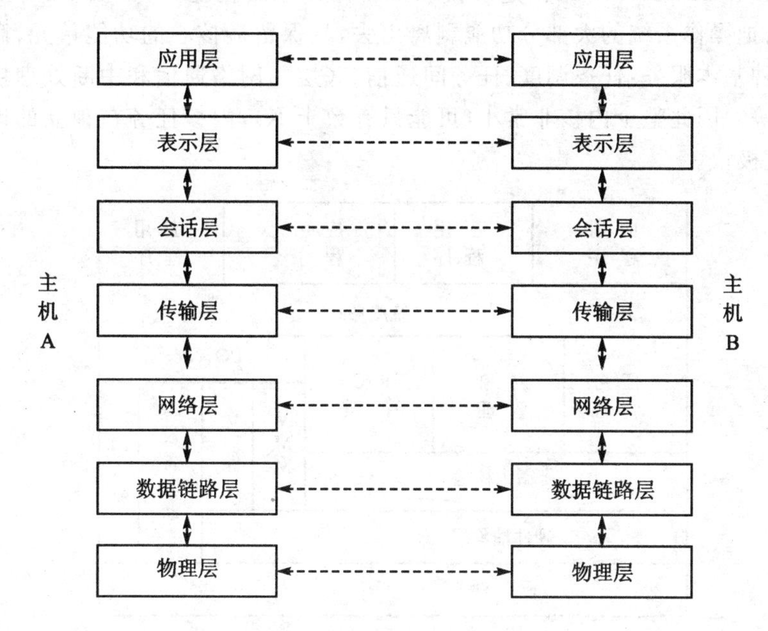

图 2-2 分层结构

层次结构具有以下特点：

① 每一层对其上层而言好像是一个虚拟的计算机(virtual machine)。

② 下层为上层提供服务，上层利用下层提供的服务。

③ 层与层之间定义良好的接口，上下层之间通过接口进行交互与通信。

④ 每层划分为一个或多个模块(又称组件)，在实际应用中可根据需要配置个性化的功能。

实际上，分层结构是最常用的嵌入式软件体系结构之一。在常用的嵌入式软件中，许多嵌入式操作系统、嵌入式数据库等都是层次结构的。采用分层结构的优点有：

① 有利于将复杂的功能简化，“分而治之”，便于设计实现。

② 每层的接口都是抽象的，支持标准化，因此很容易支持软件的重用。

③ 可移植性、可替换性好。

④ 开发和维护简单，当要替换系统中的某一层时，只要接口不变就不会影响其他层。

分层结构的缺点有：

① 系统效率低，由于每个层次都要提供一组 API 接口函数，从而影响系统的性能。

② 底层修改时会产生连锁反应。

3. 微内核结构

微内核（Microkernel）结构是现代软件常用体系结构之一，如图 2-3 所示。基本思想是：把操作系统的大部分功能剥离出去，只保留最核心的功能单元，微内核中只提供几种基本服务：任务调度、任务间通信、底层的网络通信和中断处理接口以及实时时钟等。因此整个内核非常小（可能只有数十 K），内核任务在独立的地址空间运行，速度极快。

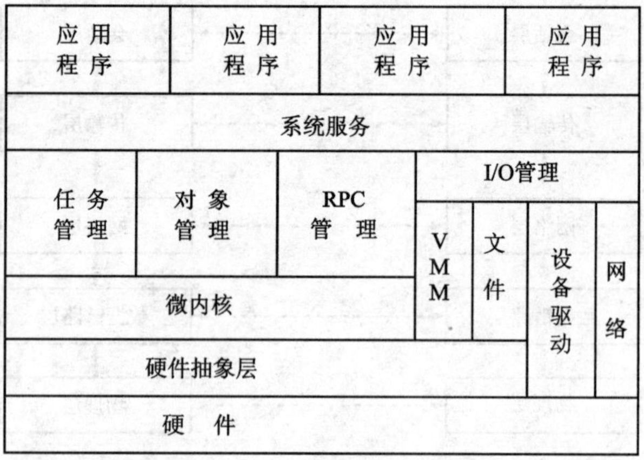

应用程序 | 应用程序 | 应用程序 | 应用程序
系统服务
任务管理 | 对象管理 | RPC 管理 | I/O管理：VMM、文件、设备驱动、网络
微内核
硬件抽象层
硬件

图 2-3 微内核结构

其他服务，如存储管理、文件管理、中断处理、网络通信等，以内核上的协作任务形式出现（功能服务器）。基于微内核结构的操作系统一般包括如下组成部分：

基本内核：嵌入式 RTOS 中最核心，最基础的部分。在微内核结构中，必须拥有任务管理（进程/线程）、中断管理（包括时钟中断）、基本的通信管理和存储管理。

扩展内核：在微内核的基础上新的功能组件可以动态地添加进来，这些功能可以组成为方便用户使用而对 RTOS 进行的扩展。它建立在基本内核基础上，提供 GUI、TCP/IP、Browser、Power Manager、File Manager 等应用编程接口。

设备驱动接口：建立在 RTOS 内核与外部硬件之间的一个硬件抽象层，用于定义软件与硬件的界限，方便 RTOS 的移植、升级。在有些嵌入式 RTOS 中，没有专门区分这一部分，统归于 RTOS 基本内核。

应用编程接口：建立在 RTOS 编程接口之上的、面向应用领域的编程接口（也称为应用编程中间件）。它可以极大地方便用户编写特定领域的嵌入式应用程序。微内核操作系统的优点是：

① 内核小，扩展性好。

② 安全性高，客户单元和服务单元的内存地址空间是相互独立的，因此系统的安全性更高。

③ 各个服务器模块的相对独立性便于移植和维护。

微内核操作系统的缺点是：

① 内核与各个服务器之间通过通信机制进行交互，这使得微内核结构的效率大打折扣。

② 由于它们的内存地址空间是相互独立的，所以切换时，也会增加额外的开销。

在实际应用中，许多嵌入式操作系统是将层次结构和微内核结构结合起来，形成基于分层的微内核结构，这样便把分层结构和微内核结构的优点都发挥出来了，如大家熟知的 VxWorks、Windows CE、Linux 等操作系统都是采用这种结构。

4. 客户机/服务器结构

C/S 结构如图 2－4 所示，即大家熟知的客户机和服务器结构。比如 QQ 就是 C/S 模式，桌面上的 QQ 就是腾讯公司的特定的客户端，而服务器就是腾讯的服务器。

C/S 结构可以充分利用两端硬件环境的优势，将任务合理分配到 Client 端和 Server 端来实现，降低了系统的通信开销。目前大多数应用软件系统都是 Client/Server 形式的两层结构，由于现在的软件应用系统正在向分布式的 Web 应用发展，Web 和 Client/Server 应用都可以进行同样的业务处理，应用不同的模块共享逻辑组件；因此，内部的和外部的用户都可以访问新的和现有的应用系统，通过现有应用系统中的逻辑可以扩展出新的应用系统。

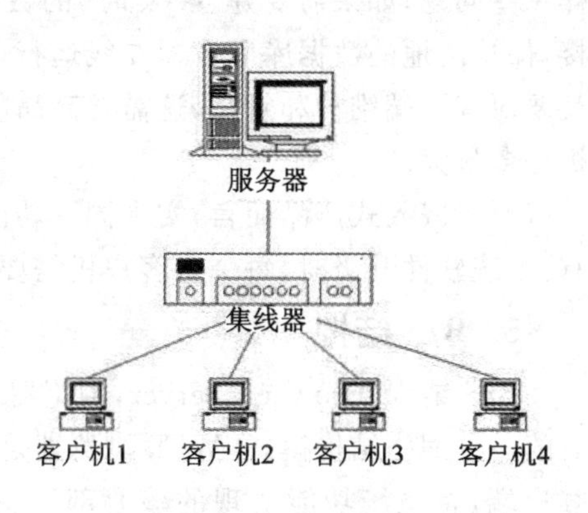

图 2－4 C/S 结构

C/S 结构的基本原则是将计算机应用任务分解成多个子任务，由多台计算机分工完成，即采用“功能分布”原则。客户端完成数据处理、数据表示以及用户接口功能；服务器端完成 DBMS 的核心功能。这种客户请求服务、服务器提供服务的处理方式是一种新型的计算机应用模式。C/S 结构的优点：

① 应用服务器运行数据负荷较轻。最简单的C/S体系结构的数据库应用由两部分组成,即客户应用程序和数据库服务器程序。二者可分别称为前台程序与后台程序。运行数据库服务器程序的机器,也称为应用服务器。一旦服务器程序被启动,就随时等待响应客户程序发来的请求;客户应用程序运行在用户自己的计算机上,对应于数据库服务器,可称为客户计算机,当需要对数据库中的数据进行任何操作时,客户程序就自动地寻找服务器程序,并向其发出请求,服务器程序根据预定的规则做出应答,送回结果,应用服务器运行数据负荷较轻。

② 数据的储存管理功能较为透明。在数据库应用中,数据的储存管理功能,是由服务器程序和客户应用程序分别独立进行的。在客户服务器架构的应用中,前台程序不是非常"瘦小",麻烦的事情都交给了服务器和网络。在C/S体系的下,数据库不能真正成为公共、专业化的仓库,它受到独立的专门管理。

③ 安全性好,C/S一般面向相对固定的用户群,对信息安全的控制能力很强。

④ 速度快,一般来说C/S结构的处理速度相对快些。

缺点主要有以下几个:

① 扩展性差。而随着互联网的飞速发展,移动办公和分布式办公越来越普及,这需要系统具有扩展性。这种方式远程访问需要专门的技术,同时要对系统进行专门的设计来处理分布式的数据,因而扩展性较差。

② 成本高,客户端需要安装专用的客户端软件。采用C/S架构要选择适当的数据库平台来实现数据库数据的真正"统一",使分布于两地的数据同步完全交由数据库系统去管理,但逻辑上两地的操作者要直接访问同一个数据库才能有效实现,有这样一些问题,如果需要建立"实时"的数据同步,就必须在两地间建立实时的通信连接,保持两地的数据库服务器在线运行,网络管理工作人员既要对服务器维护管理,又要对客户端维护和管理,这需要高昂的投资和复杂的技术支持,维护成本很高,维护任务量大。

对于嵌入式产品而言,实现同一功能的不同平台往往需要开发不同的版本。还有,系统软件升级时,每一台客户机需要重新安装,其维护和升级成本非常高。

5. B/S结构

B/S结构(Browser/Server,浏览器/服务器模式)如图2-5所示,是WEB兴起后的一种网络结构模式,WEB浏览器是客户端最主要的应用软件。这种模式统一了客户端,将系统功能实现的核心部分集中到服务器上,简化了系统的开发、维护和使用。

客户机上只要安装一个浏览器(Browser)即可。浏览器通过Web Server同数据库进行数据交互。B/S结构的优点:

① B/S最大的优点就是可以在任何地方进行操作而不用安装任何专门的软件。只要有一台能上网的终端就能使用,客户端零维护。系统的扩展非常容易。

② 维护和升级方式简单。目前,软件系统的改进和升级越来越频繁,B/S架构

的产品明显体现着更为方便的特性。B/S架构的软件只需要管理服务器就行了，所有的客户端只是浏览器，根本不需要做任何的维护。无论用户的规模有多大，有多少分支机构都不会增加任何维护升级的工作量，所有的操作只需要针对服务器进行；如果是异地，只需要把服务器连接专网即可，实现远程维护、升级和共享。所以客户机越来越“瘦”，而服务器越来越“胖”是将来信息化发展的主流方向。今后，软件升级和维护会越来越容易，而使用起来也会越简单，这对用户人力、物力、时间、费用的节省是显而易见的、惊人的。因此，维护和升级革命的方式是“瘦”客户机，“胖”服务器。

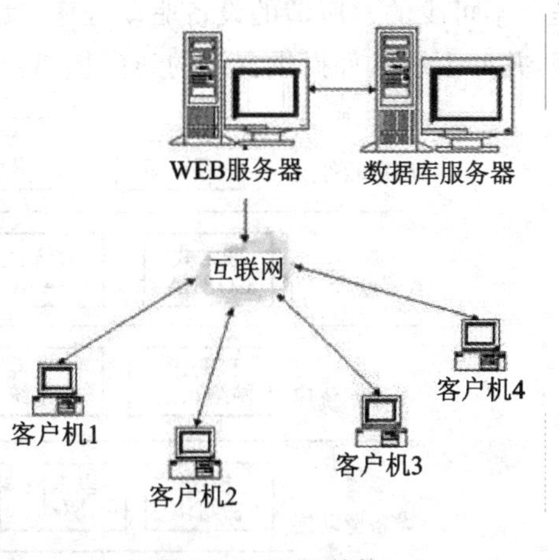

图 2-5　B/S 结构

③ 成本降低，选择更多。大家都知道 Windows 在桌面计算机上几乎一统天下，浏览器成为了标准配置，但在服务器操作系统上 Windows 并不是处于绝对的统治地位。现在的趋势是凡使用 B/S 架构的应用管理软件，只需安装在 Linux 服务器上即可，而且安全性高。所以服务器操作系统的选择是很多的，不管选用哪种操作系统都可以让大部分人使用 Windows 作为桌面操作系统而计算机不受影响，这就使得最流行免费的 Linux 操作系统快速发展起来，Linux 除了操作系统是免费的以外，连数据库也是免费的，这种选择非常盛行。

B/S 结构的缺点：

① 应用服务器运行数据负荷较重。由于 B/S 架构管理软件只安装在服务器端(Server)上，网络管理人员只需要管理服务器就行了，用户界面主要事务逻辑在服务器(Server)端完全通过 WWW 浏览器实现，极少部分事务逻辑在前端(Browser)实现，所有的客户端只有浏览器，网络管理人员只需要做硬件维护。但是，应用服务器运行数据负荷较重，一旦发生服务器“崩溃”等问题，后果不堪设想。因此，许多单位都备有数据库存储服务器，以防万一。

② 安全性：B/S 一般面向非固定的用户群，对信息安全的控制能力较差。

③ 速度慢：同样的应用相对 C/S 结构的处理速度要慢些。

2.1.3 嵌入式软件分类

图 2-6 是最常用的嵌入式软件组成结构图。最底层是嵌入式硬件，包括嵌入式微处理器、存储器和键盘、输入笔、LCD 显示器等输入/输出设备。紧接在硬件层之上的，是设备驱动层，它负责与硬件直接打交道，并为上层软件提供所需的驱动支持。在一个嵌入式系统当中，操作系统是可能有也可能无的。但无论如何，设备驱动程序

是必不可少的。所谓的设备驱动程序，就是一组库函数，用来对硬件进行初始化和管理，并向上层软件提供良好的访问接口。

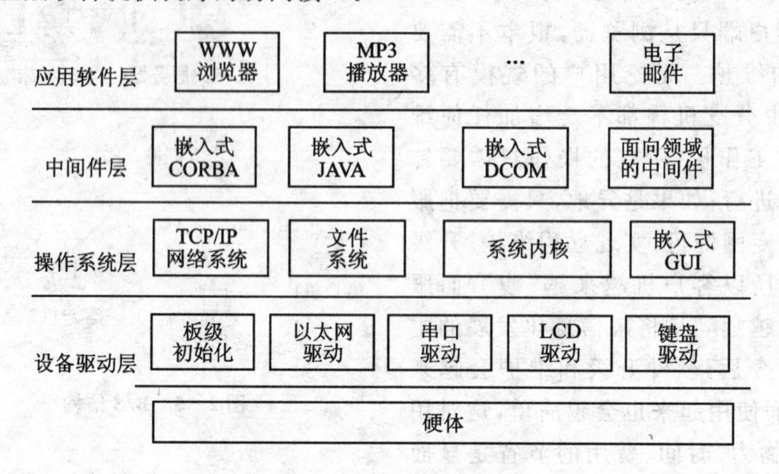

图 2-6　嵌入式软件组成

1. 设备驱动层

设备驱动层是嵌入式系统中必不可少的重要部分，使用任何外部设备都需要有相应驱动程序的支持，它为上层软件提供了设备的操作接口。上层软件不用理会设备的具体内部操作，只须调用驱动层程序提供的接口即可。驱动层一般包括硬件抽象层 HAL、板级支持包 BSP 和设备驱动程序。

(1) 硬件抽象层

硬件抽象层 HAL(Hardware Abstraction Layer)是位于操作系统内核与硬件电路之间的接口层，其目的在于将硬件抽象化。也就是说，可通过程序来控制所有硬件电路如 CPU、I/O、Memory 等的操作。这样就使得系统的设备驱动程序与硬件设备无关，从而大大提高了系统的可移植性。从软硬件测试的角度来看，软硬件的测试工作都可分别基于硬件抽象层来完成，使得软硬件测试工作的并行进行成为可能。在定义抽象层时，需要规定统一的软硬件接口标准，其设计工作需要基于系统需求来做，代码工作可由对硬件比较熟悉的人员来完成。抽象层一般应包含相关硬件的初始化、数据的输入/输出操作、硬件设备的配置操作等功能。

(2) 板级支持包

板级支持包(Board Support Package)是介于主板硬件和操作系统中驱动层程序之间的一层，一般认为它属于操作系统的一部分，主要是实现对操作系统的支持，为上层的驱动程序提供访问硬件设备寄存器的函数包，使之能够更好地运行于硬件主板。BSP 是相对于操作系统而言的，不同的操作系统对应于不同形式定义的 BSP。板级支持包实现的功能大体有以下两个方面：

系统启动时，完成对硬件的初始化。例如，对系统内存、寄存器以及设备的中断进行设置。这是比较系统化的工作，它要根据嵌入式开发所选用的 CPU 类型、硬件以及嵌入式操作系统的初始化等多方面决定 BSP 应实现什么功能。

为驱动程序提供访问硬件的手段。驱动程序经常要访问设备的寄存器，对设备的寄存器进行操作，BSP 就是为上层的驱动程序提供访问硬件设备寄存器的函数包。

(3) 设备驱动程序

系统安装设备后，只有在安装相应的驱动程序之后才能使用，驱动程序为上层软件提供设备的操作接口。上层软件只须调用驱动程序提供的接口，而不用理会设备的具体内部操作。驱动程序的好坏直接影响着系统的性能。驱动程序不仅要实现设备的基本功能函数，如初始化、中断响应、发送、接收等，使设备的基本功能能够实现，而且因为设备在使用过程中还会出现各种各样的差错，所以好的驱动程序还应该有完备的错误处理函数。

2. 实时操作系统 RTOS

嵌入式操作系统 EOS(Embedded Operating System)是一种用途广泛的系统软件，过去它主要应用于工业控制和国防系统领域。EOS 负责嵌入系统的全部软、硬件资源的分配、调度工作，控制协调并发活动；它必须体现其所在系统的特征，能够通过装卸某些模块来达到系统所要求的功能。目前，已推出一些应用比较成功的 EOS 产品系列。随着 Internet 技术的发展、信息家电的普及应用及 EOS 的微型化和专业化，EOS 开始从单一的弱功能向高专业化的强功能方向发展。嵌入式操作系统在系统实时高效性、硬件的相关依赖性、软件固态化以及应用的专用性等方面具有较为突出的特点。

一般情况下，嵌入式操作系统可以分为两类，一类是面向控制、通信等领域的实时操作系统，如 WindRiver 公司的 VxWorks、ISI 的 pSOS、QNX 系统软件公司的 QNX、ATI 的 Nucleus 等；另一类是面向消费电子产品的非实时操作系统，这类产品包括个人数字助理(PDA)、移动电话、机顶盒、电子书、WebPhone 等。常见的嵌入式系统有：Linux、μCLinux、Windows CE、PalmOS、Symbian、eCos、μC/OS - II、VxWorks、pSOS、Nucleus、ThreadX、Rtems、QNX、INTEGRITY、OSE、C Executive。

嵌入式实时操作系统在目前的嵌入式应用中用得越来越广泛，尤其在功能复杂、系统庞大的应用中显得愈来愈重要。

首先，嵌入式实时操作系统提高了系统的可靠性。在控制系统中，出于安全方面的考虑，要求系统起码不能崩溃，而且还要有自愈能力。不仅要求在硬件设计方面提高系统的可靠性和抗干扰性，而且也应在软件设计方面提高系统的抗干扰性，尽可能地减少安全漏洞和不可靠的隐患。长期以来的前后台系统软件设计在遇到强干扰时，使得运行的程序产生异常、出错、跑飞甚至死循环，造成了系统的崩溃。而实时操作系统管理的系统，这种干扰可能只是引起若干进程中的一个被破坏，可以通过系统运行的系统监控进程对其进行修复。通常情况下，这个系统监视进程用来监视各进

程运行状况，遇到异常情况时采取一些利于系统稳定可靠的措施，如把有问题的任务清除掉。

其次，提高了开发效率，缩短了开发周期。在嵌入式实时操作系统环境下，开发一个复杂的应用程序，通常可以按照软件工程中的解耦原则将整个程序分解为多个任务模块。每个任务模块的调试、修改几乎不影响其他模块。商业软件一般都提供了良好的多任务调试环境。

再次，嵌入式实时操作系统充分发挥了32位CPU的多任务潜力。32位CPU比8、16位CPU快，另外它本来是为运行多用户、多任务操作系统而设计的，特别适于运行多任务实时系统。32位CPU采用利于提高系统可靠性和稳定性的设计，使其更容易做到不崩溃。例如，CPU运行状态分为系统态和用户态。将系统堆栈和用户堆栈分开，以及实时地给出CPU的运行状态等，允许用户在系统设计中从硬件和软件两方面对实时内核的运行实施保护。如果还是采用以前的前后台方式，则无法发挥32位CPU的优势。

从某种意义上说，没有操作系统的计算机（裸机）是没有用的。在嵌入式应用中，只有把CPU嵌入到系统中，同时又把操作系统嵌入进去，才是真正的计算机嵌入式应用。

3. 中间件层

中间件（middleware）是基础软件的一大类，属于可复用软件的范畴。顾名思义，中间件处于操作系统软件与用户的应用软件的中间。中间件在操作系统、网络和数据库之上，应用软件的下层，总的作用是为处于自己上层的应用软件提供运行与开发的环境，帮助用户灵活、高效地开发和集成复杂的应用软件。

中间件屏蔽了底层操作系统的复杂性，使程序开发人员面对一个简单而统一的开发环境，减少程序设计的复杂性，将注意力集中在自己的业务上，不必再为程序在不同系统软件上的移植而重复工作，从而大大减少了技术上的负担。

中间件带给应用系统的不只是开发的简便、开发周期的缩短，也减少了系统的维护、运行和管理的工作量，还减少了计算机总体费用的投入。Standish的调查报告显示，由于采用了中间件技术，应用系统的总建设费用可以减少50%左右。在网络经济大发展、电子商务大发展的今天，从中间件获得利益的不只是IT厂商，IT用户同样是赢家，并且是更有把握的赢家。

其次，中间件作为新层次的基础软件，其重要作用是将不同时期、在不同操作系统上开发应用软件集成起来，彼此像一个天衣无缝的整体协调工作，这是操作系统、数据库管理系统本身做不了的。中间件的这一作用，使得在技术不断发展之后，以往在应用软件上的劳动成果仍然物有所用，节约了大量的人力、财力投入。

在实现上中间件可以看作是API实现的一个软件层。所谓API（Application Programming Interface，应用程序接口），是一系列复杂的函数、消息和结构的集合体。嵌入式操作系统下的API和一般操作系统下的API在功能、含义及知识体系上完全一致。可以这样理解 API:在计算机系统中有很多可通过硬件或外部设备去执行的功能,这些功能的执行可通过计算机操作系统或硬件预留的标准指令调用,而软件人员在编制应用程序时,就不需要为每种可通过硬件或外设执行的功能重新编制程序,只需按系统或某些硬件事先提供的 API 调用即可完成功能的执行。因此在操作系统中提供标准的 API 函数,可加快用户应用程序的开发,统一的应用程序开发标准,也为操作系统版本的升级带来了方便。在 API 函数中,提供了大量的常用模块,可大大简化用户应用程序的编写。

4. 应用程序

实际的嵌入式系统应用软件建立在系统的主任务(Main Task)基础之上。用户应用程序主要通过调用系统的 API 函数对系统进行操作,完成用户应用功能开发。在用户的应用程序中,也可创建用户自己的任务。任务之间的协调主要依赖于系统的消息队列。

在设计一个简单的应用程序时,可以不使用操作系统,但在设计较复杂的程序时,可能就需要一个操作系统(OS)来管理和控制内存、多任务、周边资源等。依据系统所提供的程序界面来编写应用程序,可大大减少应用程序员的负担。有些书籍将应用程序接口 API 归属于 OS 层,由于硬件电路的可裁减性和嵌入式系统本身的特点,其软件部分也是可裁减的。

2.2 嵌入式软件开发基础

2.2.1 软件工程基础

1. 嵌入式软件的生命周期

与任何软件系统一样,生命周期模型是分阶段开发嵌入式软件系统的基本方法,所划分的阶段总体上也没有不同之处。

如图 2-7 所示,嵌入式软件的生命周期同样分成 4 个大的阶段:系统概念、开发阶段、产品阶段和运行维护。其中:

系统概念阶段主要是用户对所需开发嵌入式软件产品的概念描述,其结果是用户给出的软件产品开发任务书。在任务书中,将定义产品基线,包括各类软硬件指标、环境要求等。

开发阶段主要是根据用户提供的任务书,开发嵌入式软件,以任务书中描述的产品基线作为验收标准。

产品阶段主要是开发阶段的结果,实际上是一个嵌入式软件产品原型,必须依环境和市场的要求真正产品化。这也是任何软件产品必须经历的一个阶段。

运行维护阶段主要指产品投放市场后的工作,与传统软件的管理模式类似。但在实际开发嵌入式软件系统时，这些相同的阶段却有着不同的含义，但基本核心是：在强调传统系统功能和性能（简称为值域）的同时，注重系统的实时性能（简称为时域）。

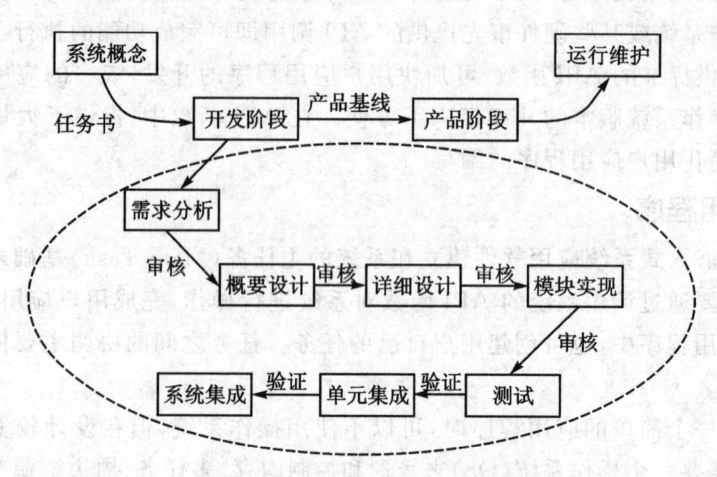

图 2-7 嵌入式软件的生命周期

开发阶段又可细分为：

(1) 需求分析

在描述软件需求规范时，不但需要定义功能需求，还需要定义包括时间特性在内的性能要求；此外，由于嵌入式软件与硬件环境密切相关，因此需求中自然需要体现环境约束。

(2) 概要设计

在分解系统时，强调多个并发任务的分解，同时着重考虑实时系统相关的一些行为，如事件发生序列、任务周期等。

(3) 详细设计

在选择实时并发算法时，特别注意同步和互斥，避免出现死锁；此外，着重考虑与硬件 I/O 设备的接口。

(4) 模块实现

最后选择 RTOS 所支持的编程语言，或者直接使用并行语言。

(5) 测　试

强调并发、实时等方面的测试，而且有可能需要仿真测试。需要注意的是，测试工作实际上将贯穿软件的整个生命周期，从需求分析一直运行维护。

(6) 单元集成

将许多经过测试验证的嵌入式软件单元组合成模块，并验证其（值域、时域）正确性。

(7) 系统集成

若干经过验证的模块组合成嵌入式软件系统，并验证其是否符合系统需求规格说明中定义的该类标准。除此之外，嵌入式软件开发过程中的一个重要工作是软件验证（Verfication）和确认（Validation），简称为V&V。生命周期中每个阶段的结果可以认为是下一阶段的一个规格文件，但要进入下一阶段之前必须对该结果做出确认。当然，验证和确认有所区别：验证关心的是确保软件模块或功能内在的正确性；确认则表明要与规定的需求进行比较是否满足要求，它所关心的是该软件产品的价值。

软件验证与确认的主要方法有：代码检查、审核、测试和正确性证明等。在软件开发的前期，代码检查是最重要的方法。它通过人工模拟执行源程序的过程，检查软件设计的正确性，包括执行逻辑、控制模型、算法和使用参数与数据的正确性等。

审核是软件验证和确认中的一个主要方法，可弥补其他方法的一些不足之处。它是一种用形式的、有效的和经济的方法查找设计和编程中的错误。其主要目的是：

① 找出软件中的缺陷。

② 核实是否符合需求。

③ 早期生产评价。

④ 过程评价。

需要特别注意的是：在软件开发阶段的每一个环节，都强调验证或审核。这是经过软件工程长期实践证明的、可以确保软件质量的最重要方法之一，也是嵌入式软件开发必须遵循的过程之一。

2. 软件设计模式

软件设计模式来源于Christopher Alexander的建筑学模式和对象运动。根据Alexander的观点，模式就是一个对于特定的系统的通用解决方案本身的重复。设计模式是人们在实践过程中总结出来的成功设计范例，设计模式常常划分成不同的种类，常见的种类如下。

创建型设计模式，如工厂方法（Factory Method）模式、抽象工厂（Abstract Factory）模式、原型（Prototype）模式、单例（Singleton）模式，建造（Builder）模式等。

结构型设计模式，如合成（Composite）模式、装饰（Decorator）模式、代理（Proxy）模式、享元（Flyweight）模式、门面（Facade）模式、桥梁（Bridge）模式等。

行为型模式，如模版方法（Template Method）模式、观察者（Observer）模式、迭代子（Iterator）模式、责任链（Chain of Responsibility）模式、备忘录（Memento）模式、命令（Command）模式、状态（State）模式、访问者（Visitor）模式等。

架构模式（Architectural Pattern）一个架构模式描述软件系统里的基本的结构组织或纲要。架构模式提供一些事先定义好的子系统，指定它们的责任，并给出把它们组织在一起的法则和指南。有些作者把这种架构模式叫系统模式（STELTING02）。

一个架构模式常常可以分解成很多个设计模式的联合使用。显然，MVC模式就是属于这一种模式。MVC模式常常包括调停者（Mediator）模式、策略（Strategy）

模式、合成(Composite)模式、观察者(Observer)模式等。

此外,常见的架构模式还有:Layers(分层)模式,有时也称 Tiers 模式;Blackboard(黑板)模式;Broker(中介)模式;Distributed Process(分散过程)模式;Microkernel(微核)模式。

2.2.2 嵌入式软件开发模型

1. 瀑布型

瀑布模型的核心思想是按工序将问题化简,将功能的实现与设计分开,便于分工协作,即采用结构化的分析与设计方法将逻辑实现与物理实现分开。瀑布模型将软件生命周期划分为可行性研究、需求分析、概要设计、详细设计、编码与测试、软件运行和维护这 6 个阶段,如图 2-8 所示,规定了它们自上而下、相互衔接的固定次序,如同瀑布流水逐级下落。

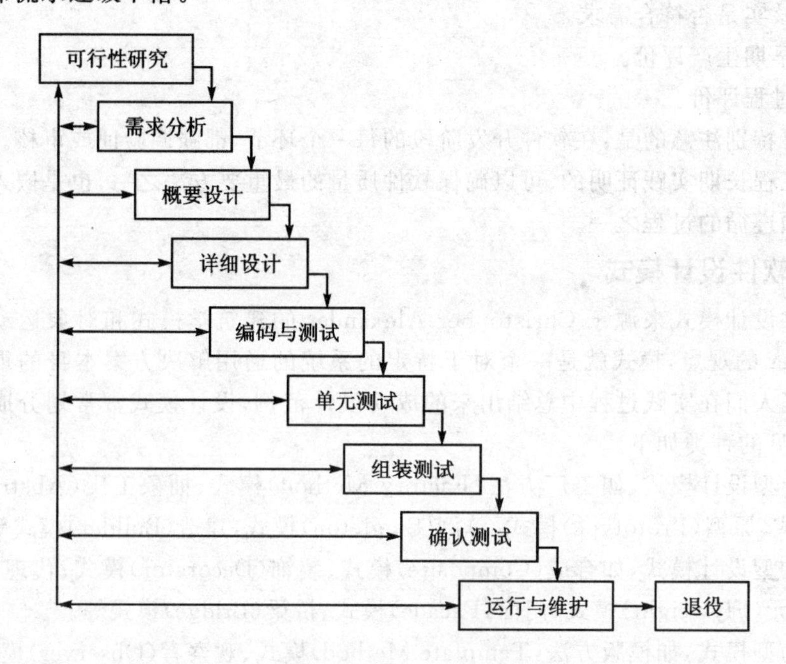

图 2-8 瀑布开发模型

瀑布模型是最早出现的软件开发模型,在软件工程中占有重要的地位,它提供了软件开发的基本框架。瀑布模型的本质是一次通过,即每个活动只执行一次,最后得到软件产品,也称为"线性顺序模型"或者"传统生命周期"。其过程是从上一项活动接收该项活动的工作对象作为输入,利用这一输入实施该项活动应完成的内容给出该项活动的工作成果,并作为输出传给下一项活动。同时评审该项活动的实施,若确认,则继续下一项活动;否则返回前面,甚至更前面的活动。

瀑布模型有利于大型软件开发过程中人员的组织及管理,有利于软件开发方法和工具的研究与使用，从而提高了大型软件项目开发的质量和效率。然而软件开发的实践表明，上述各项活动之间并非完全是自上而下且呈线性图式的，因此瀑布模型存在严重的缺陷。

① 由于开发模型呈线性，所以当开发成果尚未经过测试时，用户无法看到软件的效果。这样软件与用户见面的时间间隔较长，也增加了一定的风险。

② 在软件开发前期未发现的错误传到后面的开发活动中时，可能会扩散，进而可能会造成整个软件项目开发失败。

③ 在软件需求分析阶段，完全确定用户的所有需求是比较困难的，甚至可以说是不太可能的。

2. 原　型

如图 2-9 所示，原型实现模型从需求收集开始，开发者和客户在一起定义软件的总体目标，标识出已知的需求，并规划出需要进一步定义的区域。然后是“快速设计”，即集中于软件中那些对客户可见的部分的表示。这将导致原型的创建，并由客户评估并进一步精化待开发软件的需求。逐步调整原型使其满足客户的要求，而同时也使开发者对将要做的事情有更好的理解。这个过程是迭代的，其流程从听取客户意见开始，随后是建造/修改原型、客户测试运行原型。然后往复循环，直到客户对原型满意为止。

原型实现模型的最大特点是能够快速实现一个可实际运行的系统初步模型，供开发人员和用户进行交流和评审，以便较准确地获得用户的需求。该模型采用逐步求精方法使原型逐步完善，即每次经用户评审后修改、运行，不断重复得到双方认可。这个过程是迭代过程，它可以避免在瀑布模型冗长的开发过程中看不见产品雏形的现象。其优点一是开发工具先进，开发效率高，使总的开发费用降低，时间缩短；二是开发人员与用户交流直观，可以澄清模糊需求，调动用户的积极参与，能及早暴露系统实施后潜在的一些问题；三是原型系统可作为培训环境，有利于用户培训和开发同步，开发过程也是学习过程。

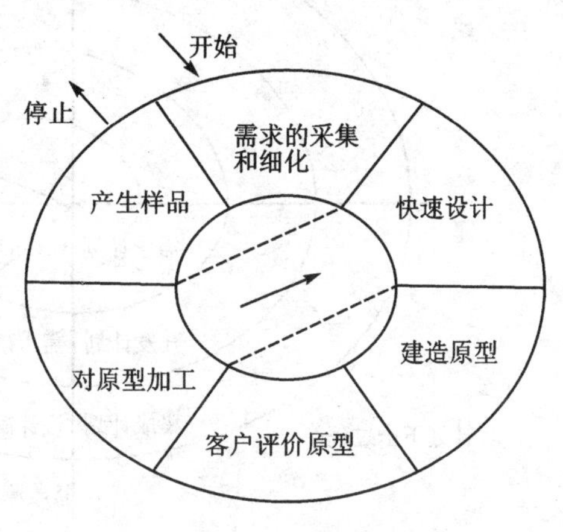

图 2-9　原型模型

原型实现模型的缺点是产品原型在一定程度上限制了开发人员的创新，没有考虑软件的整体质量和长期的可维护性。由于达不到质量要求，产品可能被抛弃，而采用新的模型重新设计，因此原型实现模型不适合嵌入式、实时控制及科学数值计算等大型软件系统的开发。

增量模型和原型模型都是从概要需求出发开发的，但二者有明显不同。增量模型是从一些不完整的系统需求出发开始开发，在开发过程中逐渐发现新的需求。然后进一步充实完善该系统，使之成为实际可用的系统；原型开发的目的是为了发现并建立一个完整并经过证实的需求规格说明，然后以此作为正式系统的开发基础。因此原型开发阶段的输出是需求规格说明，这是为了降低整个软件生成期的费用而拉大需求分析阶段的一种方法，大部分原型是“用完就扔”的类型。

3. 螺旋型

如图 2－10 所示，螺旋模型将瀑布和演化模型（Evolution Model）结合起来，它不仅体现了两个模型的优点，而且还强调了其他模型均忽略了的风险分析。这种模型的每一个周期都包括需求定义、风险分析、工程实现和评审 4 个阶段，由这 4 个阶段进行迭代。软件开发过程每迭代一次，软件开发又前进一个层次。螺旋模型基本做法是在“瀑布模型”的每一个开发阶段前引入一个非常严格的风险识别、风险分析和风险控制，它把软件项目分解成一个个小项目。每个小项目都标识一个或多个主要风险，直到所有的主要风险因素都被确定。

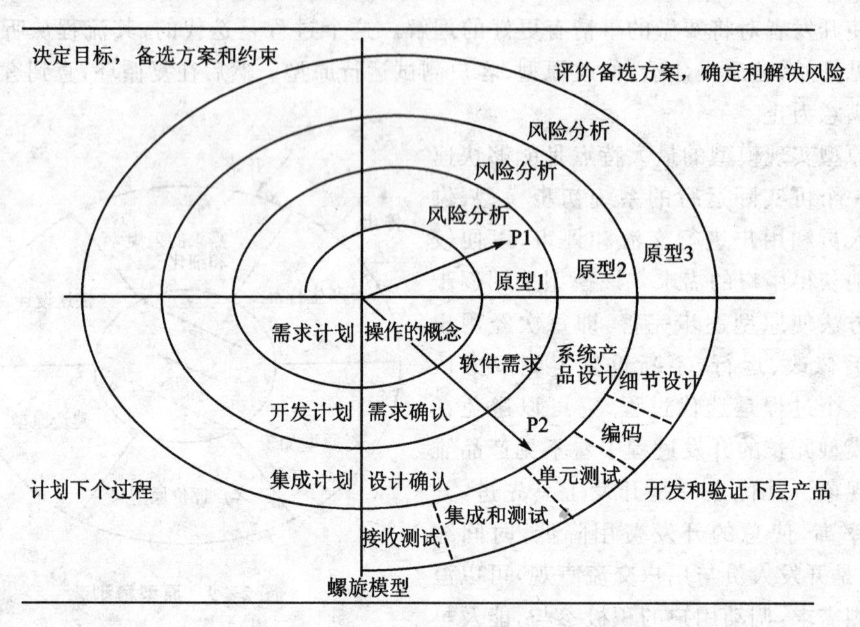

图 2－10 螺旋型

螺旋模型强调风险分析，使得开发人员和用户对每个演化层出现的风险有所了解，继而做出应有的反应，因此特别适用于庞大、复杂并具有高风险的系统。对于这些系统，风险是软件开发不可忽视且潜在的不利因素，它可能在不同程度上损害软件开发过程，影响软件产品的质量。减少软件风险的目标是在造成危害之前，及时对风险进行识别及分析，决定采取何种对策，进而消除或减少风险的损害。

与瀑布模型相比，螺旋模型支持用户需求的动态变化，为用户参与软件开发的所有关键决策提供了方便，有助于提高目标软件的适应能力。并且为项目管理人员及时调整管理决策提供了便利，从而降低了软件开发风险。但是，不能说螺旋模型绝对比其他模型优越，事实上，这种模型也有其自身的如下缺点。

① 采用螺旋模型需要具有相当丰富的风险评估经验和专门知识，在风险较大的项目开发中，如果未能够及时标识风险，势必造成重大损失。

② 过多的迭代次数会增加开发成本，延迟提交时间。

4. 增量型

如图 2-11 增量模型融合了瀑布模型的基本成分（重复应用）和原型实现的迭代特征，该模型采用随着日程时间的进展而交错的线性序列，每一个线性序列产生软件的一个可发布的“增量”。当使用增量模型时，第 1 个增量往往是核心的产品，即第 1 个增量实现了基本的需求，但很多补充的特征还没有发布。客户对每一个增量的使用和评估都作为下一个增量发布的新特征和功能，这个过程在每一个增量发布后不断重复，直到产生了最终的完善产品。增量模型强调每一个增量均发布一个可操作的产品。

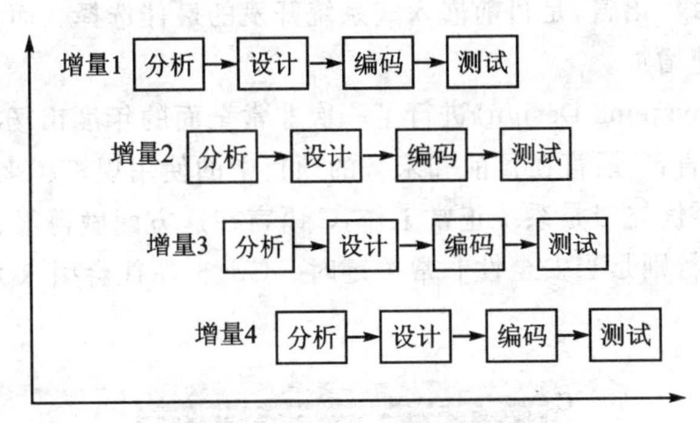

图 2-11　增量模型

增量模型与原型实现模型和其他演化方法一样，本质上是迭代的，但与原型实现不一样的是其强调每一个增量均发布一个可操作产品。早期的增量是最终产品的“可拆卸”版本，但提供了为用户服务的功能，并且为用户提供了评估的平台。增量模型的特点是引进了增量包的概念，无须等到所有需求都出来，只要某个需求的增量包出来即可进行开发。虽然某个增量包可能还需要进一步适应客户的需求并且更改，但只要这个增量包足够小，其影响对整个项目来说是可以承受的。

采用增量模型的优点是人员分配灵活，刚开始不用投入大量人力资源。如果核心产品很受欢迎，则可增加人力实现下一个增量。当配备的人员不能在设定的期限内完成产品时，它提供了一种先推出核心产品的途径。这样即可先发布部分功能给客户，对客户起到镇静剂的作用。此外，增量能够有计划地管理技术风险。增量模型的缺点是如果增量包之间存在相交的情况且未很好处理，则必须做全盘系统分析，这

种模型将功能细化后分别开发的方法较适应于需求经常改变的软件开发过程。

2.2.3 嵌入式程序设计语言

1. 汇编语言

不同于 PC 机上的软件编程，嵌入式系统编程建立在特定的硬件平台上，势必要求其编程语言具备较强的硬件直接操作能力。

从这个角度考虑，汇编语言最具有这种素质。但是，由于汇编语言开发的复杂性，它不能被一般嵌入式软件开发者快速掌握，而且既不利于开发较大的软件，又不便于软件的修改和维护。因此只有在开发一些必须与硬件紧密结合、较简单或实时性要求特别高的嵌入式程序时才使用汇编语言编程，如嵌入式系统底层的驱动程序、BSP、操作系统的任务切换、存储资源缺乏的单片机编程等。

2. C、C＋＋、VC、C＃语言系列

而与汇编语言相比，C、C＋＋及 C＃等高级语言正在嵌入式领域广泛流行。其中 C/C＋＋语言常用于开发大型系统软件，如嵌入式操作系统、嵌入式 GUI 等；C 语言这种“高级的低级”语言，是目前嵌入式系统开发的最佳选择。而 C＋＋、Java 语言所占份额也在迅速增加。

《Embedded Systems Design》进行了一次非常全面的年度市场调查，如图 2－12 所示，作为编程语言，C 语言在目前和未来的项目中的使用规模越来越大。这是因为嵌入式领域的首个优先级是系统正常工作，C 语言在这方面做得很成功，可以用它完成许多主要任务，特别是当安全性非常关键时。C＋＋往往会引入大量变量，从而使项目变得更复杂。

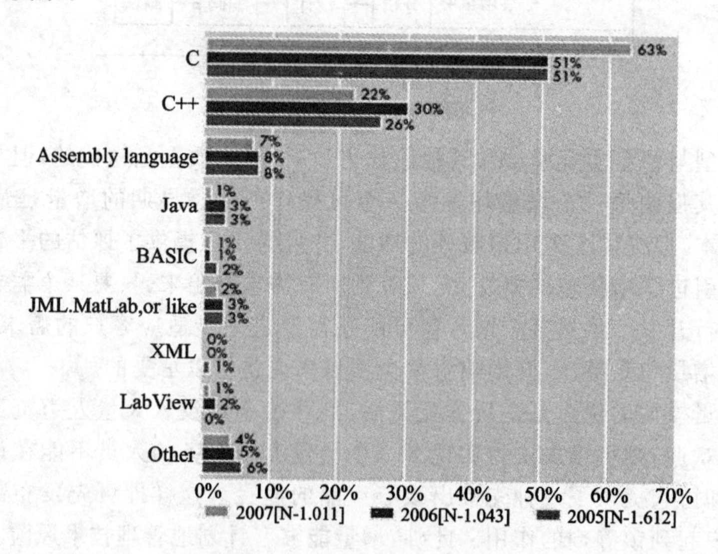

图 2－12 嵌入式开发语言

3. JAVA 语言

Java 语言常用于开发嵌入式 Web 应用。Java 语言几乎与硬件无关，特别适合开发需要跨平台使用的嵌入式软件，如嵌入式浏览器。

与 C++相比，Java 删去了为兼容 C 语言而保留的非面向对象成分，添加了一些已经在其他语言中得到的验证的概念和技术，使程序更加严谨、可靠、易懂。Java 程序"一次编写、多次使用"的跨平台特色，使其特别适合网络应用软件开发。作为一种强有力的通用程序设计语言，Java 具有如下特点：

(1) 面向对象

Java 中几乎所有的数据类型都是对象，它们具有一个共同的父类 Object，可以大大简化复杂数据类型的生成。Java 程序的设计也集中于对象及其接口，提供了简单的类机制和动态接口模型，实现了模块化和信息隐藏。

(2) 简单性

作为面向对象语言，Java 略去了运算符重载、多重继承等模糊概念；利用自动垃圾回收简化内存管理；在语法类似 C/C++的同时，删去了 C/C++的一些复杂语法项，不再使用头文件。这些措施使得程序员只需理解一些简单的概念就可编写适合各类情况的应用程序。

(3) 安全性

Java 不支持指针操作，一切对内存的操作都必须通过对象的实例变量实现，在避免指针操作错误的同时，可以阻止"特洛伊木马"等病毒的入侵。此外，Java 还拥有数个阶层的互锁保护措施，可以有效地预防病毒的入侵和破坏。

(4) 多线程

Java 是一种性能优异的多线程的动态编程语言。程序员可以使用不同的线程完成特定的系统行为，不需要采用全局的事件循环机制，易于实现网路上的实时交互行为。

(5) 垃圾回收

为有效管理内存，Java 提供自动垃圾回收机制，预防程序员手动管理内存可能出现的错误。

(6) 多态性

在 Java 的类库中可以自由地加入新的方法和实例变量，不影响程序的执行。而且 Java 通过接口来支持多重继承，比严格的类继承具有更灵活的扩展性。

(7) Java Applet

Applet 是一个动态、安全、跨平台的 Java 网络应用小程序。它嵌入到 HTML 语言中，通过主页发布到 Internet 上，在支持 Java 的浏览器中运行。利用它，Java 用户可以放心地生成多媒体用户界面，完成复杂的计算，提供人机交互，而且不必担心病毒入侵。

(8) 丰富的类库

Java中提供大量的类来满足网络化、多线程、面向对象系统的需要，包括字符串处理、多线程处理、异常处理、哈希表、堆栈、可变数组、时间日期、流式I/O、GUI、网络协议等。

对嵌入式软件编程的高要求还有另一个体现。同一种编程语言，如C语言，针对不同的目标环境（如不同的微处理器）有不同的扩展，从而产生了各不相同的嵌入式版本。这使得嵌入式软件编程人员有必要熟悉同一编程语言不同版本之间的差别。

嵌入式系统一般比较紧凑，程序运行空间相对较小，而且嵌入式系统对实时性和资源又有比较苛刻的要求，这都决定了嵌入式软件编程具有与通用软件编程不同的特点，需要编程人员认真体会。

2.3 嵌入式软件开发工具

2.3.1 项目管理工具

在进行项目管理的时候，常常需要辅助工具，即项目管理软件。通常，项目管理软件具有预算、成本控制、计算进度计划、分配资源、分发项目信息、项目数据的转入和转出、处理多个项目和子项目、制作报表、创建工作分析结构、计划跟踪等功能。这些工具可以帮助项目管理者完成很多工作，是项目经理的得力助手。

根据项目管理软件的功能和价格，大致可以划分两个档次：一种是高档工具，功能强大，但是价格不菲。例如Primavera公司的P3、Welcom公司的OpenPlan、Gores公司的Artemis等。另外一种是通用的项目管理工具，例如TimeLine公司的TimeLine、Scitor的Project Scheduler、Microsoft的Project等，它们功能虽然不是很强大，但是价格比较便宜，可以用于一些中小型项目。下面介绍常用的一些项目管理工具。

1. Microsoft Project

Microsoft Project是国际上最为盛行与通用的项目管理软件，适用于新产品研发、IT、房地产、工程、大型活动等多种项目类型。经过微软多年研发，Project包含了经典的项目管理思想和技术以及全球众多企业的项目管理实践。在企业内部使用和推广Project，在提升项目管理人员能力的同时也实现了项目管理专业化与规范化的过程。

Microsoft Project是Project软件基于Windows操作系统的第6个版本，最新的版本是2010，其运行界面如图2-13所示。它已成为了世界上最受欢迎的项目管理软件之一。它代表了Microsoft公司在项目管理产品领域的一个新的里程碑。Microsoft Project的用户群在全球已超过五百万，其中包括多种多样的用户类型，从掌握一般知识的工作人员到专家级的项目经理。Microsoft Project 是针对整个用户群进行大量研究和开发的结果，并添加和增强了一些重要的功能。Microsoft Project 为用户提供了对于项目的整体规划和跟踪，并按照业务需求交付相应的结果，是整个组织所需要的唯一一个规划工具。

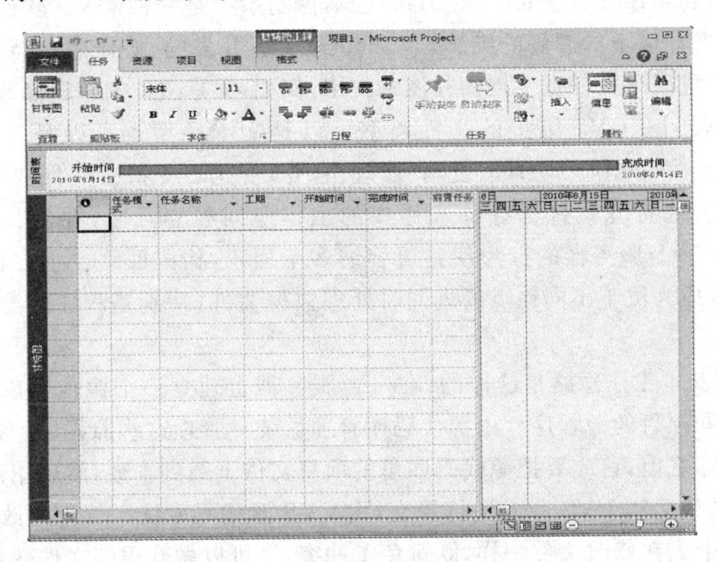

图 2-13 Microsoft Project 2010

2. VSS

版本控制是工作组软件开发中的重要方面，它能防止意外的文件丢失、允许反追踪到早期版本，并能对版本进行分支、合并和管理。在软件开发和需要比较两种版本的文件或找回早期版本的文件时，源代码的控制是非常有用的。

Visual SourceSafe 是一种源代码控制系统，它提供了完善的版本和配置管理功能，以及安全保护和跟踪检查功能。VSS 通过将有关项目文档(包括文本文件、图像文件、二进制文件、声音文件、视频文件)存入数据库进行项目研发管理工作。用户可以根据需要随时快速有效地共享文件。文件一旦被添加进 VSS，它的每次改动都会被记录下来，用户可以恢复文件的早期版本，项目组的其他成员也可以看到有关文档的最新版本，并对它们进行修改，VSS 也同样会将新的改动记录下来。还会发现，用 VSS 来组织管理项目，使得项目组间的沟通与合作更简易而且直观。

VSS 可以同 Visual Basic、Visual C++、Visual J++、Visual InterDev、Visual FoxPro 开发环境以及 Microsoft Office 应用程序集成在一起，提供了方便易用、面向项目的版本控制功能。Visual SourceSafe 可以处理由各种开发语言、创作工具或应用程序所创建的任何文件类型。在提倡文件再使用的今天，用户可以同时在文件和项目级进行工作。Visual SourceSafe 面向项目的特性能更有效地管理工作组应用程序开发工作中的日常任务。

3. CVS

CVS是一个C/S系统,多个开发人员通过一个中心版本控制系统来记录文件版本,从而达到保证文件同步的目的。

CVS(Concurrent Versions System)版本控制系统是一种GNU软件包,主要用于在多人开发环境下的源码的维护。Concurrent有并发的、协作的、一致的等含义。实际上CVS可以维护任意文档的开发和使用,例如,共享文件的编辑修改,而不仅仅局限于程序设计。CVS维护的文件类型可以是文本类型也可以是二进制类型。CVS用Copy-Modify-Merge(复制、修改、合并)变化表支持对文件的同时访问和修改。它明确地将源文件的存储和用户的工作空间独立开来,并使其并行操作。CVS基于客户端/服务器的行为使其可容纳多个用户,构成网络也很方便。这一特性使得CVS成为位于不同地点的人同时处理数据文件(特别是程序的源代码)时的首选。

CVS的基本工作思路是这样的:在一台服务器上建立一个源代码库,库里可以存放许多不同项目的源程序。由源代码库管理员统一管理这些源程序。每个用户在使用源代码库之前,首先要把源代码库里的项目文件下载到本地,然后用户可以在本地任意修改,最后用CVS命令进行提交,由CVS源代码库统一管理修改。这样,就好像只有一个人在修改文件一样,既避免了冲突,又可以做到跟踪文件变化等。

CVS是Concurrent Versions System的简称。它是现今Open Source成功发展的幕后功臣之一。CVS解决多人合作开发时程式版本控管的问题,通常会再搭配邮件列表(Mailing List)作为开发团队沟通的管道。这种组合,使开发团队不受时间、地域限制,合作伙伴分散全世界,且团队大小没有上限,因此Open Source才能集合世界各地高手,不断地薪火相传、不断地推出高品质的自由软件。它的特点非常适合团队协同开发模式下源代码、文档的归档、版本追朔,得到了广大专业程序员和配置管理员的认同。

2.3.2 需求分析与设计工具

1. Microsoft Visio

Visio是微软开发的一款软件,它有助于IT和商务专业人员轻松地可视化、分析和交流复杂信息。它能够将难以理解的复杂文本和表格转换为一目了然的Visio图表,如图2-14所示。该软件通过创建与数据相关的Visio图表(而不使用静态图片)来显示数据,这些图表易于刷新,并能够显著提高生产率。

Microsoft Visio是独立的图表解决方案,它可以帮助用户交流创意、信息和系统并将其可视化。使用Visio可以定义和记录日常工作生活的复杂信息,并与其他人有效地共享创意和信息。另外,如果将Visio图表合并到Office文档中,将使信息变得更简洁、让别人更容易记住要点、更容易克服文化和技术上的障碍。Visio有3个

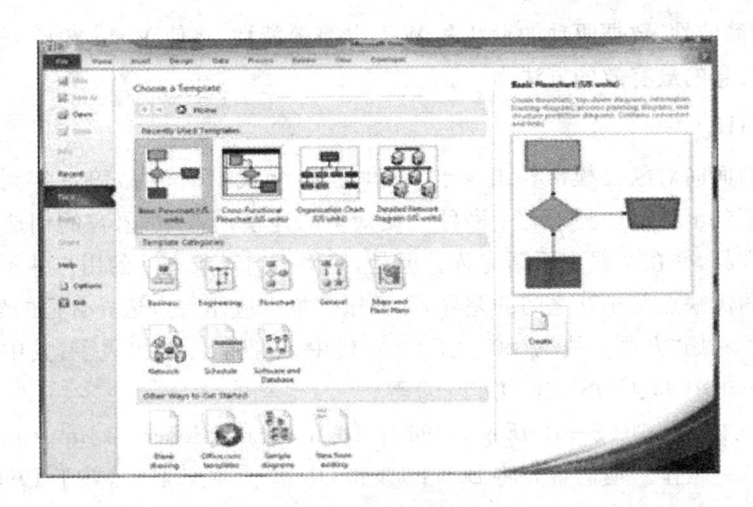

图 2-14　使用 Viso 绘制图表

主要作用：

① 补充 Microsoft Office 业务。专业人员可以创建信息丰富的图表，以便补充和扩展他们用 Office 程序所做的工作。

② 简化技术设计、部署和维护。技术专业人员可以用图表记录创意、信息和系统，以便简化 IT 部署、扩展开发工具的使用，甚至记录设备布局和工程计划。

③ 支持开发自定义的可视解决方案。Visio 使用户能够创建自定义的形状和模具来支持组织标准，还可以用来创建范围广泛的自定义可视解决方案。

Visio 家族包括能够满足特定用户组需要的 3 种产品：

Microsoft Visio Standard 提供了图表解决方案，帮助业务专业人员(例如项目经理、销售和市场专业人员、HR 人员、管理人员和其他人员)共享日常接触的人员、项目和进程等方面的信息并对其进行可视化。

Microsoft Visio Professional 帮助技术专业人员(IT、开发人员和工程专业人员)对现有的创意、信息和系统进行可视化，并建立新创意、信息和系统的原型。Visio Professional 还包括 Visio Standard 中的业务图表解决方案。

Microsoft Visio 企业网络工具是 Visio Professional 的附件，它为 IT 专业人员提供了高级的网络图表解决方案。

Visio 2010 中的高级绘图工具可以简化复杂的问题，利用动态的、数据驱动的视觉效果和全新的方法，实时地在互联网上进行共享。

无论想要创建组织结构图、网络图还是业务流程图，Visio 的全新工具和更加直观的界面都会轻松地制作各种图表。可以利用多种时尚的形状来创建图表，然后通过链接到常用的数据源(例如 Excel ®)，将会在图表中看到能够自动刷新的实时数据。最后，通过几次单击操作，可以将已链接数据的图表发布到 SharePoint ®，并通过浏览器与他人进行共享。

总之，简洁性、数据驱动的形状和 Web 共享等特性，将使 Visio 2010 成为查看和了解重要信息的最有效的方法之一。

2. UML

公认的面向对象建模语言出现于 20 世纪 70 年代中期。从 1989 年到 1994 年，其数量从不到十种增加到了五十多种。在众多的建模语言中，语言的创造者努力推崇自己的产品，并在实践中不断完善。但是，使用面向对象方法的用户并不了解不同建模语言的优缺点及相互之间的差异，因而很难根据应用特点选择合适的建模语言，于是爆发了一场“方法大战”。20 世纪 90 年代中，一批新方法出现了，其中最引人注目的是 Booch 1993、OOSE 和 OMT－2 等。

UML 的发展如图 2－15 所示，1994 年 10 月，Grady Booch 和 Jim Rumbaugh 开始致力于这一工作。他们首先将 Booch9 3 和 OMT－2 统一起来，并于 1995 年 10 月发布了第一个公开版本，称之为统一方法 UM 0.8(Un itied Method)。1995 年秋，OOSE 的创始人 Ivar Jacobson 加盟到这一工作。经过 Booch、Rumbaugh 和 Jacobson 三人的共同努力，于 1996 年 6 月和 10 月分别发布了两个新的版本，即 UML 0.9 和 UML 0.91，并将 UM 重新命名为 UML(Unified Modeling Language)。1996 年，一些机构将 UML 作为其商业策略已日趋明显。UML 的开发者得到了来自公众的正面反应，并倡议成立了 UML 成员协会，以完善、加强和促进 UML 的定义工作。当时的成员有 DEC、HP、I－Logix、Itellicorp、IBM、ICON Computing、MCI Systemhouse、Microsoft、Oracle、Rational Software、TI 以及 Unisys。这一机构对 UML 1.0(1997 年 1 月)及 UML 1.1(1997 年 11 月 17 日)的定义和发布起了重要的促进作用。面向对象的分析与设计方法的发展在 20 世纪 80 年代末至 90 年代中出现了一个高潮，UML 是这个高潮的产物。它不仅统一了 Booch、Rumbaugh 和 Jacobson 的表示方法，而且对其作了进一步的发展，并最终统一为大众所接受的标准建模语言。

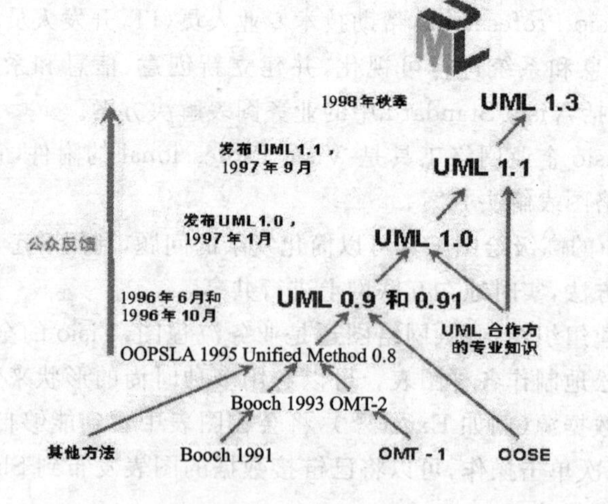

图 2－15　UML 的发展

UML 是一种定义良好、易于表达、功能强大且普遍适用的建模语言。它融入了软件工程领域的新思想、新方法和新技术。它的作用域不限于支持面向对象的分析与设计，还支持从需求分析开始的软件开发的全过程。作为一种建模语言，UML 的定义包括 UML 语义和 UML 表示法两个部分。

① UML 语义：描述基于 UML 的精确元模型定义。元模型为 UML 的所有元素在语法和语义上提供了简单、一致、通用的定义性说明，使开发者能在语义上取得一致，消除了因人而异的最佳表达方法所造成的影响。此外 UML 还支持对元模型的扩展定义。

② UML 表示法：定义 UML 符号的表示法，为开发者或开发工具使用这些图形符号和文本语法为系统建模提供了标准。这些图形符号和文字所表达的是应用级的模型，在语义上它是 UML 元模型的实例。

标准建模语言 UML 的重要内容可以由下列 5 类图（共 9 种图形）来定义：

第 1 类是用例图，如图 2－16 所示，用例模型描述的是外部执行者（Actor）所理解的系统功能，并指出各功能的操作者。

第 2 类是静态图（Static diagram）：包括类图、对象图和包图。类图（Class Diagram）描述类和类之间的静态关系。与数据模型不同，它不仅显示了信息的结构，同时还描述了系统的行为，如图 2－17 所示，不仅定义系统中的类，表示类之间的联系如关联、依赖、聚合等，也包括类的内部结构（类的属性和操作）。类图描述的是一种静态关系，在系统的整个生命周期都是有效的。

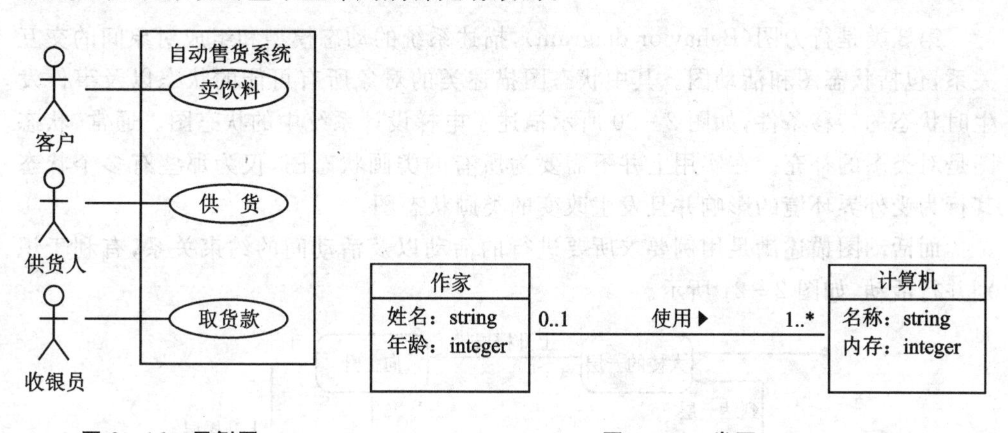

图 2－16　用例图　　　　图 2－17　类图

UML 中对象图与类图具有相同的表示形式。对象图可以看作是类图的一个实例。如图 2－18 所示，几乎使用与类图完全相同的标识。它们的不同点在于对象图显示类的多个对象实例，而不是实际的类。一个对象图是类图的一个实例。由于对象存在生命周期，因此对象图只能在系统某一时间段存在。

包图主要显示类的包以及这些包之间的依赖关系。有时还显示包和包之间的继承关系和组成关系。包图用于描述系统的分层结构，如图 2－19 所示。

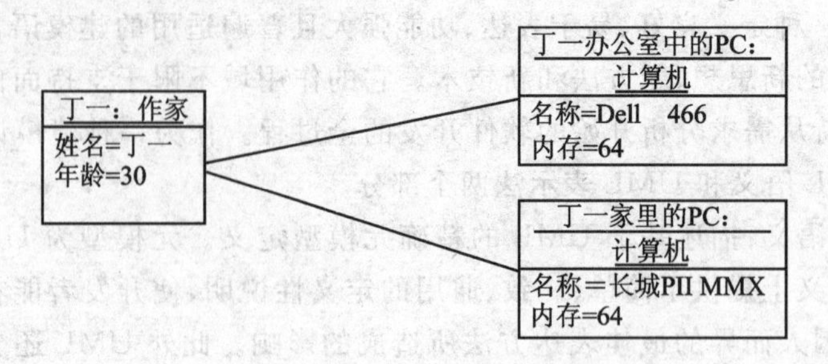

图 2－18　对象图

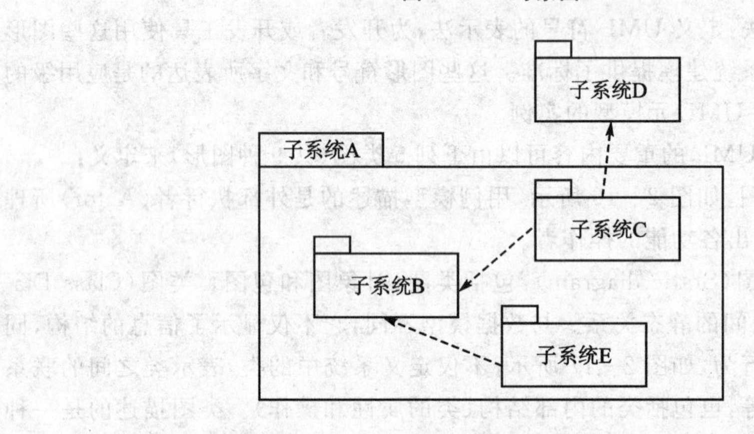

图 2－19　包图

第 3 类是行为图(Behavior diagram)，描述系统的动态模型和组成对象间的交互关系，包括状态图和活动图。其中状态图描述类的对象所有可能的状态以及事件发生时状态的转移条件，如图 2－20 所示描述了电梯设计系统中的状态图。通常，状态图是对类图的补充。在实用上并不需要为所有的类画状态图，仅为那些有多个状态其行为受外界环境的影响并且发生改变的类画状态图。

而活动图描述满足用例要求所要进行的活动以及活动间的约束关系，有利于识别并行活动，如图 2－21 所示。

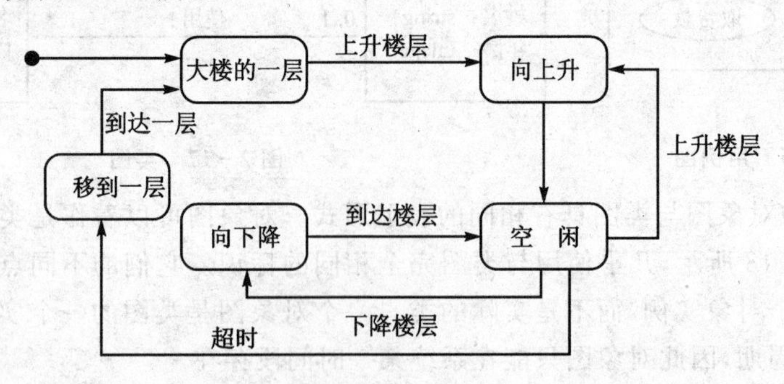

图 2－20　状态图

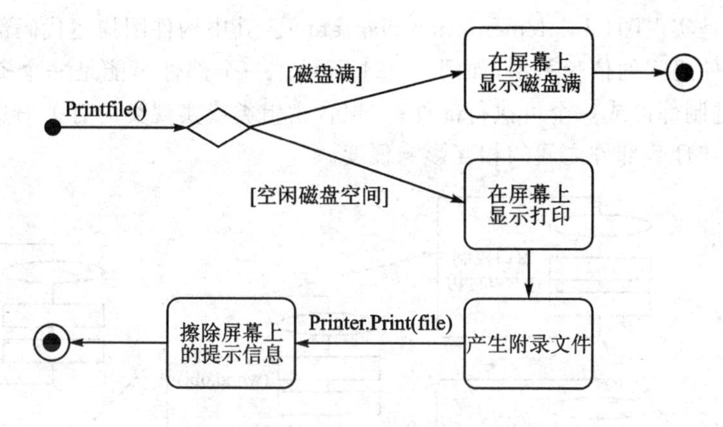

图 2-21 活动图

第 4 类是交互图(Interactive diagram),描述对象间的交互关系,包括顺序图和合作图,如果强调时间和顺序,则使用顺序图;如果强调上下级关系,则选择合作图。所以,这两种图合称为交互图。

其中顺序图显示对象之间的动态合作关系,它强调对象之间消息发送的顺序,同时显示对象之间的交互,如图 2-22 所示。

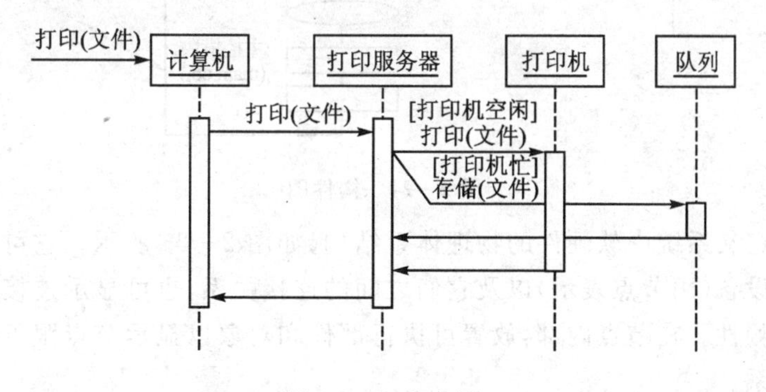

图 2-22 顺序图

合作图描述对象间的协作关系,合作图跟顺序图相似,显示对象间的动态合作关系。除显示信息交换外,合作图还显示对象以及它们之间的关系,如图 2-23 所示。

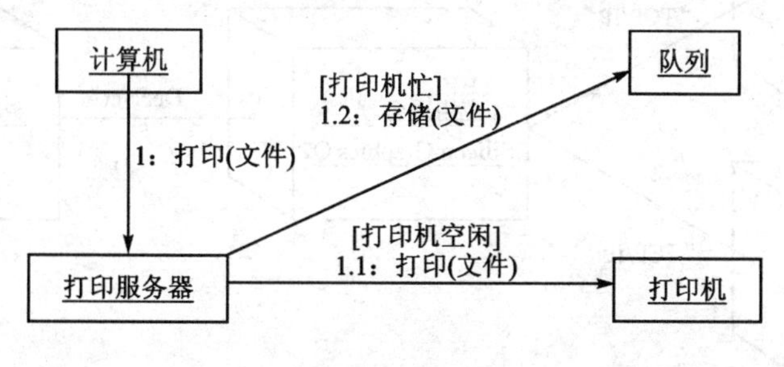

图 2-23 合作图

第5类是实现图（Implementation diagram）。其中构件图描述代码部件的物理结构及各部件之间的依赖关系，如图2－24所示。一个部件可能是一个资源代码部件、一个二进制部件或一个可执行部件；它包含逻辑类或实现类的有关信息。部件图有助于分析和理解部件之间的相互影响程度。

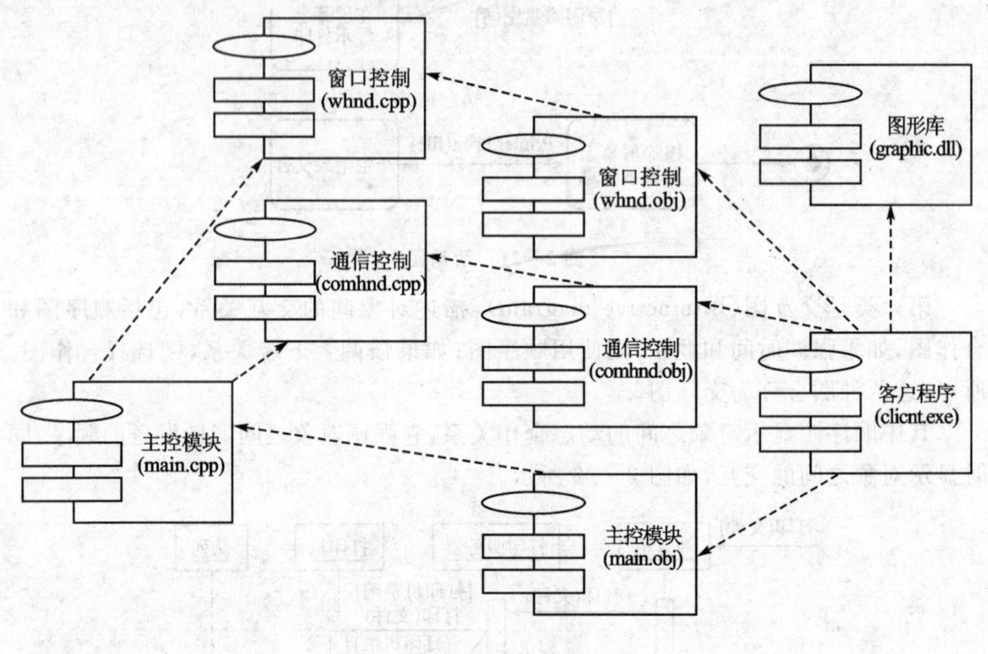

图2－24　构件图

配置图定义系统中软硬件的物理体系结构，如图2－25所示。它可以显示实际的计算机和设备（用节点表示）以及它们之间的连接关系，也可显示连接的类型及部件之间的依赖性。在节点内部，放置可执行部件和对象以显示节点跟可执行软件单元的对应关系。

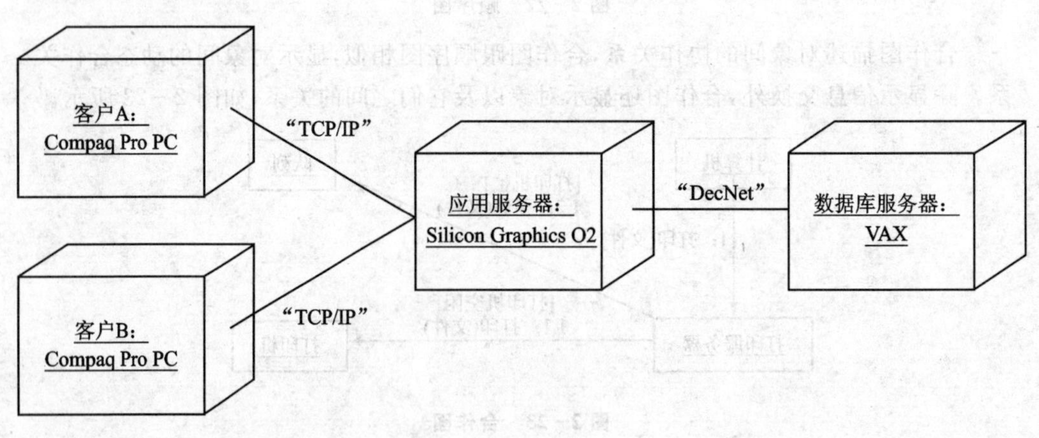

图2－25　配置图

从应用的角度看，当采用面向对象技术设计系统时，首先是描述需求；其次根据需求建立系统的静态模型，以构造系统的结构；第3步是描述系统的行为。其中在第1步与第2步中所建立的模型都是静态的，包括用例图、类图(包含包)、对象图、组件图和配置图等5个图形，是标准建模语言UML的静态建模机制。其中第3步中所建立的模型或者可以执行，或者表示执行时的时序状态或交互关系。它包括状态图、活动图、顺序图和合作图等4个图形，是标准建模语言UML的动态建模机制。因此，标准建模语言UML的主要内容也可以归纳为静态建模机制和动态建模机制两大类。

UML的目标是以面向对象图的方式来描述任何类型的系统，具有很宽的应用领域。其中最常用的是建立软件系统的模型，但它同样可以用于描述非软件领域的系统，如机械系统、企业机构或业务过程，以及处理复杂数据的信息系统、具有实时要求的工业系统或工业过程等。总之，UML是一个通用的标准建模语言，可以对任何具有静态结构和动态行为的系统进行建模。此外，UML适用于系统开发过程中从需求规格描述到系统完成后测试的不同阶段。在需求分析阶段，可以用用例来捕获用户需求。通过用例建模，描述对系统感兴趣的外部角色及其对系统(用例)的功能要求。分析阶段主要关心问题域中的主要概念(如抽象、类和对象等)和机制，需要识别这些类以及它们相互间的关系，并用UML类图来描述。

为实现用例，类之间需要协作，这可以用UML动态模型来描述。在分析阶段，只对问题域的对象(现实世界的概念)建模，而不考虑定义软件系统中技术细节的类(如处理用户接口、数据库、通信和并行性等问题的类)。这些技术细节将在设计阶段引入，因此设计阶段为构造阶段提供更详细的规格说明。编程(构造)是一个独立的阶段，其任务是用面向对象编程语言将来自设计阶段的类转换成实际的代码。在用UML建立分析和设计模型时，应尽量避免考虑把模型转换成某种特定的编程语言。因为在早期阶段，模型仅仅是理解和分析系统结构的工具，过早考虑编码问题十分不利于建立简单正确的模型。

UML模型还可作为测试阶段的依据。系统通常需要经过单元测试、集成测试、系统测试和验收测试。不同的测试小组使用不同的UML图作为测试依据：单元测试使用类图和类规格说明；集成测试使用部件图和合作图；系统测试使用用例图来验证系统的行为，验收测试由用户进行，以验证系统测试的结果是否满足在分析阶段确定的需求。

总之，标准建模语言UML适用于以面向对象技术来描述任何类型的系统，而且适用于系统开发的不同阶段，从需求规格描述直至系统完成后的测试和维护。

3. Rational Rose

Rational Rose是一个完全的，具有能满足所有建模环境(Web开发、数据建模、Visual Studio和C++)需求能力和灵活性的一套解决方案。Rose允许开发人员、项目经理、系统工程师和分析人员在软件开发周期内将需求和系统的体系架构转换成代码，消除浪费的消耗，对需求和系统的体系架构进行可视化、理解和精练。通过在软件开发周期内使用同一种建模工具可以确保更快更好地创建满足客户需求的可扩展、灵活并且可靠的应用系统。

Rational Rose 是基于 UML 的可视化建模工具，首先看看 UML 有什么用。UML 全称叫 Unfied Modeling Language，顾名思义，UML 是一种语言，一种表示法，就是一种交流沟通的工具，特别适用于软件密集型系统的表示。

Rational Rose 包括了统一建模语言(UML)、OOSE 以及 OMT。其中统一建模语言(UML)由 Rational 公司 3 位世界级面向对象技术专家 Grady Booch、Ivar Jacobson、和 Jim Rumbaugh 通过对早期面向对象研究和设计方法的进一步扩展而得来的，它为可视化建模软件奠定了坚实的理论基础。同时这样的渊源也使 Rational Rose 力挫当前市场上很多基于 UML 可视化建模的工具，例如 Microsoft 的 Visio2002、Oracle 的 Designer2000、PlayCase、CA BPWin、CA ERWin、Sybase PowerDesigner 等。

2.3.3 编码调试工具

1. ADS

ARM ADS 全称为 ARM Developer Suite。是 ARM 公司推出的新一代 ARM 集成开发工具。现在 ADS 最新版本是 1.2，它取代了早期的 ADS1.1 和 ADS1.0。它除了可以安装在 Windows NT4、Windows 2000、Windows 98 和 Windows 95 操作系统下，还支持 Windows XP 和 Windows Me 操作系统。ADS 由命令行开发工具、ARM 时实库、GUI 开发环境(Code Warrior 和 AXD)、实用程序和支持软件组成。

CodeWarrior for ARM 是一套完整的集成开发工具，充分发挥了 ARM RISC 的优势，使产品开发人员能够很好地应用尖端的片上系统技术。该工具是专为基于 ARM RISC 的处理器而设计的，它可加速并简化嵌入式开发过程中的每一个环节，使得开发人员只需通过一个集成软件开发环境就能研制出 ARM 产品，在整个开发周期中，开发人员无需离开 Code Warrior 开发环境，因此节省了在操作工具上花的时间，使得开发人员有更多的精力投入到代码编写上来，Code Warrior IDE 主窗口如图 2-26 所示。

2. RMDK

RealView MDK(Microcontroller Development Kit)开发工具源自德国 Keil 公司，是 ARM 公司目前最新推荐的针对各种嵌入式处理器的软件开发工具。RealView MDK 适合不同层次的开发者使用，包括专业的应用程序开发工程师和嵌入式软件开发的入门者。

RealView 编译工具是 ARM 公司 15 年来深入研发的结果。RealView 微控制器开发集(RealView Microcontroller Development Kit)涵盖了如下 RealView 编译

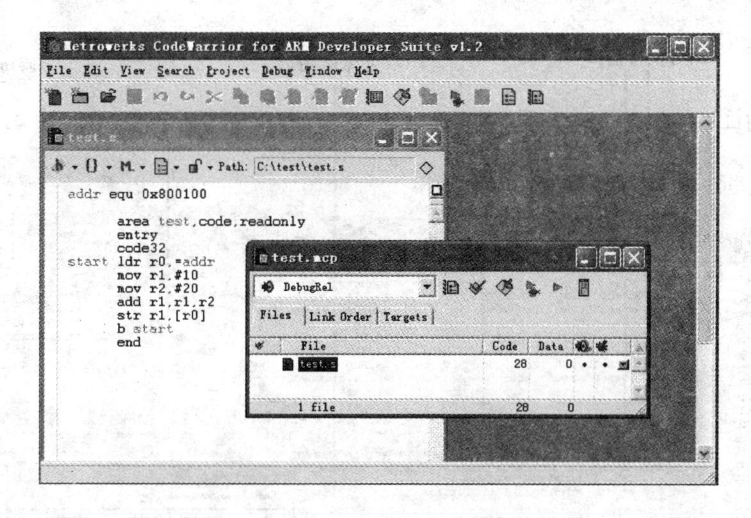

图 2-26　ADS 集成开发环境界面

工具组件。包括 μVision IDE 集成开发环境、μVision Debugger 调试器和 RealView 编译器，如图 2-27 所示。RealView MDK 支持 ARM7、ARM9 和最新的 Cortex-M3 核处理器，自动配置启动代码，集成 Flash 烧写模块，强大的 Simulation 设备模拟，性能分析等功能，与 ARM 之前的工具包 ADS 等相比，RealView 编译器的最新版本可将性能改善超过 20%。

RealView 编译工具被工业界认为是最能够充分发挥基于 ARM 体系结构处理器性能的编译器。编译器能生成更小的代码映像，可帮助设计人员开发最紧凑的代码，这将大大降低产品成本。该编译器能够生成面向 32-bit ARM 和 16-bit Thumb 指令集的代码，并支持完全 ISO 标准的 C 和 C++。RealView 编译工具在减少程序代码和提高执行速度两个方面同时进行了优化。

3. Linux 平台下 C 语言开发工具

Linux 和 C 语言有很深的渊源，因为 Linux 本身就是用 C 语言编写的。同时，在 Linux 操作系统中也提供了 C 语言的开发环境。这些开发环境一般包括程序生成工具、程序调试工具、工程管理工具等。

(1) 程序生成工具

在 Linux 中，一般使用 GCC(GNU Compiler Collection)作为程序生成工具。GCC 提供了 C 语言的编译器、汇编器、连接器以及一系列辅助工具。GCC 可以用于生成 Linux 中的应用程序，也可以用于编译 Linux 内核和内核模块，是 Linux 中 C 语言开发的核心工具。

(2) 程序调试工具

GDB 是 Linux 中一个强大的命令行调试工具，使用 GDB 调试 C 语言的时候，可以使用设置断点、单步运行、查看变量等功能。

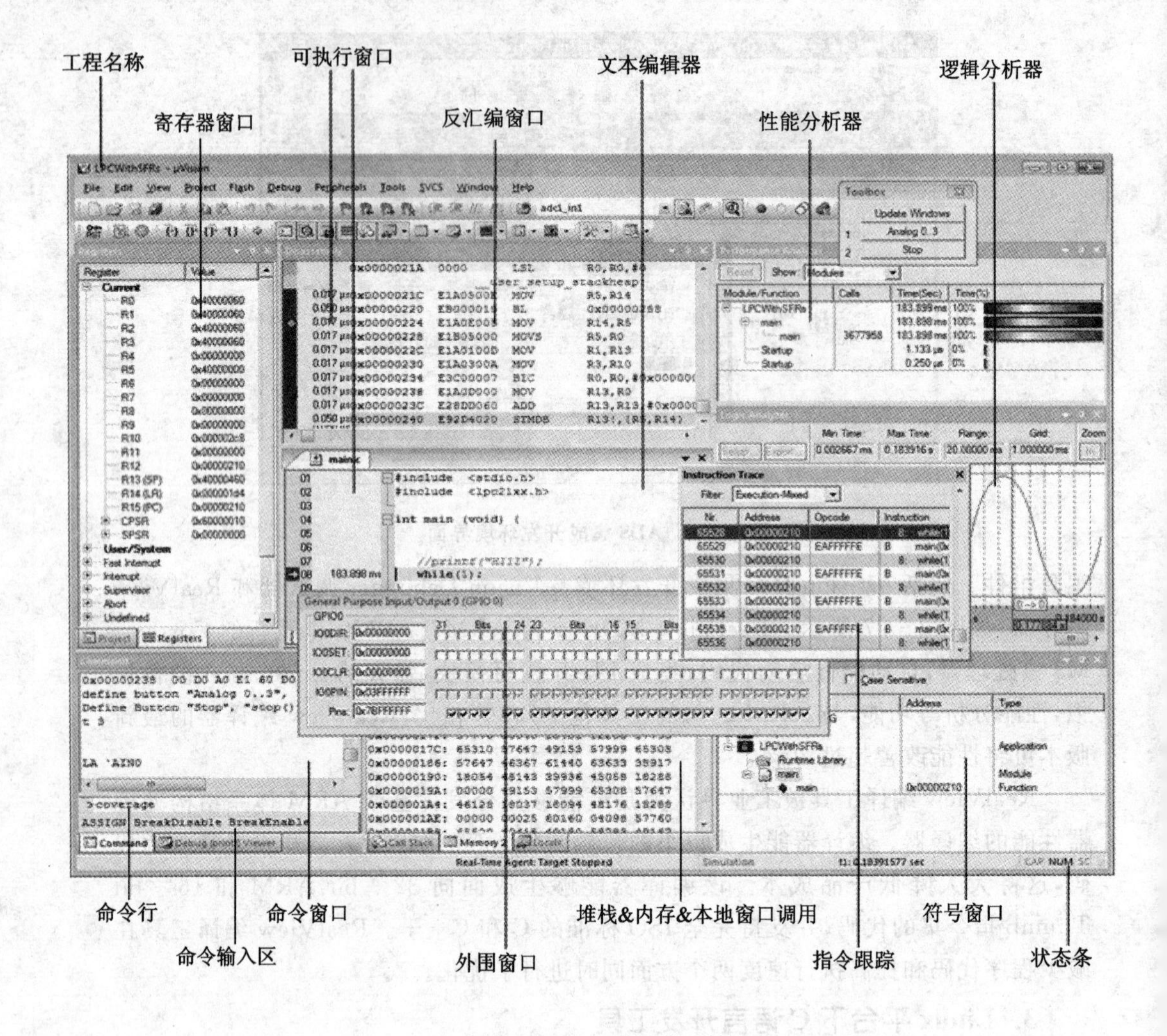

图 2-27　MDK 开发环境

(3) 工程管理工具

在 Linux 操作系统下的程序开发中，一般使用 Make 和 Makefile 作为工程管理工具。在工程管理方面，有效地使用它们可以统筹工程中的各个文件，并在编译过程中根据时间戳，有选择地进行编译，减少程序生成时间。

4. Windows CE 平台下的开发工具

本书所涉及的开发工具都是基于 Windows CE 平台的，这里只做简单介绍，关于这些开发工具的详细使用，参考以后章节。

(1) 内核定制工具 PB

嵌入式操作系统和嵌入式操作系统定制或配置工具紧密联系，构成了嵌入式操作系统的集成开发环境。就 Windows CE 来说，无法买到 Windows CE 这个操作系统，买到的是 Platform Builder for CE. NET 的集成开发环境，简称为 PB，利用它可以剪裁和定制出一个符合需要的 Windows CE. NET 操作系统。所以，Windows CE. NET 操作系统一般需要经过裁减与定制开发，包括高级创建、系统调试、创建板支持包、驱动程序开发等内容。

一个基于 Windows CE 的嵌入式系统包括 4 层结构，应用程序、嵌入式操作系统映像（OS Image）、板级支持包（BSP）和硬件平台。Windows CE 的定制过程也可以说是针对不同的 CPU、不同的目标板编写 BSP 的过程。在硬件平台上，Windows CE 支持多种处理器，包括 X86、Xscale、ARM、MIPS 和 SH 等系列，它允许开发人员选择最理想的硬件。在操作系统映像（OS Image）方面，Windows CE. NET 是由 Platform Builder 来定制的，Platform Builder 提供多种配置文件和调试工具，可以将嵌入式操作系统和应用程序一起生成内核，也可以只生成 Windows CE. NET 操作系统，并可根据功能要求裁减相关模块。

Platform Builder 提供了创建和调试 Windows CE 映射 NK. BIN 的集成开发环境，如向导和工具栏，支持活动模板库（ATL）、微软基本类库（MFC）和 Visual Basic，为支持的处理器家庭提供编译器、内核调试器以及各种远程调试工具，如图 2-28 所示。通过网络通信可以将 Windows CE 操作系统映像文件 NK. BIN 下载到目标平台，然后让 Windows CE 在目标平台启动，这时也可通过 Platform Builder 提供的调试工具查看 Windows CE 的运行情况。

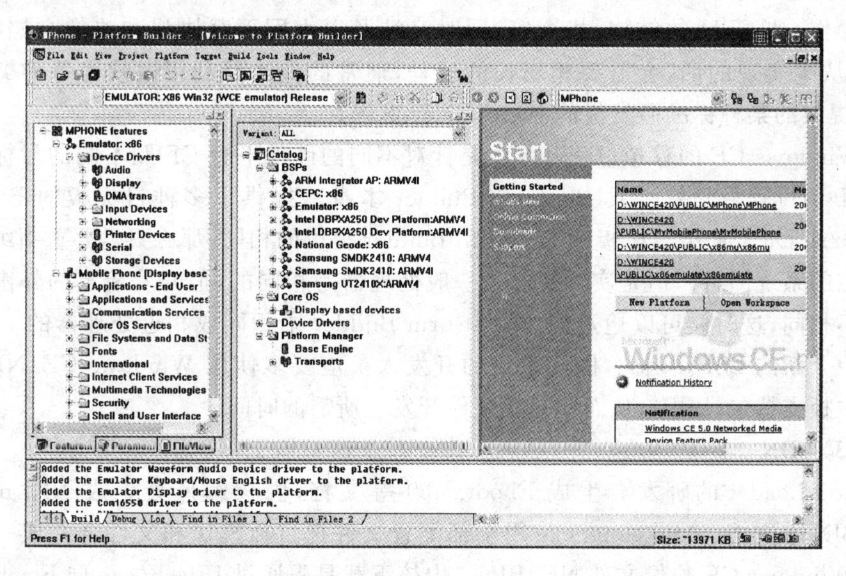

图 2-28　Platform Builder for CE. NET 的集成开发环境

Windows CE 的内核定制可以通过 Platform Builder（以下简称 PB）工具来完成。PB 具有成熟的集成开发环境，包括一系列开发工具、上下文菜单、工具栏和快捷键。通过 PB 可以根据不同的硬件配置、不同的应用场合来定制、裁减 Windows CE. NET 操作系统，最终生成操作系统内核镜像文件。因此，内核裁减的主要工作在于确定应用需求，并完成应用需求与内核选项的映射。根据缝制设备嵌入式系统的图形化启动、模块实时加载、网络化支持、串口通信、文件存储与管理等功能，在裁减过程中需要支持核心运行库支持，C Librariesand Runtimes；显示驱动支持，Geode/MediaGX；标准输入设备（鼠标、键盘等）支持，Input Devices；USB 总线支持，USB Host；文件系统支持，Fat filesystem；串行通信支持，Serial 等选项，并对其相关子项进行细化。在裁减内核的基础上，通过对相关库文件的裁减也可以减少系统所需存储空间。

(2) BSP

BSP 主要包括 BootLoader 的研发和 OAL 的研发。编写 BootLoader 是定制 Windows CE 系统第一步，也是关键的一步。只有得到一个稳定工作的 Loader 程序，才能够更进一步研发 Windows CE 的 BSP。BootLoader 是一段单独的程序代码，它存放于目标平台的非易失存储介质中，如 ROM 或 Flash。它主要用于启动硬件和下载 NK.BIN 到目标板上，并有一定的监控作用。

一般来说，对于 BootLoader 的功能需要并不是严格定义的，不同的场合区别很大。比如在 PC 的硬件平台上，由于硬件启动根本就不是通过 BootLoader（而是通过 BIOS），所以 BootLoader 就无需对 CPU 加电后的初始化做任何工作；而一般的嵌入式研发平台上，BootLoader 是最先被执行的程序，所以就必须包括加电初始化程序。通常，BootLoader 必须包含下载 CE 映像文档的功能。由于 BootLoader 涉及基本的硬件操作，如 CPU 的结构、指令等，同时又涉及以太网下载协议和映像文档格式。因此，从零实现的话，会需要相当长的过程，通常的做法是利用微软为每种类型的 CPU 提供的某种标准研发板的 BootLoader 例程。

Windows CE 的移植过程基本上是针对不同的硬件平台 CPU、不同的目标板编写 BSP 的过程。开发工具 Platform Builder 本身就提供了多种目标板的 BSP，如图 2-29所示。如果目标板和 Platform Builder 提供的相同，那么只需要重新编译生成相应的系统即可。但是实际情况是一般处理器是相同的，但开发板上的外围硬件接口不相同，这时候可以通过修改 Platform Builder 中相同或相近处理器的 BSP 来完成一个新的 BSP。因此，嵌入系统的开发人员应要多使用 Windows CE.NET 包括的主板支持包（BSP），从而缩短在硬件开发上所需的时间。

(3) SDK

BootLoader 的研发会生成 Eboot.nb0 等文档，内核编译会生成 NK.nb0 和 NK.BIN 等文档。Makeimg.exe 用全部配置文件把目标模块和文件合并成一个唯一的 Windows CE 映像文件 NK.BIN。内核下载是先通过 JFlash.exe 向 Flash 中写入 Eboot.nb0 文档，上电运行之后，再通过 Eshell.exe 来下载 NK.BIN。然后重启系统，定制的 Windows CE 就能够运行了。生成映像文件 NK.BIN 是平台创建过程的最后一步，也是配置 Windows CE 的最终目标。内核编译完成后，还可以导出一个平台 SDK，供在 EVC 或 VS.net 中开发上层软件使用，如图 2-30 所示。

Manage Catalog Features

Imported catalog feature files:

File	Version	Vendor	Description
aspen.cec	4.20	Microsoft	Aspen BSP Features
rockhopper...	4.20	Microsoft	Rockhopper BSP Features
cepc.cec	4.20	Microsoft	CEPC BSP Features
eagle.cec	4.20	Microsoft	Eagle BSP Features
emulator.cec	4.20	Microsoft	Emulator BSP Features
geode.cec	4.20	Microsoft	Geode BSP Features
integrator...	4.20	Microsoft	ARM Integrator BSP Features
keywest.cec	4.20	Microsoft	Keywest BSP Features
lubbock.cec	4.20	Microsoft	Lubbock BSP Features
smdk2410.cec	4.20	Microsoft	Samsung SMDK2410 Developme...
iabase.cec	4.20	Microsoft	Display based and Headless...
wcetk.cec	4.20	Microsoft	Windows CE Test Kit Client
platmgr.cec	4.20	Microsoft	Platform Manager Features
sourcetags...	4.20	Microsoft	Source code information fo...
ut2410bsp.cec	4.20	uptech	up-netarm2410-s

OK　Remove　Import...　Refresh

图 2-29　Platform Builder 提供的 BSP

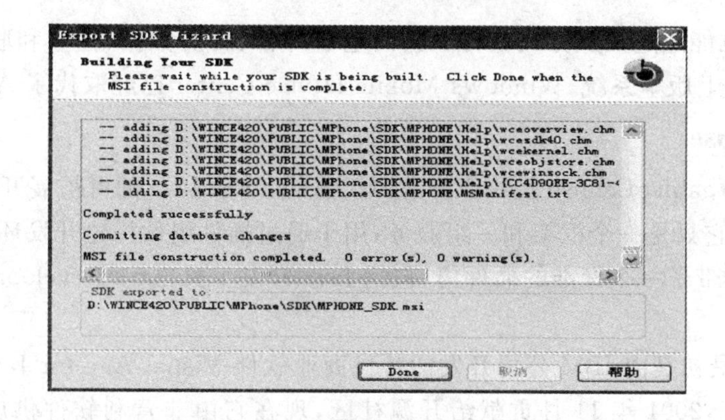

图 2-30　应用程序开发包 SDK

(4) 应用程序开发工具 EVC、VS2005

EVC(Embedded Visual C++)是微软公司推出的针对 Windows CE 嵌入式系统的应用程序开发工具,目前版本发展到 EVC 4.0 SP4,支持到 Windows CE 5.0 版本。微软在放弃了 EVB(Embedded Visual Basic) 4.0 后,决定再放弃 EVC 的后续版本开发,所有的嵌入式开发将整合到 Visual Studio 2005 .NET 中,完成历史性的统一。在 VS 2005 .NET 中使用 C# 等语言进行开发,更是缩短了嵌入式应用程序开发和 PC 机应用程序开发之间的差距,如图 2-31 所示。

(5) 同步工具 ActiveSync

Microsoft ActiveSync 是基于 Windows Mobile 设备的最新同步软件版本。ActiveSync 提供了即时可用的与基于 Windows®的个人计算机和 Microsoft Outlook 的良好同步体验。ActiveSync 可充当基于 Windows 的个人计算机与基于 Windows Mobile 的设备之间的网关,从而允许在个人计算机与设备之间传输 Outlook 信息、Office 文档、图片、音乐、视频和应用程序。除了与台式计算机进行同步之外,ActiveSync 还可以直接与 Microsoft Exchange Server 2003 同步,从而允许在离开个

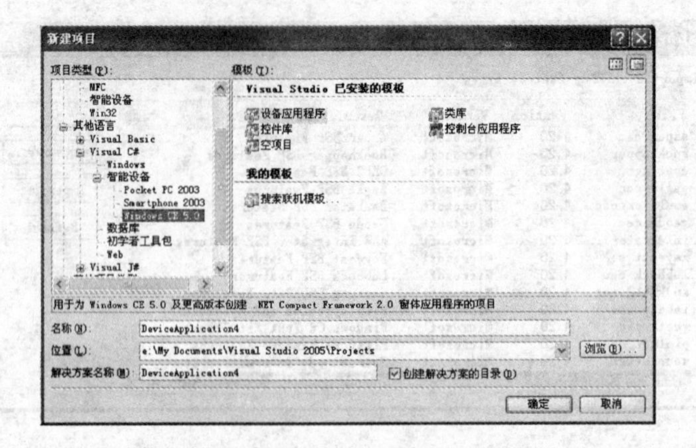

图 2-31　使用 VS 2005 开发应用程序

人计算机时也能通过无线方式获得最新的电子邮件、日历数据、任务和联系人信息。对于 Vista 以上版本系统，Windows Mobile Device Center 已经取代了 ActiveSync。

5. Eclipse

Eclipse-galileoEclipse 是一个开放源代码的、基于 Java 的可扩展开发平台。就其本身而言，它只是一个框架和一组服务，用于通过插件组件构建开发环境。幸运的是，Eclipse 附带了一个标准的插件集，包括 Java 开发工具(Java Development Tools，JDT)。

Eclipse 最初是由 IBM 公司开发的替代商业软件 Visual Age for Java 的下一代 IDE 开发环境，2001 年 11 月贡献给开源社区，现在它由非营利软件供应商联盟 Eclipse 基金会(Eclipse Foundation)管理。2003 年，Eclipse 3.0 选择 OSGi 服务平台规范为运行时架构。2007 年 6 月，稳定版 3.3 发布。2008 年 6 月发布代号为 Ganymede 的 3.4 版。2009 年 7 月发布代号为 GALILEO 的 3.5 版。

Eclipse 是著名的跨平台的自由集成开发环境(IDE)。最初主要用于 Java 语言开发，但是目前亦有人通过插件使其作为其他计算机语言比如 C++和 Python 的开发工具。Eclipse 的本身只是一个框架平台，但是众多插件的支持使得 Eclipse 拥有其他功能相对固定的 IDE 软件很难具有的灵活性。许多软件开发商以 Eclipse 为框架开发自己的 IDE，Eclipse 集成开发环境如图 2-32 所示。

Eclipse 是一个开放源代码的软件开发项目，专注于为高度集成的工具开发提供一个全功能的、具有商业品质的工业平台。它主要由 Eclipse 项目、Eclipse 工具项目和 Eclipse 技术项目 3 个项目组成，具体包括 4 个部分组成——Eclipse Platform、JDT、CDT 和 PDE. JDT 支持 Java 开发，CDT 支持 C 开发，PDE 用来支持插件开发，Eclipse Platform 则是一个开放的可扩展 IDE，提供了一个通用的开发平台。它提供建造块和构造并运行集成软件开发工具的基础。Eclipse Platform 允许工具建造者独立开发与他人工具无缝集成的工具从而无须分辨一个工具功能在哪里结束，而另

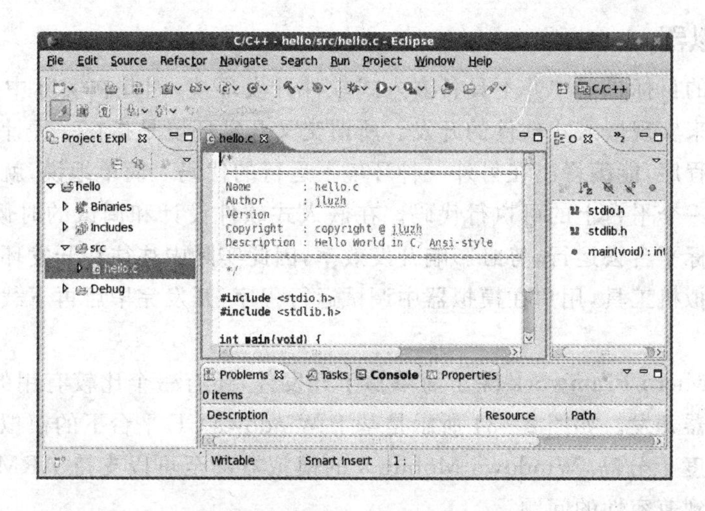

图 2-32　Eclipse 集成开发环境

一个工具功能在哪里开始。

Eclipse SDK(软件开发者包)是 Eclipse Platform、JDT 和 PDE 所生产的组件合并,它们可以一次下载。这些部分在一起提供了一个具有丰富特性的开发环境,允许开发者有效地建造可以无缝集成到 Eclipse Platform 中的工具。Eclipse SDK 由 Eclipse项目生产的工具和来自其他开放源代码的第三方软件组合而成。Eclipse 项目生产的软件以 CPL 发布,第三方组件有各自自身的许可协议。

2.3.4　运行平台

1. 目标设备

嵌入式软件产业发展迅猛,已成为软件体系的重要组成部分。嵌入式系统产品正不断渗透各个行业,嵌入式软件作为包含在这些硬件产品中的特殊软件形态,其产业增幅不断加大,而且在整个软件产业的比重日趋提高。嵌入式软件与 PC 机软件的区别是将微型操作系统与应用软件嵌入在 ROM、RAM 和/或 Flash 存储器中,而不是存储于磁盘等载体中。

嵌入式软件广泛应用于国防、工控、家用、商用、办公、医疗等领域,如常见的移动电话、掌上计算机、数码相机、机顶盒、MP3 等,如图 2-33 所示。因此嵌入式软件最终的运行平台是在各种目标设备中。

图 2-33　嵌入式软件运行平台

2. 模拟器

在实际的目标机器中并不具备嵌入式软件开发环境,因此在实际中往往采取交叉开发环境来实现嵌入式软件的开发。所谓交叉开发环境是指在一种计算机环境中运行的编译程序,能编译出在另外一种环境下运行的代码。简单地说,就是在一个平台上生成另一个平台上的可执行代码。在嵌入式软件设计和调试的时候,如果每次都下载到目标平台去运行,势必影响开发效率,因此实际中往往在开发环境中提供模拟器或者虚拟机工具,用户在模拟器中调试运行程序,开发完毕后再下载到实际的运行设备中。

. NET Micro Framwork 除了简单易于开发外,还有一个比较有用的功能,那就是支持模拟器开发。如图 2-34 所示是基于 Windows CE 平台下的模拟器工具。模拟器的仿真度十分高,Windows Mobile 5 的模拟器甚至可以支持 ARM 指令,所以基本不会遇到兼容性的问题。

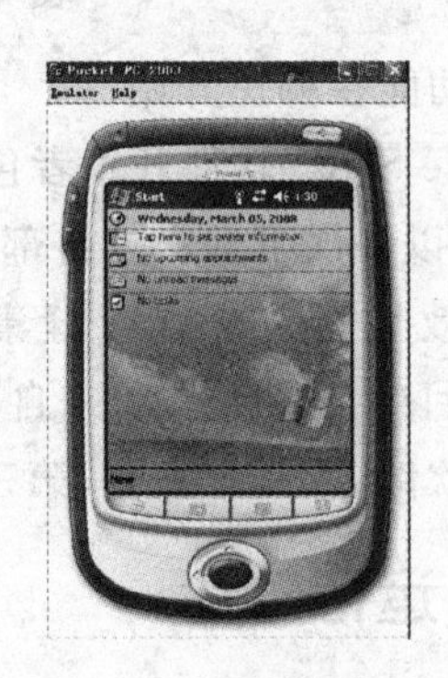

图 2-34 Windows CE 模拟器

但是官方自带的模拟器是一个通用模拟器,不仅 LCD 和实际开发板有异同,就是按键的 PIN 定义也是有区别的,更不要说一些 LED 等没有定义的功能了,这样在开发测试. NET Micro Framework 应用程序时,凡是设计到对底层硬件访问的程序时,还得依赖实际的开发板。

当然也有些开发板,扩展了官方模拟器功能,根据需要可以定制和开发板尽可能相同的功能的模拟器(特别是 PIN 脚的定义要统一起来),这样编写的代码就不用专门为了适应模拟器,而做特别处理了。

2.4 嵌入式软件测试

2.4.1 概 述

1983 年,IEEE 对于软件测试给出的标准定义是:“使用人工或自动的手段来运行或测定某个系统的过程，其目的在于检验它是否满足规定的需求或是弄清楚预期结果与实际结果之间的差别。”软件测试的目的在于发现程序中的错误从而进行否定，而不是实体肯定程序没有错误。对于不同的软件需求，软件测试所包含的概念存在差异。对于一般的软件需求，软件测试只意味着正确性测试；但对于某些关键性软件，如民航调度系统，除了正确性测试以外，还要进行可靠性测试、健壮性测试、效率测试和性能测试等。软件测试是保证软件正确性和提高软件可靠性的最基本、最重要的手段。

1. 软件测试方法

软件的缺陷存在于软件生存期的各个阶段，不同阶段的缺陷性质是不同的，不同的缺陷对应不同的测试方法。软件测试方法可以按照不同的分法分类，常用的有两种方法：一种是为静态测试和动态测试方法；另一种是为黑盒测试和白盒测试方法。下面分别予以介绍。

(1) 静态测试和动态测试方法

静态测试的基本特征是对软件和相关文档进行分析、检查、不实际运行被测试程序。适用于软件开发过程的早期阶段，主要靠人来完成。包括完备性测试、一致性测试、正确性测试等。目前比较常用的静态测试方法有 Yourdon 的结构走通法和 IBM 的 Fagan 检查法。限于篇幅，本书不做介绍。

动态测试方法就是运行软件来检验软件的动态行为和运行结果的正确性。因此动态测试只存在于软件生存期的编码阶段之后。动态测试包括两个基本要素：一是被测试的程序；二是用于运行软件的数据，称为测试数据（程序一次运行所需要的测试数据称为测试用例）。

动态测试的流程图如图 2-35 所示，其中最关键的一步就是测试用例的生成。一个测试用例的好坏就在于它能否发现尚未发现的错误。当今软件测试技术中很重要的一个研究方向就是如何生成高质量的测试用例。

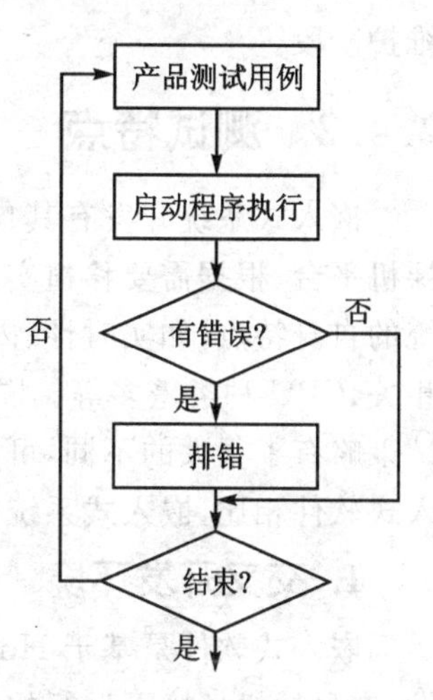

图 2-35 动态测试流程

(2) 黑盒测试和白盒测试方法

黑盒测试又称为功能测试、数据驱动测试和基于用户的测试。在进行黑盒测试时，仅把软件当成是一个黑盒，只需知道程序的输入和输出之间的关系或程序的功能，测试者是在完全不知道程序内部结构的情况下进行的。

黑盒测试是必要的，在很多时候也是必须的。必须是因为测试者并不是总能得到程序的源代码；必要则是因为黑盒测试进行的是系统功能级的测试，对于可靠性这样的指标只能通过黑盒测试来验证。

白盒测试又称为结构测试、逻辑驱动测试和基于程序的测试。在测试时，测试者可以查看被测程序的源代码，通过代码级的程序运行来分析程序的内部构造和逻辑构造。它要求对被测程序的结构特性做到一定程度的覆盖。目前已经提出了几十种覆盖技术。

在实际的应用中，将黑盒测试和白盒测试相结合，才能取得较好的效果。单独使用某一种测试方法只能测试程序的某一方面，不能得到较为全面的分析结果。

2. 软件测试的基本步骤

软件测试贯穿于软件的整个生存期，一般可以按照时间顺序分为如下几个步骤：

① 单元测试：对软件中的基本组成单元进行测试，对应于软件开发的单元编码阶段。

② 集成测试：对软件中各个模块集成时进行测试，对应于软件开发的功能验证阶段。

③ 系统测试：对软件中已经集成好的子系统或系统进行测试以检验正确性，对应于软件开发的系统验证阶段。

④ 验收测试：指向软件用户展示时进行的测试，一般其测试数据是系统测试数据的子集，对应于软件开发的用户验收阶段。

⑤ 回归测试：指软件投入运行以后，在维护阶段进行的测试，对应于软件开发的维护阶段。

2.4.2 测试特点

嵌入式系统开发有其自身的特点。一般先进行硬件部分的开发，主要包括形成裸机平台、根据需要移植实时操作系统、开发底层的硬件驱动程序等。由于嵌入式系统的自身特点，如实时性、内存不丰富、I/O 通道少、开发工具昂贵、并且与硬件紧密相关、CPU 种类繁多等。嵌入式软件的开发和测试也就与一般商用软件的开发和测试策略有了很大的不同，可以说嵌入式软件是最难测试的一种软件。和一般的非嵌入式软件相比，嵌入式系统软件有以下特征：

1. 交叉开发环境

嵌入式软件是基于 Host/Target 方法进行开发的，即嵌入式软件是在宿主机开发，在目标机环境下运行的。硬件平台测试通过后，软件的开发调试是基于该硬件平台进行的，这同时也是对硬件平台的一个测试。因此可以说，嵌入式系统的开发过程是一个软硬件互相协调、互相反馈和互相测试的过程。一般来说，在嵌入式系统软件中，底层驱动程序、操作系统和应用程序的界线是不清晰的，根据需要甚至混编在一起。这主要是由于嵌入式系统中软件对硬件的依赖性造成的。

2. 硬件依赖性

嵌入式软件的运行与目标机的硬件环境、外围设备有密切的关系，嵌入式软件一般针对特定的应用开发，并且与嵌入式操作系统紧密相关，不易于移植到其他的系统。软件测试时必须最大限度地模拟被测软件的实际运行环境，以保证测试的可靠性。底层程序和应用程序界线的不清晰增加了测试时的难度，测试时只有确认嵌入式系统平台及底层程序正确，才能进行应用程序的测试，而且在系统测试时，错误的定位较为困难。

3. 软件专用性

软件的专用性也是嵌入式软件的一个重要特点。由于嵌入式软件设计是以一定的目标硬件平台为基础的、面向固定的任务进行的，因此，一旦被加载到目标系统上，功能必须完全确定。这个特点决定了嵌入式应用软件的继承性较差，延长了系统的测试时间，增加了测试费用。

4. 实时性要求

嵌入式软件的另外一个重要特点就是实时性。这是从软件的执行角度出发说明的，也就是说嵌入式软件的执行要满足一定的时间约束。嵌入式系统中，应用软件自身算法的复杂度和操作系统任务调度，决定了系统资源的分配和消耗，因此，对系统实时性进行测试时，要借助一定的测试工具对应用程序算法复杂度和操作系统任务调度进行分析测试。要将系统反映时间是否符合规定的要求作为嵌入式实时系统的实效判断依据。对于嵌入式实时系统，判断系统是否实效，除了它输出的结果是否正确以外，还应考虑其是否在规定的时间里输出了结果。对于输入的考虑也相同，不仅要考虑到输入变量的正确，而且还应考虑在规定的时间约束下进行输入。

5. 可靠性要求

嵌入式软件的开发环境相对不够完善，软件的可靠性不能保证。虽然现在已经有若干成熟的嵌入式软件的开发系统在广泛使用，例如，一些单片机的开发系统和仿真器，但这些开发软件在集成开发环境、源程序及系统级的调试器功能等方面仍存在差距。

嵌入式软件可靠性测试是为验证或提高嵌入式软件的可靠性所进行的测试。与一般应用软件的可靠性测试相比，嵌入式软件的可靠性测试有两个重要特征：一方面，嵌入式软件的可靠性测试必须在特定的硬件环境下才能进行；另一方面，对于嵌入式实时系统而言，除了对软件的功能进行测试外，还要考虑在时间约束范围的输入、输出结果等软件性能测试。嵌入式软件可靠性测试的这些特征，决定了嵌入式软件可靠性测试应该在运用传统测试方法的基础上考虑对这些特性而采用的测试方法。

可见嵌入式软件与传统的面向对象和面向过程的软件相比有其自身的特点。针对这些特点对嵌入式软件的测试进行研究是必要的、有意义的。

2.4.3 测试工具

从嵌入式软件产品的特殊性考虑，一个良好的软件测试体系应该包括源代码级测试、终端产品测试、应用模拟测试。

源代码级测试类似于传统的软件测试，实际上从软件系统设计的静态分析直到目标代码运行测试均包含在内，其重点是对嵌入式软件系统进行性能测试，帮助实现系统的稳定和优化。在此阶段有一些高效的测试工具，如 Applied、Microsystems 公司的 CodeTEST、Telelogic 公司的 Logiscope、ATTOL Testware 公司的 ATTOL Testware、科银京城公司的自动化测试工具 GammaRay 等。

终端产品测试主要用于产品上市以前发现存在的功能缺陷和性能问题。目前终端产品测试基本上还停留在低层次的手工测试，高级的自动化模拟测试与产品级性能测试还处于推广过程中。

嵌入式系统特别依赖应用环境，因此如何检验产品在时间环境中的效果成为需要考虑的另一个重要问题。为此，应用模拟测试乃至仿真测试开始受到越来越多的关注，因为这种方法能够提供特定应用环境下的终端性能与兼容性测试。但是，由于应用环境模拟涉及太多的硬件资源与软件系统，目前在实现上还相当困难，基本上只有一些局部使用。

目前在嵌入式软件测试中常用到如下工具：

1. 静态测试

(1) McCabe 工具

McCabe QA 是美国 McCabe&Association 公司的产品。它利用著名学者 McCabe 的软件结构化测试理论，即使用 V(G)圈复杂度＝模块内部独立线性路径数来度量软件的复杂度。

McCabe 最大的特点就是可视化，以独特的图形技术表示代码。软件通过分析源码，得到整个软件系统的结构图，同时得到了各种基于工业标准评估代码复杂性，包括 V(g)、EV(g)、DV(g)、Halstead 等数十种静态复杂度度量。用不同的颜色表示软件模块的复杂性，测试人员的测试重点放在质量差的模块上；提供各种质量模型深入评价软件质量，记录软件质量波动曲线和版本变化趋势分析，从而控制软件，修改不同阶段的质量。在单元级 McCabe 显示模块的流程图上，相对应地标出代码的位置，视图与代码相互对应，可很快找出问题所在。分析最终得到可定制的符合工业标准的综合报告。

(2) 代码规则检查工具 QAC/C++

QAC/C++是用于代码规则检查的自动化工具。代码审查主要检查代码和设计的一致性，代码对标准的遵循、可读性，代码的逻辑表达的正确性，代码结构的合理性等方面。发现违背程序编写标准的问题，程序中不安全、不明确和模糊的部分，找出程序中不可移植部分、违背程序编程风格的问题，包括变量检查、命名和类型审查、程序逻辑审查、程序语法检查和程序结构检查等内容。

2. 动态测试工具

动态测试时软件必须运行。动态测试方法分为黑盒法和白盒法。为了较快得到测试效果，通常先进行功能测试，达到所有功能后，为确定软件的可靠性进行必要的覆盖测试。CodeTEST 是专门为嵌入式系统软件分析测试而设计的工具套件，广泛应用于嵌入式软件在线动态测试中。CodeTEST 采用硬件辅助软件的系统构架和源代码插桩技术，用适配器或探针，直接连接到被测系统，从目标板总线直接获取信号，跟踪嵌入式应用程序运行。该工具套件支持所有的 32/16 位 CPU 和 MCU，支持总线频率高达 100 MHz；可通过 PCI/VME/CPCI/VME 总线、MICTOR 插头或 CPU 插座对嵌入式软件进行在线测试；可同时监视整个应用程序；可以适应从单元级、集成级、直到系统级等各个阶段的应用。在连续运行模式时，CodeTEST 能够同时测试出软件的性能、代码覆盖以及存储器动态分配。

3. 单元测试工具

在软件开发的不同时期进行动态测试，测试又分为单元测试、集成测试、确认测试、系统测试。单元测试方案之一采用 IPL 公司的 Cantata＋＋测试工具，它能够满足开发者进行高效的单元测试和集成测试要求，能够提高测试效率，具有一整套包含测试、覆盖率分析和静态分析的功能。Cantata＋＋含有以下几个主要部分：

CTH 测试功能库，Cantata＋＋通过 CTH 提供的测试函数执行测试，提供测试所需用例的输入/输出，并检查输出结果是否符合要求，给出合格/不合格的确切结果。打桩、封装和动态分析的执行也是利用 CTH。

Cantata＋＋主程序包括测试脚本自动生成器和管理器。测试脚本生成工具通过分析源代码得到参数和数据信息，连同自动产生的 Stub 打桩函数和 Wrap 封装函数，自动生成到测试脚本中。测试脚本完全使用 C 或 C＋＋语言构成，可重用。通过使用测试脚本管理器可以自动完成测试用例定义到测试脚本的转换。对于熟练的用户，可以直接利用 CTH 提供的库函数，直接编写 C 或 C＋＋语言的测试脚本。

思考题二

1. 常用的嵌入式软件体系结构有哪些，各有何优缺点？
2. 嵌入式软件层次结构是怎样的，各层次有何作用？
3. 常用的软件开发模式有哪些，各有何优缺点？
4. 常用的编码调试工具有哪些，使用 C＃一般用什么开发平台？
5. 使用模拟器有什么优缺点？
6. 嵌入式软件测试有何特点？

第3章

Windows CE 操作系统开发基础

本章首先介绍了 Windows CE 操作系统的发展历程以及 Windows CE 的技术特点，接下来重点介绍了基于 Windows CE 的嵌入式软件开发环境和开发流程。本书的侧重点在于嵌入式应用程序的开发，因此关于 Windows CE 系统的体系结构、内核的定制以及移植、Windows CE 驱动程序、Windows CE 的 Bootloader 只做一般性介绍，关于开发环境考虑到教学的需要，本书选取了 Windows CE 4.2 和 EVC、Windows CE 6.0 和 Visual 2005 两种版本，前者使用 C++或 MFC 语言，后者主要使用 C#语言。当然，在实践课程或开发中更侧重于使用 C#语言。

3.1 Windows CE 概述

3.1.1 发展历史

嵌入式操作系统 EOS 是一种用途广泛的系统软件，过去它主要应用于工业控制和国防系统领域。EOS 负责嵌入式系统的全部软、硬件资源的分配、调度、控制、协调并发活动；它必须体现其所在系统的特征，能够通过装卸某些模块来达到系统所要求的功能。目前，已推出一些应用比较成功的 EOS 产品系列。随着 Internet 技术的发展、信息家电的普及应用及 EOS 的微型化和专业化，EOS 开始从单一的弱功能向高专业化的强功能方向发展。嵌入式操作系统在系统实时高效性、硬件的相关依赖性、软件固化以及应用的专用性等方面具有较为突出的特点。

1. Windows CE 发展历程

Windows CE 是微软开发的一个开放的、可升级的 32 位嵌入式操作系统，是基于掌上计算机类的电子设备操作系统，是精简的 Windows 95。Windows CE 的图形用户界面相当出色。其中 CE 中的 C 代表袖珍(Compact)、消费(Consumer)、通信能力(Connectivity)和伴侣(Companion)；E 代表电子产品(Electronics)。Windows CE 的版本主要有 1.0、2.0、3.0、4.0、4.2、5.0 和 6.0，如图 3-1 所示。

Windows CE 1.0 是一种基于 Windows 95 的操作系统，其实就是单色的 Windows 95 简化版本。20 世纪 90 年代中期卡西欧推出第一款采用 Windows CE 1.0 操作系统的蛤壳式 PDA，算是第一家推出真正称得上手掌尺寸的掌上计算机厂商。

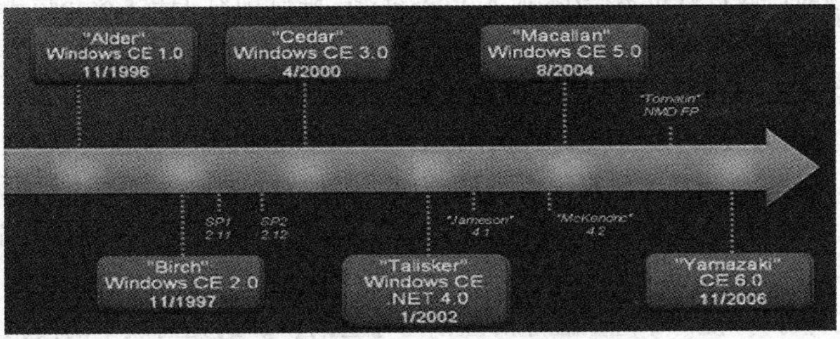

图 3-1 Windows CE 的发展历程

作为第一代的 Windows CE 1.0 于 1996 年问世，不过它最初的发展并不顺利。当时 Palm 操作系统在 PDA 市场上非常成功，几乎成为了整个 PDA 产品的代名词，在这种情况下，微软公司被迫为最初 Windows CE 不断改进的同时，微软公司也通过游说、技术支持、直接资助等手段聚集了大量合作厂商，使 Windows CE 类的 PDA 阵容越来越强大。

最初的 Windows CE 1.0 并没有多大的实用价值，但它为 Windows CE 的后续发展奠定了基础，使人们看到了它的希望和潜力。1997 年秋季在 Comdex1997 上微软发布了 Windows CE 2.0 操作系统，随后发布的采用 Windows CE 2.0 核心的 Handheld PC 2.0 产品和采用 Windows CE 2.01 核心的 Palm-size PC 产品证明了 Windows CE 已经逐渐进入实用阶段。1998 年底发布的 Windows CE 2.11 版本及随后的 2.12 版本，增加了对控制台、命令提示行(cmd.exe)、快速红外、Internet Explorer 4.0、消息队列等的支持，并使在对象存储里的文件可以大于 4 MB。

在漫长的等待之后，Windows CE 3.0 终于在 2000 年发布，接着微软发布了其使用 Windows CE 3.0 早期版本作为内核的 Pocket PC 产品。Windows CE 3.0 是微软的 Windows Compact Edition，是一个通用版本，并不针对掌上产品，标准 PC、家电和工控设备上也可以安装运行，但要做许多客户化工作，当然也可以做掌上计算机。微软鼓励大家在任何硬件平台上使用，所以早期的 Windows CE 运行在不同的硬件平台上。Windows CE 3.0 最大的进步在于它对实时性支持的优化，包括使线程的优先级从先前版本的 8 增加到 256、可调整的线程量、嵌套的终端服务和更小的延迟等。同时，它还增加了对 COM 和 DCOM 的支持，并使对象存储支持达 256 MB RAM，而将对象存储中每个文件的大小限制增加到 32 MB。后来发布的 Add-On Pack for the Platform Builder 3.0 为 Windows CE 3.0 增加了更多的特征，包括对媒体播放器控件、PPTP、ICS、远程桌面显示、DirectX API 的支持等。

2000 年微软公司将 Windows CE 3.0 正式改名为 Windows for Pocket PC，简称 Pocket PC。就是把 Pocket Word 和 Pocket Excel 等一些日常所需的办公软件的袖珍版装进 Pocket PC，同时在娱乐方面的性能做了很大加强。当然对于微软的所有举动,捧场的厂商自然也不会少,加入 Pocket PC 阵营的有 HP、Compaq、Casio 等一些著名厂商。2002 年智能手机商机再现,不少 PPC 厂商希望推出整合手机功能的 PPC,于是在 2002 年 8 月,专门为手机优化过的微软 Pocket PC 2002 Phone Edition 操作系统匆匆问世,2002 年 10 月,国内第一款 PPC 手机——多普达 686 上市了,随后熊猫推出了 CH860、联想推出 ET180。

2001 年初,微软发布了 Windows CE. NET 4.0,其增加了更多新的特征和功能,包括增加了对新的驱动程序加载模型、新的基于文件的注册表选项、蓝牙、802.11、1394 的支持等,并使每个应用程序的虚拟内存空间增加到先前版本的两倍。但具有讽刺意味的是虽然在 Windows CE. NET 4.0 的名称中增加了. NET,但它并不支持. NET Compact Framework。2001 年底发布的 Windows CE. NET 4.1 版本才真正地开始支持. NET Compact Framework。2003 年第二季度,Windows CE. NET 4.2 发布,其主要的特征是增加了对 Pocket PC 应用程序的支持,一些与显示界面、软输入板有关的 Pocket PC 特定的 API 被移植到了 Windows CE. NET 4.2 中,使 Pocket PC 应用程序不需要重新改写或编译就可以直接在 CE 下运行。与 Windows CE 的其他版本相比,Windows CE. NET 4.2 版本是目前应用最多、最成熟的操作系统平台。

Windows CE. NET 4.2 是 Windows CE. NET 4.0/4.1 的升级版,对 Windows CE 先前版本的强大功能进行了进一步的扩充和丰富,基于其开发的设备将从这些微小但重要的变化中获得更好的性能和更强的 Windows 集成功能。微软在 Windows CE4.2 版时曾提供开放源代码,不过只针对研究单位,而程序代码较少,为 200 万行。

在 Windows CE. NET 4.2 取得成功的基础上,微软公司在 2005 年推出了 Windows CE 5.0。在这个版本的 Windows CE 中,系统首次支持了 Direct3D,这就意味着基于 Windows Mobile 的手持设备在游戏和多媒体上有了更大的发展空间。可以说,Windows CE 5.0 的推出,使得微软在嵌入式领域的地位又向前推进了一步。因为就商业经营来说,Windows CE 5.0 是一款非常成功的产品,虽然偏弱的性能表现广为使用者所诟病,但是其广泛的应用程序支持及多媒体表现却又让它成为消费者的最爱。Windows CE 5.0 与前一版操作系统的差别主要体现在储存能力以及文件系统方面的改进。对于 OEM 制造厂商来说,Windows CE 5.0 最占优势的一项改进,就是 QFE 快速修复功能的增强,透过 QFE 机制,当嵌入式设备需要进行功能更新或者是除错时,生产厂商无须重新发布完整 ROM 内容,只需让用户下载特定部分的组件,然后更新即可。这样做不但提高了更新的效率,还把由于系统更新而导致的资料损失降低到最低的限度。

在针对便携式智能设备的 Windows Mobile 5.0 中,更是增加了几个重大的更新,其中之一就是加入了对 3G 网络的支持。虽然 3G 的推广受到应用不足以及价格高昂的阻碍,距离大规模普及还有一定的距离,但是其可进行高速网络传输的能力,对特定商务或消费人群仍有相当大的帮助，因此未来潜力仍不可小视。Windows Mobile 5.0 另外一个大的变化体现在文件保存方式及文件的执行方式上。不同于以往的 Windows CE，Windows Mobile 5.0 将原先仅作为设计储存之用的 ROM 也拿来给程序执行时使用，因此资料的储存就不需要用额外的电力去维持，除了省电以外，也可以确保当系统突然断电时，资料仍可以完整被保留住而不会消失。

正如任何事物都有两面性一样，上面提到的做法确保了资料的安全性，却带来了性能上的极大耗损。由于智能设备所使用的 ROM 是属于读取速度快但写入速度慢的存储器，因此在程序执行阶段其性能要比老版本的 Windows CE 差，尽管相差的幅度不是很大。但是当 Windows Mobile 5.0 要进行分页动作或者是要将资料写回 ROM 中时，此时设备就会表现出明显的性能滞后。有时系统不仅无法回应使用者的操作，甚至程序的执行有时也会被迫中断。

在传统计算机领域，源代码开放吸引了越来越多的年轻人，也撼动了微软产品一统天下的局面。而在嵌入式领域，微软同样遇到了以嵌入式 Linux 为代表的开源软件的大力追杀。因此微软在推广这一版操作系统时，开放了部分源代码。不过 Windows CE 5.0 只开放了约 56％的源代码，这也使得 Windows CE 5.0 在刚推出时产生了不小的争议。

Windows CE 5.0 另外一个不得不提到的变化就是增加了对精简版 DirectX 的支持。Windows CE 5.0 平台可以提供相应的 DirectX8 和 DirectX3D 硬件加速能力，这对于导航设备画面显示、应用程序的图形界面，或者是游戏开发等都带来了崭新的视觉体验。

2006 年 11 月，微软公司其最新的嵌入式平台 Windows Embedded CE 6.0 正式上市。作为业内领先的软件工具，Windows Embedded CE 6.0 将为多种设备构建实时操作系统，例如：互联网协议(IP)机顶盒、全球定位系统(GPS)、无线投影仪，以及各种工业自动化、消费电子以及医疗设备等。

在 Windows Embedded 诞生十周年之际，微软将首次在“共享源计划(Microsoft Shared Source programme)”中 100％毫无保留地开放 Windows Embedded CE 6.0 内核，(GUI 图形用户界面不开放)比 Windows Embedded CE 的先前版本的开放比例整体高出 56％。“共享源计划”为设备制造商提供了全面的源代码访问，以进行修改和重新发布(根据许可协议条款)，而且不需要与微软或其他方共享他们最终的设计成果。尽管 Windows 操作系统是一个通用型计算机平台，为实现统一的体验而设计，设备制造商可以使用 Windows Embedded CE 6.0 这个工具包为不同的非桌面设备构建定制化的操作系统映像。通过获得 Windows Embedded CE 源代码的某些部分，比如：文件系统、设备驱动程序和其他核心组件，嵌入式开发者可以选择他们所需的源代码，然后编译并构建自己的代码和独特的操作系统，迅速将他们的设备推向市场。

微软还将 Visual Studio 2005 专业版作为 Windows Embedded CE 6.0 的一部分一并推出。这对微软来说又是一次史无前例的突破。Visual Studio 2005 专业版将包括一个被称为 Platform Builder 的功能强大的插件，它是一个专门为嵌入式平台提供的“集成开发环境”。这个集成开发环境使得整个开发链融为一体，并提供了一个从设备到应用都易于使用的工具，极大地加速了设备开发的上市。

在旧版的 Windows CE 中，同时间只能有 32 个程序执行于各自分配的 32 MB 虚拟存储空间中，而 Windows Embedded CE 6.0 则大幅放宽了限制，Windows Embedded CE 6.0 重新设计的内核具有 32 000 个处理器的并发处理能力，每个处理有 2 GB虚拟内存寻址空间，同时还能保持系统的实时响应。在此同时，核心服务、硬件的驱动程序、窗口绘图以及事件子系统、文件系统等服务都被转移到系统核心空间中。同时，Windows Embedded CE 6.0 依旧把重点放在 ARM 架构中，新的 BSP 与编译器也都加入了对 ARM 最新体系的支持。这使得开发人员可以将大量强大的应用程序融入到更智能化、更复杂的设备中。无论在路上、在公司还是在家里，都可以使用这种设备。

在 Windows Embedded CE 6.0 中，微软首次提出了 ExFAT 文件系统这一概念。ExFAT 在 Windows CE 6.0 中，担当了管理所有外接储存的中介层的角色。它一改传统 FAT 文件系统 32 GB 单一容量的限制，同样也改变了单一文件只能在 2 GB以下的限制，这对于硬件厂商以及 Windows CE 高性能应用都具有相当大的帮助。

VoIP 也是 Windows Embedded CE 6.0 另一个持续加强的重点，在 Windows Embedded CE 6.0 中，系统直接支持了 802.11i、WAP2、802.11e(无线 QoS)、蓝牙 A2DP/AVRCP 的 AES 加密等，为无线通信建立了一个稳定、安全以及可靠的应用环境。

而从用户角度来看，Windows Embedded CE 6.0 还更新了多媒体方面的功能。诸如加入了对 Windows Media 10/11 的支持，在 Platform Builder for CE 6.0 开发工具中，也加入了对便携式播放器的支持，并且借助其强大的多媒体文件处理性能，系统可以很好的与其他微软操作系统或硬件装置进行无缝连接。

虽然在核心部分做出这么大的更新，但是 Windows Embedded CE 6.0 在系统“体积”上并没有如微软其他操作系统般的飞涨(Vista 甚至需要超过 10 GB 的初始储存安装空间)。相比起 5.0 版，6.0 版本在体积上也不过增加了 5%左右。

正是由于微软公司对 Windows Embedded CE 6.0 做了如此重大的升级，因此在不改变原有硬件架构的基础上，导入 Windows CE 6.0 可以大幅改善原有程序的执行效率，并且也允许同时间有更多程序同步执行。同时，由于每个程序都具备独立的执行空间，当某一程序出现特定错误的时候，也不会影响到其他应用程序或系统的运行，因此 Windows Embedded CE 6.0 具备了更高的稳定性。正如任何新的技术最终都需要经过市场的检验一样，目前 Windows Embedded CE 6.0 在物流、仓储管理、公共服务、RFID 运用、GPS 导航仪等方面都有很好的应用。

2. Windows CE 各版本的比较

表 3-1 对 Windows CE 的版本发展、发布时间、开发工具和应用程序开发工具进行了总结，便于读者了解 Windows CE 的发展史并理顺各个版本之间的关系。

表 3-1 Windows CE 的版本

Windows CE 版本	发布时间	开发工具名称	应用程序开发工具
Windows CE 1.0	1996 年	Windows CE Embedded Toolkit 1.0	
Windows CE 2.0	1997 年	Windows CE Embedded Toolkit 2.0	Windows CE Toolkit for Visual C++ 6.0 Windows CE Toolkit for Visual Basic C++ 6.0 Windows CE Toolkit for Visual J++ 6.0
Windows CE 2.1/2.11	1998 年	Windows CE Platfom Builder 2.11	
Windows CE 2.12	1999 年	Windows CE Platfom Builder 2.12	
Windows CE 3.0	2000 年	Windows CE Platfom Builder 3.0	Embedded Visual C++ 3.0 Embedded Visual Basic C++ 3.0
Windows CE. NET 4.0	2001 年	Platform Builder 4.0	Embedded Visual C++ 4.0+SP1, SP2, SP3 Visual Studio .NET 2003
Windows CE. NET 4.1	2001 年	Platform Builder 4.1	
Windows CE. NET 4.2	2003 年	Platform Builder 4.2	
Windows CE 5.0	2004 年	Platform Builder 5.0	Embedded Visual C++ 4.0+SP4 Visual Studio .NET 2003 Visual Studio .NET 2005
Windows CE 6.0	2006 年	Platform Builder 6.0 (Visual Studio .NET 2005 插件)	Visual Studio .NET 2005+SP1

3.1.2 技术特点

1. Windows CE 的设计目标

(1) 模块化和小内存占用

Windows CE 是为小型设备(如掌上电脑)和嵌入式系统设计的，由于此类设备通常只有有限的资源(RAM、ROM、存储器和处理器能力)，所以，Windows CE 必须能够适应这种限制。典型的 Windows CE 设备只有 8～32 MB 的 ROM，而 Windows CE 的最小内核只有 500 KB，最小内核不仅可以处理进程、线程、同步对象等操作系统对象,而且也可以读/写文件、注册表和系统数据库。

Windows CE 被设计成为一种高度模块化的操作系统,以适应不同类型智能设备对于操作系统映像大小的不同要求,系统设计者可以根据设备的性质只选择那些必要的模块或模块中的组件包含进操作系统映像。

Windows CE 被分成一些不同的模块,其中内核(kernel)、图形窗口事件子系统(GWES)、文件系统(Files)和通信(Communication)模块是 4 个主要的模块。一个最小的 Windows CE 系统至少由内核和文件系统模块组成。每个模块进一步划分为更小的组件,每个组件代表模块的一种特征。当指定一个 Windows CE 操作系统映像时,可以选择每个模块中的组件。

(2) 多种无线与有线连接支持

Windows CE 在很大程度上是为移动、手持设备而设计的,所以 Windows CE 提供了丰富而灵活的无线通信支持和有线网络连接支持。无线支持包括红外、蓝牙和 802.1x,有线支持包括串并口通信、以太网通信、拨号网络等,另外还支持 GPS、GPRS、ISDN、ADSL、CDMA 等多种通信方式。同时,Windows CE 还允许远程授权、认证、管理和更新 Windows CE 设备上的应用程序或服务。

(3) 强大的实时性能力

Windows CE 被设计成为一个实时的操作系统(RTOS),强大的中断和线程调度机制和内核操作系统服务保证它为一个实时的操作系统,能够满足不同设备对于时间关键性任务的时间和性能要求。根据测试,在一个主频为 200 MHz 的参考系统中,Windows CE 的实时性最小可以达到 40～60 μs。

(4) 丰富的多媒体和多语言支持

Windows CE 允许创建基于.NRT 的智能设备个性化应用程序,并提供对最新的多媒体支持。Windows CE 5.0 支持优化的 Windows Media 9 声音和视频编解码,并通过对多语言的支持允许有效地创建本地化的 Windows CE 操作系统。从 Windows CE 4.0 开始,完全支持创建中文的操作系统,并提供了微软拼音、双拼等中文输入法。

(5) 强大的开发工具支持

Windows CE 为在最新的硬件上快速创建丰富的应用程序提供了两组端对端的开发工具集,包括操作系统开发工具集和应用程序开发工具集。Platform Builder 是 Windows CE 操作系统开发工具,集成了一个完全的 IDE 接口,使平台设计者可以完全在 IDE 中快速创建、调试和部署 Windows CE 操作系统。Platform Builder 集成的设备模拟器使平台设计者可以完全脱离硬件在开发机上创建 CE 设备原型。Microsoft Embedded Visual C++是专门用来开发 Windows CE 应用程序的开发工具,它的集成 IDE 环境可以使用户快速开发控制台、MFC、ATL、DLL 等多种 Windows CE 应用程序,并可以不依赖于硬件在集成的模拟器上完成应用程序的开发。集成了.NET Compact Framework 的 Microsoft Visual Studio.NET 也可以开发基于 Windows CE 的智能设备应用程序，并使开发者在编程语言上可以选择 Microsoft Visual Basic 或 Visual C#，Microsoft Visual Studio.NET 也集成了 Windows CE 模拟器，用于脱离具体硬件开发、调试和部署智能设备应用程序。

Windows CE 使用与 Windows 95/98/NT/2000 相同的 Windows 32 编程模型，是 Windows 32 API 的一个子集，这对于已经熟悉 Windows 32 开发的人来说，Windows CE 开发并不需要学习很多。Windows CE 开发工具集成的模拟器允许开发人员不依赖于目标硬件在开发工作站上完成操作系统和应用程序的开发、调试和部署，如图操作系统和应用程序在实际设备上运行一样，大大加速了开发进程。

2. Windows CE 特点

基于以上目标，Windows CE 已经具备了下列特征：

(1) 已被证明的可靠性

Windows CE 具有比其他任何桌面版 Windows 都可靠的稳定性，其可靠的操作系统服务保证系统的可靠和持久，有效地保护用户应用和数据。从 Windows CE 3.0 以来的实践充分证明了这一点。

(2) 多 CPU 支持和丰富的驱动程序支持

Windows CE 3.0 支持 X86、ARM/StrongARM、MIPS、SHx 和 PowerPC 这 5 种架构的 CPU，从 Windows CE 4.0 开始，仅支持 X86、ARM、MIPS、SHx 这 4 种架构，其支持的 CPU 总的种类近 200 种。

Windows CE 提供了丰富的 BSP 和驱动程序支持，为每种不同类型的硬件设备、总线或端口提供了驱动程序源代码，便于用户直接应用这些驱动程序或快速为自己的硬件设备开发驱动程序。

(3) 企业级的连接性

Windows CE 是为新一代智能移动设备而设计的，但它强大的无线和有线网络连接支持，使它可以和任何其他 CE 设备、桌面 Windows 和其他网络设备或终端进行通信。Windows CE 不仅可以用作终端设备的操作系统，实现与后端服务器的可靠通信，也可以用作 Web Server、File Server、FTP Server、Printer Server 等企业服务器，为更多的终端或设备提供服务。

(4) 实时多任务处理

Windows CE 具有强大的实时多任务处理能力，从 3.0 版开始，Windows CE 就成为一个实时的操作系统，从 4.0 版开始，成为一个硬实时的操作系统，在最新版的 Windows CE 5.0 中，实时能力有得到加强。Windows CE 这种实时多任务处理能力，使它可用于处理工业控制、航空航天等许多时间关键的任务。

(5) SQL Server 2000 for CE 数据库支持

从 Windows CE 3.0 开始，SQL Server 2000 for CE 1.1 为 Windows CE 提供了 ADOCE 数据库支持；从 Windows CE 4.0 开始，SQL Server 2000 for CE 2.0 又为 Windows CE 提供了 ADO.NET 数据库支持，使 CE 真正可以用于企业移动关系数

据库应用与解决方案的开发。

(6) Internet Explorer 6.0 for CE

Windows CE 下的 IE 6.0 是一个特征丰富的浏览器组件，几乎包含了和桌面版的 IE 6.0 相同的功能。Web 开发者、OEM、独立的软件开发商(ISVs)和独立硬件开发商(IHVs)都可以应用 IE 6 for CE 提供的技术为特定的设备和市场创建定制功能的浏览器。

(7) 高级电源管理

电源管理用于管理系统设备的电源并提高整个操作系统的效率，电源管理用于设置每个设备的电源状态及实现不同电源状态之间的切换。使用电源管理可以减少 CE 设备的电源消耗，并且在系统开启、复位、休眠和挂起时保护在 RAM 中的文件系统不丢失。

(8) 多媒体支持

Windows CE 的多媒体技术特征为 CE 设备提供了多媒体流功能，包括了对播放声音和视频文件或通过网络连接的数据流所使用的各种协议和流格式的支持。Windows CE 4.2 和 5.0 都提供了对 Windows Media 9 主流技术的支持，不仅为用户提供了一个独立的 Windows Media Player 应用程序，而且还提供了一个 Windows Media Player 控件，以使用户能够在 Web 页面中嵌入媒体播放器功能。

(9) 可定制的用户接口

在 Windows CE 4.0 往后的版本中，允许开发者为自己的 CE 设备产生特定的用户界面，允许定制控件和其他用户界面元素的外表等。Windows CE 的这种能力允许开发者根据自己的产品裁减用户界面以适应产品的灵活性和某些限制，并使自己的产品区别于其他同类产品。可定制的元素包括 Windows 控件、常用控件及 Windows 的非客户区域等。

(10) 安全服务

Windows CE 有自己完全的安全服务体系及架构，通过使用安全支持提供接口(SSPI)提供了对用户授权、信任等级管理和消息保护等的支持。在 SSPI 内有不同的安全选项，如 NTLM 安全支持提供者(SSP)和 Kerberos SSP 等。每一个安全选项都包括不同的加密与解密、授权与认证的方法。另外，OEM(Original Equipment Manufacture)也可以编写自己的安全包，使用自己特定的加密与解密算法或授权与认证方法，将它加入系统注册表，然后通过应用程序去调用。从 4.0 版开始，Windows CE 为用户提供了 VPN 支持，4.2 版提供了防火墙支持。

(11) 实时通信

实时通信主要包括以下 3 个方面：文本消息、语音通信(VoIP)、视频通信。Windows CE 提供了基于 SIP(Session Initiation Protocol)的 RTC API 支持。SIP 允许 Windows CE 设备呼叫任何 SIP 客户端或接收来自任何 SIP 端的信息。一个 SIP 客户端可以是一台 CE 设备、一台 XP 机器或一个第三方的 SIP 用户代理。同时，Windows CE 提供了一个 Windows Messenger 应用程序，可以直接用于实时通信。

(12) 多语言支持

Windows CE 使用 Unicode 字符编码，并被本地化为多种语言。从 Windows CE 4.0 开始，Windows CE 已经全方位支持开发本地化的中文操作系统，中文支持包括：

- 全中文的用户界面，包括键体中文和繁体中文；
- 中文输入法，包括微软拼音输入法和双拼输入法。

其次，Windows CE 提供了对 Agfa AC3 字符压缩和解压缩的支持，以减小东亚字符对 ROM 大小的需求。另外，Windows CE 还可以外挂第三方的手写或语言输入模块。

3.1.3 应 用

Windows CE 是一个功能强大的开放的 32 位实时嵌入式操作系统，适用于快速构建新一代内存少、体积小的智能设备。通常应用于工业控制器、手持式设备、智能手机、机顶盒和零售点设备等。目前的掌上电脑(PDA)、全球定位系统(GPS)、地理信息系统(GIS)、车载 PC(Auto PC)，有很多采用 Windows CE 操作系统。限于篇幅本小节只是介绍 Windows CE 在智能手机方面的应用。应用于在智能手机中的 Windows CE 操作系统称为 Windows Mobile。

Windows Mobile 是 Windows CE 的一个重要分支，它的底层采用和 Windows CE 完全相同的二进制代码，其开发过程与开发工具也基本相同。在 Windows Mobile 2003 版本之前操作系统名称为 Pocket PC、Smart Phone 等，后改为 Windows Mobile。目前最新版本为 Windows Mobile 6.51。有用于掌上电脑的 Windows Mobile for Pocket PC、用于手机的 Windows Mobile for Smartphone、Pocket PC Phone| Windows Mobile for Pocket PC Phone 和用于移动媒体的 Portable Media Center 三大版本。

20 世纪末该操作系统称为：Windows CE 2.11、Palmsize - PC、后开发出 Pocket PC 2002(Windows CE 3.0)、Windows Mobile 2003 (Windows CE 4.2)和 Windows Mobile 2003 SE (Windows CE 4.21)、SE 版支持 480×640 的 VGA 显示屏，并可水平旋转显示画面。两种版本都加入对 WiFi 无线网络的支持。2002 年中出现的 Pocket PC 手机，比如国产手机多普达公司推出的 686，686 是首款集成手机功能的 Pocket PC，Windows Mobile for Pocket PC phone。国产联想的 ET 系的全部，如 ET560、ET960、摩托罗拉 MPX220、惠普 RW6100 等。

2005 年 9 月 5 日微软推出 Windows Mobile 5.0，内部名称 Magneto，基于 Windows CE 5.0，主要更新：改进的存储系统，电池在完全耗尽后仍能保留第三方程序和用户文件，内置部分.net framework 2.0 特性，加入 Power Point 软件，Word 和 Excel 支持图片式统计图形，虚拟 GPS 端口，可自动指定 GPS 程序的接入，简化了蓝

牙和 WiFi 的设置，Windows Media Player 版本提高到 10.0。

2007 年 2 月 12 日微软在巴塞罗那推出 Windows Mobile 6.0，内部名称 Crossbow，内核为 Windows CE 5.2，其操作界面和 Windows Vista 相似。在 2008 年 4 月微软又推出 Windows Mobile 6.1，内核仍为 Windows CE 5.2。

2009 年 2 月 12 日微软在巴塞罗那正式推出 Windows Mobile 6.5。蜂窝形的主菜单界面、新版本的 InternetExplorer Mobile 浏览器、Marketplace 应用程序商店……这些元素显示，这是 Windows Mobile 操作系统史上一次重要的变革，Windows Mobile 6.5 蜂窝形的主菜单界面如图 3－2 所示。

图 3－2　Windows Mobile 6.5 蜂窝形的主菜单界面

然而，直到 2009 年 10 月首批搭载 Windows Mobile6.5 操作系统的手机才全面上市，而且这一系统所带来的改变也并不足以对抗 iPhone 等竞争对手。因此这一具有重要意义的系统，并没有带给人们太多的惊喜。但在很多人看来，Windows Mobile 6.5 只是一个过渡，即将到来的 Windows Phone 7 才是真正的革命。

全新的手机操作系统 Windows Phone 7 第一次露面是在 2010 年初举办的世界移动大会上。在此次的新系统中，微软也加入了全新的 Marketplace(软件商店)的支持。大家都知道 iPhone 的 App Store 中有 100 000 多个应用程序，其实 Windows Mobile 系统的应用程序要远比它多，只是微软一直没有像苹果一样将其所有软件整合至软件商店进行管理，此次微软 Marketplace(软件商店)功能的加入想必会平衡一下这方面的差距。

微软此次的新产品 Windows Phone 7 并非是原本所有人想象的 Windows Mobile 6.5 的改良版，而是微软打造的一个全新的操作系统，因此据称在诸多方面都有很大的提升。除此之外，微软为了使 Windows Phone 7 尽可能地更强大和更多地表现出用户友好的特性，此次发布的 Windows Phone 7 系统将放弃对老版本应用的支持。Windows Phone 7 操纵界面如图 3-3 所示。

迄今为止，Windows Phone 7 已经得到了包括 HTC、三星、戴尔等多家手机/硬件生产商和沃达丰、T-Mobile 等多家电信运营商的大力支持。

表 3-2 总结了 Windows Mobile 的各种版本、发布时间及对应的 Windows CE 操作系统版本。有关 Windows Mobile 应用程序的开发工具、开发环境配置及应用程序开发方法将在后面章节进行详细讨论。

图 3-3 WindowsPhone 7 操作界面

表 3-2 Windows Mobile 的各种版本

Windows Mobile 版本	包含的产品平台	OS 版本	发布时间
Windows Mobile 2002	Pocket PC 2002 Smartphone 2002	3.0	2001 年底
Windows Mobile 2003	Pocket PC 2003 Smartphone 2003	4.2	2003 年春
Windows Mobile 2005	Pocket PC 2005 Smartphone 2005	5.0	2005 年 5 月
Windows Mobile 2006	Pocket PC 2006 Smartphone 2006	6.0	2006 年 12 月
Windows Mobile 6.0			2007 年
Windows Mobile 6.5			2009 年
Windows Phone 7			2010 年

3.2 基于 Windows CE 的嵌入式软件开发过程

3.2.1 概 述

从 6.0 版本开始，Windows CE 的名字改为 Windows Embedded CE，当然这也是为了结合 Windows Embedded 品牌做出的改变。CE 经过了十年的风风雨雨之后，终于在 CE 6.0 这个版本上再次浴火重生了。CE 6.0 经历了 CE 历史上第二次内核重写，使 CE 操作系统更加符合当今嵌入式开发的方向。

当然，从以上的改变可以看到 CE 6.0 较之前版本更加“重量级”了。操作系统领域关于“微内核”的争论已经持续了很多年，CE 的改变也许会为某个学派的观点提供支持。但必须指出的是，正因为目前的嵌入式设备硬件已经可以支持比较“重量级”的操作系统了，所以 CE 6.0 才会做出如此改变。

CE 针对开发者的另一个转变开始自 CE 5.0，将开发环境 Platform Builder 整合

到 Visual Studio 中，这种做法无疑减轻了微软维护两套 IDE 的负担，从另外一个方面来看，CE 的开发者也可以享受到更好的开发体验了。

也许很多初涉嵌入式开发领域的程序员会被一系列的新名词搞得头昏脑胀，在这里希望能够将嵌入式开发的流程展现给大家。嵌入式开发主要分为 3 个比较大的部分，如图 3-4 所示。

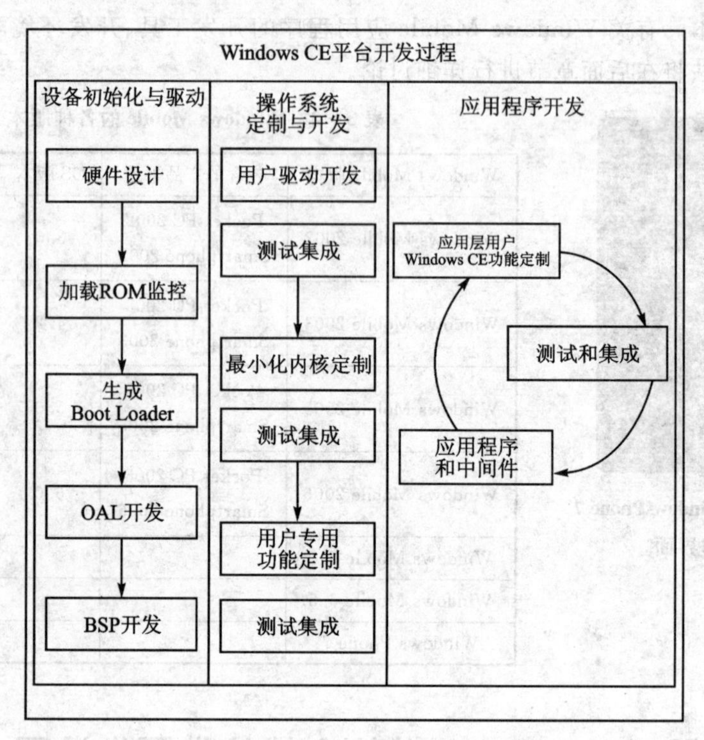

图 3-4　基于 Windows CE 平台开发流程

1. 驱动程序开发

这部分开发是从硬件设计开始的，硬件工程师会设计 PCB 板，提供标准开发板(SDB，standard development board)。拿到开发板之后的第一件事情就是编写boot-loader，让开发板启动起来，一般是通过 JTGA 将 boot-loader 烧录到开发板中的。可以将 boot-loader 看作 PC 中的 BIOS，负责硬件设备的初始化工作，并且将操作系统运行起来。在此之后，需要根据开发板上的硬件开发各种驱动程序，比如串口、USB、鼠标、视频输入等。最后将这些驱动程序和 boot-loader 打包，称为一个板级支持包(BSP)。BSP 是和开发板的具体硬件紧密相关的。所以从事这方面开发的工程师往往具有比较强的硬件知识水平。

2. 平台定制

可以将 Windows CE 想象为一盒积木，根据不同的应用场景和设备要求，要对这盒积木进行定制，堆积出不同形状的城堡、动物和生活用品。这个过程称为“平台定制”，定制产生的平台往往和具体的硬件设备相关，直接将平台下载到硬件设备上就可以运行了。整个开发过程，需要选择不同的组件来搭配出最适合当前硬件的软件平台。所以要对 Windows CE 的组件，也就是 Catalog Item，有相当程度的了解。

3. 应用程序开发

嵌入式设备上的应用程序开发与传统应用程序开发类似，只是要借助于硬件模拟器或者实际设备对程序进行调试。最常见的嵌入式设备应用程序开发，就是 Windows Mobile 的移动应用开发。平台定制工程师会在硬件出厂之前先提供平台相关的 SDK，SDK 中会包括模拟器。应用开发者可以首先使用模拟器对程序进行开发和调试。等实际硬件出来之后，再将程序转移到实际硬件中。因为 Windows CE 采用了很多措施，这种“转移”几乎是无缝的，所以并没有使用“移植”这个词。嵌入式领域的应用开发其实是普通软件工程师就可以进行的。

本书对驱动程序开发只做简单介绍，对平台定制内容做一般介绍，重在掌握定制流程。对于应用程序的开发则做重点介绍。

3.2.2 基于 Windows CE 的嵌入式软件开发工具

嵌入式应用软件开发软件流程通常如图 3-5 所示，在工作站中搭建交叉开发环境，然后定制出特定平台的 Windows CE 操作系统，再导出开发应用程序所需要的 SDK，然后使用 EVC 或者 Visual Studio 环境进行应用程序的开发，开发完毕后将应用程序和 OS 操作系统生成二进制映像文件下载到目标板中，最后在目标板中运行应用程序。

基于 Windows CE 平台的嵌入式应用程序开发中需要用到下述软件或工具包：

1. Platform Builder

Microsoft Platform Builder for Windows CE（一般简称为 Platform Builder 或 PB）是用于创建基于 Windows CE 的嵌入式操作系统设计的一个集成开发环境（IDE），它集成了进行设计、产生、构建和调试 Windows CE 操作系统设计所需要的所有开发工具。Windows CE 4.2 以前的版本中，Platform Builder 和 EVC 是分开的，Windows CE 5.0 以后的版本中，Platform Builder 作为一个插件继承在 Visual Studio 集成开发环境中了。

2. BSP

BSP（board support package），也就是“板级支持包”。它是一个支持特定标准开发板（Standard Development Board，简称 SDB）硬件的 Windows CE 软件集成包，其中主要包括 Boot Loader 程序、OAL 程序和板载硬件驱动程序。不同版本的 Platform Builder 在发布时都附带了支持多个 SDB 的 BSP 可供开发者选择。当开发者为自己的目标硬件定制操作系统时，可以首先根据目标硬件的 CPU 选择一个相应

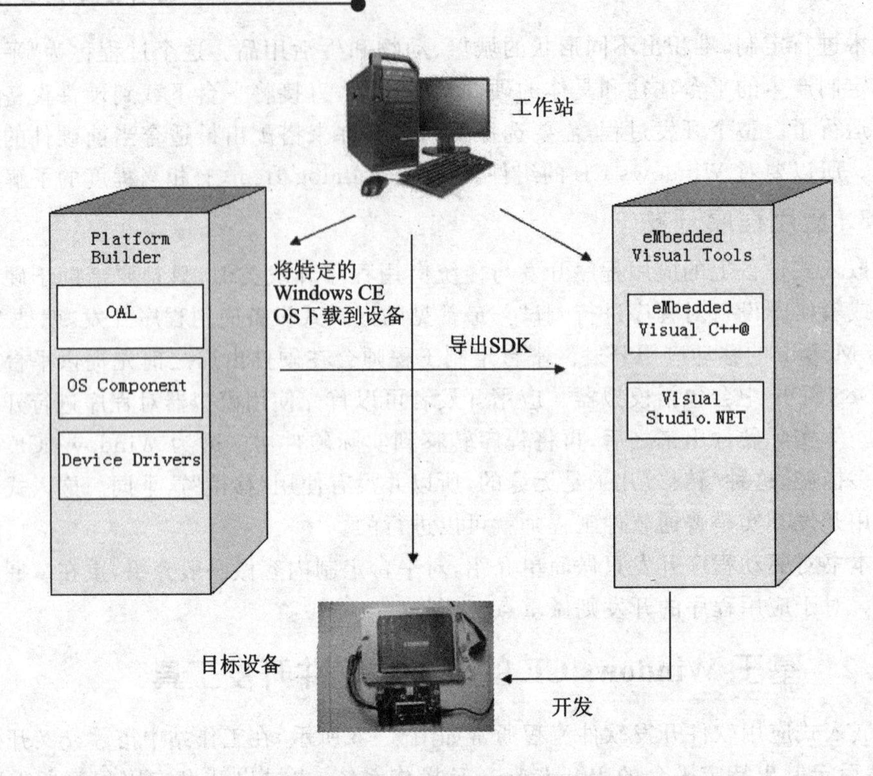

图 3-5　基于 Windows CE 平台的嵌入式应用程序开发

的 BSP，在此基础上再逐步修改或更新，使其最终适合自己的目标硬件。

当买一块嵌入式硬件设备时，从 OEM 厂商那里得到 BSP 包，主要的功能就是利用此开发包来构建可以运行于该硬件设备的系统映像。也就是利用指定设备的 BSP 包开发指定设备的系统，这样构建完成的系统才能够在此设备上良好运行。如果不需要由自己来开发 Windows CE 系统映像，那么一般也就不需要用到 BSP 包了。

3. eVC

eMbedded Visual C＋＋(简称为 eVC)是用于创建 Windows CE 应用程序的一个集成开发环境，目前常用的版本为 eMbedded Visual C＋＋4.0 加 Service Pack 4。Windows CE 3.0 及前版本的应用程序开发既可以使用 eMbedded Visual C＋＋，也可以使用 eMbedded Visual Basic(简称为 eVB)，但从 Windows CE .NET 4.0 开始，微软抛弃了 eVB，而将 Windows CE 下 VB 应用程序的开发移植到了 Visual Studio .NET，从而可以使用 VB .NET 开发 Windows CE 应用程序。表 3-3 对 eVC 的版本与可开发的 Windows CE 应用程序版本进行了总结。

表 3-3 eVC 版本与 Windows CE 版本

eVC 版本	可开发的 Windows CE 应用程序版本
eMbedded Visual C++ 3.0	Windows CE 3.0
eMbedded Visual C++ 4.0	Windows CE .NET 4.0
eMbedded Visual C++ 4.0 + SP1	Windows CE .NET 4.1
eMbedded Visual C++ 4.0 + SP2/SP3	Windows CE .NET 4.2
eMbedded Visual C++ 4.0 + SP4	Windows CE 5.0

同时，由于 Windows CE 与 Windows Mobile 底层代码的兼容性，eMbedded Visual C++加上相应的 SDK 也可以用于开发 Pocket PC 和 Smartphone 应用程序。利用 eMbedded Visual C++，开发者可以为 Windows CE 开发 Win32、MFC 和 ATL 应用程序。

从 Microsoft Visual Studio 2005 开始，微软将彻底抛弃 eMbedded Visual C++，所有 Windows CE 的应用程序开发都将在 Microsoft Visual Studio 2005 中进行，开发者将可以在 Microsoft Visual Studio 2005 中使用 C++、VB. NET、C# 和 ASP. NET 语言开发 Windows CE 应用程序。

4. 应用程序开发工具 Visual Studio

Microsoft Visual Studio(简称 VS)是美国微软公司的开发工具包系列产品。VS 是一个基本完整的开发工具集，它包括了整个软件生命周期中所需要的大部分工具，如 UML 工具、代码管控工具、集成开发环境等。所写的目标代码适用于微软支持的所有平台，包括 Microsoft Windows、Windows Mobile、Windows CE、.NET Framework、.NET Compact Framework 和 Microsoft Silverlight。

Visual Studio 是目前最流行的 Windows 平台应用程序开发环境。目前已经开发到 10.0 版本，也就是 Visual Studio 2010。正在开发的版本为 11.0 版本，也就是 Windows 8 的搭档(预览版本 Visual Studio11)。

而 Visual Studio .NET 是用于快速生成企业级 ASP. NET Web 应用程序和高性能桌面应用程序的工具。Visual Studio 包含基于组件的开发工具(如 Visual C#、Visual J#、Visual Basic 和 Visual C++)，以及许多用于简化基于小组的解决方案的设计、开发和部署的其他技术。

在 Visual Studio 中内置了.NET Compact Framework 开发工具包，可以使用 VB. NET 语言和 C#语言开发智能设备(Windows CE、Pocket PC 和 Smrtphone)应用程序。.NET Compact Framework 是完整桌面版.NET Framework 的一个轻型版本，它包含完整.NET Framework 基础类库的一个兼容子集，并且只含有较少的、专门为移动设备设计的新类。.NET Compact Framework 也包含公共语言运行库的一个新的实现，它是全新的，可以有效地运行在小型智能设备上。

Visual Studio 包含了创建和运行 Windows CE、Pocket PC 和 Smartphone 应用程序所需的所有软件和工具。当开发者安装 Visual Studio .NET 时，在智能设备上安装.NET Compact Framework 所必须的组件都将被安装到开发者的开发工作站上。

使用 Visual Studio 编写的智能设备应用程序称为托管(Managed)的应用程序，由它编译出来的可执行代码是一种独立与硬件的中间语言代码，这些可执行代码必须被部署到物理的智能设备或模拟器上才能运行，且运行时这些执行代码必须由位于智能设备或模拟器上的.NET Compact Framework 公关语言运行库解释才能在待定的硬件或模拟器上真正执行。

Visual Studio 自身带有 Windows CE 和 Pocket PC 的模拟器，开发者既可以在模拟器上测试自己的程序，也可以直接通过 Activesync 连接到 Windows CE 或 Pocket PC 设备，在物理设备上调试自己的程序。

5. SDK

当开发者使用 Visual C#工具编写 Windows CE 应用程序时，必须知道自己所开发的程序运行在什么样的硬件目标平台上，以及目标平台具有什么操作系统功能，否则，开发者开发的应用程序很可能不能在目标平台上运行。那么 Visual C#工具在编译时是如何知道目标平台的特性以及具有的操作系统功能呢？答案是通过 Platform Builder 向 Visual C#导出应用程序要运行平台的 SDK。

Software Development Kit，即软件开发工具包。如果说 BSP 包与开发操作系统映像相对应，那么 SDK 包就与开发应用程序相对应。软件开发都需要 SDK 包的支持。因为 Windows CE 系统本身是一个可定制、可裁减的操作系统，这个特性导致不同的系统支持的 API 函数是不同的。Windows CE 中的 SDK 由系统定制人员通过 Platform Builder 导出。应用程序开发人员安装此 SDK，并利用此 SDK 编写应用程序，最终将应用程序下载到目标平台上运行。如果利用 A 厂商提供的 SDK 包开发出来的应用程序很大程度上在 B 厂商的硬件设备上就运行不了，因为它们是一一对应的。

SDK 是提供给开发人员进行应用程序开发的，这样程序员就可以快速建立应用软件，而省去了编写硬件代码和基础代码框架的过程。

6. 同步工具 ActivesSync

Microsoft ActiveSync 是基于 Windows Mobile 的设备的最新同步软件版本。ActiveSync 提供了即时可用的与基于 Windows 的个人计算机和 Microsoft Outlook 的良好同步体验。ActiveSync 可充当基于 Windows 的个人计算机与基于 Windows Mobile 的设备之间的网关，从而允许您在个人计算机与设备之间传输 Outlook 信息、Office 文档、图片、音乐、视频和应用程序。除了与台式计算机进行同步之外，ActiveSync 还可以直接与 Microsoft Exchange Server 2003 同步，从而允许您在离开个人计算机时也能通过无线方式获得最新的电子邮件、日历数据、任务和联系人信息。对于 Vista 以上版本系统，Windows Mobile Device Center 已经取代了 ActiveSync。

7. 模拟器

Windows CE 模拟器是一个不依赖于硬件可以运行 Windows CE 的环境，它提供了一个虚拟的硬件平台，这样可以在上面测试一些应用程序。在 Windows CE 中提供了针对于 ARM 的模拟器的支持，一般和底层硬件相关的程序是不能在模拟器上面调试的，但是有些界面程序和简单的应用程序，在 Windows CE 模拟器上面调试还是很方便的。如此一来，当下载一个新的导航程序及地图或者其他 Windows CE 软件后，没必要先复制到内存卡上，再插入导航仪中试用。可以先上模拟器，如果模拟器运行正常，那上机后一般都能正常运行。这样一来就避免了频繁拔插卡，对导航仪卡槽及卡造成损伤。

3.2.3 基于 Windows CE 6.0 的开发环境的搭建

1. Visual Studio 2005 的安装与配置

先装 Visual Studio 2005，本书使用的是 Professional Edition。建议别用默认安装，而是通过自定义安装，把组件定制一下，不然会花很多冤枉的磁盘空间。Windows CE600 的 Platform Builder 不像 Windows CE500 是独立的，而是作为 VS2005 的插件，以后建立和定制 OS、编译调试全部在 VS2005 里完成。插入 Visual Studio 2005 安装光盘到 CD-ROM 驱动器，系统会自动启动 Visual Studio 2005 安装程序，如图 3-6 所示。

安装过程基本上是单击“继续”，系统会逐项地安装组件，直到所有组件都安装完毕后安装界面右下角会显示“完成”，单击“完成”，返回到如图 3-6 所示的安装程序界面。

图 3-6 安装 Visual Studio 2005

当安装完成时，如果需要，可以接着第3项安装产品文档，这里选择“退出”，结束整个 Visual Studio 2005 的安装。

2. 安装 Visual Studio 2005 Service Pack 1

Visual Studio 2005 Service Pack 1 是必须的装的，微软的网站上提供了 Windows Embedded 6.0 platform and tools support。不过要注意不同的 VS2005 版本会对应到不同的下载上，安装过程如图 3-7 所示。

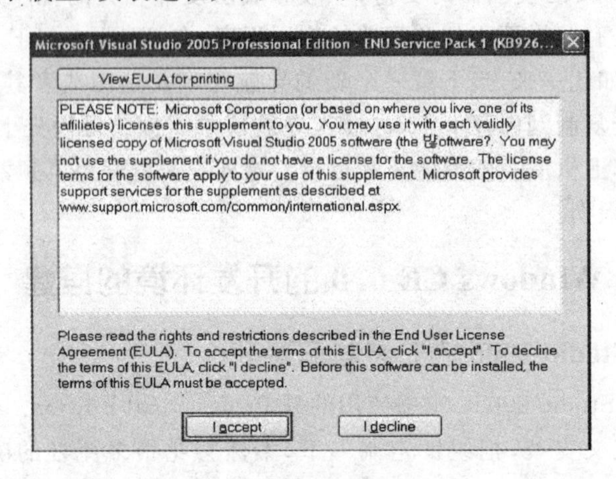

图 3-7 安装 SP1

3. 安装 Windows Embedded CE 6.0

作为学习，本教程使用的是 Windows Embedded CE6.0 评估版，该版本可以到微软公司的网站上直接下载，只需要注册获得注册码即可，在安装过程中按照提示输入注册码，如图 3-8 所示。当然该评估版只能使用 180 天，在实际的项目开发中建议大家购买正版软件。

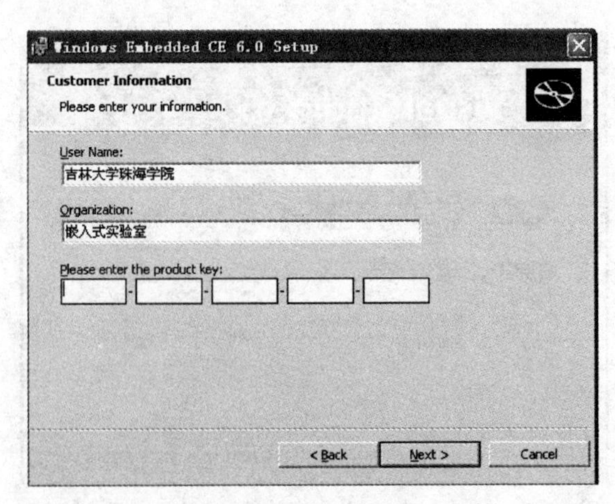

图 3-8 安装 Windows CE 6.0

在安装时注意如下几点：

① 修改安装路径。点选组件后，单击如图 3-9 所示中的 Browse 才可以修改安装路径。这里不像 Windows CE5.0 安装时有专门的一步来改路径。

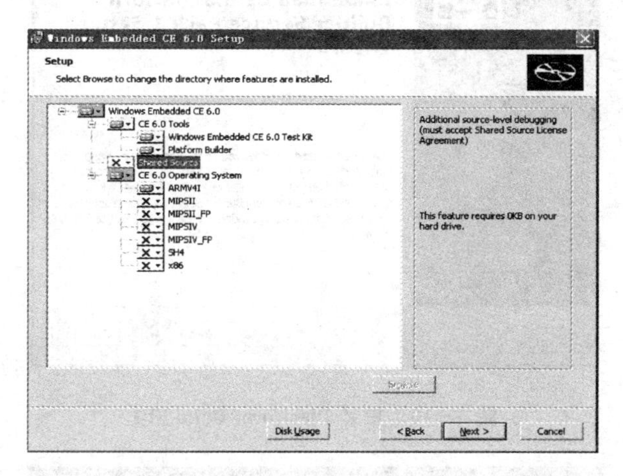

图 3-9 修改安装路径

② CE6 没有专门的一个 Emualtor(X86)选项了，Windows CE6.0 和 VS2005 的模拟器可以直接跑 ARM 指令。这导致了 Windows CE5.0 的基于 x86 的 Emulator 无法在 VS2005 上运行起来。

③ 注意磁盘空间，选装了 ARMV4I 和 X86 两个，大约占用 6.5 G，比 Windows CE5.0 还要大些。

4. 安装 Windows Embedded CE 6.0 Platform Builder Service Pack 1

如图 3-10 所示安装 Plartform Build SP1，应用开发人员可以不装。这份只升级 platform builder，并不修改 Windows CE6.0 目录下的代码。

5. 安装 Microsoft Device Emulator 2.0

Microsoft Device Emulator 2.0 版是一个桌面应用程序，它可以用来模拟基于 Windows CE 或 Windows Mobile 的硬件平台的行为。使用设备仿真程序，无需物理设备，即可运行、测试和调试运行时映像。

该仿真程序可以像配置一个真正的硬件平台一样，对此虚拟硬件平台进行配置。可以指定屏幕分辨率和方向、内存大小、外观设计和其他属性。此外，可以为模拟的硬件按钮和软件编写事件处理代码。其主要限制在于：无法模拟性能。因为仿真程序的性能在很大程度上取决于开发计算机的处理器速度和可用的系统内存量，以及不会影响不同物理设备性能的其他因素。发布页注意下载时有 32 位版本和 64 位版本。其安装过程如图 3-11 所示。

6. 安装 Virtual Machine Network Driver for Microsoft Device Emulator

仿真程序或模拟器开发工具运行时需要使用虚拟网卡驱动，如果不装这个的话，

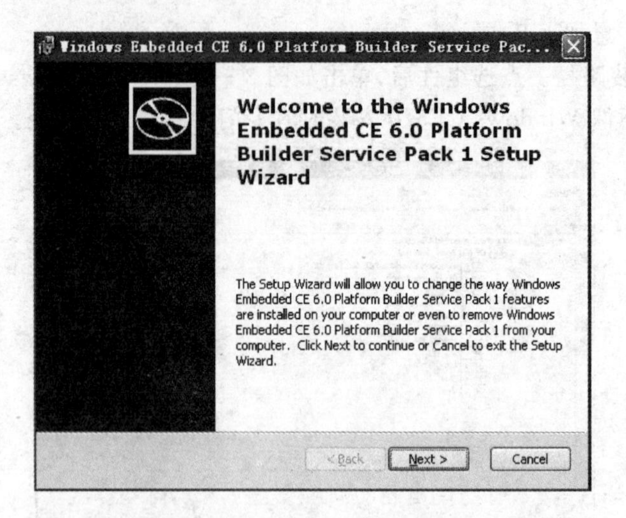

图 3-10　安装 Plartform Build SP1

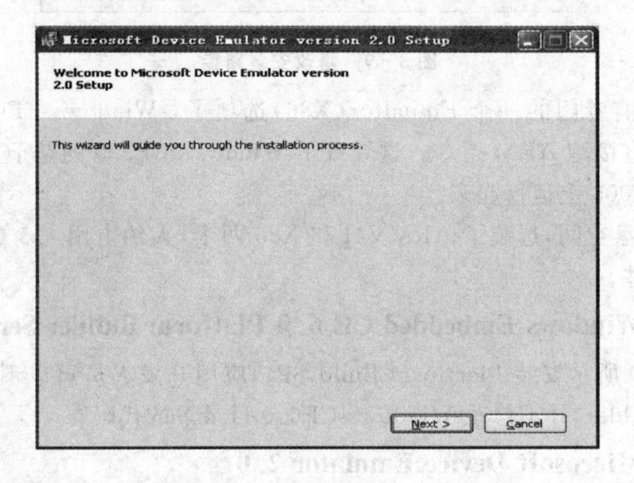

图 3-11　安装 Emulator 2.0

模拟器是启动不起来的，可能会黑屏，其安装过程如图 3-12 所示。

成功安装了 Windows CE6，并且各自新建了 OSDesigns 项目编译完后用 Windows CE6 Attach Device 成功启动；然后再编译生成 SDK，安装到 XP 上后，再从 VS2005 里从 Emulator SDK 新建 C# 项目，编译并在 Emulator 上单步调试，现在 Emulator 就不是从 Attach Device 连接的了，而是从 Device Emulator Manager 启动的，如图 3-13 所示。也就是说应用开发人员可以完全不用装 Windows CE6，只要装 VS2005 就可以了。

Windows CE6 模拟器启动后，其界面如图 3-14 所示。至此，基于 VS2005 的 Windows CE 开发环境就搭建好了。

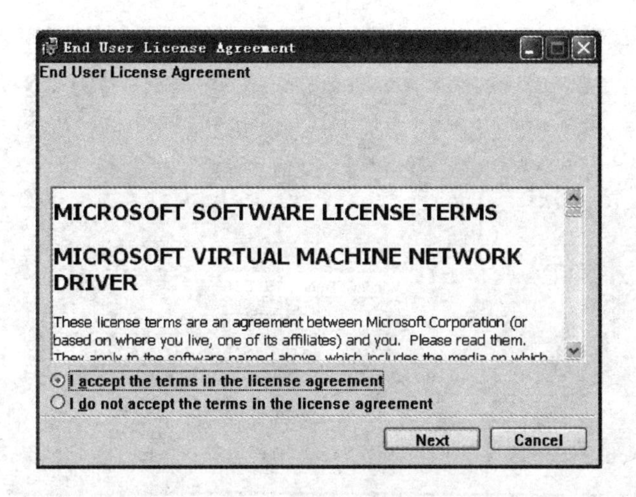

图 3-12　安装虚拟机器网络驱动器

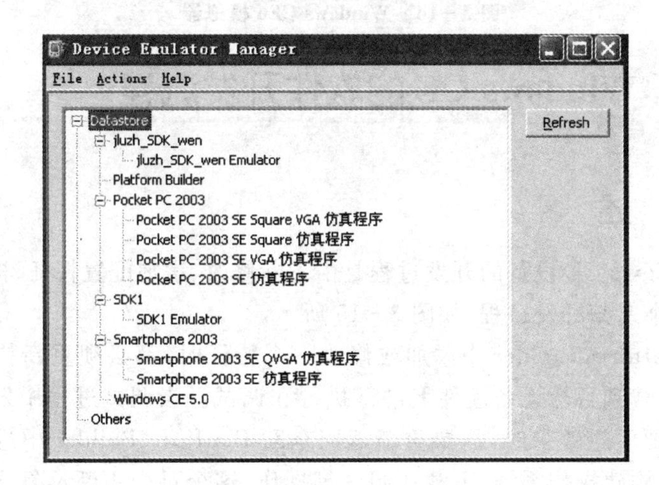

图 3-13　启动 Emulator

对于大多数开发人员来说，都是做应用层的开发，Microsoft Windows CE .NET 应用程序开发人员目前有 3 种选择：它们分别是 Win32、Microsoft 基础类和 Microsoft .NET Framework 精简版。这 3 种选择各有优势，对应用程序开发人员来说，可以自行决定使用哪一种来构建您的应用程序。具体选择时可以从应用程序文件的大小、运行时占用的资源以及应用程序开发的速度等方面考虑。其他要考虑的因素可能包括安全性、稳定性、工作集需要、实时支持、性能、现有代码库等。本书主要对基于 Microsoft 基础类和.NET Framework 的开发方式进行介绍，重点是后者。

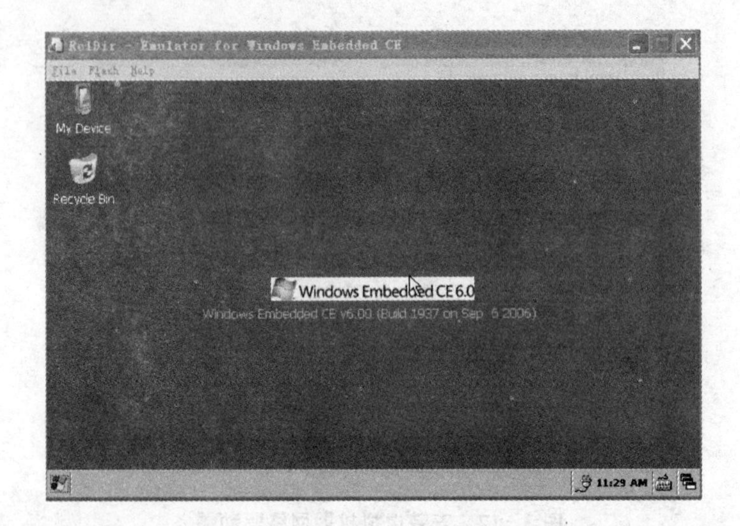

图 3-14 Windows CE6 模拟器

3.3 基于 Windows CE 的软件开发流程

3.3.1 概 述

基于 Windows CE 设备的开发过程是由不断修改、增加配置特征、构建、下载、调试等组成的一个递归开发过程，如图 3-15 所示。

每当在 Platform Builder 中添加或修改一个特征时，都必须重新构建操作系统映像，并将它下载到目标设备硬件上进行执行和调试。当调试过程中发现问题或执行结果没有达到预想效果时，需要重新返回东欧 Platform Builder 中进行修改和配置，然后再执行构建操作系统、下载和调试等操作，这个过程不断反复直到达到设计要求或预期的效果。

一旦完成操作系统配置，开发者就可以利用 Platform Builder 提供的导出 SDK 工具，为应用程序开发者导出一个定制的 SDK，应用程序将导出的 SDK 安装到 eMbedded Visual C++ 4.0 或者 Visual Studio 后，就可以为特定的硬件平台开发应用程序，并在特定硬件上进行调试和测试了。下面分别以 Platform Builder 4.2+EVC+MFC、Platform Builder 6.0+Visual Studio+C#.NET 为例介绍嵌入式软件的开发过程。因为这两种开发环境具有一定代表性，前者主要使用 MFC 来实现应用程序，当前还有很多公司使用这种开发语言。后者使用 C# 开发语言，这代表着未来的趋势。作为初学者，最好是都熟悉一下其开发流程。

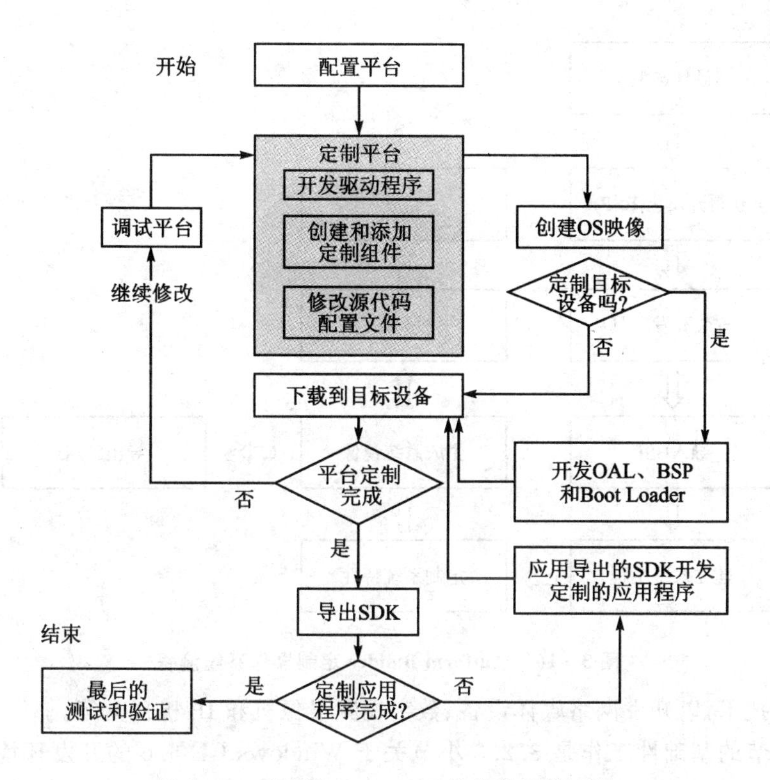

图 3-15 基于 Windows CE 的软件开发流程

3.3.2 基于 Windows CE 6.0 和 VS2005 的系统软件开发流程

基于 Windows CE4.2 和 EVC 的软件开发流程大致如图 3-16 所示，本小节的基础工作是在 3.2.3 小节中所述基于 Windows CE4.2 的开发环境搭建的。对于大多数程序员来说对于硬件的选型是不需要关心的，因为大部分情况都是基于某种硬件平台的二次开发。通过 3.2.3 小节的工作安装了 Windows CE 4.2 和 EVC 开发环境，并导入了 BSP。因此本小节的重点如何生成一个嵌入式操作系统和导出 SDK 的过程。关于利用 EVC 进行应用软件的开发将在第 4 章详细介绍。

相对于以前的版本，微软公司 100%毫无保留地开放 Windows Embedded CE 6.0 内核，微软还将 Visual Studio 2005 专业版作为 Windows Embedded CE 6.0 的一部分一并推出。Visual Studio 2005 专业版将包括一个被称为 Platform Builder 的功能强大的插件，它是一个专门为嵌入式平台提供的“集成开发环境”。这个集成开发环境使得整个开发链融为一体，并提供了一个从设备到应用都易于使用的工具，极大地加速了设备开发的上市。Windows Embedded CE 6.0 重新设计的内核具有 32 000 个处理器的并发处理能力，每个处理有 2 GB 虚拟内存寻址空间，同时还能保持系统的实时响应，加入了新的单元核心数据和语音组件，6.0 包含的组件更便于开发者创建通过 Windows Vista 内置功能无线连接到远程桌面共享体验的投影仪，充分利用

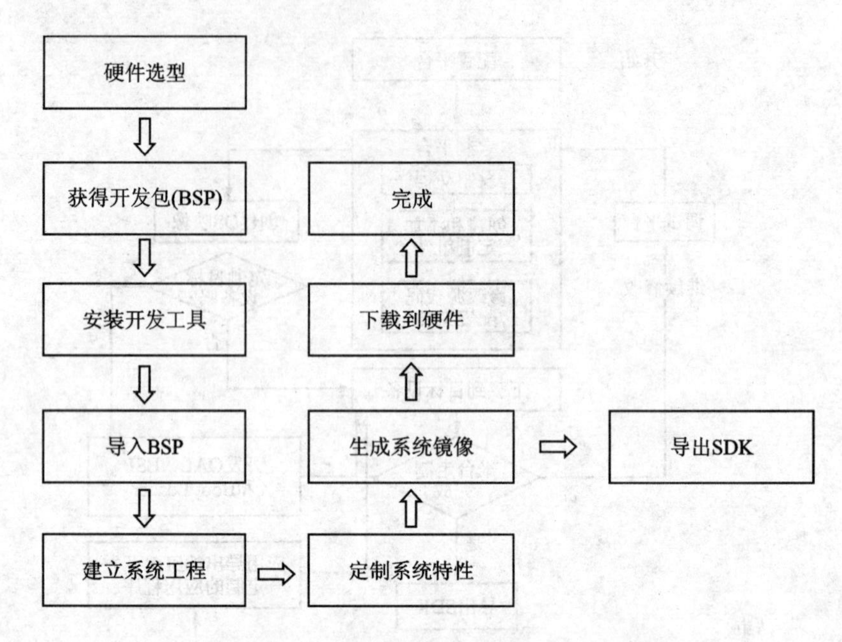

图 3-16 Platform Builder 定制操作系统流程

了多媒体技术，以开发网络媒体设备、数字视频录像机和 IP 机顶盒等。

本小节的基础性工作是 3.2.3 小节关于 Windows CE 6.0 的开发环境的搭建，有了上小节的基础，基于 Windows Embedded CE 6.0 和 VS2005 的系统软件开发流程基本上是类似的。

1. 定制操作系统

(1) 创建项目

启动 VS2005 开发环境，选择“文件”→“新建”项目，如图 3-17 所示，创建一个新的操作系统。

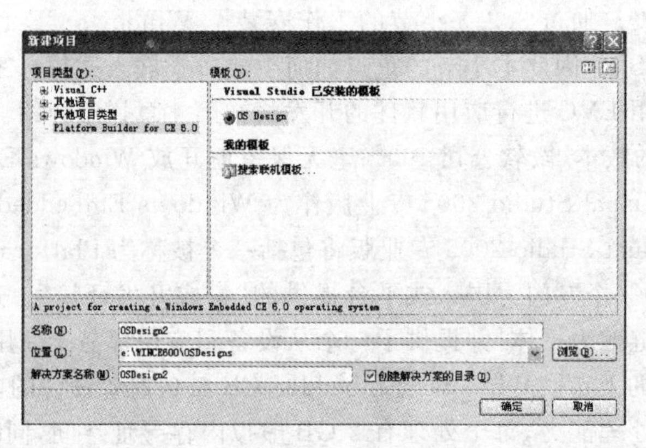

图 3-17 创建项目

(2) 选 BSP

选择 BSP(Board Support Packages),如图 3-18 所示,使用设备仿真。单击"下一步"。

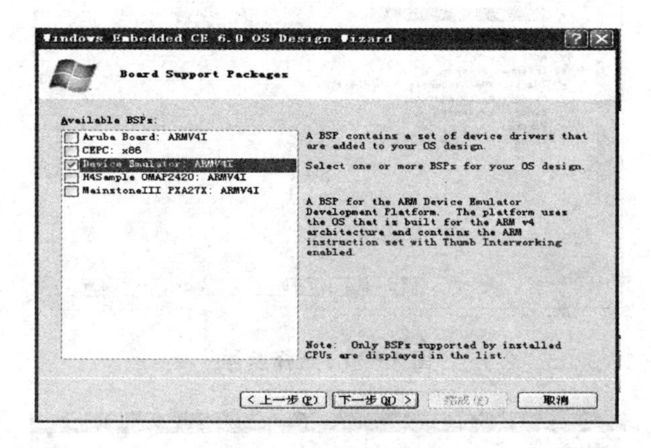

图 3-18　选择 BSP

(3) 选模板

Windows CE 6.0 针对不同的应用领域提供了创建操作系统的模板,如图 3-19 所示。选择 PDA 设备,单击"下一步"。

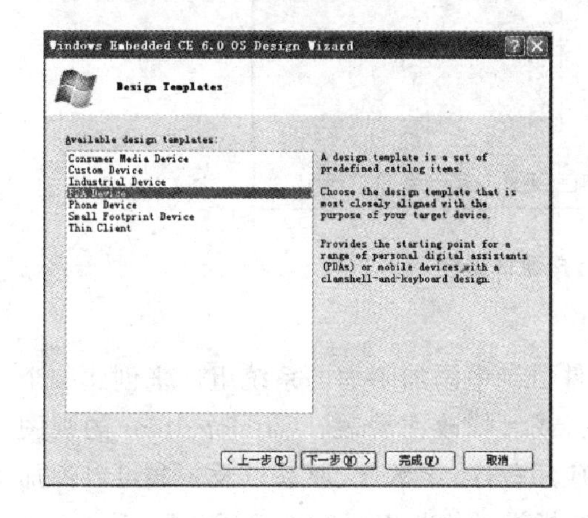

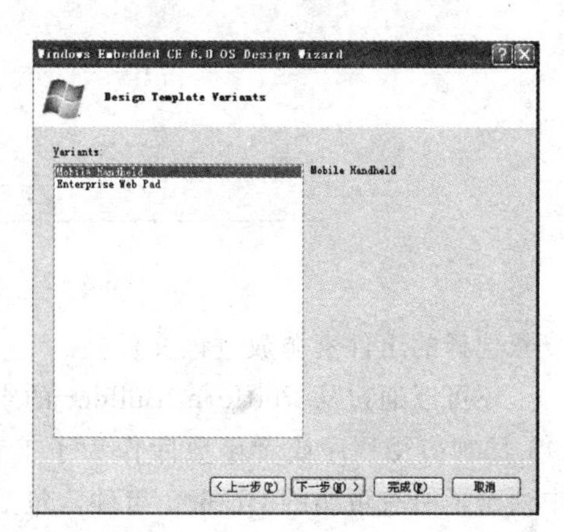

图 3-19　选择模板

(4) 选择一些应用程序和多媒体组件

依个人情况选择组件,如图 3-20 所示,单击"下一步"。

(5) 网络

选择通信、网络和安全类组件,如图 3-21 所示。

到这一步,向导已完成了它的任务,并收集了基于选择的模板和所支持的组件创建的 OS Design 所必需的参数。Platform Builder 将生成 OS Design 所必须的文件夹,并将 Internet Appliance OS Design 模板所必需的所有组件连同 OS Design 向导

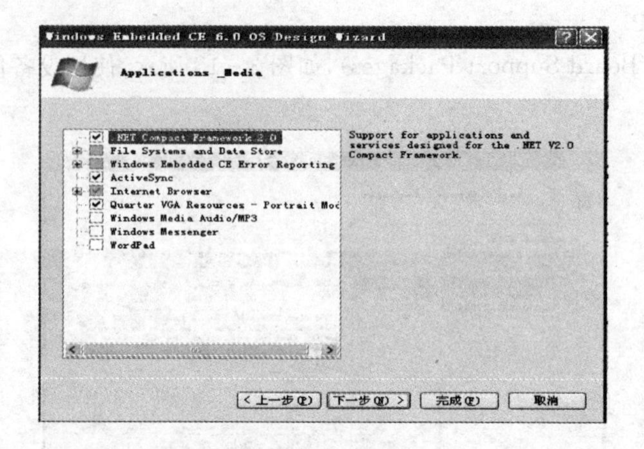

图 3-20　选择组件

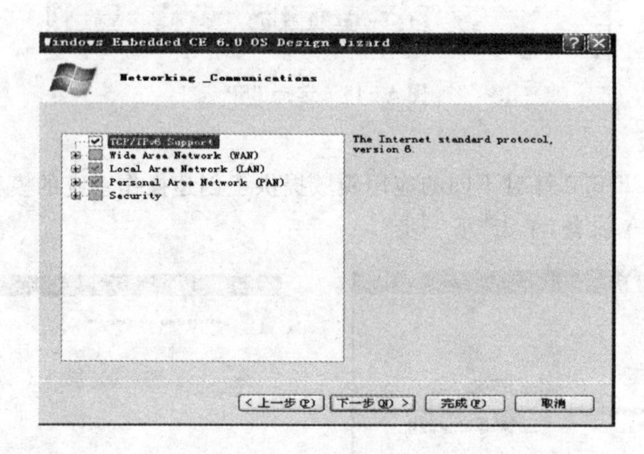

图 3-21　选择通信组件

步骤选择的组件资源放进该文件夹。

还可以通过从 Platform Builder 的组件目录中添加附加的系统组件来创建一个 OS,添加应用程序或者函数库作为子工程,或者修改注册表。Catalog Item 的视图中列出了所有可用的 CE 6.0 组件。包括应用程序、函数库、驱动以及一些可以添加到系统中的第三方组件,一些组件已经在选择设计模板时被包含到 OS Design 中去了。组件目录中的附加组件可以被添加到 OS Design 中用来实现某些特定的功能和特征。

2. 配置管理

接下来进行配置管理,使用配置管理器可以配置 OS 镜像是 release 还是 debug 模式。debug 模式的镜像将会在编译、载入系统镜像和运行应用程序和模块时产生 debug 信息。使用 debug 模式编译的镜像比 release 模式编译所产生的镜像大 50%。在此,使用 release 模式的镜像。在开发环境中,选择生成|配置管理器,如图 3-22

所示。

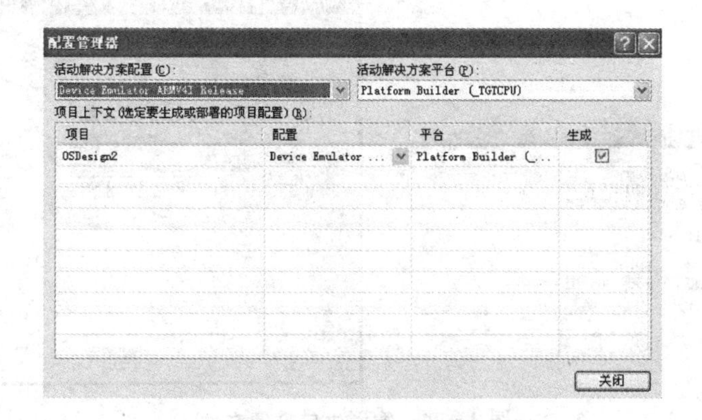

图 3-22 配置管理器

OS Design 还可以自定义 build 选项。在开发环境中选择“项目|属性”，如图 3-23 所示。

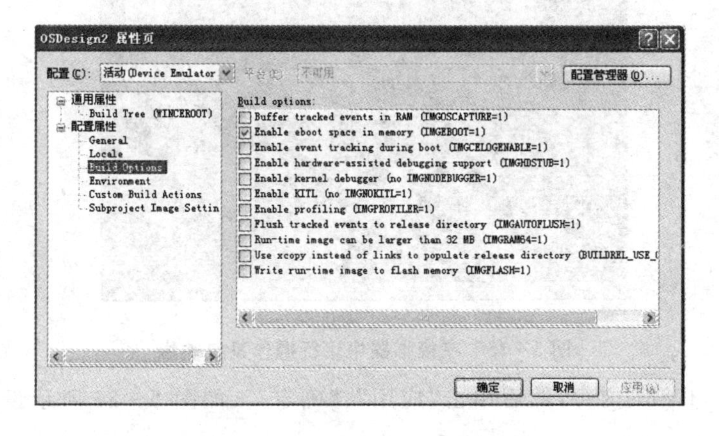

图 3-23 自定义 build 选项

大多数情况要禁用 Enable KITL。否则，模拟器出现的是黑屏。选择了所有需要的系统组件过后，可以编译一个系统镜像。

在 VS2005 集成开发环境中，选择“生成|生成解决方案”开始编译过程，如图 3-24 所示。根据 PC 机的性能，这一过程可能需要 15～30 分钟。Output 窗口显示了创建过程的结果。编译完成后，选择 Target | Connectivity Options，将映像文件下载到模拟器中运行，其结果如图 3-25 所示。

3. 创建 SDK

首先要设置 SDK 的属性页，运行 VS2005 菜单“项目”→“Add New SDK”，在 SDK 属性页中填写必要的信息，选择“属性”→Emulation→Configuration→Debug 菜单项，可以设置模拟器的显示屏大小及色深，还有内存大小，在此设置为 240×

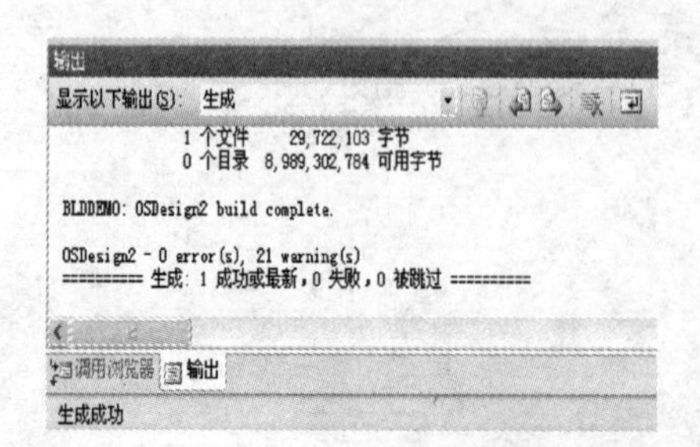

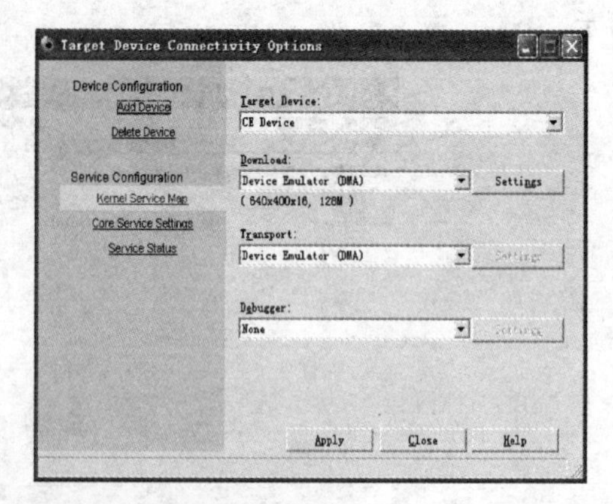

图 3-24　编译生成镜像文件

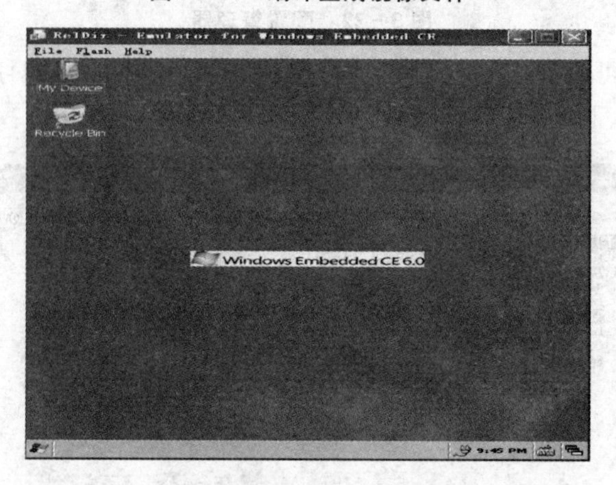

图 3-25　在模拟器中运行操作系统映像

320,16 色深,128M 内存,然后单击“应用”、“确定”。如图 3-26 所示设置 SDK 属性页。

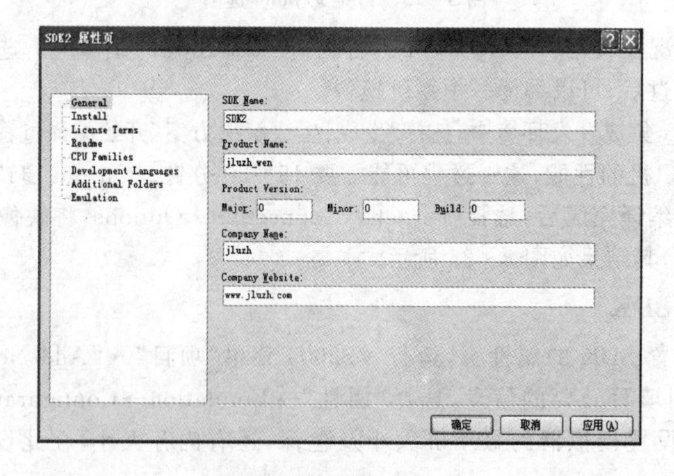

图 3-26　设置 SDK 属性页

然后运行 VS2005“生成”→“Build All SDK”菜单项，顺利的话，就会在相关目录下有 SDK1. msi，如图 3－27 所示。这样就生成了应用程序开发所需要的 SDK。

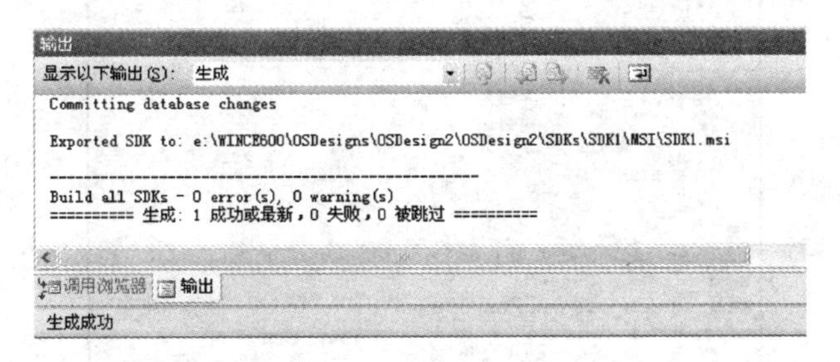

图 3－27　生成应用程序开发工具 SDK

安装生成好的 SDK1. msi，如图 3－28 所示。

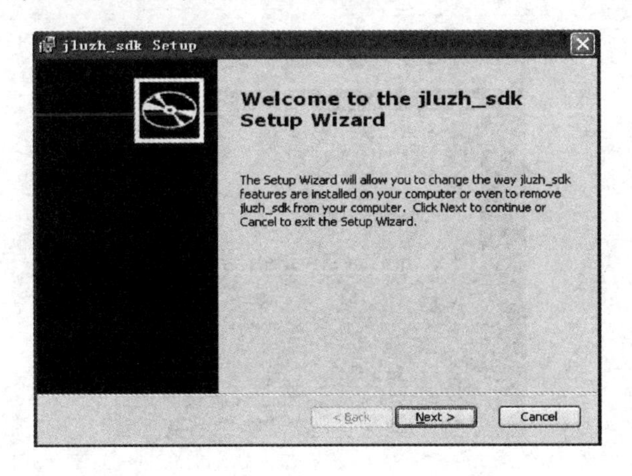

图 3－28　安装 SDK

运行 Visual Studio 2005，选择“工具→选项”菜单项，打开选项设置对话框，从左边的树型列表中选择“设备工具→设备”，右边的下拉列表框拉到底可以看到 jluzh_sdk，这就是刚刚生成的那个模拟器。下面的设备列表里有两项，双击 jluzh_sdk，设定传输为 DMA 传输，再单击“仿真器选项”，在“显示”选项卡里设定好模拟器屏幕尺寸，颜色深度等，全部保存。

4. 开发应用程序

安装好 SDK 后，就可以用 VS2005 新建一个智能设备项目，选择“新建”项目，如图3－29 所示。

向导选择平台时，先删除 Pocket PC 2003，选择 jluzh_sdk，完成。然后按 F5 运行程序，应用程序的结果就在模拟器中显示出来了，如图 3－30 所示。

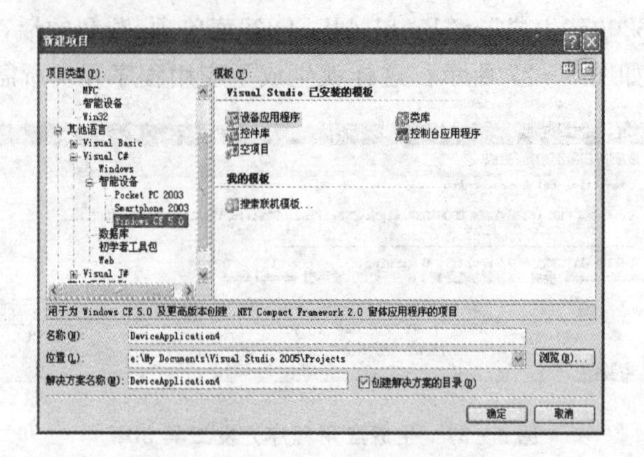

图 3-29　新建智能设备项目

图 3-30　在模拟器中运行应用程序

3.4　Windows CE 体系结构

3.4.1　功能概述

Microsoft Windows CE 是一个开放的、可裁减的、32 位的实时嵌入式窗口操作系统。和其他桌面版窗口操作系统（Windows 99/2000/XP 等）相比，它具有可靠性好、实时性高、内核体积小的特点，所以被广泛用于各种嵌入式智能设备的开发，被广泛应用于工业控制、信息家电、移动通信、汽车电子、个人电子消费品等各个领域，是当今应用最多、增长最快的嵌入式操作系统。

Windows CE 的设计目标是：模块化及可伸缩性、实时性能好，通信能力强大，支持多种 CPU。它的设计可以满足多种设备的需要，这些设备包括了工业控制器、通信集线器以及销售终端之类的企业设备，还有像照相机、电话和家用娱乐器材之类的消费产品。一个典型的基于 Windows CE 的嵌入系统通常为某个特定用途而设计，并在不联机的情况下工作。它要求所使用的操作系统体积较小，内建有对中断的响应功能。

微软首次在“共享源计划(Microsoft Shared Source programme)”中 100%毫无保留地开放 Windows Embedded CE 6.0 内核，(GUI 图形用户界面不开放)比 Windows Embedded CE 的先前版本的开放比例整体高出 56%。“共享源计划”为设备制造商提供了全面的源代码访问，以进行修改和重新发布(根据许可协议条款)，而且不需要与微软或其他方共享他们最终的设计成果。尽管 Windows 操作系统是一个通用型计算机平台，为实现统一的体验而设计，设备制造商可以使用 Windows Embedded CE 6.0 这个工具包为不同的非桌面设备构建定制化的操作系统映像。通过获得 Windows Embedded CE 源代码的某些部分，比如：文件系统、设备驱动程序和其他核心组件，嵌入式开发者可以选择他们所需的源代码，然后编译并构建自己的代码和独特的操作系统，迅速将他们的设备推向市场。

微软还将 Visual Studio 2005 专业版作为 Windows Embedded CE 6.0 的一部分一并推出。这对微软来说又是一次史无前例的突破。Visual Studio 2005 专业版将包括一个被称为 Platform Builder 的功能强大的插件，它是一个专门为嵌入式平台提供的“集成开发环境”。这个集成开发环境使得整个开发链融为一体，并提供了一个从设备到应用都易于使用的工具，极大地加速了设备的开发上市。

目前最新的 Windows CE 为 Windows Embedded Compact 7，这个版本在内核部分有很大的进步：所有系统元件都由 EXE 改为 DLL，并移到内核空间。

全新设计的虚拟内存架构、全新的设备驱动程序架构，同时支持 User Mode 与 Kernel Mode 两种驱动程序。突破只能运行 32 个进程(process)的限制，可以运行 32 768 个进程。每一进程的虚拟内存限制由 32 M 增加到全系统总虚拟内存。Platform Builder IDE 集成到 Microsoft Visual Studio 2005。新的安全架构，确保只有被信任的软件可以在系统中运行。UDF 2.5 文件系统，支持 802.11i (WPA2)及 802.11e (QoS)等无线规格，及多重无线支持。

支持 x86、ARM、SH4、MIPS 等各种处理器。提供新的 Cellcore components 使系统在移动电话网络中更容易创建数据链接及激活通话。在开发环境上，微软也提供兼容于.NET Framework 的开发元件.NET Compact Framework，让正在学习.NET或已拥有.NET 程序开发技术的开发人员能迅速而顺利地在搭载 Windows CE .NET 系统的设备上开发应用程序。

用于掌上电脑 Pocket PC 以及智能手机 Smart Phone 上的 Windows CE 系统称为 Windows Mobile，目前成熟的最新版本为 Windows Mobile 6.5。

3.4.2 系统架构

在 6.0 以前的版本中，Windows CE 被设计成一种模块化、分层结构，每一层分

别由不同的模块组成，每个模块又由不同的组件构成。这种层次性的结构试图将硬件和软件、操作系统与应用程序隔离开，以便于实现系统的移植，便于进行硬件、驱动程序、操作系统和应用程序等开发的人员分工合作、并行开发。

如图 3-31 所示，从底层向上分为 4 个层次：硬件层、OEM 层、操作系统层、应用层。它被设计成一种围绕服务而存在的用户模式的进程，叫 PSLs(Process Server Libraries，进程服务库)，NK. exe 在内核态下运行，而操作系统的其他部分则各自独立运行在用户模式下，比如文件系统 Filesys. exe、图形窗口和事情子系统 GWES. exe、驱动管理器 Device. exe。这样分开的设计让操作系统更加健壮，但这些为整个操作系统提供主要功能的服务提供者却是以不同进程的身份出现，如果要使用某操作系统提供的服务，则会使得至少发生一次的进程切换，就连一个简单的函数调用都不例外。这对系统的效率影响是比较大的。

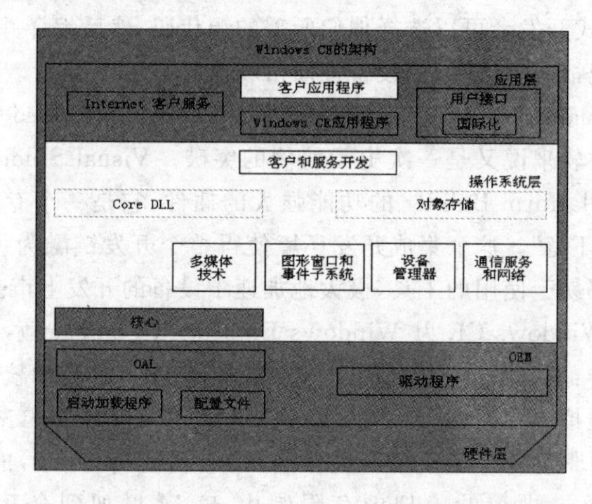

图 3-31 Windows CE 的架构

到了 6.0，系统被划分成了用户模式和内核模式两个层，如图 3-32 所示。Windows Embedded CE 6.0 重新设计的内核具有 32 000 个处理器的并发处理能力，每个处理有 2 GB 虚拟内存寻址空间，同时还能保持系统的实时响应。这使得开发人员可以将大量强大的应用程序融入到更智能化、更复杂的设备中。无论在路上、在工作还是在家里，都可以使用这种设备。下面分别介绍每个模块的作用。

1. 硬 件

硬件层是指由 CPU、存储器、I/O 端口、扩展板卡等组成的嵌入式邮件系统，硬件是一个嵌入式系统存在的必要条件，也是嵌入式设备的外在体现，是嵌入式操作系统运行的基础，在通用计算机领域，一般都是 x86 体系结构的 IBM-PC 及其兼容机，早期 IBM 和英特尔的压倒性趋势，使得现在的通用计算机领域硬件体系基本一致，都有定义良好的接口(Interface)，而在嵌入式系统领域，由于设备制造商都是由不同领域不同应用的厂商发展而来的，所以硬件结构相对复杂，仅 CPU 体系结构就有多

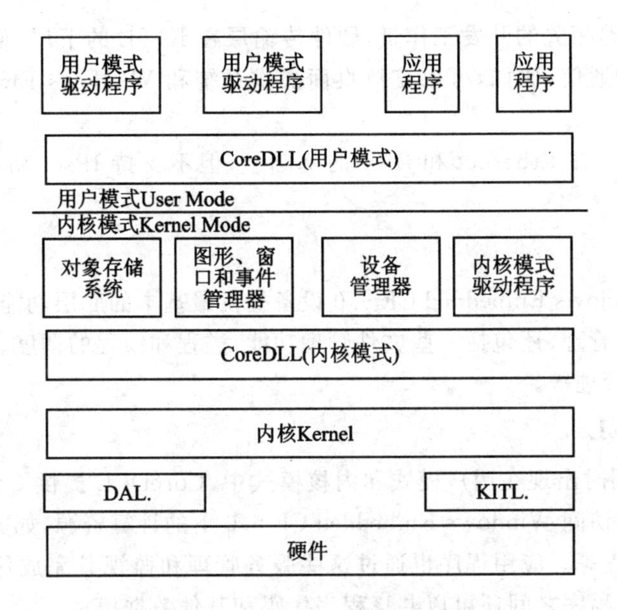

图 3-32　Windows CE 6.0 体系结构

种，Windows Embedded CE 6.0 也支持 4 种 CPU 体系结构(分别是 ARM、MIPS、x86、SHx)。

硬件的复杂性会加大程序开发的难度，因此出现了 BSP 来解决硬件体系结构的差别问题。Platform Builder for CE 6.0 为很多常用的 SDB(Software Development Board、软件开发板)提供了 BSP，这些 BSP 基本包括了所有 Windows Embedded CE 6.0 所支持的 CPU，可有效减少嵌入式设备的开发周期。

2. OEM 适配层

OEM 层是嵌入式硬件与 Windows CE 操作系统的接合层。Windows CE 操作系统要能在特定的硬件上运行，硬件必须要能够加载 Windows CE 操作系统，同时，操作系统也要能够实现对硬件系统的初始化并驱动这些硬件。在 Windows CE 5.0 的 OEM 层中，也有一个 OAL。在 Windows Embedded CE 6.0 中它在内核模式中。OAL 处在 Windows Embedded CE 6.0 和嵌入式设备的硬件层之间，连接到内核的库中便可以创建内核的可执行程序。它主要提供中断处理、时钟、电源管理、总线抽象、通用 I/O 控制等服务。

在建立一个以 Windows Embedded CE 6.0 为操作系统新的硬件平台的过程中，创建 OAL 可能是最复杂的事情之一。通常情况下，最简便的方法是对已有的 OAL 进行修改以适应自己的硬件平台。

3. 内核独立传输层

KITL(Kernel Independent Transport Layer)是为了调试工作更加方便而设计的，它削弱了通信协议与通信硬件之间的直接性依赖，降低了硬件传输层(Hardware

Transport Layer)相关的开发工作量,硬件传输层在 KITL 的下层,使得 KITL 可以支持不同类型的通信,比如,可以支持桌面操作系统和 Windows Embedded CE 6.0 的设备通信。

KITL 是建立在 Ethernet 和 IPv4 的基础上,但不支持 IPsec 协议,必须通过其他途径来解决。

4. 内核

内核为 Windows Embedded CE 6.0 设备提供最基本的底层功能,这些功能包括进程、线程、内存管理,还包括一些文件管理功能、进程和线程的调度、实时支持、系统调用、内核电源管理等。

5. CoreDLL

CoreDLL 同时出现在用户模式和内核模式中,CoreDLL 提供 Core OS 服务,使得应用程序能够访问 Windows Embedded CE 6.0 下的计算资源,如文件系统、内存、设备、进程和线程等。应用程序也通过这些服务管理和监视其完成任务所需要的资源,通过它,应用程序之间还可以共享程序代码和其他数据信息。

6. 文件系统

"File System"单从其名字可以看出它是一个文件系统,但这只是一个名字,它真正的范围要比它的名字广得多,不但包括文件系统,还包括存储对象的管理,Windows Embedded CE 6.0 的对象存储系统有丰富的存储功能,提供各种文件系统的支持,包括 FAT 文件系统、RAM 文件系统和其他 CD 等通用磁盘文件系统。支持第三方定制的文件系统,支持与 SQL CE 和 SQL Server 数据库的链接,有良好的安全特性,支持第三方程序对磁盘进行的加密。

其中不得不提的是 Windows Embedded CE 6.0 的 FAT 文件系统,Windows Embedded CE 6.0 采用了 ExFAT(Extended File Allocation Table File System),ExFAT 不仅解决了大容量文件存储的限制问题(在 Windows CE 5.0 中,对象存储最大可以达到 256 MB,单个文件不超过 4 GB),还使得 Windows Embedded CE 6.0 设备与桌面 PC 机之间的文件传输更方便更容易。而且 ExFAT 还提供了对以前文件系统的支持。下面是 ExFAT 的一些特性:

- 对象存储最大为 32 GB;
- 突破单个文件夹存储 1 000 个文件的限制;
- 提升了存储速度;
- 突破了单个文件不超过 4 GB 的限制;
- 提高了 Windows Embedded CE 6.0 设备与未来桌面操作系统的相互操作性;
- 支持 OEMs 和 ISVs 定制的针对特殊设备的文件系统。

7. 图形、窗口、事件管理子系统

GWES(Graphic、Windowing、Events Subsystem)集 Windows 32 API、User

Interface、Graphic Device Interface 于一体，是用户、应用程序和 Windows Embedded CE 6.0 之间的一个共同的接口，三者通过 GEWS 进行通信和相关操作。

GWES 所支撑的 Windows Embedded CE 6.0 的用户接口(User Interface，UI)元素非常丰富，几乎可以和桌面 Windows 相比，包括窗口、对话框、控制按钮、菜单和其他资源，还提供了光标、位图、文字、图标进行其他方面的控制操作。

Windows CE 5.0 的 GWES 还包括了电源管理，这使不使用 Windows CE 图形界面的设备无法使用电源管理功能，但在 Windows Embedded CE 6.0 中，没有图形界面的嵌入式设备仍然可以使用电源管理功能。

8. 设备管理器

设备管理器是被内核加载的，而且只要 Windows Embedded CE 6.0 还在运行设备管理器就不会停止工作，当设备管理器被加载时，I/O 资源管理器(Input/Output Resource Manager)也将被加载，用它从注册表中读取一个有效的可用资源列表。设备管理器通过 GUID 来发现和管理设备。设备管理器是通过 device. dll 来实现的。设备管理器与注册表的配合非常紧密，它运行和管理的大多数数据都来自注册表。

9. 驱动程序

驱动程序是一种抽象了物理或者虚拟设备功能的软件或者代码，相应设备被其驱动程序管理的操作，物理设备比较常见，像 USB 存储器、打印机等，虚拟设备如文件系统、虚拟光驱等。

在 Windows Embedded CE 6.0 中，驱动程序有两种模式，一种是内核模式，另外一种是用户模式，在默认状况下，驱动程序运行在内核模式下，这有利于设备性能的提高，但也增加了影响系统各方面性能的不确定因素，如果不稳定的驱动被加入到内核，将会对嵌入式系统的可靠性、稳定性等多方面的性能产生致命的影响。这使得驱动程序在发布和认证时必须有严格的性能保证措施。

10. 应用程序

Windows Embedded CE 6.0 提供了对. NET Compact Framework 的支持，使得开发应用程序有了良好的应用编程接口。开发 CE 6.0 的应用程序，可以使用现有的开发工具和环境，也可以仅仅使用一些 SDK(Software Development Kit)。

Windows Embedded CE 6.0 支持 Unicode 超大字符集，NLS(National Language Support)的支持使得开发国际化的软件更加方便，对已有软件的国际化和本地化也更容易实现。

通常使用 Visual Studio . NET 2003/2005 来开发 Windows Embedded CE 6.0 的应用程序。

3.4.3 文件系统

Windows CE 的文件系统既可以是一个 RAM 和 ROM 文件系统，也可以是一个

ROM 的文件系统。RAM 和 ROM 文件系统提供了 RAM 中文件的读/写访问和 ROM 中文件的读访问。只有 ROM 的文件系统不允许将应用程序放在对象存储里，通过 Windows 目录，ROM 数据是不可访问的。

如图 3－33 所示，Windows CE 的文件系统和数据存储都指的是对象存储，对象存储是 Windows CE 的默认文件系统，它相当于 Windows CE 设备上的硬盘。对象存储是由共享一个内存堆的文件系统、数据库和注册表组成的，即使在没有系统主电源时，对象存储也能维持应用程序及其相关数据不会丢失。Windows 5.0 中的对象存储最大可以达到 256 MB、可压缩、非易失的 RAM 存储器，它将存储在 ROM 中的只读文件与应用程序和用户的读/写文件巧妙地集成到了一起。在用户看来，存储在对象存储的 RAM 里的文件和存储在 ROM 里的文件没有任何差别，RAM 里的文件和 ROM 里的文件可以共存于同一个目录下，用户也可以打开(虽然不能进行编辑)ROM 里的文件。

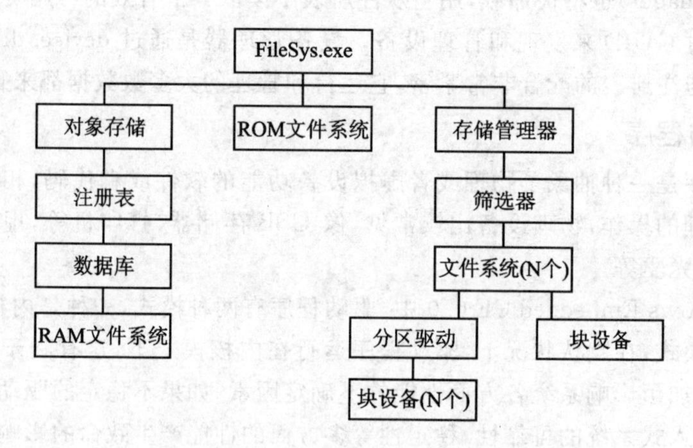

图 3－33　Windows CE 的文件系统

1. 对象存储

Windows CE 的对象存储是在当主电源被撤掉而只有一个后备电源时，提供对应用程序及相关数据的永久存储。一个或多个非易失的 RAM 存储器芯片构成了物理的对象存储。

对象存储由 3 种类型的永久存储即文件系统、数据库和系统注册表组成，虽然文件系统、数据库和系统注册表共享一个文件堆，但它们没有必要物理上驻留在对象存储里，它们可以驻留在 ROM、单独的可安装文件系统或一个外部设备上，如 Flash 卡等。数据以独立于实际存储设备的形式按存储类型被产生和访问。操作系统使用对象存储完成下列任务：

- 管理栈和内存堆；
- 必要时压缩和展开文件；
- 无缝地集成基于 ROM 的应用程序和基于 RAM 的数据。

在对象存储里数据的存储机制是基于交易(Transaction Based)的，如果当数据正在被写入对象存储时电源被中断，那么操作系统保证存储不会中断。当系统重新启动或回滚到中断前的正常状态时，存储机制通过完成存储操作来做到这一点。对于文件系统，包括注册表设置，如果没有定义一个后备系统来保存当前设置，这可能意味着要从 ROM 重新加载初始设置。

2. 文件系统

Windows CE 的内部文件系统控制对 ROM 的访问，也提供了对位于 RAM 中对象存储里的文件存储，有两种可用的文件系统：RAM 和 ROM 文件系统以及 ROM 文件系统，它们分别具有不同的属性，开发者需要为自己的目标设备选择合理的文件系统，这两种文件系统都具有安装另外的外部文件系统(如 FAT 文件系统)的能力。

RAM 和 ROM 文件系统提供了对象存储里的文件存储以及对 ROM 的访问，对象存储是文件系统的根，而且，除外部文件系统被作为一个目录安装到根下之外，所有数据被保存在对象存储里。通过 Windows 目录，位于 ROM 里的数据是可以被访问的。由于当不刷新 RAM 时就会丢失对象存储，所以 RAM 和 ROM 文件系统对目标设备是非常有用的，它连续不断地为 RAM 提供动力。

ROM 文件系统不允许应用程序将文件存储在对象存储里，通过 Windows 目录可以访问 ROM 中的数据。外部文件系统被安装为根下的目录，而且，利用 ROM 文件系统可以选择将一个外部文件系统放置在文件系统的根。如果必须安装一个文件系统作为根，那么除了其他外部文件系统之外，在根下的所有数据被存储到那个文件系统。Windows CE 提供以下 3 种类型的文件系统：

- 基于 ROM 的文件系统；
- 基于 RAM 的文件系统；
- FAT 文件系统。

(1) 二进制 ROM 映像文件系统

二进制 ROM 映像文件系统(BinFS)是一个由 romimage. exe 产生的二进制映像(. bin)文件格式的文件系统。. bin 文件以特定的片段(section)组织数据，每个片段包含一个片段头，片段头定义了这个片段的起始地址、片段长度及校验和。romimage. exe 将以逻辑片段组织的数据写到 . bin 文件中。

(2) FAT 文件系统

FAT 文件系统与任何插到 Windows CE 系统的外部存储设备(如 ATA 卡、线性 Flash 卡和 PC 卡等)一起工作，这些存储设备的每部分区域都包含一个文件系统分区，每个区域都被安装为一个 FAT 卷，并被放置到根目录下的一个特殊的文件夹下，和外部存储设备相关的设备驱动提供安装文件夹的名称。一旦安装了文件系统，就可以在安装文件夹下包含文件夹、文件和数据库。

(3) CDFS/UDFS 文件系统

压缩磁盘(Compact Disc)、文件系统(CDFS)和通用磁盘(Universal Disc)文件

系统(UDFS)被用来读取CD盘、DVD盘和CD-ROM。CDFS/UDFS使用ATAPI块驱动来寻道和声音/视频回放,CDFS遵守ISO 9660规范并支持长文件名。

(4) 可安装文件系统

Windows CE开发者可以为自己的系统产生特定的文件系统。例如,可以使用可安装的文件系统充分利用一种新型的存储硬件提供的特殊功能,或者在一个标准的PC卡硬件上对文件的操作进行限制。可安装文件系统为开发者提供了对Windows CE支持的存储设备进行扩展的能力,使Windows CE的文件系统成为了一个开放的系统。

3.4.4 内存管理

Windows CE是一个保护模式的32位操作系统,支持一个32位线性访问的地址空间。与其他桌面Windows操作系统相比,Windows CE操作系统运行所需要的实际物理内存要少得多,尽管如此,由于Windows CE嵌入式实时性的特点,Windows CE提供了完备的内存管理功能,它几乎实现了Windows XP下所有可用的Win32内存管理API,并支持虚拟内存分配、本地堆和栈、内存映射文件等。另外,由于Windows CE要求更少、更有效地使用内存,所以Windows CE对内存的使用与其他桌面Windows操作系统相比有着很多的差别。

1. ROM和RAM

Windows CE被设计成一个ROM+RAM的文件系统,它无缝地集成了基于ROM的应用和基于RAM的数据。

在Windows CE下,RAM被分成对象存储和程序内存两块区域。对象存储就像一个永久的虚拟RAM盘,当系统挂起或软件重置时,对象存储可以保护存储在RAM里的数据不会丢失。采用这种设计是因为像Pocket PC这样典型的Windows CE系统一般有主电池和后备电池两个电源,当主电池电量低,用户更换主电池时,后备电池的工作是为RAM提供电源以维持在对象存储里的数据,当系统恢复或用户按下Reset键时,CE内核会寻找以前在RAM里产生的对象存储,发现并使用它。对于没有后备电池的CE设备,可以使用蜂窝注册表在多次引导过程中保存数据。

程序内存是由全部RAM除去对象存储剩下的部分,它像PC中的RAM一样,用于为运行的应用程序保存堆和栈。对象存储和程序内存之间的边界是可以移动的,用户可以在CE系统的控制面板中通过移动滑动条来更改它们之间的分配比例。在CE设备低内存的情况下,操作系统会提示用户将对象存储RAM用作程序RAM以满足应用程序对RAM的需求。

在PC中,ROM被用来存储BIOS(Basic Input/Output System),一般64~128 KB。而在Windows CE系统中,ROM的大小可能达到32 MB甚至64 MB,可用来存储整个Windows CE操作系统以及与操作系统捆绑到一起的应用程序。从整个意义上来讲,Windows CE下的ROM更像一个只读小硬盘。

存放到 ROM 中的模块或文件可以是压缩的，也可以是不压缩的，这取决于 OEM 的设置。对于压缩的 DLL 或 EXE 文件，Windows CE 操作系统可以直接在 ROM 里就地执行(Execute In Place，简称 XIP)这些 DLL 或 EXE 文件。而不必将它们先加载到内存然后再执行。这样的好处一是节省了宝贵的 RAM 空间，二是减少了 DLL 或 EXE 的启动时间。对于那些保存在对象存储或 Flash 存储卡里的程序，OS 不会就地执行它们，必须先将它们复制到 RAM，然后再执行。

2. 虚拟内存模型

Windows CE 是一个保护模式的操作系统，因此程序的访问只能使用虚拟内存。Windows CE 对整个系统实现了一个线性的 32 位(2^{32} 即 4 GB)的虚拟地址空间，它由 Windows CE 操作系统启动时创建，并由 MMU(Memory Management Unit)进行管理。因此，在内核初始化和启动 MMU 之前，不能使用虚拟地址，而必须由 CPU 编址物理地址。这意味着在 Boot Loader 和 OAL 中的部分内存访问不能使用虚拟内存，而必须使用物理内存。也就是说，虚拟地址是指当 MMU 活动时，由 CPU 引用的任何地址。在实际系统中，任何有效的虚拟地址都必须映射为能够用于识别一个物理资源(如 ROM、RAM、Flash、CPU 寄存器、SoC 组件、总线组件等)的物理地址。

Windows CE 提供的 4 GB 的虚拟地址空间被分为 2 个 2 GB 的区域：上面为 2 GB的内核空间，下面为 2 GB 的用户空间，如图 3-34 内核空间是专门为内核使用而保留的，只能由具有 kmode 优先权的线程访问，而用户空间是为运行用户应用程序准备的，可以由除了进程空间保护限制的所有线程访问。用户空间被分为 64 个 32 MB 的 Slot，其中 Slot1～Slot32 保留给要加载的每一个进程，Windows CE 系统最多同时可以运行 32 个进程，每个进程将占有一个特殊的 Slot，当前正在运行的进程总是被映射到 Slot0。

3. 虚拟地址映射

在 Windows CE 中有两种类型的地址：物理地址和映射的虚拟地址。

物理地址是需要被操作系统访问的实际的 RAM 或设备存储器，它由来自于 CPU 的物理地址定义，一旦 MMU 启动，CPU 就不能直接访问。内核只能管理 512 MB的物理内存。对于某些 CPU，如 SHx 和 MIPS，内核能够直接操作由处理器定义的第一个 1 GB 的内存。

映射的虚拟地址定义了由用户模式和内核应用程序使用的虚拟地址和物理地址之间的映射。映射的虚拟地址有两种类型：静态映射的虚拟地址和动态映射的虚拟地址。静态映射的虚拟地址为内核提供了一个虚拟地址到物理地址的映射表，这个映射表在系统引导时创建且不随时间而变化。

4. 用户地址空间

用户地址空间被分为 64 个 32 MB 的 Slot，所有进程分享这个地址空间。在

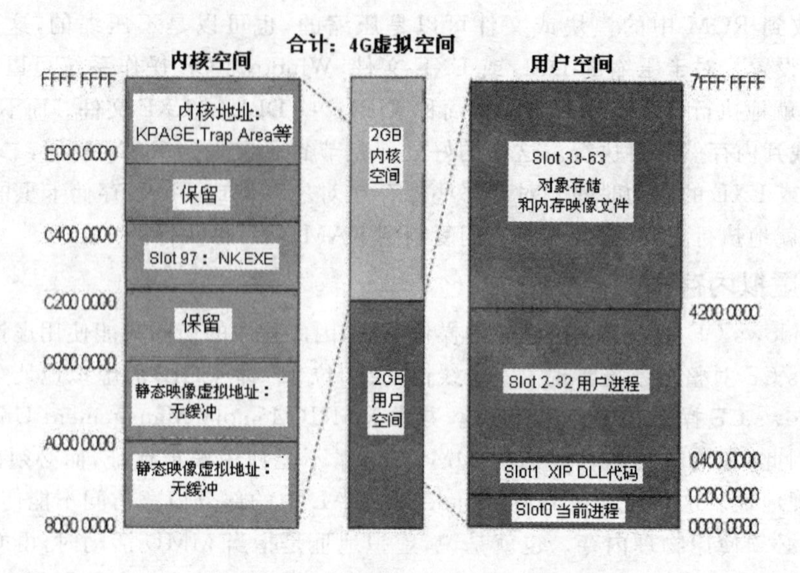

图 3-34 Windows CE 的内存地址空间

Windows CE 内核中，Slot 是虚拟地址维护的基本单元。在从 Slot0 到 Slot63 的 64 个 Slot 中，前面的 33 个 Slot 用于进程，剩下的 Slot 用于对象存储、内存映射文件和资源映射。

Slot0 是一个特殊的 Slot，它对应当前正在运行的进程，Slot1 至 Slot33 每一个都代表一个当前正在运行的进程，这表示在 Windows CE 系统中，同一时间最多可以有 32 个进程运行。当一个进程启动时，内核在这些 Slot 中为这个进程选择一个打开的 Slot。一个线程只能访问属于自己进程空间内的地址，只有在自己的进程 Slot 内才有访问权限。对象存储是受保护的，不允许从文件系统之外访问对象存储，而内存映射文件和 DLL 资源却可以被不同进程内的所有线程访问。

值得注意的是虚拟空间是按照 64 KB 的区域进行分配的，也就是说所有虚拟地址的分配都是以 64 KB 对齐的，而实际物理内存以页(Page)为计量单位给虚拟空间分配提交物理内存。页是物理内存分配的最小单位，一页的大小取决于 CPU 的类型，为 4 KB 或 1 KB。另外值得注意的一点是 DLL 虚拟空间的分配是从高地址向低地址分配，而进程和一般的虚拟空间分配是从低地址向高地址分配，如图 3-35 所示。

虚拟空间按照 64 KB 的区域进行分配，这种分配方式对 DLL 的加载有极其微妙的影响，这是因为 DLL 的加载同其他虚分配一样需要从某一个 64 KB 的边界开始分配空间，这意味着每一个 DLL 都将有效地使用 64 KB 的虚拟地址空间，那么对于一个 32 MB 的进程 Slot，意味着一个进程最多可以加载 512 个 DLL。在实际应用系统中，一个进程一般不可能会加载这么多 DLL，但是，对于保存在 ROM 里需要就地执行(XIP)的 DLL 来说，每一个进程都会在其进程空间里为这些 XIP DLL 保留执

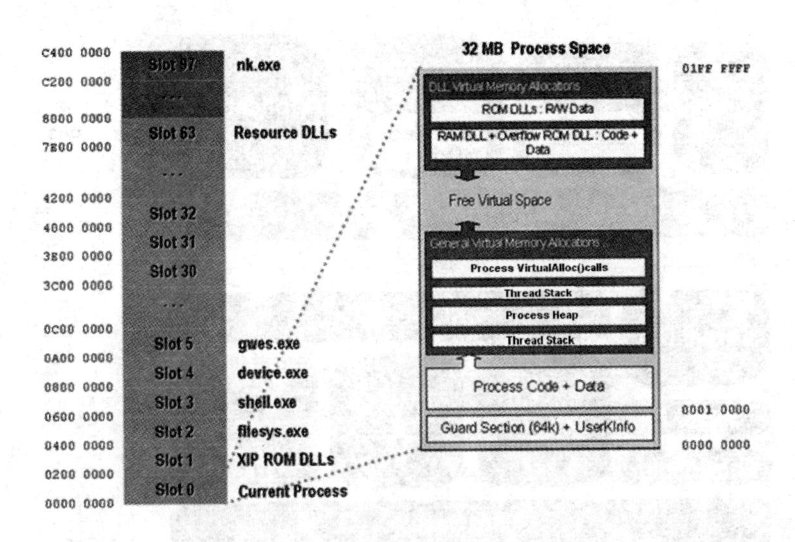

图 3-35 虚拟地址映射

行空间，就好像每一个进程都要加载这些 XIP DLL 一样。一个具有网络连接的无头设备（Headless Device），其 Windows CE 操作系统映像包括大约 100 多个这样的 DLL，而对于一个全特征的 CE 操作系统将会包括更多这样的 DLL，所以很可能用完一个进程的地址空间。因此，为了避免这些 ROM DLL 使用进程的地址空间，从 Windows CE 4.x 版本往后，以前那些在用户虚拟地址空间由内核执行的代码被转移到了内核空间，同时所有的 ROM DLL 被映射到了一个单独的 Slot，即 Slot1，这样就为每一个进程释放了空间。由上面的分析可知，创建数量更少而文件尺寸较大的 DLL 要比创建许多文件尺寸小的 DLL 要好得多。

3.4.5 系统调度

设备管理，驱动程序的加载 Windows CE 内核是 Windows CE 操作系统的核心，内核为基于 Windows CE 的设备提供了基本的操作系统功能，其中包括进程、线程、内存管理及一些文件管理功能等。内核服务使应用程序能够使用这些核心功能。

图 3-36 为 Windows CE 操作系统内核的一般结构，从图中可以看出，内核是核心操作系统其他部分的管道，它将核心操作系统的各个部分串联成一个有机整体。

当然，并不是所有的驱动程序都是在内核运行的，在 Windows Embedded CE 6.0 安装完成之后的驱动程序是在用户模式下运行的，这样更有利于系统的安全，但以牺牲设备的性能为代价。图 3-36 展示了 Windows Embedded CE 6.0 里的系统模块。

通过图 3-35 会发觉，以前在 Windows CE 5.0 中的各种系统模块，比如 Filesys.exe、Device.exe、GWES.exe 等，都变成了 Filesys.dll、GWES.dll、Device.dll，只有 NK.exe 还是原来的名字，变的不仅仅是名字，因为在 Windows Embedded CE

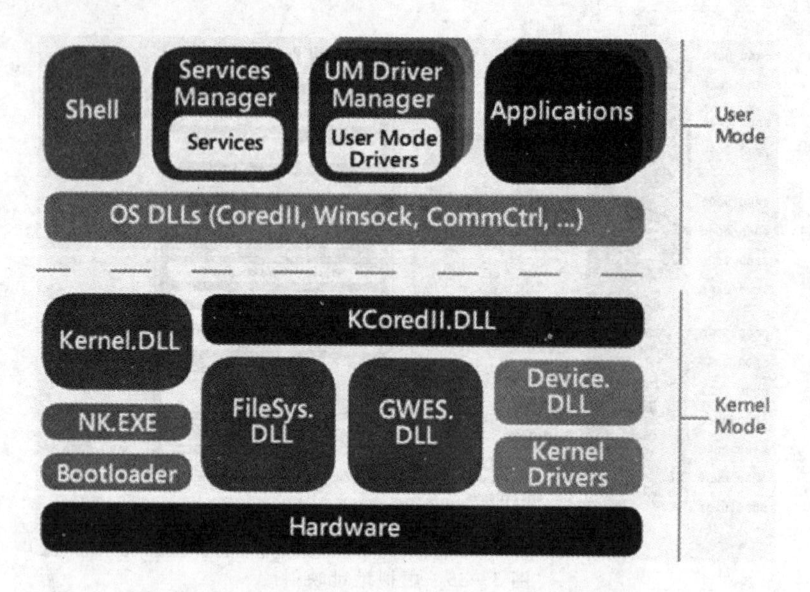

图 3-36 Windows Embedded CE 6.0 模块图

6.0中这些服务已经不再是一个个单独进程，而是一个个系统调用。虽然 NK.exe 的名字没有变，但已经不再是 Windows CE 5.0 中的 NK.exe 了，Windows CE 5.0 中 NK.exe 提供的各种功能将由 Kernel.dll 来替代，NK.exe 中仅仅包含一些 OAL 代码和保证兼容性的程序，这样做的好处是使得 OEMs 和 ISVs 厂商定制的代码和微软提供的 Windows Embedded CE 6.0 的代码进行了分离，使得内核代码的升级更加容易且更加方便。

Win32 文件包含称为模块(Module)的可执行代码，Windows CE 支持两种类型的模块：应用程序(以.exe 为扩展名)和动态链接库(以.dll 为扩展名)。当 Windows CE 加载一个应用程序时，它就产生了一个进程，一个进程就是一个应用程序的实例。在一个 Windows CE 系统中，假如有两个 Microsoft Wordpad 在运行，那么就意味着这个系统有两个独立的进程在运行，每个进程都有它自己受保护的、32 MB 的地址空间。每个进程至少有一个线程，但也可能有多个线程，线程是执行在一个进程之内的代码。多个进程使用户可以同时工作于多个应用程序，而多个线程可以使一个应用程序同时完成多个任务。

Windows CE 是一个抢占式实时多任务的操作系统，抢占多任务又称为调度。在调度过程中，内核维护一个当前操作系统所有线程的优先级列表。每个进程可能包含多个线程，而每一个线程都是一个可执行单元。调度系统控制这些执行单元的执行顺序，并允许它们相互之间以可预测的方式交换数据。当中断发生时，调度系统重新排列所有线程的优先级。Windows CE 的每一个运行的应用程序都是一个进程，每个进程又可能包含多个线程，线程优先级、优先级的倒置处理、中断支持、定时与调度等使 Windows CE 为时间关键性任务提供实时支持。

Windows CE 下的模块由 EXE 文件和 DLL 文件组成，从本质上讲，它们都是可执行文件，都遵守 PE(Portable Executable)文件格式，微小的差别就在于定义它们的文件头不同。但在实际应用中，它们却有着明显的差异。

EXE 是可以独立加载的模块，当一个 EXE 模块被加载时，系统首先会为它创建一个单独的 32 MB 的地址空间并导入相应的外部函数，初始化静态数据区，产生本地堆并产生一个线程，然后在跳转到模块的入口点。

3.4.6 启动过程

如图 3－37 所示 Windows CE 系统结构中，NK.exe 是 Windows Embedded CE 6.0 的核心。NK.exe 是 OAL 进程，内核 KERN.DLL 是伴随着 OAL 启动的，值得注意的是，图 3－37 中 Kernel.dll 所在的位置在 Windows CE 5.0 中为 NK.exe，相比以前的版本，Windows Embedded CE 6.0 将所有系统需要提供的服务部分“转移”到系统内核的虚拟机(Kernel's Virtual Machine)，这样做的好处是当发生系统调用时，已经变成了进程内的一个调用。这样做也引入了一些不稳定机制，比如驱动程序被加入到内核，Windows Embedded CE 6.0 默认情况下就是将驱动运行在内核模式。虽然提高了系统的效率，但如果驱动程序不稳定，将对系统的整体稳定性产生非常严重的影响。

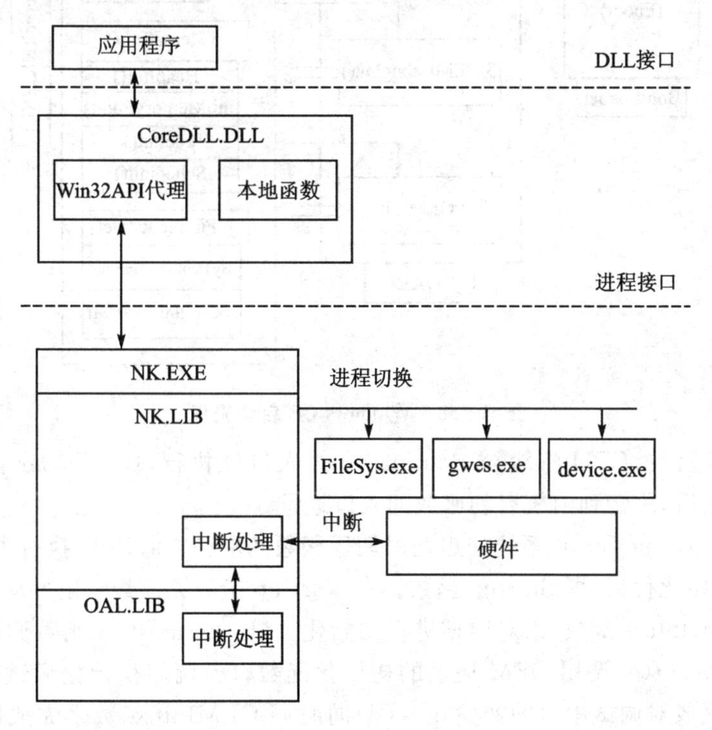

图 3－37 系统结构

Windows CE 系统在启动时一般需要 3 个基本元素:引导初始化、内核加载和 OAL 初始化等。它们的作用是要完成引导过程的初始化和操作系统执行环境的初始化。其中引导初始化是由引导工具 BootLoader 完成,主要是完成板级、片级的初始化。例如,通过设置寄存器来完成硬件的初始化,如设置时钟、设置中断控制寄存器、完成内存映射和初始化 MMU 的工作方式等。内核加载是指将操作系统内核映像从只读存储器加载或者复制到系统的 RAM 中并执行。OAL(OEM Adaption Layer,即原始设备制造商适配层)是位于操作系统的内核与硬件之间的适配层,也是连接系统内核与硬件的枢纽,它具有屏蔽硬件设备细节以及抽象硬件功能的作用。而 OAL 初始化则是指通过一组函数来体现出 OAL 屏蔽和抽象硬件设备的作用。

此外,如果要 Windows CE 系统成为完整的操作系统,还得加上硬件驱动程序、硬件接口程序和应用程序组。因此,即使在一个简单的嵌入式系统里,Windows CE 系统启动时是需要加载内核和许多组件或驱动程序的。下面以 Windows CE 5.0 内核为例介绍 Windows CE 内核过程,在此基础上再比较 Windows CE 6.0 内核的启动过程,Windows CE5.0 内核启动时调用函数顺序如图 3－38 所示。

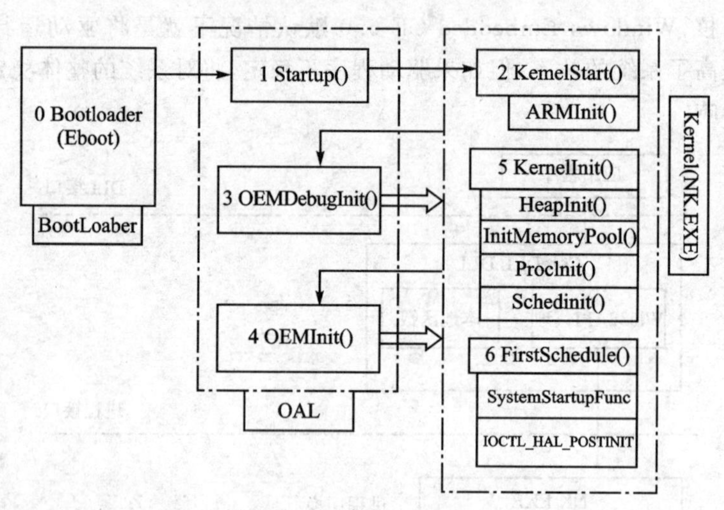

图 3－38　Windows CE 启动流程

① 系统复位,CPU 将跳至 Bootloader 的入口处执行,Bootloader 读取并调用 NK. exe。然后,跳转到内核启动函数的入口地址。

② 运行 KernelStart,系统在启动时调用函数的顺序:(a)CPU 执行引导向量,跳转到硬件初始化代码,即 Startup 函数。在 start up 函数完成最小硬件环境初始化后跳转到 KernelStart 函数,来对内核进行初始化。(b)Kernelstart 函数调用内核初始化函数 ARMInit(),调用 OEM 提供的初始化函数,(c)调用初始化调试串口 OEM-DebugInit 完成对调试串口的初始化。(d)同时调 OEMInit 函数来完成硬件初始化工作以及设置时钟、中断;最后,调用 OEMGetExtensionDRAM 函数来判断是否还

有另外一块 DRAM。(e)KernelInit()封装了所有的内核初始化,是内核初始化的入口,通过调用不同的内核初始化函数初始化内核组件。(f)调用 FirstSchedule 函数启动调度器。至此,内核加载完毕。由此可见,Windows CE 系统启动的重中之重是 Startup 函数的正确加载,如果这个 Startup 函数调用失败,则会使系统在启动时频繁出错。

③ 运行 FileSys. exe,FileSys. exe 是管理文件系统、数据库和注册表的进程。当加载了 FileSys. exe 后,它将查看 RAM 中是否存在已初始化的文件系统。如果发现这样的文件系统,FileSys. exe 将使用已初始化的文件系统,这将允许 CE 设备在结束系统的重新启动后能在文件系统中保留数据。

④ 运行 shell. exe:它是一个运行在 Windows CE 设备端基于命令行的 CESH 监视程序,CESH 调试程序为 Windows CE 开发人员提供了一些有用的 API 函数。它为开发人员提供了一个运行在 PC 机上的命令外壳,设备开发人员通过 CESH 程序查看调试区域的输出信息。在开发软件时,插入调试消息是很有用的。在 Windows CE 操作系统中,这些调试信息都是通过调试串口进行发送的。

⑤ 运行 device. exe:该模块的作用是加载和管理系统中的可安装设备驱动程序,device. exe 加载后,它将首先枚举注册表中形如[HKEY_LOCAL_MACHINE\BuiltIn]的注册表项,如果其中包含某个驱动程序的信息,那么这些驱动程序就会在初始化时加载。

⑥ 运行 gwes. exe:gwes. exe 包括了 GWES 子系统,图形窗口和事件管理器。gwes. exe 加载 3 个预定义的驱动程序:键盘驱动、触摸屏驱动、显示驱动。GWES 加载完后,系统核心进程就已经全部加载完毕了。

⑦ 运行 Explorer. exe 进程:explorer. exe 主要初始化桌面和任务栏窗口,提供用户与操作系统的人机交互界面。一般应在 exploer 启动后,再运行其他的基于用户界面的程序。如果没有 Explorer 嵌入式系统,执行自定义的 Shell 应用程序。

在 Windows CE 6.0 中,内核(Kenerl)和 OEM 代码被分成 oal. exe、kernel. dll 和 kitl. dll 3 个部分,其中启动代码(startup)和 OAL 层的实现部分不再与内核链接生成 NK. exe,取而代之的是启动代码(startup)和硬件相关且独立于内核的 OAL 层的实现部分编译成 oal. exe,而与内核相关且独立于硬件的 OAL 层代码包含在 kernel. dll 中;内核无关传输层(KITL)的支持代码从 OAL 层分离出来编译成 kitl. dll。Windows CE 6.0 内核结构和启动顺序如图 3-39 所示。

从表面上看,好像只是代码重新组合了一下,从帮助文档中 BSP 的移植过程看好像也是这么一回事,实际上,整个 Windows CE 6.0 内核布局发生了很大的改变。主要是因为 Windows CE 6.0 在启动过程中调用了 kernel. dll 和 kitl. dll 两个动态链接库的原因,而且 Windows CE 6.0 不再编译生成 KernKitlProf. exe 内核文件。Windows CE 6.0 的启动只与 oal. exe 和 kernel. dll 有关,至于 kitl. dll,只有将操作系统编译成具有 KITL 功能时才用到。

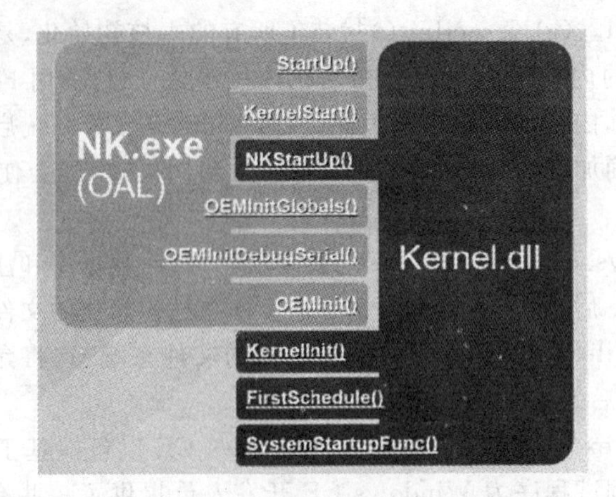

图 3-39 Windows CE 内核结构和启动顺序

3.5 Windows CE 内核的定制

3.5.1 Windows CE 集成开发环境

从 1996 年 Windows CE 1.0 诞生起，到今天的 Windows CE 6.0 已经发展了近十年的时间，在这期间它先后经历了 Windows CE 1.0、Windows CE 2.0/2.11/2.12、Windows CE 3.0、Windows CE .NET 4.0/4.1/4.2 和 Windows CE 5.0 版本，取得了巨大的成功。同时，在 Windows CE 的不断发展过程中，也派生出了像手持 PC(H/PC)、Palm - Size PC、Pocket PC、Smartphone 等一批以 Windows CE 为核心的设备平台。目前，以 Windows CE 为核心的 Windows Mobile 已经发展成为一个独立的分支，在 Pocker PC 和 Smartphone 市场上取得了巨大的成功。同样，以 Windows CE 为核心的 Windows Aotumotive 也正在走向成熟。

为了定制 CE 操作系统，微软公司提供了 Platform Builder(简称 PB，但与 Power Builder 的数据库开发工具截然不同)的集成开发环境，下面就来认识一下这个开发环境并利用它生成一个 CE 操作系统。

Microsoft Platform Builder for Windows CE(一般简称为 Platform Builder 或 PB)是用于创建基于 Windows CE 的嵌入式操作系统设计的一个集成开发环境(IDE)，它集成了设计、产生、构建和调试 Windows CE 操作系统设计所需要的所有开发工具。在该环境中，开发者可以使用丰富的工具，创建、裁减、调试目标操作系统。如图 3-40 所示是 PB4.2 集成开发环境。本书主要介绍 Windows CE6.0 的开发，对于 Windows CE4.2 的定制，有兴趣的读者可以阅读 PB4.2 相关内容。Windows CE 的开发过程大概可以分为 OAL、驱动、应用程序开发 3 个步骤。

在硬件之上，就是操作系统了。其中的 kernel 是 MS 提供的库，用于内存管理、进程、线程的调度等，是没有源代码的。而 OEM Layer 则是有参考模型和源代码的，Platform Builder 也主要是用来开发 OEM 层。其中：

➢ Bootloader：主要负责将编译好的映像文件放入内存中；

➢ OEM Adaptation Layer(OAL)：负责对硬件进行初始化和连接 Kernel 部分；

➢ Driver：负责对外围设备的驱动。

Platform Builder 对一些标准硬件开发板提供了 BSP(board support package)，而这些标准板使用的是业界常用的 CPU 和外围设备。换句话说就是：对常用类型的 CPU 和外围设备，Platform Builder 都提供了 Bootloader、OAL、Driver 的源代码，只要使用 Platform Builder 对已有的 BSP 进行剪减和稍做修改，再加上 MS 提供的内核，就能驱动大多数的硬件设备。而且 Platform Builder 还提供了丰富的标准应用程序和服务程序，在开发好 OEM 层之后，再加上这些应用和服务，就能让用户的硬件平台工作起来。

当然，如果用户使用了自己设计的 CPU 或者外围硬件设备，开发过程要复杂得多。但是 MS 对 OAL、驱动、Bootloader 的开发步骤和接口，都有严格的定义。因此在 MSDN 的帮助下，再对照参考模型，这个过程往往比想象的简单。

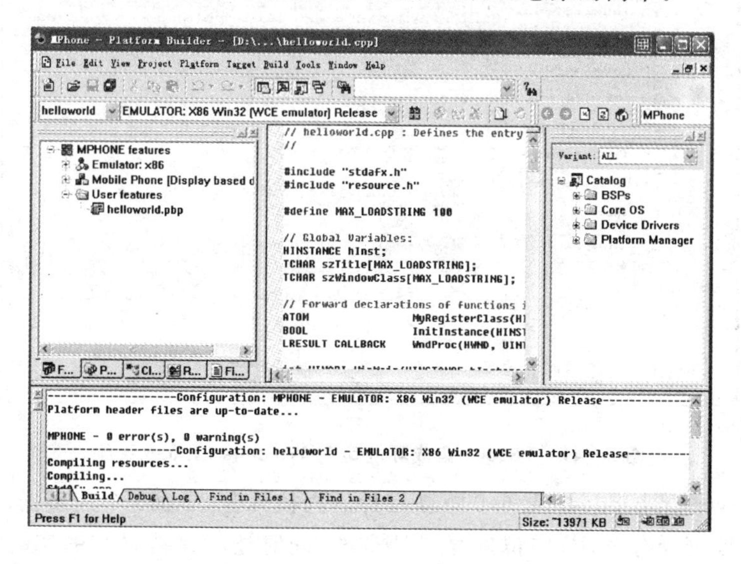

图 3-40　PB4.2 平台定制 WinCE4.2 系统

Windows CE 6.0 支持了 Windows .NET Compact Framework 2.0 作为应用程序管理开发以及 Win32、MFC、ATL、WTL 和 STL 等程序开发界面提供给开发原生应用程序的开发者使用。具备了如此势力庞大以及完整的开发环境作为支持，开发者与制造商也可确保后续的支持。

在开放源码的历史中，微软要写下另一个里程碑，100%对产品开发者释放出原始码，且可允许厂商进行自订的变更或订做，而无须释放出经过修改的程序码，虽然在广义上并不能视为真正开放，但是为这些喜欢藏私的厂商来说，无疑是增加竞争力的最佳手段之一。而作为开发工具的 Visual Studio 2005 PRO 将会作为 Windows CE 6.0 的整体套件之一,内建的许多开发工具与定义对于开发者来说相对便利许多。

Windows Embedded CE 6.0 与 Windows CE 以前的版本相比,100%毫无保留地开放内核,微软还将 Visual Studio 2005 专业版作为 Windows Embedded CE 6.0 的一部分一并推出。Visual Studio 2005 专业版将包括一个被称为 Platform Builder 的功能强大的插件,它是一个专门为嵌入式平台提供的“集成开发环境”,如图 3-41 所示,这个集成开发环境使得整个开发链融为一体,并提供了一个从设备到应用都易于使用的工具,极大地加速了设备开发的上市。录像机和 IP 机顶盒等。

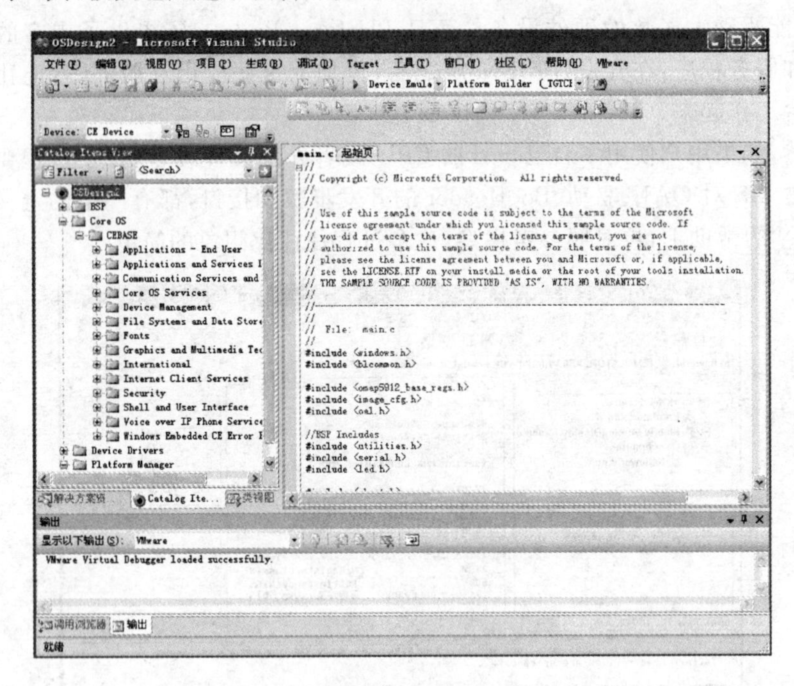

图 3-41 VS2005 集成环境定制 Windows CE 6.0 系统

Windows Embedded CE 6.0 重新设计的内核具有 32 000 个处理器的并发处理能力,每个处理器有 2 GB 虚拟内存寻址空间,同时还能保持系统的实时响应,加入了新的单元核心数据和语音组件,6.0 包含的组件更便于开发者创建通过 Windows Vista 内置功能无线连接到远程桌面共享体验的投影仪,充分利用了多媒体技术,以开发网络媒体设备、数字视频。

3.5.2 创建 Windows CE 内核

本小节以创建一个基于模拟器的操作系统映像为例,说明如何使用 VS2005 创建一个 Windows CE 6.0 操作系统,然后在此基础上介绍如何定制特定的操作系统。通常为一个操作系统设计产生两种配置。

- Debug 配置；
- Release 配置。

这两种配置都支持对操作系统代码和应用程序的调试，但 Debug 配置会在操作系统组件和驱动程序组件模块的运行时映像中添加更丰富和灵活的跟踪信息。下面过程描述了如何创建一个基于模拟器目标平台的操作系统运行时映像。

1. 启动 VS2005 集成开发环境

选择"文件→新建"→项目，出现如图 3-42 所示界面，选择"Platform Builder for CE 6.0"，然后输入项目的名称和所在位置，这里选默认，不做任何修改，单击"确定"。接下来启动了 Windows CE 6.0 系统创建向导，如图 3-43 所示。单击"下一步"。

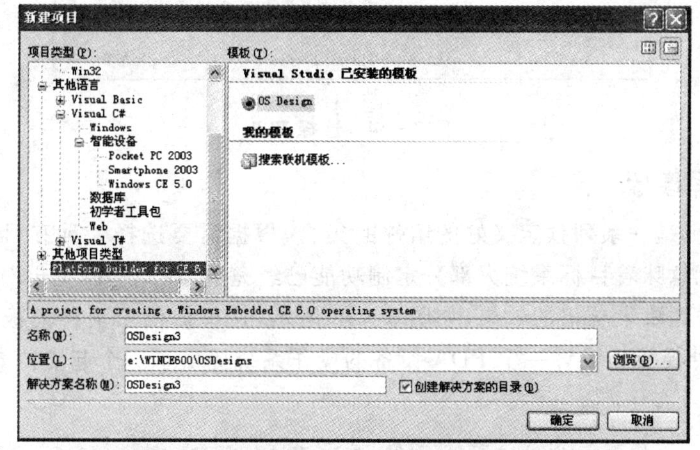

图 3-42 创建操作系统

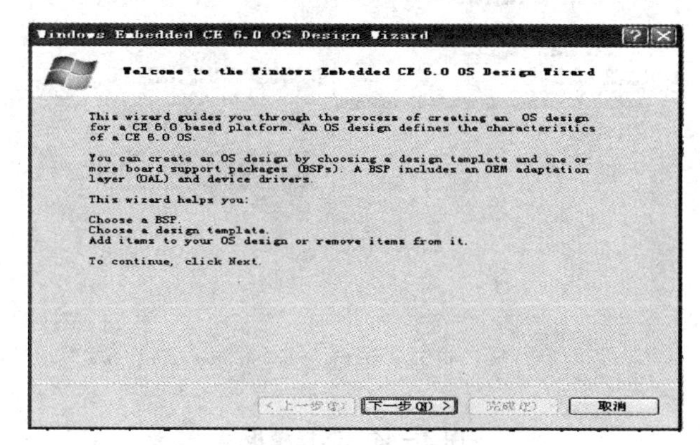

图 3-43 Windows CE 6.0 创建向导

2. 选择 BSP

选择 ARMV4I 体系结构的 CPU，而且是基于模拟器的设备，如果是具体开发板，则硬件提供商会提供相应的 BSP，在安装完后，会出现相应的选项，这里提供了 5 种 BSP 选项，如图 3-44 所示，单击“下一步”。

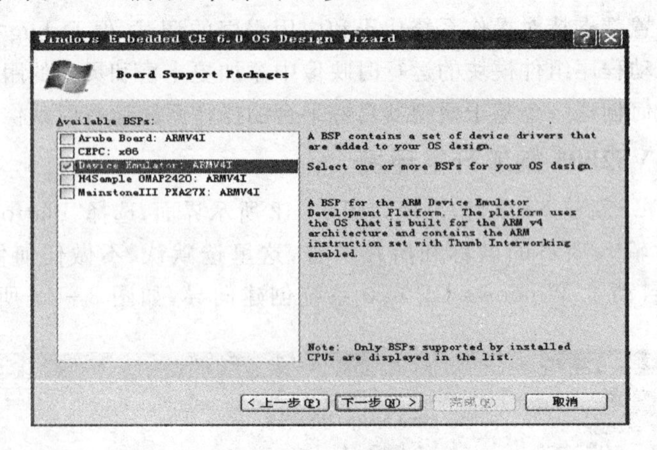

图 3-44 选择 BSP

3. 选择模板

设计模板是一系列预定义好的组件的集合，根据需要选择一种和目标系统相近的模板，这就意味着目标系统大部分定制功能已经完成，在此基础上再对系统进行裁减，往往会达到事半功倍的效果，如图 3-45 所示，这里提供了 7 种模板，选择“PDA Device”，这种模板为设计一个 PDA 设备的操作系统提供了一个起点。然后单击“下一步”。

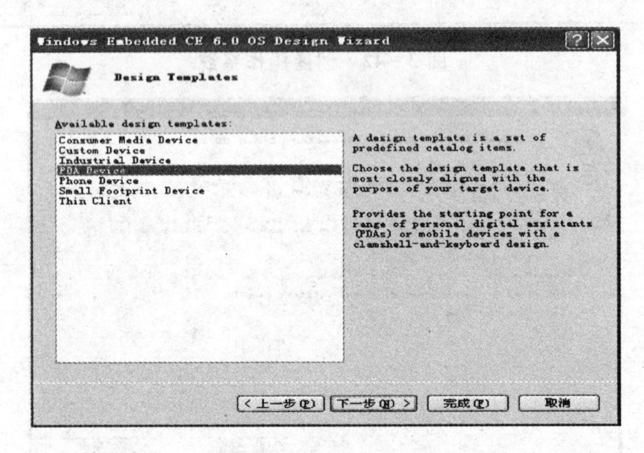

图 3-45 选择模板

4. 选择设计模板的变体

不同的设计模板下面可能提供不同类型的产品，每一种产品其操作系统的内核可能有细微的区别，通过这一步的选择，可以更进一步接近所需要定制的目标系统，如图 3－46 所示，选择“Mobile Handheld”设备。单击“下一步”。

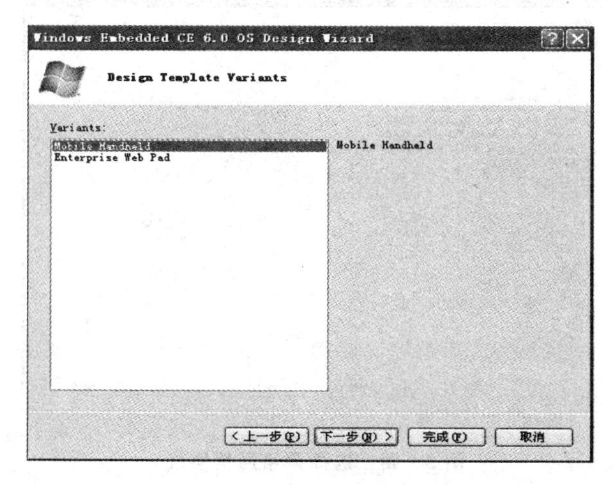

图 3－46　选择产品

5．选择应用和媒体中需要添加的组件

这里提供了诸如.Net Compat Frame work 2.0、文件系统和数据存储、错误汇报、同步工具等功能的支持，有了这些模块，设计的系统可以有更强大的功能。如图 3－47 所示，这里选默认，不做任何改动，然后单击“下一步”。

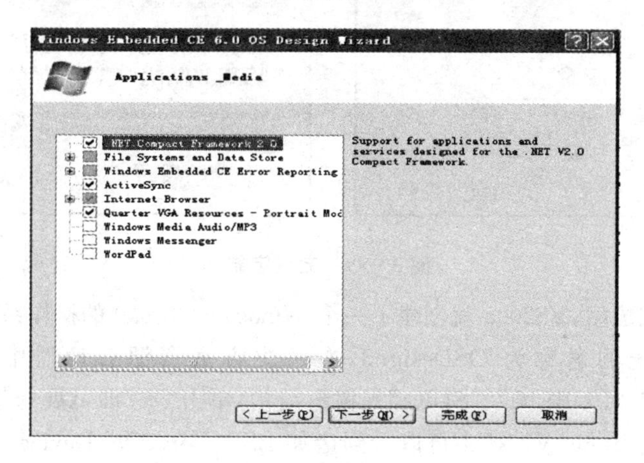

图 3－47　选择组件

6．选择网络通信的支持

这里提供了诸如 TCP/Ipv6 协议、WAN 协议、LAN 协议、PAN 协议、安全性等的支持。如图 3－48 所示，选择默认，单击“下一步”。

7．完成操作系统定制向导

如图 3－49 所示，单击“完成”，可能安全性方面存在一些风险的警告，如图 3－49 所示，这里选择 Acknowledge，即可完成定制向导。

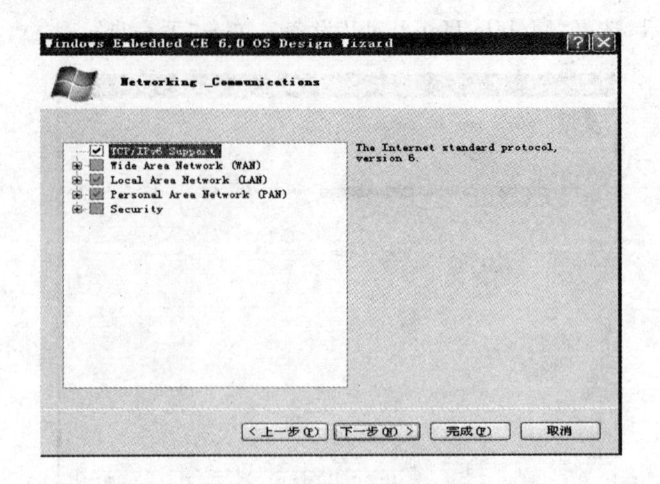

图 3-48 选择网络通信协议

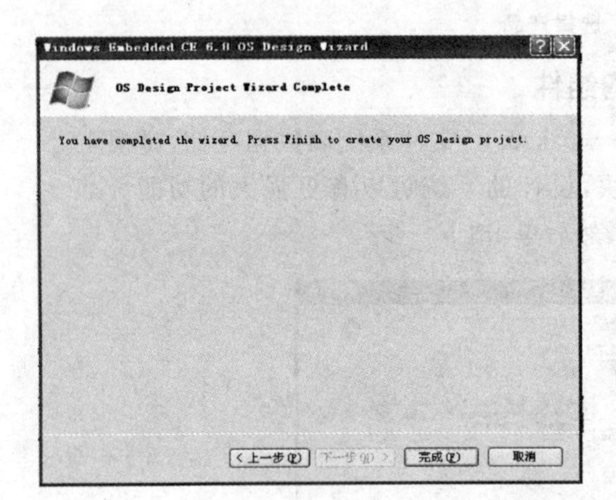

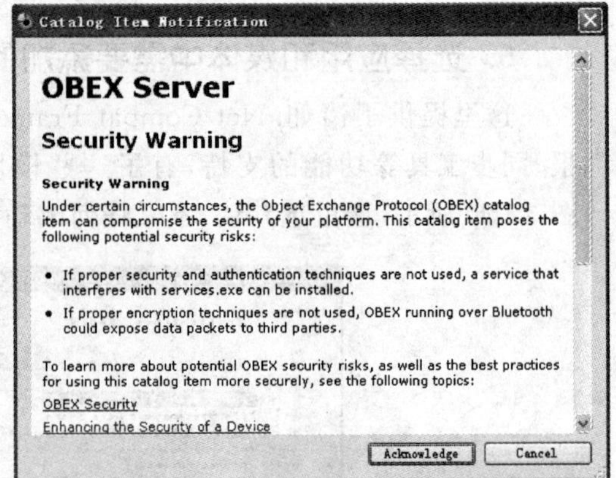

图 3-49 完成定制

定制向导完成后，VS2005 就创建了一个 Windows CE 6.0 的操作系统，如图 3-50 所示。操作系统的名称为 OSDesign3，在解决方案资源管理器中，可以看到有“PLATFORM”、“PUBLIC”、“SDKs”等树形结构，单击“+”即可展开相应选项。

在“Catalog Items View”中可以看到诸如 BSP、Core OS、Device Drivers 等组件的树形结构，如图 3-51 所示。

8. 设置属性

选择“选择项目→项目属性”来设置目标系统的属性，如图 3-52 在通用属性中，可以看到系统生成所在的目录，构建系统的类型，以及目标系统生成后的文件名“nk. bin”，这个二进制文件就是生成的目标系统，将这个目标系统烧写到芯片中，就可以在目标板上运行。在属性设置中，大部分选择默认值，这里只介绍做了改动的地方。

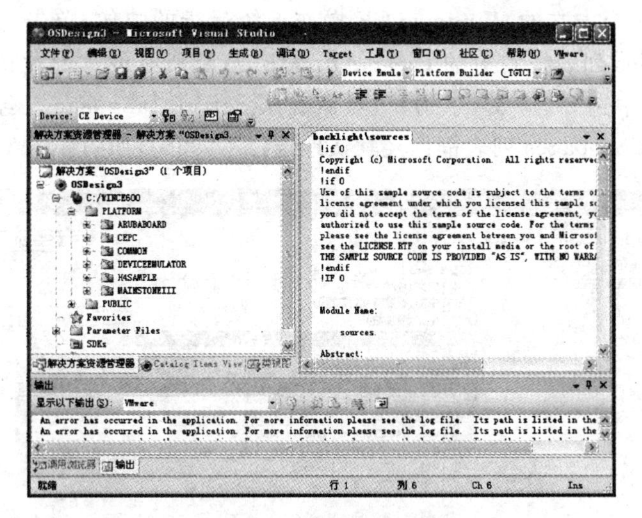

图 3-50 操作系统定制

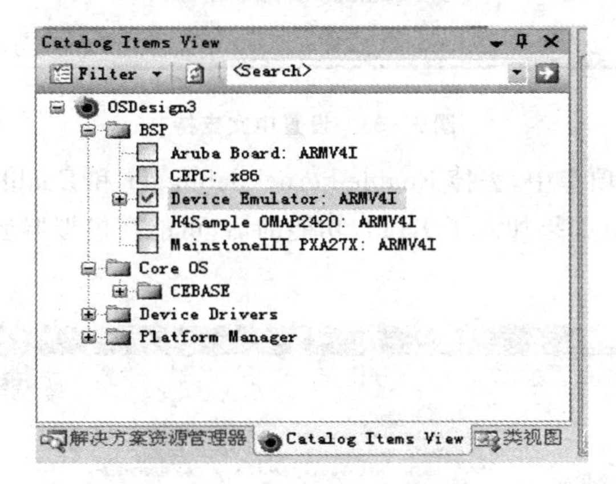

图 3-51 Catalog 视图

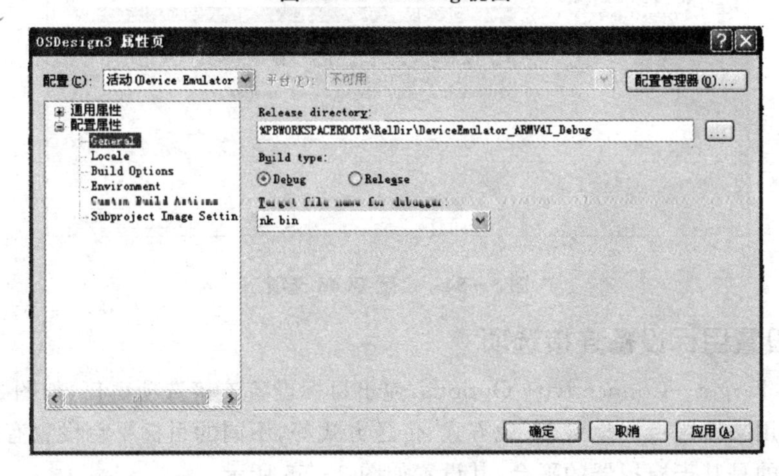

图 3-52 设置属性

为了创建一个中文的 Windows CE 操作系统运行的映像，单击 Locale 选项卡，首先单击 Locales 列表框右边的 Clear All 按钮，清除所有的本地化语言选项，再在 Locales 列表框中选择“中文(中国)”，然后确认 default language 已经变为了“中文(中国)”，确认 Codepages 列表框已经默认地选择了“936”，如图 3－53 所示。

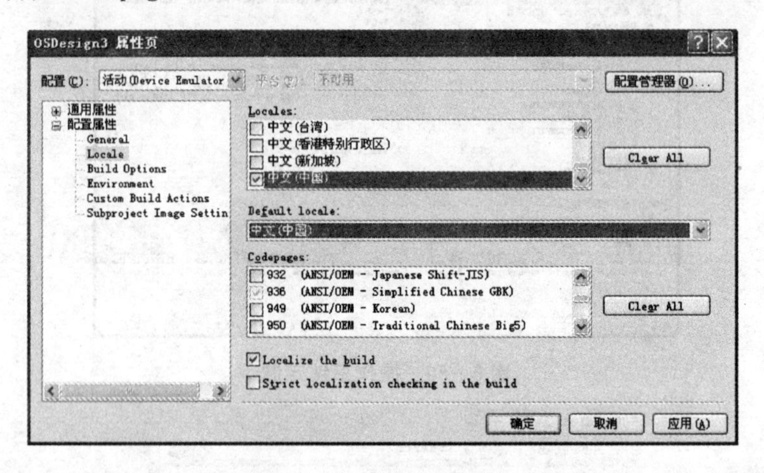

图 3－53 设置中文支持

在 Build OS 选项卡中，去掉 Enable kernel debugger 和 Enable KITL 菜单项，如图 3－54 所示。这里如果加入了 KITL 功能的话，可能在模拟器运行的时候，会一直是黑屏的。

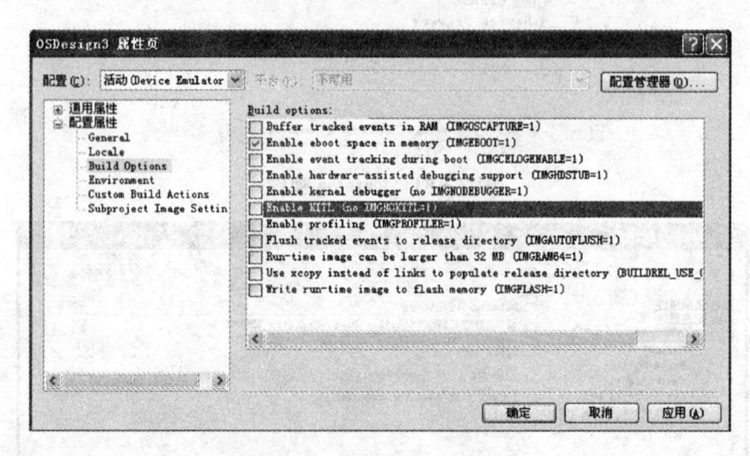

图 3－54 设置 Build 选项

9. 设置目标设备连接选项

选择 Target→Connectivity Options，弹出目标设备连接选项窗口，如图 3－55 所示。这里用来设置目标设备、下载方式、传送方式等，不同的目标平台设置有所区别，由于选择的是基于模拟器的平台，其设置如图 3－55 所示。

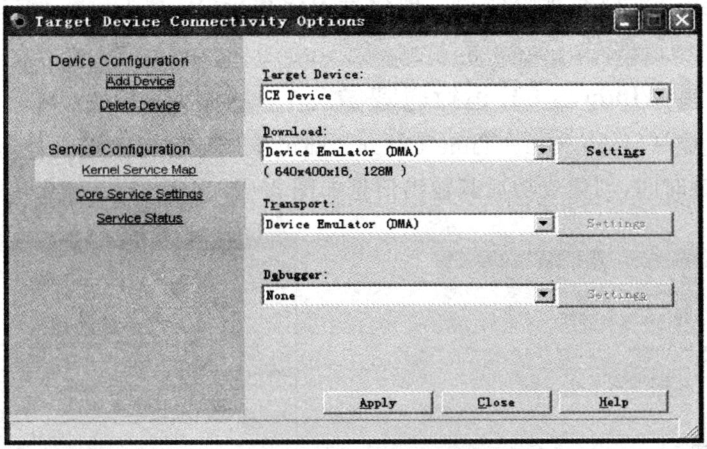

图 3-55 设置目标设备连接选项

单击 Download 选项右边的 settings 可以设置模拟器的属性，弹出如图 3-56 所示窗口，大部分属性使用默认值，在这里只改变了其显示属性，用来设置屏幕大小，这些值如果设得过大，会影响模拟器性能。

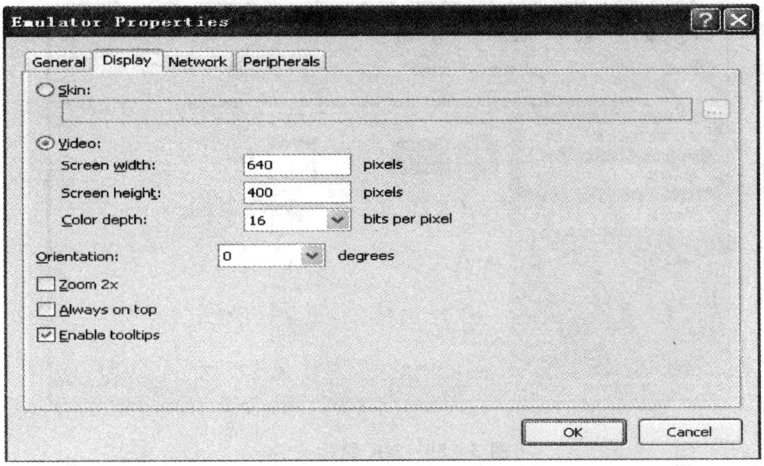

图 3-56 设置模拟器属性

10. 编译生成系统

作为一个阶段性的成果，已经创建完了一个目标操作系统，接下来，选择“生成→生成项目”来开始创建平台。Windows OS 过程将花费 10 分钟甚至更多的时间，这与开发者的机器硬件配置有关。在创建过程中，开发者可以观察 Platform Builder 的 Output 窗口 Build 选项卡下的输出，以便更好地了解创建的过程和创建过程当前的状态。如果创建过程出现错误，出错信息也会输出到这个窗口，这样就可以根据出错信息判断错误类型并排除错误。创建过程完成后，Build Output 窗口将显示如图 3－57所示的信息。

11. 创建 Windows CE 运行时映像

选择“生成→Make Run－Time Image”，即可生成运行时映像文件，这个过程大概需要几分钟时间，创建成功后其输出信息如图 3－58 所示。

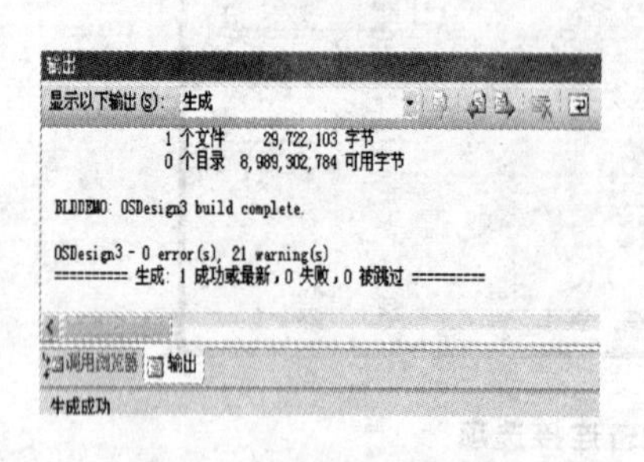

图 3－57　编译生成系统

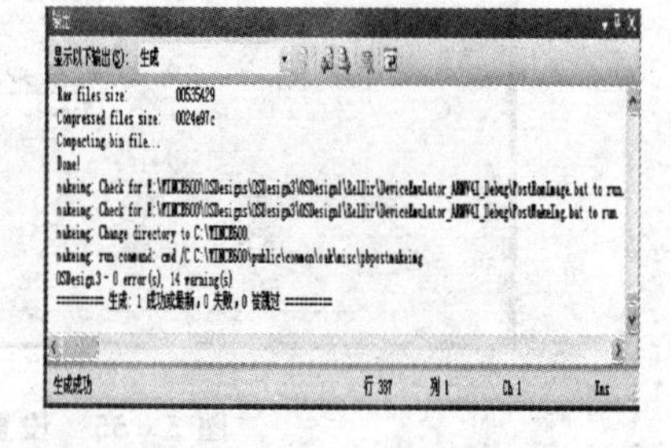

图 3－58　生成运行时映像文件

在资源管理器中，打开目标系统项目所在目录，如图 3－59 所示，在这个目录下面可以找到 nk. bin。这个文件就是得到的目标操作系统的映像文件。

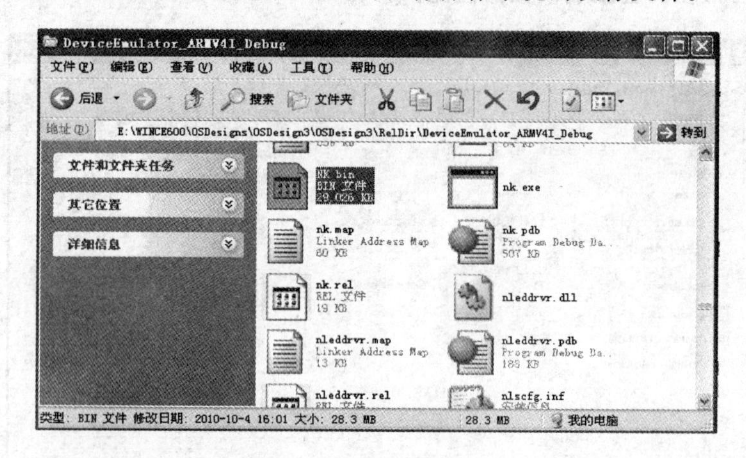

图 3－59　NK 目标文件

通过以上操作步骤，得到了一个基本的操作系统映像文件，可以把这一阶段当作一个成功的起点，必要的话，可以将项目目录做一个备份。在此基础上再对特定的模块或组件进行定制或移植。

3.5.3　添加 Windows CE 特征

通过上小节的介绍得到了一个基本的操作系统，本小节将介绍如何根据所设计的平台添加一些必要的特征。Windows CE 6.0 中包含的所有特征都是一些组件在逻辑上的有序组合，因此利用 Catalog Items View 窗口就可以向内核添加或者删除一些特征，定制不同的系统可以根据需要添加不同的特征，通过展开节点，观察目录中的选择框和图标，常用的图标含义如下：

:未标记的选择框表示 OS 设计中不包括的项目，选中后可添加多个 Item。

:选择一个绿色的对勾框表示专门选定的项目是一个 OS 设计的一组成部分。

:绿色正方形的选择框表明，OS 设计一个依赖的项目。

:表示这一项被选中后，可能会引起其他问题。

:表示这一项不能添加到当前工程中。

:表示将选中的一个 Item 添加到当前项目。

:表示添加依赖关系的 Item 到项目。

:表示这一项不能添加到当前工程中。

上小节定制了在模拟器中运行的操作系统，下面结合例子说明添加 Windows CE 特征的方法。

1. 添加汉字相关的组件

① 添加汉字字库，这里要记得加入，很多人这里没有加入，就出现汉字只看到方框的现象，如图 3-60 所示，在 Catalog View 添加 Core OS→CEBASE→International→Locale Specific support→Chinese →(Simplified)→Fonts→SimSun & NSimSum (choose 1)→SimSun & NSimSun 或者 SimSum & NSimSun (Subset 2_50)。

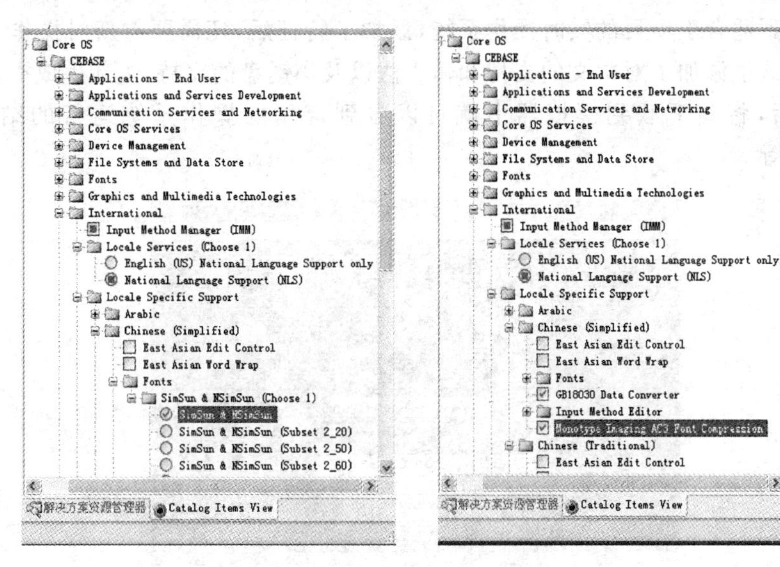

图 3-60 添加字库和中文输入法特征

② 在 Catalog View 添加 Core OS→CEBASE→International→Locale Specific support→Chinese (Simplified)→GB18030 Data Converter 和 Monotype Imaging AC3 Font Compression。

2. 添加中文输入法

如图 3-61 所示，在 Catalog View 添加 Core OS→CEBASE→International→Locale Specific support→Chinese (Simplified)→Input Method Editor→MSPY 3.0 for Windows Embedded CE。

CEBASE
Applications - End User
Applications and Services Development
Communication Services and Networking
Core OS Services
Device Management
File Systems and Data Store
Fonts
Graphics and Multimedia Technologies
International
Input Method Manager (IMM)
Locale Services (Choose 1)
English (US) National Language Support only
National Language Support (NLS)
Locale Specific Support
Arabic
Chinese (Simplified)
East Asian Edit Control
East Asian Word Wrap
Fonts
GB18030 Data Converter
Input Method Editor
MSPY 3.0 for Windows Embedded CE
Double Spelling (Shuang Pin) soft keyboard - Large
Double Spelling (Shuang Pin) soft keyboard - Small
MSPY 3.0 for Windows Embedded CE Database (Choose 1)
解决方案资源管理器
Catalog Items View

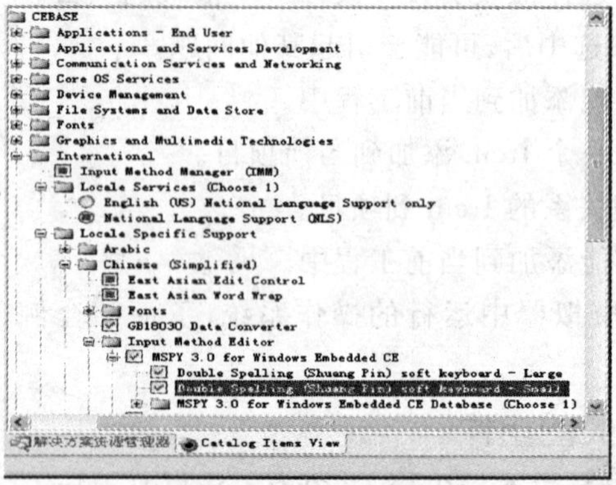

图 3-61 添加中文输入法

这里通过两个例子说明了如何添加 Windows CE 的特征，在实际应用中，不同的项目需要支持的功能不同，因此需要根据实际项目的需要对 Windows CE 的特征进行裁减，得到适合于项目的实时操作系统，添加了特征后，还需要重新对操作系统编译或生成，这里添加了对中文的支持和输入法以及小键盘的支持，重新生成操作系统映像文件后，将其下载到模拟器中就可以看到定制的操作系统运行的结果，如图3-62 所示。

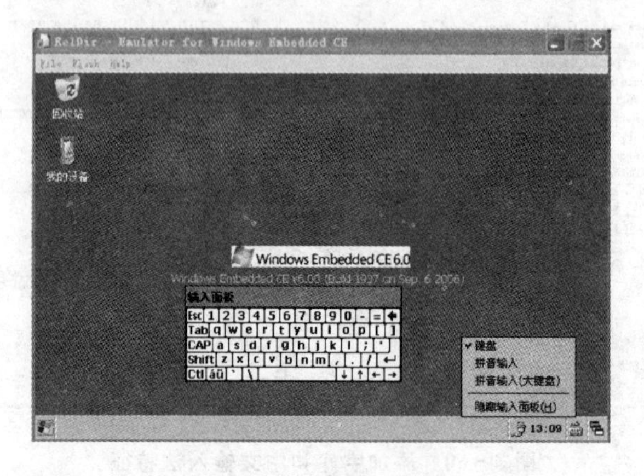

图 3-62 定制操作系统

3.5.4 Windows CE 的目录组织

在安装 Windows CE 6.0 以后，在“C:\WINCE600”目录下有 7 个主要的子文件夹，如图 3-63 所示，这个文件夹下放置的文件是最终生成的 Windows CE 操作系统运行时映像的文件。

其中 CRC 文件夹存放了一个 PB6.0 安装时用到的校验文件 crc.ini；OSDesigns 文件夹用来存放 PB 的工程，对应 PB5.0 中的 PBWORKSPACES；OTHERS 文件夹存放了一些运行库、用于编译操作系统的二进制文件、注册表文件、批处理文件。PLATFORM 文件夹存放了和硬件平台相关的 BSP 及 MCU 相关的代码和其他一些文件；PRIVATE 文件夹存放了 Windows CE 6.0 开放的源代码；PUBLIC 文件夹存放了 Windows CE 6.0 的相关组件，这里应该是纯软件的代码和库。SDK 文件夹存放了用于编译 Windows CE 6.0 的相关工具和 DLL 文件。

如图 3-64 所示，PLATFORM 文件夹是包含系统所有已经安装的板级支持包(BSP)的高层文件夹。PLATFORM 文件夹下除 COMMON 文件夹之外的每一个文件夹都是一个板级支持包，对应一个支持的硬件参考平台。

图 3-63　Windows CE 目录结构　　**图 3-64　PLATFORM 文件夹结构**

一般来说，在移植 BSP 的过程中，只会修改 PLATFORM 下的相关目录和文件，而其他的除 OSDesigns 之外的目录，最好都不要修改，以免出错。PLATFORM 目录下除了 COMMON 目录外，其他都是特定硬件平台的 BSP，而 COMMON 目录中则包涵了不同体系结构的相关代码(ARM、x86、MIPS、SHX)、与平台无关的代码(COMMON)和 SOC 的相关代码(SOC)，这些代码都不能直接修改，如果需要修改，应该先 CLONE 出来，再做修改。PQOAL 这个概念在 Windows CE 5.0 中就引入了，全称为 Production Quality OAL，产品级的 OAL。它的基本原则如下：不同芯片或片上系统的代码必须分离开来；BSP 中的代码应该是组件化的并且有逻辑的组织在一起；芯片级代码、片上系统的代码和板级支持包(BSP)中的代码都应该是高质量的，以便于代码重用。

PQOAL 并不是一个硬性的规定，可以按照自己的想法来组织 BSP 的目录及相关文件。但还是建议尽量按照 PQOAL 的原则来组织，这会给后期的调试、移植和发布带来很大的便利。这是前人成功的经验，没有理由不用。下面就从 PQOAL 的角度分析 PLATFORM 的目录组织。

PLATFORM\COMMON：这里存放了所有可重用的代码。这一部分代码将在 BSP 之前编译。

PLATFORM\COMMON\SRC\COMMON：这里存放了被 BSP 中重用的通用

代码，这一部分代码是跟硬件平台无关的。譬如一般的IOCTL处理函数、与内核交互的公共的中断程序等，另外还包括一下库文件，如OAL_IOCTL.lib、oal_intr.lib、oal_log.lib、kitl_log.lib等。这一部分代码由微软提供，一般不能修改。

PLATFROM\COMMON\SRC\＜CPU＞：CPU表示MCU的不同体系结构，如ARM、MIPS、SH和x86。这些目录分别存放了各体系结构的MCU的相关代码，如CACHE相关代码、物理地址和虚拟地址转换的代码等。这部分代码只针对MCU的内核，不涉及具体的芯片。这一部分代码也由微软提供，不建议修改。

PLATFORM\COMMON\SRC\SOC：该目录下存放了不同的MCU对应的代码，跟BSP对应，这里可看作是CSP(CHIPSET SUPPORT PACKAGE)。这一部分的代码一般来说不能直接修改，如果需要移植类似平台的BSP，应该复制一个，重命名后再做修改。这里的目录和其中链接后的库文件的命名也遵循一定的规则(芯片名称_厂商名称_版本号)。这里需要注意的是SOC目录下dirs文件需要包括体系结构的说明，如PLATFORM\COMMON\SRC\SOC\PXA27X_MS_V1中的dirs文件以DIRS_ARM= \打头。这与BSP中的一般的DIRS文件不同。在移植BSP的时候，并没有在这里做任何修改，只是将其中相关的文件复制自己的BSP目录下，这样方便BSP的发布。

PLATFORM\BSPName：这里存放了跟开发板对应的相关代码。在编译WinCE操作系统时，它在\PLATFORM\COMMON的目录之后编译。在针对一款新的硬件平台移植Windows CE6.0时就是在这里做相应的添加和修改。

如图3-65所示，PUBLIC文件夹包含1组Windows CE模块和组件文件夹、1个设计模板配置文件夹、一个PB工具文件夹和一个操作系统测试文件夹。Windows CE模块和组件文件夹。PUBLIC下的Windows CE模块和组件文件夹如表3-4所列。

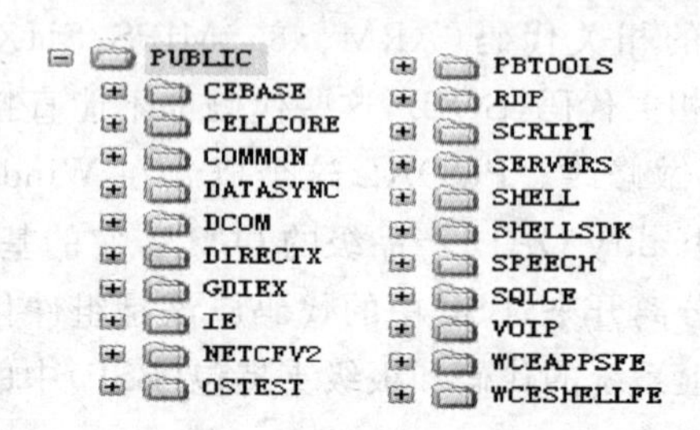

图3-65 PUBLIC文件夹

表3-4 Windows CE模块和组件文件夹

文件夹	说 明
COMMON	所有操作系统平台共同的核心组件，如内核操作系统、文件系统、GWE、通信和调试模块和组件等
DATASYNC	设备端的通信组件

续表 3-4

文件夹	说　明
DCOM	分布式 COM 模块和组件
DIRECTX	Windows CE 的 DirectX 支持组件
GDIEX	图形设备接口支持组件
IE	Microsoft Internet Explorer 模块
NETCFV2	.NET Compact Framework 模块和组件
RDP	用于 Windows 终端的远程桌面协议模块
SCRIPT	JavaScript 和 VBScript 脚本引擎
SERVERS	Web 服务器支持
SHELL	Windows CE 界面式样定义模块
SHELLSDK	Windows CE 界面式样软件开发工具模块
SPEECH	语音输入和识别模块及组件
SQLCE	SQL Server 2000 for CE 模块和组件
VIEWERS	文件查看器模块和组件
VOIP	可视电话模块和组件
WCEAPPSFE	支持亚洲国家字符集的应用程序组件，如 Pocket Word 和 Pocket Outlook
WCESHELLFE	支持亚洲国家字符集的与界面相关的模块和组件，如任务管理器和控制面板组件

表 3-4 所列的文件夹下面一般都有 CESYSGEN、OAK 和 SDK 文件夹，其中 CESYSGEN 文件夹下的. mak 文件、sources 文件和 makefile 文件都用来定义当本模块或组件被包含到定制的操作系统时应如何创建这个模块或组件；OAK 文件夹定义了组成本模块或组件的源文件、库及支持组件等；SDK 是用于本模块或组件应用程序开发的软件开发工具。

另外，在表 3-4 中，更值得注意的是 COMMON 文件夹，这个文件夹还包含 DDK 文件夹，DDK 文件夹包含了设备驱动程序工具包的所有头文件。除此之外，其 OAL 子文件夹还包含了支持不同 CPU 类型的 CSP 文件、大量的驱动程序源代码及一些实用工具。

3.6　映像配置文件

操作系统经过定制和移植后需要通过二进制映像工具 MAKEIMG 产生最终的操作系统二进制映像文件 nk. bin。而 MAKEIMG 通常要更具应用配置文件来创建操作系统运行时映像，常用的配置文件包包括二进制映像构件器文件(. BIB)、注册表文件(. REG)、文件系统文件(. DAT)和数据库文件(. DB)。

3.6.1 BIB 文件

BIB(Binary Image Builder)文件用来定义操作系统运行时映像中都包含哪些模块和文件,同时,MAKEIMG 使用 BIB 文件来决定如何将这些模块和文件加载到目标设备的存储器中。BIB 文件是包含关键词的纯文本文件,关键词定义了 MODULES、FILES、MEMORY 和 CONFIG 共 4 个区域(Section)。

MOUDLES:定义了一些会被打包到 Windows CE image 中的模块或者文件,比如 dll、exe 等。这些文件会被 Romimage. exe 标记加载到 RAM 中或者 XIP。可以在这里添加自己的 Windows CE 应用程序或者模块,但是不要添加 Managed Binaries,一般指. NET 的程序。

FILES:定义放置在 OS 运行时映像中的 LIB 文件及其他静态文件,Romimage. exe 将默认地压缩所有在 FILE 区域的文件。

MEMORY:定义可用的物理内存,包括定义内存的起始地址、大小和类型。MEMORY 区域只能出现在 Config. bib 文件中。

CONFIG:CONFIG 区域不是必需的,它被用在需要设置某些属性的时候,默认位于 Config. bib 文件中。

在映像的产生过程中用到很多 BIB 文件,具体如下:

① COMMON. BIB、IE. BIB、MSMQ. BIB、WCEAPPS. BIB 和 WCESHELL. BIB 等。

这些 BIB 文件与 Common、IE、MSMQ、WCEAPPS 和 WCESHELL 等模块有关,这些 BIB 文件列出了要包含在映像文件中的. EXE、. DLL、. TXT、. WAV 和 BMP 文件的名字。

② PLATFORM. BIB。

PLATFORM. BIB 文件列出了要包含到映像中的与平台相关的文件名,如驱动程序文件等。

③ PROJECT. BIB。

PROJECT. BIB 文件列出了要包含的与自定义工程有关的文件名。

④ CONFIG. BIB。

CONFIG. BIB 文件包含所有存储器信息的细节,如存储区的起始地址等,它是唯一 MEMORY 和 CONFIG 区域的文件。

上述所有文件在映像构建的 Makeimg 阶段都将被合并为一个 CE. BIB 文件。

1. MODULES 区域

在 MODEULES 区域,可执行模块列出了可就地执行(XIP)的模块,它可以包含多达 2000 个模块。下面的例子展示了如何在 MODULES 区域包含一个模块文件。

```
;Name        Path                                          Memory        Type
```

```
explorer.exe      $(_FLATRELEASEDIR)\explorer.exe      NK      SH
```

这个例子表示 Romimage.exe 包含 explorer.exe(任务管理器)模块,并将它加载到标记为 NK 的存储器区域,且 explorer.exe 模块具有系统和隐藏属性。其中,NK 存储器区域是在 Config.bib 文件的 MEMORY 区域定义的。位于 MODULES 区域的模块文件可以具有下列类型的任意组合属性:

- S:系统文件;
- H:隐藏文件;
- R:压缩资源;
- C:压缩全部;
- D:运行时不允许调试;
- N:将模块标记为不可信任;
- P:在每一模块基础上忽略 CPU 类型;
- K:通知 ROMIMAGE 必须修正 DLL 以便正确运行。

在默认情况下,所有模块都是未压缩的,都可以就地执行(XIP)。

2. FILES 区域

FILES 区域定义了包含在映像中的其他文件,如字符文件(.TTF)、文本文件(.TXT)、位图文件(.BMP)和声音文件(.WAV)、Web 页面文件(.HTML)等,FILES 区域也可以定义不是就地执行的可执行文件。一般将很少使用的诊断用程序放置东欧 FILES 区域是一种好的选择。FILES 区域最多也可以包含 2000 个文件。FILES 区域的句法与 MODULES 是完全相同的,如:

```
;Name         Path                                  Memory      Type
Tahoma.ttf    $(_FLATRELEASEDIR)\Tahoma.ttf          NK          SHU
```

这个例子表示:Tahoma.ttf 文件是来自于开发工作站%_FLATRELEASEDIR%目录下的文件,被包含在 NK 存储器区,并具有系统、隐藏和未压缩属性。FILES 区域可用的属性类型可以如下:

- S:系统文件;
- H:隐藏文件;
- U:未压缩文件;
- D:运行时不运行调试;
- N:将模块标记为不可信任。

3. MEMORY 区域

MEMORY 区域将物理存储器划分如下:

- 数据存储器,ROM 或 RAM 存储区域;
- 程序存储器,为内存应用保留的 RAM 区域。

下面为一个MEMORY区域的例子：

```
;NAME        StartAddress      Size        Type
   NK            80220000         009E0000     RAMIMAGE
   RAM           80C00000         03000000     RAM
```

这个例子选自CONFIG.BIB文件，它设置了用于存储NK.BIN的数据内存和用于运行应用程序的程序内存的位置。其中NK存储器区域被当作用于数据存储的ROM，而RAM区域被当作运行程序的RAM。可用的存储器类型如下：

RAM：定义内核分配给运行进程和基于RAM的Windows CE文件系统的虚拟地址范围，这段内存区域必须是连续的。

RAMIMAGE：定义这块区域应该被当作ROM来对待。由RAMIMAGE入口定义的内存地址物理上对应于RAM或线性Flash存储器。这种存储类型一般用于在开发过程中将ROM映像加载到RAM或将运行时映像烧录到单个的ROM。ROMIMAGE为每个RAMIMAGE入口产生一个.bin文件。事实上，在Config.bib文件中只有一个RAMIMAGE入口。

RESERVED：定义被保留的RAM或ROM区域。在运行时映像的创建过程中，ROMIMAGE将跳过这些保留的区域。这些被保留的内存区域可能是一个视频缓冲区或是一个DMA缓冲区。

FIXUPVAR：定义在MAKEIMG过程中要初始化的全局内核变量、内核模块变量的值。下面的例子展示了如何使用FIXUPVAR将gpdwVariable的地址初始化为0x12345678：

```
GpdwVariable  00000000  0x12345678  FIXUPVAR
```

NANDIMAGE：当创建一个使用BinFS的运行时映像时，定义不应该分配给RAM的地址空间。这将使一个可执行文件可以在NAND设备上就地执行(XIP)，从而为系统释放更多的RAM。

4. CONFIG区域

CONFIG区域是可选的，不论开发者是否定义了.abx入口、.sre入口或CONFIG区域，ROMIMAGE都会产生一个.bin文件。为了产生一个.abx或.sre版本的二进制ROM文件，必须修改Config.bib文件的CONFIG区域。通常CONFIG区域用于定义一些配置选项，常用的配置选项如下。

AUTOSIZE：允许所有未使用的运行时映像RAM被用作系统RAM和对象存储RAM，或者使更多的RAM区域的内存能够被RAMIMAGE区域使用，默认值为ON。

BOOTJUMP：将跳转页移动到RAMIMAGE空间的一个地址，而不是默认的在MEMORY表中定义的RAMSTART地址的起始位置。跳转页包含用于OS启动运行时映像的代码。

COMPRESSION：定义 ROMIMAGE 是否压缩 OS 运行时映像的可写入部分。默认情况下，这个选项为 ON，ROMIMAGE 总是压缩 OS 运行时映像的可写入部分。

ERRORLATEBIND：定义当 MAKEIMG 找不到在 MODULES 区域定义的一个模块入口引用的文件时，是产生警告还是错误消息。默认值为 OFF，MAKEIMG 产生警告消息，且不停止映像创建过程。当这个值设置为 ON 时，产生错误消息，终止创建过程。

FSRAMPERCENT：定义分配各文件系统的 RAM 的百分比。默认值为 PSRAMPERCENT＝0x80808080，分配给文件系统 50％的 RAM。

KERNELFIXUPS：定义 ROMIMAGE 是否重新定位内核的可写区域。默认值为 ON，内核的可写区域被重新定位到 RAM 的开始。

OUTPUT：定义 ROMIMAGE 放置最终 OS 运行时映像的可选文件夹。默认情况下，放置在第一个模块文件所在的输入文件夹中。

PROFILE：定义 ROMIMAGE 是否在运行时映像中包含 Profiler 结构和符号。默认值为 OFF，不包含。Profiler 结构和符号用于 eVC＋＋应用程序开发。

RESETVECTOR：定义放置跳转页的内存位置，操作系统运行时映像将从这个地址位置加载。例如：

```
MEMORY
  NK          9f800000     00800000     RAMIMAGE
  RESERVE    9fc00000     00001000
  RAM        80080000     00780000     RAM
  CONFIG
 RESETVECTOR = 9fc00000
```

在复位后，处理器从 0x9f800000 开始执行，但运行时映像却从 9fc00000 开始加载。

ROMFLAGS：为内核操作标志定义位掩码。它可以是下列值的任意组合：

0x00000001　取消分页。

0x00000002　取消全内核模式。

0x00000010　只信任来自于 MODULES 区域的模块。

0x00000020　停止刷新 X86TLB。

0x00000040　为 DLL 设置/base 链接器选项。

ROMOFFSET：通过定义一个与 RAMIMAGE 中定义的固定地址的偏移量来修改.bin 文件中每一个记录的地址。通常应用于需要将 ROM 中的.bin 文件加载到 RAM 来运行的场合。如通常 Boot Loader 被存储到 ROM 或 Flash 存储器，但在运行前必须将它加载到 RAM。

ROMSIZE：定义 ROM 的大小。它与 ROMSTART 和 ROMWIDTH 选项一起用于定义.bax 数据格式，如下面例子创建一个 4 MB 的扩展名为.ab0 的二进制文件：

```
ROMSTART = 80000000
ROMSIZE = 400000
ROMWIDTH = 32
```

ROMSTART：定义 ROM 映像的起始地址。

ROMWIDTH：定义 ROM 的数据位宽度，可以为 8、16、32。

SRE：定义 ROMIMAGE 是否产生一个. sre 文件。默认值为 OFF，不产生. sre 文件。

X86BOOT：定义是否在 x86 的复位向量地址插入一条跳转指令。默认值为 OFF。其取值也可以为 ON 或一个十六进制的地址。当为 ON 时，跳转地址为运行时映像地址的开始，当为一个十六进制地址时，这个地址就是跳转地址。

3.6.2 REG 文件

Windows CE 创建过程用到的 REG 文件几乎与其他桌面 Windows 版本的 REG 文件具有相同的格式，主要差别是去除了文件顶部的 REG 版本标记。这样可以防止开发者无意中将 Windows CE 的 REG 文件合并到开发工作站的注册表，因为双击一个 REG 文件被默认为合并数据而非编辑文件。下面是一个注册表的例子：

```
[HKEY_LOCAL_MACHINE\init]
;@CHSYSGEN IF CE_MODULES_SHELL
IF IMGNOKITL !
        "Launch 10" = "shell.exe"
ENDIF IMGNOKITL !
;@CESYSGEN ENDIF
;@CESYSGEN IF CE_MODULES_DEVICE
        "Launch 20" = "device.exe"
;@CESYSGEN IF CE_MODULES_SHELL
IF IMGNOKITL !
        "Depend 20" = hex:0a,00
ENDIF IMGNOKITL !
;@CESYSGEN ENDIF
;@CESYSGEN ENDIF
;@CESYSGEN IF CE_MODULES_GWES
        "Launch 30" = "gwes.exe"
        "Depend 30" = hex:14,00
;@CESYSGEN ENDIF
```

在此例子中，在 HKEY_LOCAL_MACHINE 根键的 Init 键下面定义了

Launch10、Launch20、Launch30 和 Depend 30 几个注册表入口及它们对应的键值。这些注册表入口并不是在什么情况下都加入到最终的注册表，只有当操作系统设计定义了相应的模块（通过“;@CESYSGEN IF …@CESYSGEN ENDIF”注释对定义）或定义了相应的系统变量时，必须以 Shell. exe、Device. exe、Gwes. exe 的顺序自动加载它们，且由于 Depend 30 定义了 Launch 30 与 Launch 20 相关（十六进制的 14 等于十进制的 20），所以 Gwes. exe 只能等待 Device. exe 加载成功之后才能开始加载。

在 REG 文件中，以分号开始的行是注释行，注释行不包含在最终的注册表中，但是注释行是注册表文件很重要的组成部分，MAKEIMG 会根据这些注释来确定最终的注册表包含哪些注册表项，或者将一些特定的注册表项应该增加到什么位置。在修改 REG 文件时，开发者必须特别注意这些注释，若缺少或者写错这些注释，则操作系统在运行时将达不到预期的结果设置出现错误。例如，为了使用蜂窝注册表实现永久存储，除了添加 Hive - based Registry 组件、FAT File System 组件和相应的 IDE 或 PC Card 驱动及添加或修改相应的注册表设置之外，还必须将这些注册表设置包含在下面的注释行之间，否则操作系统将不能启动。

```
;HIVE BOOT SECTION
 <your registry settings>
;END HIVE BOOT SECTION
```

像 BIB 文件一样，在映像产生时要用到许多 REG 文件，这些 REG 文件如下：

① COMMON. REG、DATASYNC. REG、DCOM. REG、DIRECTX. REG、IE. REG、MSMQ. REG、RDP. REG、SCRIPT. REG、WCEAPPS. REG 和 WCESHELL. REG。

这些文件定义了相对于 Common、Datasync、DCOM、DirtctX、IE、MSMQ、RDP、Wceapps 和 Wceshell 模块的注册表设置。

② PLATFORM. REG。

PLATFORM. REG 文件定义与平台相关的注册表设置，如设备驱动程序入口或硬件板特定的信息。

③ PROJECT. REG。

PROJECT. REG 文件定义与自定义工程有关的注册表设置。

上述所有文件在映像构建的 MAKEIMG 阶段都将被合并为一个 Reginit. ini 文件。

3.6.3 DAT 文件

DAT 文件被用于当系统冷启动时定义文件系统应该如何初始化 RAM 文件系统结构，开发者可以在 RAM 系统中创建一个完整的文件系统文件夹结构，以满足应用程序和最终用户的需要。文件系统将把 Initobj. dat 文件中定义的任何文件复制到它列出的文件夹中。记住，所有的ROM文件位于\Windows文件夹下，所以复制EXE和DLL文件到基于RAM的文件夹只会浪费空间。相反，开发者应该创建一个快捷方式去引用Windows文件夹下的EXE文件。下面是一个DAT文件片段：

```
Root: - Directory ("Program Files")
 Directory("\Program Files"): - Directory("My Projects")
 Root: - Directory ("My Documents")
 Directory("\My Documents"): - File("My File.doc","\Windows\Myfile.doc")
```

在这个例子中定义了Program Files和My Documents两个文件夹，且都位于根文件夹下，Program Files有一个子文件夹My Projects，而My Documents文件夹包含一个文件MyFile.doc。需要注意的是MyFile.doc文件必须出现在某个BIB文件中，从而包含在映像文件中。

使用DAT文件的一个典型实例是在Windows CE桌面上创建一个快捷方式，下面介绍如何创建一个指向MyApp.exe的快捷方式。

1. 产生一个.lnk文件

.lnk文件是一个文本文件，它包含用于链接目标的命令行以及命令行的长度，其格式为“<length>#<command line>”，其中length是#后所有字符的个数。例如，为了启动MyApp.exe，一个MyApp.lnk文件包含下列行：

```
20#"\Windows\MyApp.exe"
```

这个.lnk文件应该被放置在%_PROJECTOAKROOT%\Files文件夹下。

2. 在.dat文件里产生一个移动快捷方式的入口

由于Windows CE ROM映像默认地将所有文件放置在\Windows文件夹下，所以这些文件在系统引导时必须被移动到特定的其他位置，.dat文件控制文件如何被复制。为了复制MyApp.lnk到桌面，将下列行放置到Project.dat，它位于%_PROJECTOAKROOT%Files下。

```
Directory("\Windows\<LOC_DESKTOP>"): -
 File("MyApp.lnk","\Windows\MyApp.lnk")
```

3. 将.lnk文件增加到ROM映像

.lnk文件必须被包含在ROM映像文件里。编辑Project.bib文件将下列行增加到FILES区域里：

```
MyApp.lnk     $(_FLATRELEASEDIR)\ MyApp.LNK     NK     S
```

像BIB和REG文件一样，在映像产生时要用到许多DAT文件：

COMMON.DAT、IE.DAT、MSMQ WCEAPPS.DAT和WCESHELL.DAT这些是与Common、IE、MSMQ、Wceapps和Wceshell模块有关的DAT文件。

PLATFORM. DAT 文件定义与平台相关文件的文件夹结构。

PROJECT. DAT 文件定义与自定义工程相关的文件夹结构。

上述所有文件在映像构建的 MAKEIMG 阶段都将被合并为一个 Initobj. dat 文件。

3.6.4 DB 文件

DB 文件为对象存储定义默认的基于 RAM 的属性数据库。对于 Platform Builder 产生的系统，处理建立 Activesync 自动连接外，很少使用数据库。在映像创建时也用到许多 DB 文件，包括：

COMMON. DB、WCEAPPS. DB 和 WCESHELL. DB，这些 DB 文件是相对于 Common、Wceapps 和 Wceshell 模块的属性数据库。

PLATFORM. DB 文件包含平台特定的默认数据库。

PROJECT. DB 文件包含工程特定的默认数据库。

3.7 定制 Windows CE Shell

3.7.1 Windows CE Shell 概述

1. 什么是 Shell

Shell 为用户运行目标设备上的应用程序和管理 Windows CE 操作系统对象提供了一个接口，这些对象既可以是位于目标设备上的实际对象，如文件和文件夹，也可以是虚拟对象，如回收站，或者是可以通过网络进行访问的远程对象。

Windows CE 允许开发者对 Shell 进行定制，允许开发者为自己的目标设备实现一个从简单的命令行接口到完全定制的图形用户接口的各种 Shell。Windows CE Shell 是由一些模块和组件组成的，每一个模块或组件提供了 Shell 功能的一个特定区域。基于目标设备的硬件要求，开发者可以只选择自己的 Shell 定制开发所必需的那些组件，例如，如果目标设备没有显示，那么开发者可以选择命令行和控制台组件，这些组件提供了一个基于控制台的命令行处理器 Shell。Platform Builder 提供了 4 个 Shell 选项：

- 命令行 Shell (Command Shell)；
- 标准 Shell (Standard Shell)；
- Windows 瘦客户端 Shell (Windows Thin Client Shell)；
- 任务管理器 Shell (Taskman Sample Shell)。

为了为基于 Windows CE 的设备提供一个 Shell，开发者可以选择上述 Platform Builder 提供的任何一个 Shell 或者以这几种 Shell 为基础开发自己定制的 Shell。

图 3 – 66 为位于 Catalog Items View 视图中的 Shell 和用户接口项目，从中可以

看到 Platform Builder 提供的除任务管理器例 Shell 之外的其他 3 种 Shell。而任务管理器例 Shell 作为 Platform Builder 提供的一种 Shell 实例，没有被放置到 Catalog Items View 视图中。

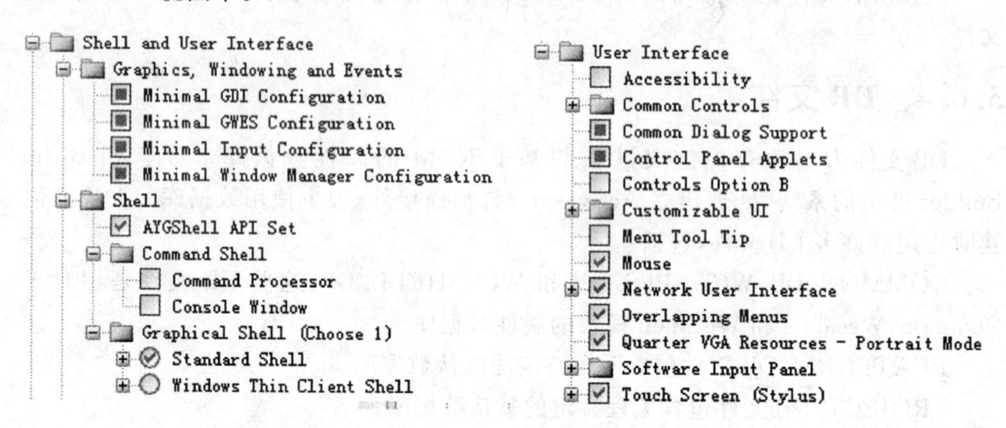

图 3-66 Shell 和用户接口组件

2. 命令行 Shell

对于许多设备，包括那些没有显示的设备，Windows CE 包含了一个类似于 Windows 2000/XP 下的 Cmd. exe 的命令行处理器 Shell，它是一个提供了有限几个命令的命令行驱动的 Shell。为了在一个特定的平台上实现命令行处理器 Shell，需要在这个平台的 Cesysgen. bat 文件中包含 Cmd 和 Console 组件。

为了使用命令行处理器作为一个没有显示设备的命令行接口，可以通过配置命令行处理器来操作串口。下面的例代码展示了如何通过设置注册表值来允许命令行处理器通过串口进行操作。

```
[HKEY_LOCAL_MACHINE\Drivers\Console]
 OutputTo = REG_DWOR:1                    //将 CMD 重定向到 COM1
 COMSpeed = REG_DWORD:19200             //串口连接的速度
```

除非明确地将所有控制台应用程序的输入和输出配置为重定向到一个文件或其他设备，否则这些注册表设置会将所有控制台应用程序的输入和输出配置为重定向到串口。

控制台应用程序没有图形用户界面并限于使用标准的 C 语言库 I/O 函数，例如，从命令行读/写字符的 printf 和 getc 函数。

3. 标准 Shell

Windows CE 标准 Shell 是由 Windows CE 早期版本的手持 PC Shell（被称为 HPC Shell）发展过来的，类似于基于 Windows 桌面操作系统的 Shell，它为访问文档、运行应用程序、任务之间切换、浏览文件系统和执行其他的服务提供了一个熟悉的界面，为了将它包含到开发者基于 Windows CE 的设备，需要将“Standard Shell”

组件添加到操作系统设计中。

标准 Shell 支持 240×320 (QVGA)或者更大的屏幕显示分辨率，并支持 Windows CE 标准 SDK。

Platform Builder 在%_WINCEROOT%\Public\Shell\OAK\HPC 文件夹下提供了标准 Shell 的源代码，这些源代码已经被集成到了所有支持标准 Shell 的操作系统设计里面，一般建议用户不要修改这些源代码。在进行操作系统设计时，当在“New Platform”向导的“Available design templates”列表中选择了“Enterprise Web Pad”、“Internet Applicance”或“Set - Top Box”时都会默认加载标准 Shell。在操作系统启动时，标准 Shell 作为一个进程 Exploer. exe 被加载。图 3 - 67 为一个典型的 Windows CE 标准 Shell 界面。

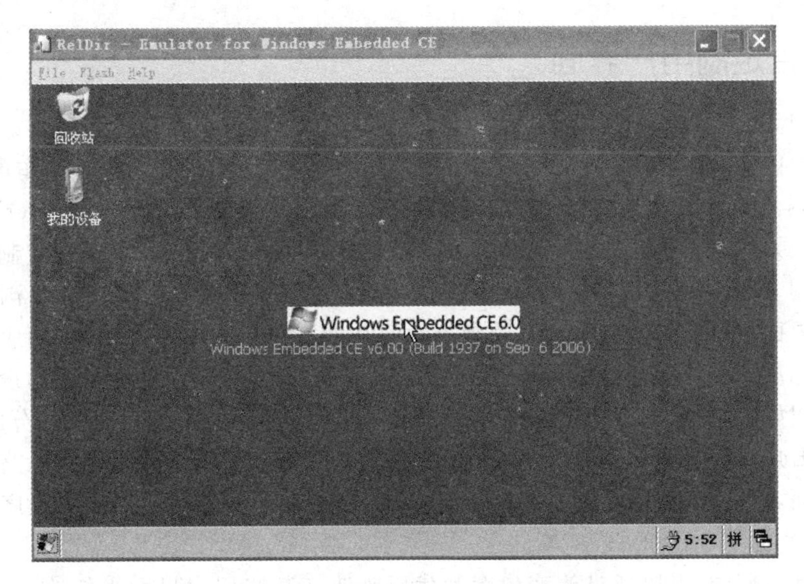

图 3 - 67 典型 Windows CE Shell 界面

4. Windows 瘦客户端 Shell

Windows 瘦客户端有时也被基于 Windows 的终端(Windows - Based Terminal,WBT)，在我国也被称为网络计算机，它是一种以服务器为中心的客户端/服务器(C/S)网络解决方案，是以 Windows CE 为操作系统的计算机终端设备。作为终端，Windows 瘦客户端在使用时必须要连接服务器，用户要使用的软件全部被安装到服务器上。Windows 瘦客户端操作系统的主要任务是先将本地的瘦客户端设备引导起来，与服务器建立 RDP(或 ICA)连接，并将服务器上的串口、并口、音频端口等映射到瘦客户端的对应端口，然后显示服务器界面，接收本地键盘和鼠标等的输入并将输入信息传送给服务器对应的程序。Windows 瘦客户端的操作系统通常是由 Windows CE 操作系统内核、远程桌面协议(Remote Desktop Protocol,RDP)和其他组件构成的一个小型 Windows CE 操作系统。

5. 任务管理器 Shell

任务管理器 Shell 不是为用户的最终产品而设计的，它仅仅是微软为了帮助开发者定制自己的 Shell 而设计的，以它为起点可以大大降低开发难度并加速开发过程。

任务管理器 Shell 展示了如何实现一个具有桌面和任务管理器窗口的 Shell 桌面，开发者可以以此为起点进一步定制一个全功能的 Windows CE Shell。Platform Builder 在%_WINCEROOT%\Public\Wceshellfe\Oak\Taskman 文件夹下给出了任务管理器 Shell 的源代码，开发者可以修改这些源代码以适应自己的 Windows CE 设备平台。

3.7.2 定制用户界面

用户界面 UI(User Interface)在人机交互中扮演着重要角色。经过良好设计的用户界面能全面地向用户展示设备的功能，并提供易于理解、便于操作的环境。Windows CE .NET 为嵌入式设计提供了定制用户界面的能力。如 POS 终端、ATM 机或者其他功能固定的设备。在为一个 Windows CE .NET 设备定制界面时可以使用 Microsoft Internet Explorer 作为设备的 Shell，可以用 Internet 浏览器定制用户界面，可以充分利用位图、动画等动态功能，还可以创建一个独立的应用程序来取代标准 Shell。在概念上，这个和使用 IE 是类似的，在一个功能单一的设备上这是一个很好的选择，如 POS 终端(point - of - sale terminal)上。目前大部分的 Windows CE 应用设备都采用这个方法，其优点是可以完全按照作者的界面思路来做自己的界面，只需要 BSP 有相关组件的支持，缺点是对于 MS 的通用应用程序界面无法修改，比如 Word 和 Excel 等。

实际应用中，可以通过改变位图和代码来改变某些用户界面组件的外观。Microsoft 在 Windows CE .NET 中提供了两种皮肤：Windows 95 外观和 Windows XP 外观。这些分别为通用控件、Windows 控件、和非客户区提供 Windows 外观。在 3.6.2 小节创建 Windows CE 内核的基础上，通过修改位图的配置来修改 Windows CE 的桌面背景。其步骤如下：

① 将桌面图像文件“jluzh.bmp”复制到工作目录下，根据创建映像文件的名称和所在位置不同略有区别，笔者创建的映像文件名称和目录如下：“C:\WINCE600\OSDesigns\jluzhPDA\jluzhPDA\RelDir\DeviceEmulator_ARMV4I_Debug”实际中根据操作来确定这个目录，复制后确保该图像文件在工作目录下，如图 3-68 所示。

② 打开命令行，使用 notepad shell.bib 修改配置文件，在集成开发环境中选择“生成→Open Release Directory in Build Window”，如图 3-69 所示。

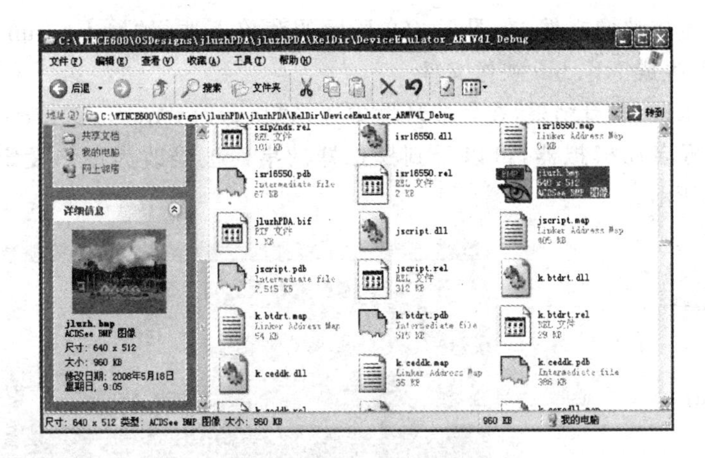

图 3-68　复制图像文件到工作目录

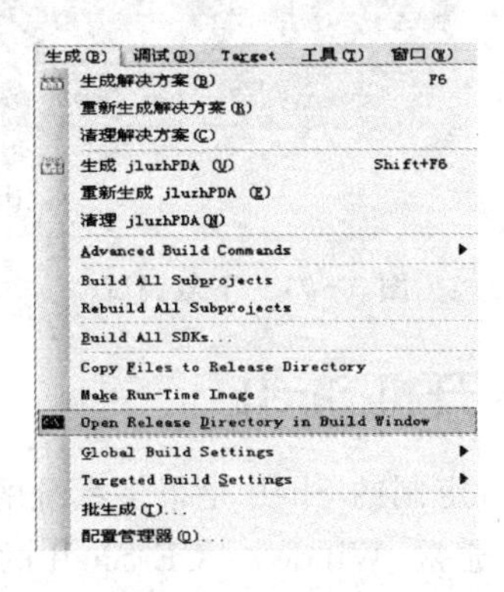

图 3-69　打开工作目录

③ 使用记事本修改 shell. bib 文件，在 DOS 界面下输入命令“notepad shell. bib”，即可打开 shell. bib 文件，在文件中找到“WindowsCE. jpg　$(_FLATRELEASEDIR)\ Windowsce_qvgap. jpg　NK S”，将图像文件修改为“jluzh. bmp”，如图 3-70 所示。

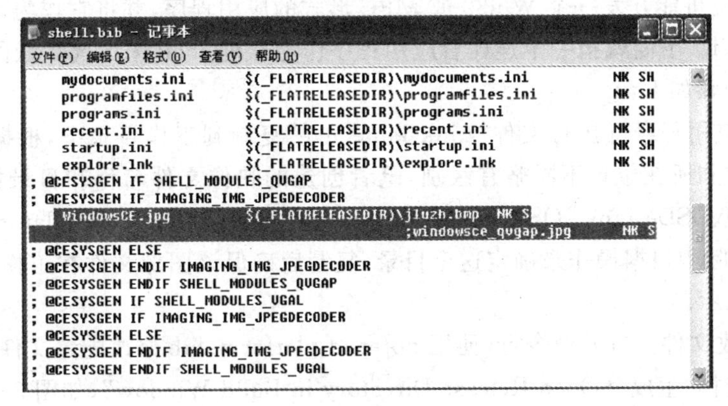

图 3-70　修改 shell. bib

④ 重新生成映像文件，在图 3－69 所示的菜单下选择“Make Run－Time Image”即可重新生成 NK. bin 映像文件。

⑤ 下载调试，观看结果，在集成环境中选择“Target→Attach Device”，如图 3－71(a)所示，即可启动模拟器，可以看到模拟器的桌面被修改为用户设定的图像，如图 3－71(b)所示。

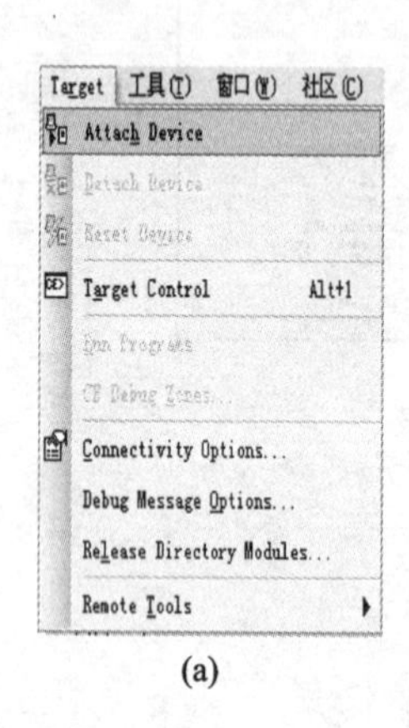

(a)

(b)

图 3－71　下载调试

3.7.3　应用程序作为开机 Shell

Windows CE 开机即运行定制的 Shell 是很多系统的基本要求，有时还需要屏蔽 Windows CE 自带的 Shell。通常，Windows CE Shell 的定制开发有两个选择：在默认情况下 Windows CE 将浏览器作为基于 Windows CE 设备的 Shell；还可以将一个单独的应用程序作为 Windows CE 设备的 Shell。

任何类型的 Windows 应用程序(. exe)都可以被作为基于 Windows CE 设备的 Shell。典型情况下，如果开发者的设备是一台单一功能的设备，且它只运行一个用户应用程序，那么将这个用户应用程序作为 Shell 是一个最好的选择。在其他情况下，开发者也可能开发一个 Win32 或 MFC 形式的应用程序，并将它作为一个高度定制化的 Shell。下面就把一个连连看应用程序作为开机 shell 来取代默认的浏览器程序。具体步骤如下：

① 将应用程序可执行文件“LinkGame. exe”复制到工作目录下，根据创建映像文件的名称和所在位置不同略有区别，笔者创建的映像文件名称和目录如下：“D:\WINCE600\OSDesigns \OSDesign1\OSDesign1\RelDir\DeviceEmulator_ARMV4I_Debug”实际中根据操作来确定这个目录，复制后确保该图像文件在工作目录下，如图 3－72 所示。

② 修改文件。打开命令行，使用 notepad platform. bib 修改配置文件，在集成开发环境中选择“生成→Open Release Directory in Build Window”，如图 3－73 所示。

图 3-72　复制可执行文件到工作目录

③ 使用 notepad platform. bib 命令用记事本打开 platform. bib 文件。在文件的结尾处添加 LinkGame. exe　$(_FLATRELEASEDIR)\LinkGame. exe NK SH。修改 platform. bib 如图 3-73 所示。

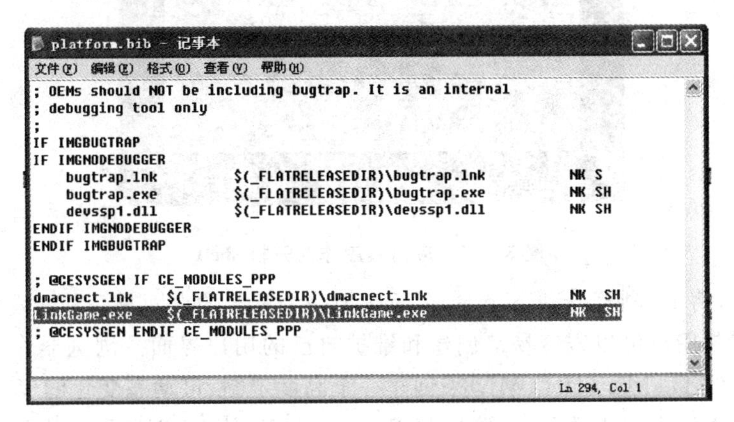

图 3-73　修改 platform. bib

④ 使用 notepad shell. reg 命令用记事本打开 shell. reg 文件。去掉“Launch50”=“explorer. exe”，改成“Launch50”=“LinkGame. exe”，如图 3-74 所示。

⑤ 重新生成映像文件，在图 3-69 所示的菜单下选择“Make Run-Time Image”即可重新生成 NK. bin 映像文件。

⑥ 下载调试，观看结果，在集成环境中选择“Target→Attach Device”，即可启动模拟器，可以看到模拟器的桌面没有被启动，应用程序连连看在 Windows CE 设备启

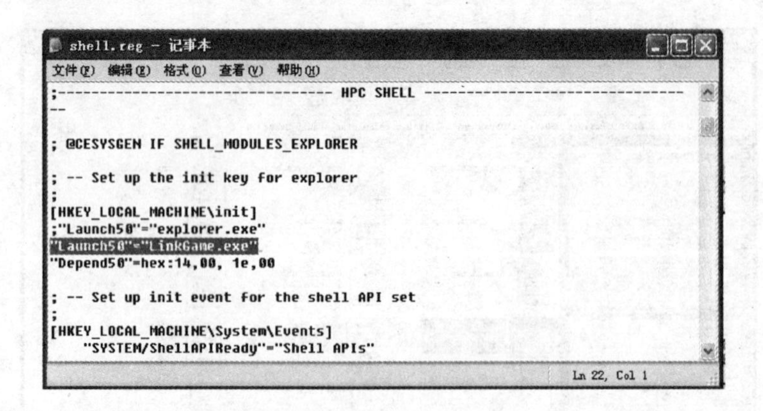

图 3-74 修改 shell. reg

动时自动启动，如图 3-75 所示。

图 3-75 应用程序作为开机 shell

近年来，将 IE 浏览器动态 Web 页面作为一个标准的桌面是一种新发展趋势，它的主要优点是用户可以很容易地创建和维护自己的用户界面。浏览器作为 Shell 就是使用动态的 HTML (DHTML)来创建一个高度定制、可动态变化的 Windows CE 用户界面。由于桌面版的 IE 浏览器与 Windows CE 的 IE 浏览器都支持 DHTML，所以浏览器 Shell 界面的开发、显示和测试都可以先在桌面计算机上进行，开发完成后再将它打包到 Windows CE 操作系统运行时映像进行最后的测试，这可以大大加快开发的过程。

3.8 Windows CE 驱动程序

3.8.1 驱动程序的分类

驱动程序是一个抽象物理设备或虚拟设备的功能软件，驱动程序管理这些设备的操作。物理设备包括网络适配器、计时器和 UART 等，而文件系统是逻辑设备的一个典型例子。实现一个设备驱动程序允许一个设备的功能导出给应用程序和操作系统的其他部分。

1. 内建的驱动程序与可安装的驱动程序

从驱动加载方式上 Windows CE 可分为内建设备驱动(Built－In Driver)和可加载驱动(Loadable Driver)。

Windows CE 的设备驱动程序是用户模式的动态链接库(DLL)，或者是作为目标文件被静链接到操作系统。虽然 Windows CE 的设备驱动程序是可信任的模块，但它不必必须运行在内核模式。

内建的驱动程序有时也被称为本地设备驱动程序(Native Device Driver)，它们被静态地链接到 GWES，也就是说这些驱动程序不是作为一个单独的 DLL 存在的。Windows CE 系统可直接使用内建设备，因为内建设备驱动程序是与 Windows CE 的核心组件紧密相连的，也就是内建设备驱动程序是被静态地链接到 GWES (Graphics Windowing and Events Subsystem)的。这些驱动对应的设备通常在系统启动时，在 GWES 的进程空间内被加载，主要是与显示和输入有关的驱动。内建设备包括显示、触摸屏、音频、串行埠、LED、电池和 PC 卡插座等。

可加载的驱动程序(loadable Driver)也被称为流设备驱动程序(Streams Device Driver)，它们是由设备管理器(device. exe)动态加载的用户模式的 DLL。可加载设备是指可与平台连接和分离的第三方接口设备，可由用户随时安装和卸载。这种外围设备的驱动也被称为流驱动，这些驱动可以在系统启动时、或者启动后的任何时候由设备管理器动态加载，通常这类驱动是以 DLL 动态链接库的形式存在。在 Windows CE 中典型的可加载驱动包括：PCMCIA 驱动、串口驱动、ATAFLASH 驱动、电池驱动和以太网驱动等。

与内建驱动程序不同的是，所有可加载流驱动程序都共享一个公用接口，而且功能也与应用程序所用的文件 API 中的功能匹配。因此，控制可加载设备的流接口驱动程序一般由应用程序存取。也就是说，流接口驱动程序是由一个特殊文件来将设备功能展现给应用程序的，该文件可被打开、读取、写入和关闭。例如，用户将一个 GPS 设备与平台相连后，就可启动有 GPS 功能的应用程序来存取并使用该设备。通常只有 OEMs 才会对内建设备驱动程序进行修改，其他自由设备生产商由于只提供附加的硬件设备，对内建设备驱动程序不会有过多涉及。

2. 分层的驱动程序与不分层的驱动程序

在微软提供的 Windows CE 例驱动程序中，按驱动程序的结构，有两种类型的驱动程序：分层的驱动程序（Layered Device Driver）和不分层的驱动程序（Monolithic Device Driver），如图 3－76 所示。

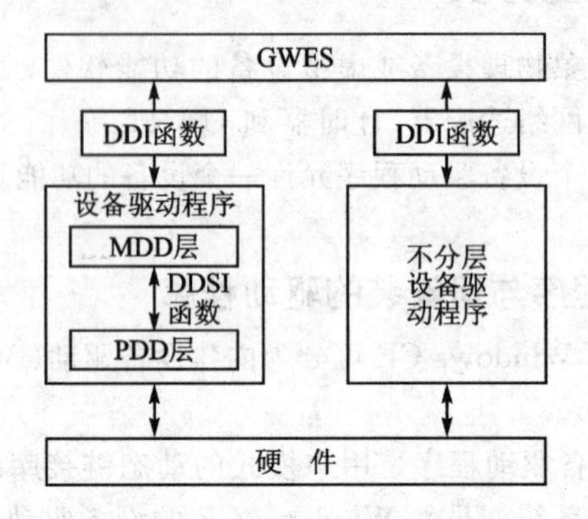

图 3－76　分层与不分层的驱动程序

分层的驱动程序将驱动程序代码区分为模型设备驱动（Model Device Driver，MDD）的上层和平台相关驱动（Platform Dependent Driver，PDD）的下层。MDD 层包含给定类型所有驱动程序都公用的代码，而 PDD 层是由特定与给定硬件设备或平台的代码组成的，MDD 层调用 PDD 层的函数来访问硬件或硬件特定的信息。通常 MDD 层的代码是由微软提供的。驱动程序开发者一般只需要编写特定硬件平台的 PDD 层代码，直接使用由微软提供的 MDD 层公用代码。当开发者将一个例驱动导入到一个新的硬件平台时，只需要导入 PDD 层，直接使用例驱动的 MDD 层。分层的驱动程序并不适用于所有的驱动，尤其是将驱动程序分为两层将会导致在驱动程序操作时附加的功能调用，这无疑会降低驱动程序的效率，对于时间或性能关键的实时操作，不分层的驱动将更适合。MDD 层主要完成下列任务：

- 链接 PDD 层并定义它所期望调用的函数；
- 导出 DDI 函数给操作系统；
- 处理如中断处理这样的复杂任务。

对于不同类型的硬件设备，其 MDD 层是不同的。设备驱动程序接口（Device Driver Interface，DDI）是由 MDD 层或不分层的驱动程序导出的一组函数，并由其他的操作系统模块调用。设备驱动程序服务提供者接口（Device Driver Service Provider Interface，DDSI）是一组由分层驱动程序的 PDD 层导出的函数，并由 MDD 层调用。

通常情况下，不需要修改 MDD 层的代码，而必须编写特定于目标硬件平台的 PDD 层代码。PDD 通常是由完成特定任务的不同函数组成的，这些函数将 MDD 与硬件细节隔离了。由于 PDD 是硬件相关的，所以驱动程序开发者必须为自己的硬件平台创建一个定制的 PDD，或者从一个同类型设备的例驱动中为自己的硬件导入一个 PDD 层。为了帮助开发者为自己的硬件设备快速开发驱动程序，微软在 Platform Builder 中为各种内建设备都提供了 PDD 层例代码。

Wavedev 音频驱动是微软提供的一个分层的流接口驱动的典型例子，它的源代码放置在%Windows CEROOT%\public\common\oak\WAVEDEV 文件夹下，其明确的 MDD 和 PDD 子文件夹定义使开发者一目了然。这个例驱动的 MDD 层实现了 PCM 波形的声音播放或录制，并支持同步声音播放或录制，而 PDD 层负责与音频硬件的通信，用于初始化音频硬件或控制音频硬件实现播放或录音的启动和停止。

驱动程序的分层与不分层并不是绝对的，任何分层的驱动程序都可以用不分层的驱动程序来替代。不分层的驱动程序通常是由中断服务线程代码和平台特定的代码组成的。如果时间或者性能是一个关键因素，那么，不分层的驱动是最好的选择。在另外一种情况下，如果一个设备的能力正好匹配 MDD 层的函数要完成的任务，那么采用不分层的驱动将更简单和更有效。

但是，不论开发者是选择实现分层的驱动还是实现不分层的驱动，都可以基于微软提供的例驱动源代码进行开发，这将大大加速开发的进程并简化开发的难度。开发者要尽量避免从第一行程序写起，要避免自己编写驱动程序的每一行代码。

3. 本地驱动程序与流接口驱动程序

安装驱动程序导出的接口不同，驱动程序可以分为本地设备驱动程序和流接口驱动程序。

一些类型的设备，如键盘和显示器，对操作系统有一个定制的接口，由于它们使用的接口是 Windows CE 特定的，所以这些类型设备的驱动被称为本地设备驱动。微软为每一种类型的本地设备驱动都定义了定制的接口。可是，虽然每一种类型的设备驱动都有一个定制的接口，但是本地设备驱动为特定类型的所有设备都给出了一组标准的功能，这使 Windows CE 操作系统以相同的方式对待一个特定设备类的所有实例，而忽略它们在物理上的差别。

例如，许多基于 Windows CE 的平台都使用某种类型的 LCD 作为显示，可是市场上有各种具有不同操作特征（如分辨率、位深度、内存交叉等）的 LCD 显示屏，通过使所有的显示驱动遵守相同的接口，Windows CE 忽略了显示设备本身的物理差别，以相同方式对待所有的显示设备。Platform Builder 提供显示器、键盘、触摸屏、指示 LED 等本地设备例驱动。

如果开发者的目标平台没有包含上面列出的设备，那么开发者需要为此设备创建自己的本地设备驱动。如果开发者的平台包含了上面列出的设备，那么开发者最好考虑将例设备驱动程序导入到自己的平台。通过导入已经经过严格测试过的设备驱动，将大大节省开发者的时间并避免错误。

不管由驱动程序控制的设备是什么类型，凡是导出流接口函数的驱动都是流接口驱动。所有流接口驱动都使用相同的接口并导出一组相同的函数——流接口函数。流接口适合于任何在逻辑上被认为是一个数据源或数据存储(sink)的 I/O 设备,即任何以产生或者消耗数据流作为主要功能的外围设备都是导出流接口的最好选择。串口驱动是流接口驱动的一个典型例子。

流接口函数被设计与通常的文件系统 API(如 ReadFile、WriteFile 和 IOControl 等)紧密匹配,即由流接口驱动管理的设备向应用程序表现为一个文件系统,应用程序通过对文件系统的特殊文件进行操作从而完成对设备的操作。

这种将设备当作特殊文件看待的方法在许多操作系统中都是很常见的,包括桌面版本的 Microsoft Windows、UNIX 和 Linux 操作系统。例如,在桌面版本的 Microsoft Windows 中,一般打印机设备由特殊的文件名“LPTx:”来表示,而串口由特殊文件名“COMx:”来表示。

图 3-77 表示了在操作系统启动时由设备管理器加载的流接口内建设备驱动程序的架构。如图所示,应用程序通过文件 API 使用流接口驱动和设备管理器与硬件进行通信。流接口驱动借助于文件系统调用从设备管理器和应用程序接收命令,驱动程序封装了将这些命令转换为它所控制设备的相应操作的所有必要信息。

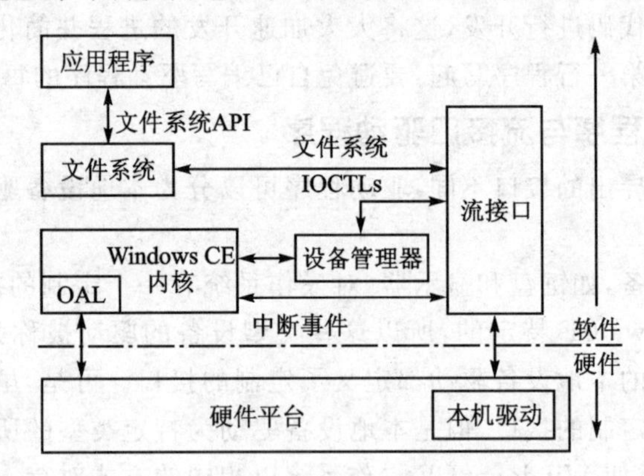

图 3-77 流接口驱动的架构

所有的流接口驱动,无论管理的是内建设备还是可安装设备,无论在启动时加载还是动态加载,都以系统的方式与其他系统组件进行交互。

4. 驱动程序源代码

微软在 Platform Builder 中为用户提供了绝大多数类型设备驱动程序的例源代码,这些源代码由两部分组成:一部分是独立于平台的源代码,位于:\%WINCEROOT%\PUBLIC\Common\OAK\drivers 文件夹下,另一部分是与平台相关的代码,位于\%_WINCEROOT%\PLATFORM 下的 BSP 内。这两部分代码进行链接构成最终的设备驱动程序。一般情况下,开发者没有必要修改驱动程序的平台独立部分的代码,而不得不修改驱动程序平台相关部分的代码以适应特定的硬件。在实际的驱动程序开发中,即使开发者使用了微软提供的独立于平台的源代码,一旦产生了最终的驱动程序,都建议开发者完整地测试这个驱动程序,因为这里提供的所有代码都是例代码。

在\%WINCEROOT%\PUBLIC\Common\OAK\drivers 文件夹下的 Calibrui、Netui、Oomui、Startui、Skinnableui 和 Waveui 子文件夹包含 Windows CE 用户界面可定制部分的源代码，以便开发者在想定制自己平台的用户界面时能够修改它们。

3.8.2 驱动程序的加载机制

在系统启动时初始化流驱动程序的加载。加载流驱动程序有 3 种方法。

第 1 种加载类型是在系统启动的时候进行的。当 Winows CE 的平台启动的时候，启动设备管理器。设备管理器从注册表的 HKEY_LOCAL_MACHINE\Drivers\RootKey 下面加载入口点，通常 RootKey 的值都被设置为 Drivers\BuiltIn。然后设备管理器通过\RootKey 提供的入口点开始读取 HKEY_LOCAL_MACHINE \Drivers\Builtin 键的内容，并加载已列出的流接口驱动程序。

第 2 种加载的类型是在设备管理程序自动检测外围设备与基于 Windows CE 平台的连接时进行的。PC 卡是自动检测设备最常见的类型，因为在用户插入 PC 卡时 PC 卡插槽控制程序就通知 Windows CE。在用户把 PC 卡插入插槽时，设备管理程序调用槽驱动程序(这是一个内部设备管理程序)寻找即插即用标示符。然后，设备管理程序检查 HKEY_LOCAL_MACHINE\Drivers\PCMCIA 键已得到与即插即用标示符所匹配的子键。如果有一个子键存在，该子键就加载键值列表里的这个驱动程序。如果没有匹配的子键，设备管理器就调用 HKEY_LOCAL_MACHINE\Drivers\PCMCIA\Detect 键中列表的所有侦测函数。如果有一个函数返回一个值，那么设备管理程序就加载并初始化那个流接口驱动程序。

第 3 种加载类型是当设备管理器程序不能够自动检测或加载某一种驱动程序的时候，一般这种情况大多数出现在串行设备上，因为 Windows CE 不能自动检测到串行设备。这个时候可以使用系统提供的函数 ActivateDeviceEx 来加载驱动程序。ActivateDeviceEx 用于加载驱动程序，事实上 Windows CE 的实现通过 StartOneDriver 函数把一个具体的驱动程序挂接到系统中的，不过这个函数是一个纯粹的内部函数。它的实现是通过 ActivateDeviceEx 来实现的。

驱动程序的加载过程如图 3-78 所示，其加载过程如下：

① 进行调试时，需要通过一些设备来进行，如以太网卡、串口，OAL 需要通过配置和枚举总线为这些设备配置一定的资源。OAL 负责把这些资源存到注册表内，以便别的 Driver 能够访问。

② 设备管理器 Device.exe 被加载和启动，紧接着他调用 I/O 资源管理器从注册表读取可用的资源信息。设备管理器是 Windows CE.Net 设备管理的核心机构，它主要负责跟踪、维护系统的设备信息并对设备资源进行调配。设备管理器在 Windows CE 中主要表现为 Device.exe 的文件，在系统启动的时候通过注册表加载。设备管理器是用户级别的程序，在基于 Windows CE 的平台上在不停地运行着。设备

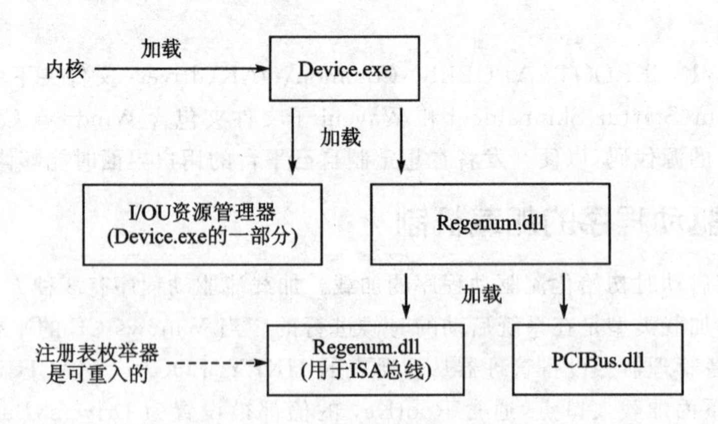

图 3－78　驱动程序的加载过程

管理器虽然不是内核的一部分，但它是与内核、注册表和流接口驱动程序有相互影响的单独部分。设备管理器完成以下任务：

(a) 在系统启动或收到用户添加外围设备的信息时初始化驱动程序的加载。

(b) 向内核注册特定的文件名，该文件名把应用程序使用的流 I/O 函数映射到流接口驱动程序的那些函数的实现。

(c) 通过从外围设备获得即插即用标示符，或激活一个检查子程序来发现可以处理该设备的驱动程序，为外围设备找到合适的驱动程序。

(d) 通过读/写注册值加载跟踪驱动程序。

(e) 当不再需要设备时，负责卸载驱动程序。

③ Device. exe 从 HKEY_LOCAL_MACHINE\RootKey 中读取注册表枚举器。注册表枚举器开始初始化、并按照一定的顺序扫描 Rootkey 的子键注册表项，装载对应的驱动，设备驱动、总线驱动，总线驱动会负责该总线设备驱动的加载，加载方式不一定是一样的如：PCI 是总线扫描。

④ PCI 总线驱动的配置和枚举。

(a) 配置：当注册表枚举器装载 PCI 总线驱动后，转由 PCI 总线驱动为 PCI 总线上的设备装载相应的驱动程序，PCI 总线驱动扫描总线（如果需要，PCI 总线驱动首先配置 PCI 总线），获得 PCI、PCI 桥的相关资源信息以及所找到的设备。当其发现一个设备的时候，就从注册表本机目录 Template、Instance 中寻找最匹配的键值。并且该键值中有 ConfigEntry，那么对应的动态库就会被加载、并且 ConfigEntry 所描述的历程会被调用进行设备的资源分配。当所有的需要的资源都已经找到，PCI 总线驱动负责在 PCI 总线窗口的范围内配置资源。设备的中断通过 OAL 层也被映射系统的中断中去。PCI 总线所分配给设备的所有资源都来自 I/O 资源管理器的请求，这样可以保证不会有资源的冲突。

(b) 枚举：PCI 总线驱动通过重新扫描来枚举总线。当一个设备被发现，就扫描对应的注册表，如果确切的匹配在 Instant 中被发现，说明设备已经被加载。所有设备的每个中断请求都有一个中断服务例程与之关联，一个中断服务例程可以为多个中断源服务。

3.9 Windows CE 的 Bootloader

3.9.1 Bootloader 概述

Bootloader 就是引导装载器，用来初始化目标板的硬件，给嵌入式操硬件做系统提供板上硬件资源信息，并进一步装载，引导嵌入式操作系统的运行。它是一段简单的代码，存放于平台的非易失存储介质中，比如 ROM 或 FLASH。在 Windows CE. NET 操作系统的嵌入式系统中，它主要用于启动硬件，建立内存空间的映射图和下载 NK. bin 到目标板上，并起到一定的监控作用。Bootloader 在整个系统中一般位于如图 3-79 所示的位置。

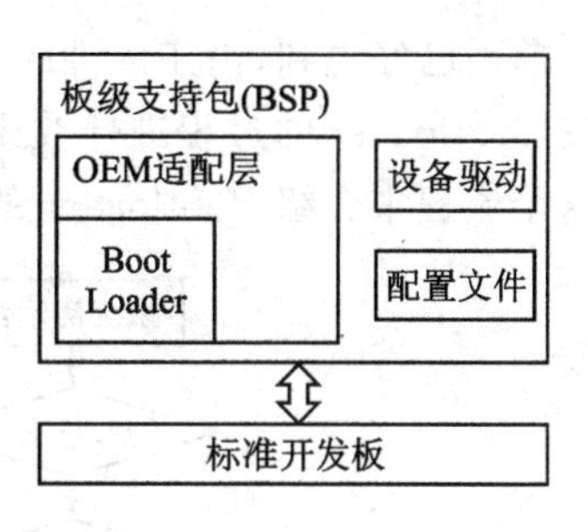

图 3-79 BSP 结构与 Bootloader

一般来说，对于 Bootloader 的功能要求并不是严格定义的，不同的场合区别很大。比如在 PC 的硬件平台上，由于硬件启动根本就不是通过 Bootloader(而是通过 BIOS)，所以 Bootloader 就不需要对 CPU 加电后的初始化做任何工作；在嵌入式开发板中，Bootloader 是最先被执行的程序，所以就必须包括加电初始化程序。通常，Bootloader 必须包含下载 CE 映像文件的功能。另外，管理监控硬件设备通常也是必须的，因为这可以极大方便工程开发。由于 Bootloader 涉及基本的硬件操作，如 CPU 的结构、指令等，同时又涉及到以太网下载协议(TFTP，当然也可能通过串口)等。因此从零实现的话，会需要相当长的过程。好在微软为每种类型的 CPU 都提供了某种标准开发板的 Bootloader 例程，因此通常的做法是：从这些例程中寻找与硬件平台最接近的作为标本程序，然后再从自己的硬件平台上入手做相应的改动。一些新的评估板可能会由第三方的厂商来提供 Bootloader。如果硬件平台是从这样的基板设计而来的话，那么最好去寻求这些厂商获取 Bootloader 来移植，以减少工作量。

3.9.2 Bootloader 基本架构

一个典型的 Bootloader 由 Blcommon、OEM 代码、Eboot 和网络驱动程序等组成，如图 3-80 所示。

BLCOMMON：相当于 EBOOT 的一个基本框架，主要完成 Bootloader 相关内存的分配、解析 NK. bin 文件并进行效验、初始化平台、通过网络下载 image 等功能。

OEM Code：主要是基于硬件平台，为 BLCOMMON 提供相应的接口函数，帮助

完成相应的功能。

Eboot：一个小的网络协议栈，为网络下载 image 提供 DHCP、TFTP、UDP 等网络服务功能。

Network Driver：硬件平台的网络驱动部分，支持上层的网络功能。

Bootpart：为 Flash 设备提供分区功能，Bootloader 可以创建一个 BinFS 分区和一个文件系统分区。还可以用它来创建一个引导分区用来存放引导参数。

Flash Memory：硬件平台的 Flash 驱动。

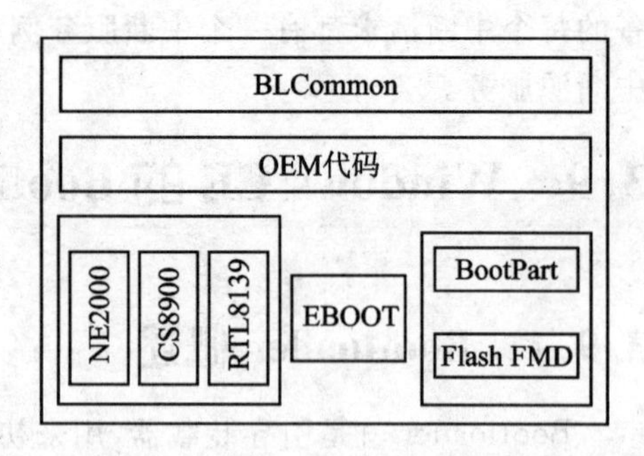

图 3－80　Bootloader 基本架构

3.9.3　Bootloader 的编写

前面已经提到，由于硬件的不同，Bootloader 的功能可能有多有少，作者以自己开发 Bootloader 的过程进行叙述。图 3－81 是 Bootloader 的基本工作流程。下面结合这个流程来介绍 Bootloader 的编写过程。

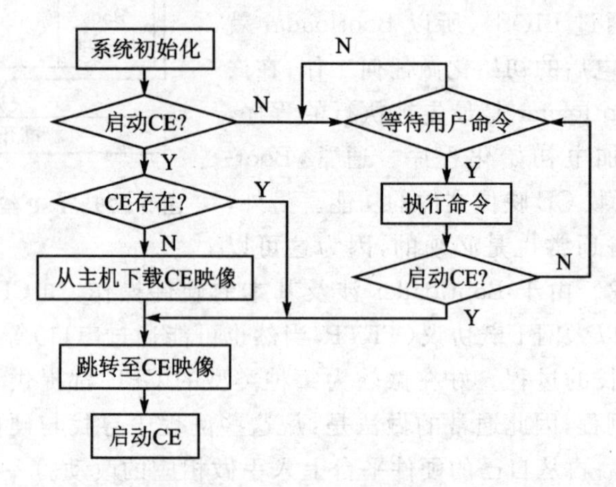

图 3－81　Bootloader 工作流程

1. 启动部分

首先要实现初始化平台硬件的功能。在参考板的 Bootloader 目录下，会发现一些. s 文件，可能会是 init. s 或者是 reset. s 等，这样的文件是 CPU 加电后最先执行的代码。由于此处是用汇编语言编写的，所以与 CPU 关系紧密。一般参考板的 CPU 与开发平台的 CPU 会是相同或是同一个架构的或者是属于同一种 CPU 的情况，所以对寄存器的定义和初始化流程都可以少改动或不加改动。接着就是对于平台配置的分析，包括平台存储空间的分配、外围设备的工作设定等。一般这里的区别是非常大的，所以必须要对 CPU 寄存器的值做相应设定，这部分工作可能需要 CPU 提供商方面的帮助。

应该说，这部分工作是 Bootloader 的一大重点，但由于和实际的硬件非常大，所以不可能做进一步的详细叙述。

2. 主控部分

从这一部分开始，均用 C 语言编写。为了增加 Bootloader 对平台的控制，一般 Bootloader 都会设计成支持命令输入的方式，通过串口来接收用户的命令。这种机制中，如果参考板有 Loader 支持的话，那么可以自己添加有实用价值的命令，完成一些需要的功能。

从图 3-81 中可以看出，一般在平台调试完毕后，可以在不用人工干预的情况下自动加载 CE(这也是 Bootloader 必需的功能之一)；而在调试阶段，基本上是通过 Loader 所支持的命令来进行操作的。提供足够丰富的命令，能极大简化和全面测试开发平台。如表 3-5 所列，是一个 Loader 所提供参考命令。

这些命令涉及到平台调试的各个方面，像内存检测、Flash 操作、文件下载等。借助于这些命令，不仅可以完成硬件平台的部分测试，还完成了作为 CE 的 Bootloader 程序最为重要的一个功能——下载 CE 映像。

表 3-5 Bootloader 加载命令

命 令	说 明
Help	列出所有支持的命令并加以说明
Eboot	从开发平台下载 CE 映像并加载
Write	向某一内存地址写入数据
Read	显示某一内存地址的数据
Jump	跳转到某一地址执行程序
Xmodem	从计算机的超级终端接收以 Xmodem 协议传送的文件
Toy	测试平台 CPU 的计数器是否运转
Flash	擦除或者更新 Flash 中的数据
Tlbread	显示 CPU 的所有 TLB 表
Tlbwrit	设置 CPU 的 TLB
Macaddr	设置 CPU 的 MAC 地址
Setip	设置平台的 IP 地址

3. 下载部分

在用 Platform Builder 编译生成 CE 的映像文件后，接下来就需要将该文件下载到目标板上。如果说硬件调试功能可以由其他的程序代替而不放入 Bootloader 中，但是下载映像文件却是 Bootloader 必需的功能。

CE 映像文件通常叫作 nk. bin，它是 Windows CE 二进制数据格式文件，不仅包

含了有效的程序代码，还有按照一定规则加入的控制信息。当然，也可以选择生成. sre格式的代码文件，但是相对于前一种格式，它的代码要长很多，所需要的下载时间也更长。这里以下载. bin 格式的文件来说明下载的实现。

首先看一下图 3-82 所示的 Bootloader 下载部分的流程图。通常，在 Platform Builder 自带的代码中，会包含完成 TFTP 连接的基本函数。

➢ 初始化 TFTP 连接：用函数 EbootInitTFtp() 和 EbootInitTFtpd()完成。

➢ 登记解析. bin 格式数据的回调函数：用 EbootTFtpdServerRegister()完成。

➢ 发出连接请求：用 EbootSendBootme()完成。

➢ 接收主机端发出的数据包：用 EbootTFtpReceiver()完成。

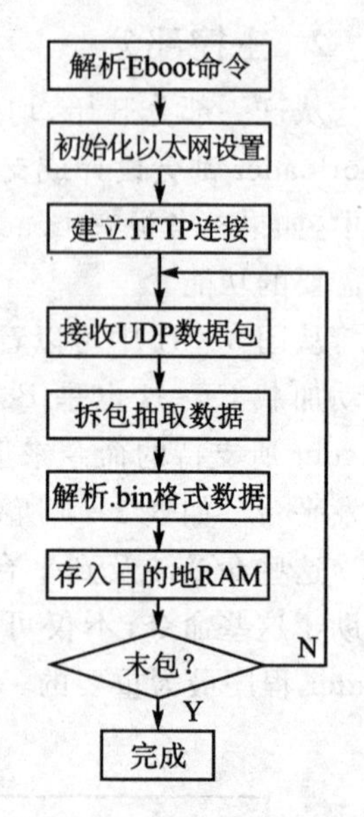

图 3-82　下载功能流程图

在这里，需要重点说明的有两点。

对于接收数据包的函数 EbootTFtpReceiver()，它只能处理已经存入内存的以太网包，也就是说，从以太网控制器接收数据的功能必须要用户去完成。由于这一功能与硬件密切相关，所以不能使用 PB 自带的函数来完成。

函数 EbootTFtpdServerRegister()会登记一个回调函数，一般用户可以自己定义这个函数，该函数用于完成. bin 格式数据的解析和保存，有效数据至目的地 RAM。PB 有自带的例程函数可作参考。一般来说，如果目的地是 RAM 的话，直接参考例程函数即可。但是如果目的地是 Flash，不要直接存入 Flash(字为单位)，应先存入内存中待下载完毕以后再导入 Flash。当然，这种方法必须要有足够的内存。如果没有足够的内存，也可以缓存部分数据后，分段写入 Flash。

4. 支持 DOC

对于 Windows CE 操作系统而言，丰富的多媒体功能是其一大特点，使其成为当前消费类电子产品操作系统中的一个不错选择。但是随之而来的问题是，系统的容量已经大大超过出了传统嵌入式系统上百 KB 的数量级。一般来说，如果选择了图形界面和汉语支持，容量一般会超过 16 MB。DOC(Disk On Chip)则提供了一种相对廉价的大存储容量的解决方案。DOC 本质上是一种加以软件控制的 NAND 格式的 Flash，通过 TFFS 这一软件层提供对 Windows CE 的支持。

由于 DOC 不能像内存一样被直接访问，所以其加载 Windows CE 的过程有些特殊，必须要在 Bootloader 中加入专门的代码，才能使用 DOC 来存放 Windows CE 映像文件。

为了说明怎样在 Loader 文件中提供对 DOC 的支持，先看一下如何采用 DOC 系统启动 CE,如图 3-83 所示。

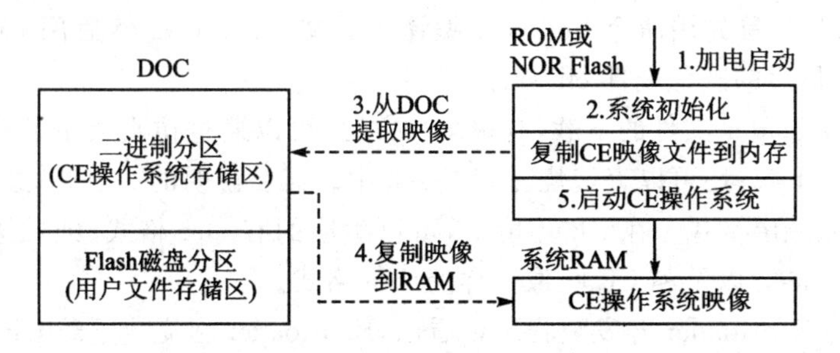

图 3-83 DOC 系统启动 WinCE

从图 3-83 可以看出,当采用 DOC 作为存储体的时候,实际上是在启动的时候把映像文件复制到内存中执行。为了实现这一启动过程,就必须涉及到 DOC 的读/写操作。首先要从 M-SYSTEM 的网站上获取 DOC 的 BOOT 软件开发包。在这个开发包里,提供了一系列 DOC 的操作函数。将此开发包嵌入到 CE 的 Bootloader 中去,然后按照图 3-83 的步骤,调用相应的读/写函数完成这一过程。对于开发包中相关函数的说明就不具体介绍了,可以参考开发包的说明文档。

5. Bootloader 的编译、链接和下载

Bootloader 程序可以通过 PB 的集成编译环境编译链接,控制文件为.bib 文件,下面是一个简单的 Bootloader 的.bib 文件。

```
MEMORY
 CLI 9fc00000 00050000 RAMIMAGE
 RAM 80080000 00070000 RAM
 CONFIG
 COMPRESSION = ON
 SRE = ON
 ROMSTART = 9fc00000
 ROMSIZE = 00020000
 ROMWIDTH = 32
 ROMOFFET = 000000
 MODULES
 Nk.exe $ (_FLATRELEASEDIR).exe CLI
```

MEMORY 部分:定义了生成的映像文件的目标地址,以及程序运行可以使用的内存空间。

CONFIG 部分:COMPRESSION 是否对目标代码进行压缩;SRE 是否生成格式为 sre 的目标代码;ROMSTART 与 ROMSIZE、ROMWIDTH、ROMOFFSET 共同定义了开发平台上存放 Bootloader 物理介质的起始地址、大小、宽度和偏移量。

MODULES 部分:定义了 Bootloader 所包含的文件,一般就只有一个文件:

cli. exe。

编译过程中，首先用命令 build - c 编译生成文件 cli. exe，然后用 romimage cli. bib 命令产生最后的映像文件 cli. sre。

对于 Bootloader 文件的下载，有很多种方法：可以通过仿真器下载；也可以通过其他调试程序下载；还可以直接烧写到 Flash 中。需要说明的一点是，这些方法可能会要求不同的映像格式。在 PB 环境下，可以生成的有. sre 格式、纯二进制格式（用于直接烧写 Flash）以及和 CE 映像一样的. bin 格式。

从 CE 的 Bootloader 开发流程可以看出，Bootloader 在完成下载 CE 映像和加载映像的主要功能外，还具有一些调试硬件的功能。当然，这些功能不是必需的，不同的用户可能有不同的定义。但是不管 Loader 的功能设计得多么简单或者是多么复杂，都是在开发 CE 系统中不可跳过的一环。实际上，由于 Loader 有和 CE 系统交互数据的区域，所以还有对 CE 启动过程的控制作用，也是 PB 控制目标板 CE 启动的一个窗口。可以说，一个功能齐全的 Loader，不论是对调试硬件，还是控制和检测 CE 系统，甚至是成为产品之后的维护工作，都是大有帮助的。

编写 Bootloader 是开发 Windows CE 系统第一步，也是关键的一步。只有得到一个稳定工作的 Loader 程序，才能够更进一步开发 Windows CE 的 BSP，直至最后整个系统的成功。

思考题三

1. Windows CE 系统启动时，至少要启动哪些进程？分别有何作用？
2. 简述基于 Windows CE 系统的嵌入式软件开发流程。
3. 如何将特定模块加到定制 OS 中？
4. SDK 有何作用？
5. 映像配置文件有哪几类？分别有何作用？
6. 如何向目标平台加入特性？
7. 如何将应用程序设置为开机 Shell？
8. Windows CE 驱动程序分为哪几类？
9. Bootloader 有何作用？Windows CE 下的 Bootloader 基本结构如何？

第4章

MFC 应用程序开发

在嵌入式中使用C++编程称为EVC编程，本书中使用MFC编写嵌入式程序，在本章中EVC和MFC这两个概念不再区别。本章首先比较了C++编写嵌入式应用程的几种方式，然后重点针对MFC来介绍嵌入式应用程序编写的基本技术，包括消息机制、对话框编程、常用控件编程、图形设备接口编程，最后结合简单的图形绘制介绍了一个综合实例。

4.1 MFC 概述

4.1.1 面向对象的编程技术

1. 概　念

1967年挪威计算中心的 Kisten Nygaard 和 Ole Johan Dahl 开发了 Simula67 语言，它提供了比子程序更高一级的抽象和封装，引入了数据抽象和类的概念，它被认为是第一个面向对象语言。20世纪70年代初，Palo Alto 研究中心 Alan Kay 所在的研究小组开发出 Smalltalk 语言，之后又开发出 Smalltalk-80，Smalltalk-80 被认为是最纯正的面向对象语言，对后来出现的面向对象语言，如 Object-C、C++、Self、Eiffl 都产生了深远的影响。随着面向对象语言的出现，面向对象程序设计也就应运而生且得到迅速发展。之后，面向对象不断向其他阶段渗透，1980年 Grady Booch 提出了面向对象设计的概念，之后面向对象分析开始。1985年，第一个商用面向对象数据库问世。1990年以来，面向对象分析、测试、度量和管理等研究都得到长足发展。

实际上，“对象”和“对象的属性”这样的概念可以追溯到20世纪50年代初，它们首先出现于关于人工智能的早期著作中。但是出现了面向对象语言之后，面向对象思想才得到了迅速的发展。过去的几十年中，程序设计语言对抽象机制的支持程度不断提高：从机器语言到汇编语言，到高级语言，直到面向对象语言。汇编语言出现后，程序员就避免了直接使用0-1，而是利用符号来表示机器指令，从而更方便地编写程序；当程序规模继续增长的时候，出现了 Fortran、C、Pascal 等高级语言，这些高级语言使得编写复杂的程序变得容易，程序员们可以更好地对付日益增加的复杂性。

但是，如果软件系统达到一定规模，即使应用结构化程序设计方法，局势仍将变得不可控制。作为一种降低复杂性的工具，面向对象语言产生了，面向对象程序设计也随之产生。

2. 面向对象程序设计的基本概念

面向对象程序设计中的概念主要包括：对象、类、数据抽象、继承、动态绑定、数据封装、多态、消息传递。通过这些概念面向对象的思想得到了具体的体现。

(1) 对　象

对象是运行期的基本实体，是一个封装了数据和操作这些数据的代码的逻辑实体。

(2) 类

类是具有相同类型的对象的抽象。一个对象所包含的所有数据和代码可以通过类来构造。

(3) 封　装

封装是将数据和代码捆绑到一起，避免了外界的干扰和不确定性。对象的某些数据和代码可以是私有的，不能被外界访问，以此实现对数据和代码不同级别的访问权限。

(4) 继　承

继承是让某个类型的对象获得另一个类型的对象的特征。通过继承可以实现代码的重用：从已存在的类派生出的一个新类将自动具有原来那个类的特性，同时，它还可以拥有自己的新特性。

(5) 多　态

多态是指不同事物具有不同表现形式的能力。多态机制使具有不同内部结构的对象可以共享相同的外部接口，通过这种方式减少代码的复杂度。

(6) 动态绑定

绑定指的是将一个过程调用与相应代码链接起来的行为。动态绑定是指与给定的过程调用相关联的代码只有在运行期才可知的一种绑定，它是多态实现的具体形式。

(7) 消息传递

对象之间需要相互沟通，沟通的途径就是对象之间收发信息。消息内容包括接收消息的对象的标识，需要调用的函数的标识以及必要的信息。消息传递的概念使得对现实世界的描述更容易。

3. 面向对象语言

一个语言要称为面向对象语言必须支持几个主要面向对象的概念。根据支持程度的不同，通常所说的面向对象语言可以分成两类：基于对象的语言、面向对象的语言。

基于对象的语言仅支持类和对象，而面向对象的语言支持的概念包括：类与对象、继承、多态。举例来说，Ada 就是一个典型的基于对象的语言，因为它不支持继承、多态，此外其他基于对象的语言还有 Alphard、CLU、Euclid、Modula。面向对象的语言中一部分是新发明的语言，如 Smalltalk、Java，这些语言本身往往吸取了其他语言的精华，而又尽量剔除它们的不足，因此面向对象的特征特别明显，充满了蓬勃的生机；另外一些则是对现有的语言进行改造，增加面向对象的特征演化而来的。如由 Pascal 发展而来的 Object Pascal，由 C 发展而来的 Objective－C、C＋＋，由 Ada 发展而来的 Ada 95 等，这些语言保留着对原有语言的兼容，并不是纯粹的面向对象语言，但由于其前身往往是有一定影响的语言，因此这些语言依然宝刀不老，在程序设计语言中占有十分重要的地位。

4. 面向对象程序设计的优点

面向对象出现以前，结构化程序设计是程序设计的主流，结构化程序设计又称为面向过程的程序设计。在面向过程程序设计中，问题被看作一系列需要完成的任务，函数（在此泛指例程、函数、过程）用于完成这些任务，解决问题的焦点集中于函数。其中函数是面向过程的，即它关注如何根据规定的条件完成指定的任务。

在多函数程序中，许多重要的数据被放置在全局数据区，这样它们可以被所有的函数访问。每个函数都可以具有它们自己的局部数据。这种结构很容易造成全局数据在无意中被其他函数改动，因而程序的正确性不易保证。面向对象程序设计的出发点之一就是弥补面向过程程序设计中的一些缺点：对象是程序的基本元素，它将数据和操作紧密地连结在一起，并保护数据不会被外界的函数意外地改变。比较面向对象程序设计和面向过程程序设计，还可以得到面向对象程序设计的其他优点：

① 数据抽象的概念可以在保持外部接口不变的情况下改变内部实现，从而减少甚至避免对外界的干扰。

② 通过继承大幅减少冗余的代码，并可以方便地扩展现有代码，提高编码效率，也减少了出错概率，降低软件维护的难度。

③ 结合面向对象分析、面向对象设计，允许将问题域中的对象直接映射到程序中，减少软件开发过程中中间环节的转换。

④ 通过对对象的辨别、划分可以将软件系统分割为若干相对独立的部分，在一定程度上更便于控制软件复杂度。

⑤ 以对象为中心的设计可以帮助开发人员从静态（属性）和动态（方法）两个方面把握问题，从而更好地实现系统。

⑥ 通过对象的聚合、联合可以在保证封装与抽象的原则下实现对象在内在结构以及外在功能上的扩充，从而实现对象由低到高的升级。

为了实现面向对象的技术，可以用 WIN32 API 设计创建 32 位基于 Windows 的应用程序。另一种重要的途径是可在 WIN32 与 Microsoft Visual C＋＋开发环境使用的 Microsoft 基本类库（MFC）。

作为 WIN32 的程序员，可以自由的选取使用 C 或 C++和 WIN32 API，或者用 C++与 MFC。嵌入式软件开发中，Embeded Visual C++开发系统都支持以上的两种方式的开发系统。

4.1.2 API 编程

Windows 这个多作业系统除了协调应用程式的执行、分配内存、管理系统资源等之外，同时也是一个很大的服务中心，调用这个服务中心的各种服务（每一种服务就是一个函数），可以帮应用程式达到开启视窗、描绘图形、使用周边设备等目的，由于这些函数服务的对象是应用程式（Application），所以便称之为 Application Programming Interface，简称 API 函数。WIN32 API 也就是 Microsoft Windows 32 位平台的应用程序编程接口。

当 Windows 操作系统开始占据主导地位的时候，开发 Windows 平台下的应用程序成为人们的需要。而在 Windows 程序设计领域处于发展的初期，Windows 程序员所能使用的编程工具唯有 API 函数，这些函数是 Windows 提供给应用程序与操作系统的接口，犹如“积木块”一样，可以搭建出各种界面丰富、功能灵活的应用程序。所以可以认为 API 函数是构筑整个 Windows 框架的基石，在它的下面是 Windows 的操作系统核心，而它的上面则是所有的 Windows 应用程序。

但是，没有合适的 Windows 编程平台，程序员想编写具有 Windows 风格的软件，必须借助 API，API 也因此被赋予至高无上的地位。那时的 Windows 程序开发还是比较复杂的工作，程序员必须熟记一大堆常用的 API 函数，而且还得对 Windows 操作系统有深入的了解。然而随着软件技术的不断发展，在 Windows 平台上出现了很多优秀的可视化编程环境，程序员可以采用“即见即所得”的编程方式来开发具有精美用户界面和功能强大的应用程序。

这些优秀可视化编程环境操作简单、界面友好（诸如 VB、VC++、DELPHI 等），在这些工具中提供了大量的类库和各种控件，它们替代了 API 的神秘功能，事实上这些类库和控件都是构架在 WIN32 API 函数基础之上的，是封装了的 API 函数的集合。它们把常用的 API 函数组合在一起成为一个控件或类库，并赋予其方便的使用方法，所以极大地加速了 Windows 应用程序开发的过程。有了这些控件和类库，程序员便可以把主要精力放在程序整体功能的设计上，而不必过于关注技术细节。

实际上如果要开发出更灵活、更实用、更具效率的应用程序，必然要涉及直接使用 API 函数，虽然类库和控件使应用程序的开发比较简单，但它们只提供 Windows 的一般功能，对于比较复杂和特殊的功能来说，使用类库和控件是非常难以实现的，这时就需要采用 API 函数来实现。

这也是 API 函数使用的场合，所以对待 API 函数不必刻意去研究每一个函数的用法，那也是不现实的（能用得到的 API 函数有几千个）。许多 API 函数令人难以理解，易于误用，还会导致出错，这一切都阻碍了它的推广。

4.1.3 MFC 编程

MFC(Microsoft Foundation Classes)，微软基础类，是一种 Application Framework，随微软 Visual C++开发工具发布。用于在 C++环境下编写应用程序的一个框架和引擎，VC++是 WinDOS 下开发人员使用的专业 C++ SDK(Standard SoftWare Develop Kit，专业软件开发平台)，MFC 就是挂在它之上的一个辅助软件开发包，作为与 VC++血肉相连的部分。目前 MFC 最新版本为 9.0(截至 2008 年 11 月)。该类库提供一组通用的可重用的类库供开发人员使用。大部分类均从 CObject 直接或间接派生，只有少部分类例外。

Windows 作为一个提供功能强大的应用程序接口编程的操作系统，的确方便了许多程序员，传统的 WIN32 开发(直接使用 Windows 的接口函数 API)对于程序员来说非常的困难，因为 API 函数实在太多了，而且名称很乱，从零构架一个窗口动辄就是上百行的代码。MFC 是面向对象程序设计与 Application framework 的完美结合，它将传统的 API 进行了分类封装，并且创建了程序的一般框架，MFC 为许多(不是所有)WIN32 的 API 进行了高度的封装。通常，MFC 提供了代表重要的 Windows 的用户界面对象的类，像窗口、对话框、画刷、画笔和字体。MFC 也为没有任何用户界面要求的嵌入式应用软件提供了相应的类。MFC 类的成员函数调用 WIN32 API 的函数，可以使复杂的应用程序的设计巧妙简化。

随着编程语言的推陈出新，MFC 一些缺点日益突出。最重要的就是入门门槛相对其他语言要高，而且同样完成一个任务代码量相对较多。而原有的优势如运行速度快等，也因为其他编程语言的日臻完善和个人计算机的运算速度增加而显得不那么突出。

但是 MFC 真的没有任何优势了吗？不是，面对底层程序，它能很轻松地与 Windows API 或驱动程序结合，就是在自己的代码中直接使用 API 函数，而 API 和驱动程序的资料都是以 C 语言为基础的，这使得 VC 程序员能够更轻松地使用 Windows API。这样造成了一个很有意思的现象，即入门时 VC 程序员要付出更多的努力来学习，但是一旦掌握后，开发其他领域的程序或使用第三方软件时，如工业控制类的程序，由于底层的程序都是用 C 语言编写的，反倒是 VC 程序员能够更快掌握该领域的编程技术。而很多其他的编程语言甚至找不到相关的资料。这就说明 VC(MFC)实际上是一种入门困难，但是扩展学习却很轻松的语言框架。如果限于某一领域的话 VC 毫无优势可言，但是如果开发一个新领域的应用程序或者该程序涉及多个应用领域的话，可减少重复学习的频率和难度，VC(MFC)的优势会立刻显现出来。

MFC (Microsoft Foundation Class Library)中的各种类结合起来构成了一个应用程序框架，它的目的就是让程序员在此基础上来建立 Windows 下的应用程序，这是一种相对 SDK 来说更为简单的方法。因为总体上，MFC 框架定义了应用程序的轮廓，并提供了用户接口的标准实现方法，程序员所要做的就是通过预定义的接口把具体应用程序特有的东西填入这个轮廓。Microsoft Visual C＋＋提供了相应的工具来完成这个工作：AppWizard 可以用来生成初步的框架文件（代码和资源等）；资源编辑器用于帮助直观地设计用户接口；ClassWizard 用来协助添加代码到框架文件；最后，编译则通过类库实现了应用程序特定的逻辑。MFC 有如下一些特点：

1. 封　装

构成 MFC 框架的是 MFC 类库。MFC 类库是 C＋＋类库。这些类或者封装了 WIN32 应用程序编程接口，或者封装了应用程序的概念，或者封装了 OLE 特性，或者封装了 ODBC 和 DAO 数据访问的功能等，分述如下：

(1) 对 WIN32 应用程序编程接口的封装

用一个 C＋＋ Object 来包装一个 Windows Object。例如：class CWnd 是一个 C＋＋ window object，它把 Windows window（HWND）和 Windows window 有关的 API 函数封装在 C＋＋ window object 的成员函数内，后者的成员变量 m_hWnd 就是前者的窗口句柄。

(2) 对应用程序概念的封装

使用 SDK 编写 Windows 应用程序时，总要定义窗口过程，登记 Windows Class，创建窗口等。MFC 把许多类似的处理封装起来，替程序员完成这些工作。另外，MFC 提出了以文档－视图为中心的编程模式，MFC 类库封装了对它的支持。文档是用户操作的数据对象，视图是数据操作的窗口，用户通过它处理、查看数据。

(3) 对 COM /OLE 特性的封装

OLE 建立在 COM 模型之上，由于支持 OLE 的应用程序必须实现一系列的接口（Interface），因而相当繁琐。MFC 的 OLE 类封装了 OLE API 大量的复杂工作，这些类提供了实现 OLE 的更高级接口。

(4) 对 ODBC 功能的封装

以少量的能提供与 ODBC 之间更高级接口的 C＋＋类，封装了 ODBC API 的大量的复杂的工作，提供了一种数据库编程模式。

2. 继　承

首先，MFC 抽象出众多类的共同特性，设计出一些基类作为实现其他类的基础。这些类中，最重要的类是 CObject 和 CCmdTarget。CObject 是 MFC 的根类，绝大多数 MFC 类是其派生的，包括 CCmdTarget。CObject 实现了一些重要的特性，包括动态类信息、动态创建、对象序列化、对程序调试的支持等。所有从 CObject 派生的类都将具备或者可以具备 CObject 所拥有的特性。CCmdTarget 通过封装一些属性和方法，提供了消息处理的架构。MFC 中，任何可以处理消息的类都从 CCmdTarget 派生。

针对每种不同的对象，MFC 都设计了一组类对这些对象进行封装，每一组类都有一个基类，从基类派生出众多更具体的类。这些对象包括以下种类：窗口对象，基类是CWnd；应用程序对象，基类是CwinThread；文档对象，基类是Cdocument等。

程序员将结合自己的实际，从适当的MFC类中派生出自己的类，实现特定的功能，达到自己的编程目的。

3. 虚拟函数和动态约束

MFC以“C++”为基础，自然支持虚拟函数和动态约束。但是作为一个编程框架，有一个问题必须解决：如果仅仅通过虚拟函数来支持动态约束，必然导致虚拟函数表过于臃肿，消耗内存，效率低下。例如，CWnd封装Windows窗口对象时，每一条Windows消息对应一个成员函数，这些成员函数为派生类所继承。如果这些函数都设计成虚拟函数，由于数量太多，实现起来不现实。于是，MFC建立了消息映射机制，以一种富有效率、便于使用的手段解决消息处理函数的动态约束问题。

这样，通过虚拟函数和消息映射，MFC类提供了丰富的编程接口。程序员继承基类的同时，把自己实现的虚拟函数和消息处理函数嵌入MFC的编程框架。MFC编程框架将在适当的时候、适当的地方来调用程序的代码。

常用的MFC类如下：

CWnd窗口。它是大多数“看得见的东西”的父类(Windows里几乎所有看得见的东西都是一个窗口，大窗口里有许多小窗口)，比如视图CView、框架窗口CFrameWnd、工具条CToolBar、对话框CDialog、按钮CButton等，一个例外是菜单(CMenu)不是从窗口派生的。该类很大，一开始也不必学，知道就行了。

CDocument文档。负责内存数据与磁盘的交互。最重要的是OnOpenDocument(读入)、OnSaveDocument(写盘)、Serialize(读写)

CView视图。负责内存数据与用户的交互。包括数据的显示、用户操作的响应(如菜单的选取、鼠标的响应)。最重要的是OnDraw(重画窗口)，通常用CWnd::Invalidate()来启动它。另外，它通过消息映射表处理菜单、工具条、快捷键和其他用户消息。自己的许多功能都要加在里面，打交道最多的就是它。

CDC设备文本。无论是显示器还是打印机，都是画图给用户看，这图就抽象为CDC。CDC与其他GDI(图形设备接口)一起，完成文字和图形、图像的显示工作。把CDC想象成一张纸，每个窗口都有一个CDC相联系，负责画窗口。CDC有个常用子类CClientDC(窗口客户区)，画图通常通过CClientDC完成。

CWinApp应用程序。类似于C中的main函数，是程序执行的入口和管理者，负责程序建立、消灭，主窗口和文档模板的建立。常用函数InitInstance()初始化。

有趣的是，MFC使用Afx作为所有的全局函数的前缀，afx作为全局变量的前缀。因为在MFC的早期开发阶段它叫Application Framework Extensions缩写为AFX。AFX提供了对Windows API的高度抽象，建立了全新的面向对象的AFX API，但它对于新手来说太复杂了，所以AFX小组不得不重新开始。后来创建了一组C++类，这就是MFC。MFC这个名字被采用得太晚了以至于没来得及修改这些引用。

最近,MFC8.0 和 Visual Studio 2005 一起发布了;MFC9.0 和 Visual Studio 2008 一起发布。在免费的 Express 版本的 Visual Studio 2005/2008 中没有包含 MFC。

作为一个强有力的竞争对手,为 Borland 的 Turbo C++编译器设计 OWL(Object Windows Library)在同一时间也发布了。但最后,Borland 停止了对 OWL 的继续开发并且不久就从 Microsoft 那里购买了 MFC 头文件、动态链接库等的授权,微软没有提供完整的 MFC 的集成支持。之后 Borland 发布了 VCL(Visual Component Library)来替换 OWL 框架。

4.2 MFC 应用程序基础

4.2.1 MFC 应用程序开发流程

Windows CE 支持传统的本地(Native)应用程序和应用了 Microsoft .NET 技术的托管应用程序。

为了开发托管应用程序,需要使用 Microsoft Visual Studio .NET 2005 开发工具,它集成了 Microsoft .NET Compact Framework 1.0 开发工具包,编译出来的可执行代码为独立于 CPU 的中间语言代码(Intermediate Language,IL)。通常,托管应用程序不能直接访问 WIN32 API,在运行时,这些中间语言代码必须通过 .NET Compact Framework 库将它转换为机器语言代码才能访问操作系统功能。Windows CE 的本地应用程序开发主要涉及下列几个方面:

➢ 从 Platform Builder 导出 SDK;
➢ 安装 SDK;
➢ 编写 MFC 应用程序;
➢ 应用程序下载与调试。

当开发者编写 Windows CE 应用程序时,必须知道自己所开发的程序运行在什么样的硬件目标平台上,以及目标平台具有什么操作系统功能,否则,开发者开发的应用程序很可能不能在目标平台上运行。那么应用程序开发工具在编译时是如何知道目标平台的特性以及具有的操作系统功能呢?答案是通过 Platform Builder 导出应用程序要运行平台的 SDK。SDK 的生成及安装可以参考 3.3.2 小节。SDK 安装好后,就可以使用 VS2005 集成开发环境编写、调试、下载应用程序了。

4.2.2 编写 MFC 应用程序

VS2005 提供了应用程序向导 AppWizard 来生成应用程序框架。下面创建一个简单的 MyApp 工程项目,以说明 MFC 程序设计调试过程。

1. 利用应用程序向导建立应用程序框架

① 打开 VS2005 的 IDE 环境。

② 选择“文件”→“新建”→“项目”菜单项，系统弹出如图 4－1 所示的对话框。在项目类型中选择“其他语言”→“Visual C＋＋”→“智能设备”，在模板中选择 MFC 智能设备应用程序。在“名称”编辑框中输入项目名称 MyApp，单击“确定”。

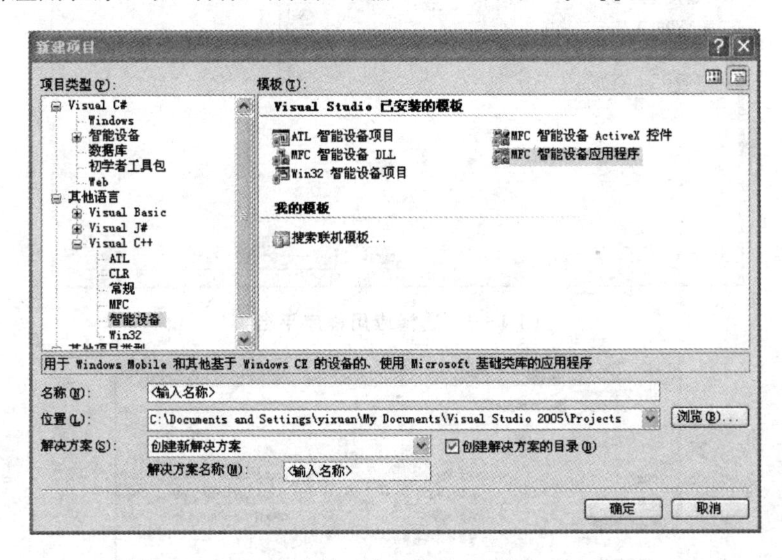

图 4－1 建立应用程序框架

③ 之后进入平台的选择，系统显示如图 4－2 所示的对话框。在这个对话框已安装的 SDK 框中会列出当前所有已经安装的 SDK，由于要在自己定制的系统上进行应用程序的开发，选择之前定制好的操作系统所导出的 SDK(Windows CE 6.0 Device Emulator)，把它添加到右面选定的 SDK 的框中，单击“下一步”按钮。

在接下来的对话框中选择应用程序的类型，这里提供了单文档程序和基于对话框的程序，选择创建基于对话框的应用程序，然后选择应用程序使用静态链接库。如图 4－3 所示，然后在单击“下一步”。

④ 接下来选择应用程序对话框标题，如图 4－4 所示，默认单击“下一步”。

⑤ 接下来的选项都是用默认设置，直到完成向导。进入集成开发环境，在资源视图中实现了一个简单的 MFC 程序，如图 4－5 所示。把文字的内容改成“Hello，jluzh！”

2. 测试设备连接状况

在进行编辑和部署 MyApp 应用程序之前，先要测试模拟器是否可以正常连接。选择“工具”→“连接到设备”。在弹出来的对话框中，“平台”一项选择对应的 SDK 名称，“设备”一项选择以 Emulator 结尾的模拟器选项。单击“连接”，如果设备连接正常，就会启动模拟器，显示连接成功，如图 4－6 所示。

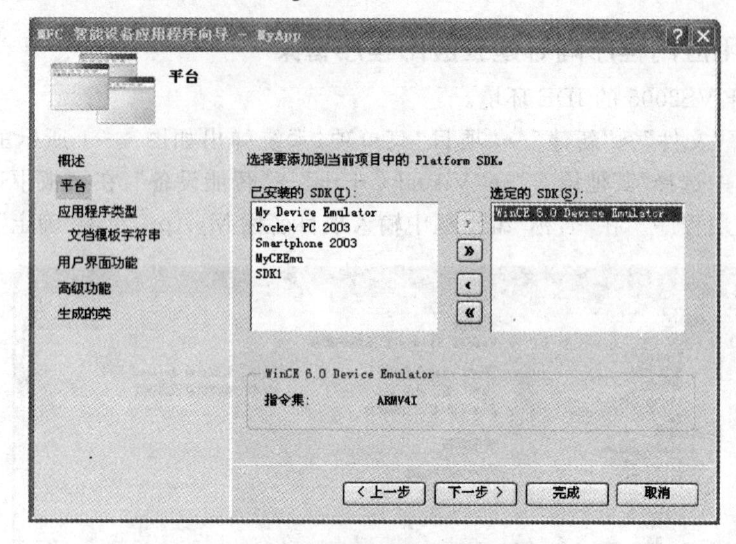

图 4-2　选择应用程序平台

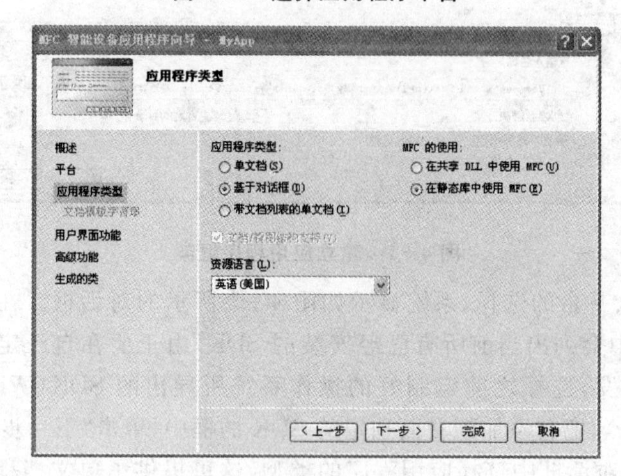

图 4-3　选择应用程序类型

3. 应用程序的下载与调试

设备连接成功,就可以编译应用程序并将它部署到模拟器上进行跟踪调试了,步骤如下:

① 生成解决方案。成功后输出窗口会显示“MyApp.exe －0 error(s),0 warning(s)”。

② 启动调试,部署设备选择模拟器。运行成功后就会在模拟器中看到运行的应用程序,如图 4-7 所示。

到此为止,已经创建了一个完整的基于 Platform Builder 下载映像与 MFC 应用程序的联合开发平台,开发者可以在一台开发工作站上同时进行操作系统和应用程序开发。

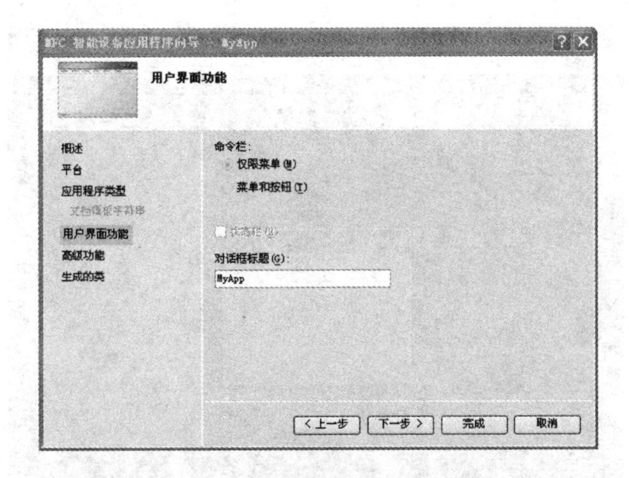

图 4-4　设置应用程序对话框标题

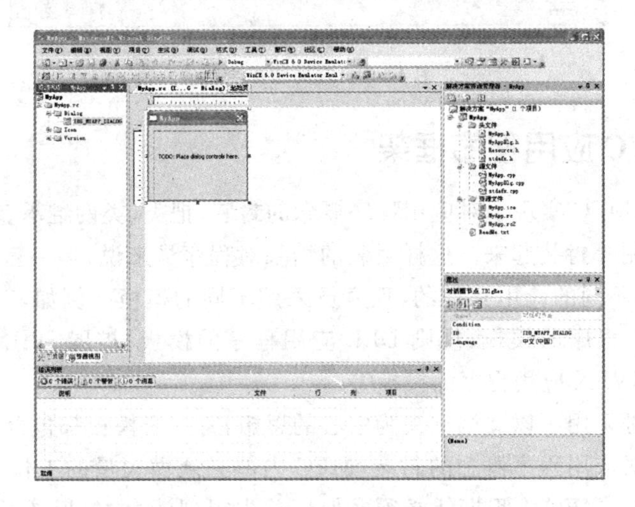

图 4-5　应用程序设计界面

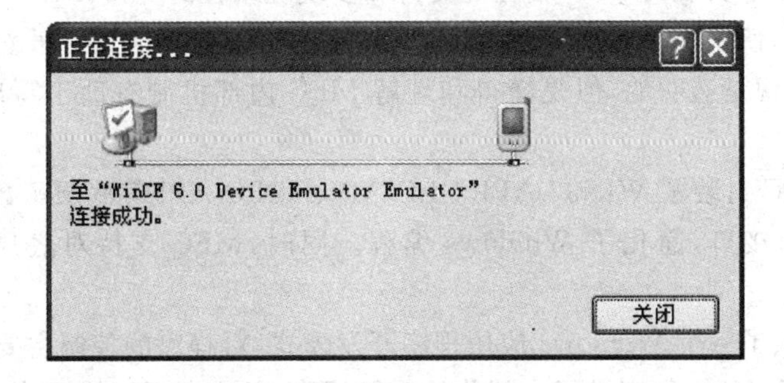

图 4-6　连接到设备

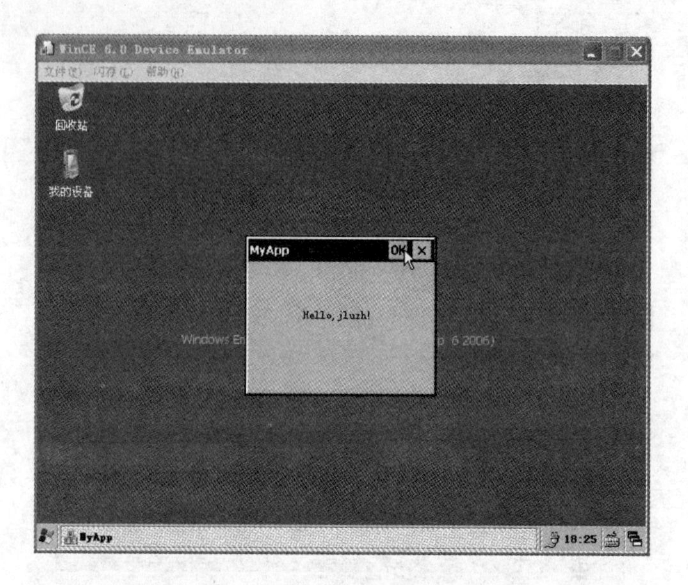

图 4-7　应用程序部署

4.2.3　MFC 应用程序框架

如前所述，MFC 实现了对应用程序概念的封装，把类、类的继承、动态约束、类的关系和相互作用等封装起来。这样封装的结果对程序员来说，是一套开发模板（或者说模式）。针对不同的应用和目的，程序员采用不同的模板。例如，SDI 应用程序的模板、MDI 应用程序的模板、规则 DLL 应用程序的模板、扩展 DLL 应用程序的模板、OLE/ACTIVEX 应用程序的模板等。

这些模板都采用了以文档－视为中心的思想，每一个模板都包含一组特定的类。

为了支持对应用程序概念的封装，MFC 内部必须做大量的工作。例如，为了实现消息映射机制，MFC 编程框架必须要保证首先得到消息，然后按既定的方法进行处理。又如，为了实现对 DLL 编程的支持和多线程编程的支持，MFC 内部使用了特别的处理方法，使用模块状态、线程状态等来管理一些重要信息。虽然，这些内部处理对程序员来说是透明的，但是懂得和理解 MFC 内部机制有助于写出功能灵活而强大的程序。

总之，MFC 封装了 WIN32 API、OLE API、ODBC API 等底层函数的功能，并提供更高一层的接口，简化了 Windows 编程。同时，MFC 支持对底层 API 的直接调用。

MFC 提供了一个 Windows 应用程序开发模式，对程序的控制主要是由 MFC 框架完成的，而且 MFC 也完成了大部分的功能，预定义或实现了许多事件和消息处理等。框架或者由其本身处理事件，不依赖程序员的代码；或者调用程序员的代码来处理应用程序特定的事件。

MFC 是 C++类库,程序员就是通过使用、继承和扩展适当的类来实现特定的目的。例如,继承时,应用程序特定的事件由程序员的派生类来处理,不感兴趣的由基类处理。实现这种功能的基础是 C++对继承的支持,对虚拟函数的支持以及 MFC 实现的消息映射机制。

1. SDI 应用程序的构成

本小节解释一个典型的 SDI 应用程序的构成,其运行界面如图 4-8 所示。用 AppWizard 产生一个 MDI 工程(无 OLE 等支持),AppWizard 创建了一系列文件,构成了一个应用程序框架。这些文件分 4 类:头文件(.h)、实现文件(.cpp)、资源文件(.rc)、模块定义文件(.def)。找到 ChelloWorldView 中的 OnDraw 函数,这个函数负责向客户输出信息,做如下修改:

```
void CHelloWorldView::OnDraw(CDC * pDC)
{
CHelloWorldDoc * pDoc = GetDocument();
ASSERT_VALID(pDoc);
// TODO: add draw code for native data here
CString str;                          //定义字符串
str = "hello jluzh I'm teacher wen"; //字符串赋值
CRect rect(10,100,200,200);           //设置矩形框,用以输出字符
pDC->DrawText(str,str.GetLength(),&rect,DT_NOCLIP);//输出字符串
}
```

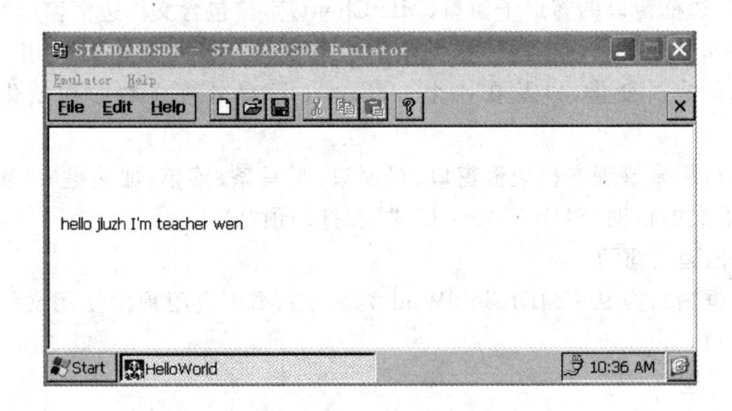

图 4-8 SDI 应用程序

在这个应用程序框架中,暂时不用关注程序代码是如何组织,这些都是 APPWIZARD 创建的,要做的工作就是修改特定函数的功能,在上例中只需要编写短短 4 行代码,然后编译运行,就可以得到一个如图 4-8 所示的应用程序。有了这个感性认识,一起来分析这个应用程序的结构。

图 4-9 解释了该应用程序的结构,箭头表示信息流向。构成应用程序的对象包

括：从 CWinApp、CDocument、CView、CFrameWnd 类对应地派生出 CHelloWorldApp、CHelloWorldDoc、CHelloWorldView、CmainFrame 4 个类，这 4 个类的实例分别是应用程序对象、文档对象、视对象、主框架窗口对象，如图 4－10 所示。

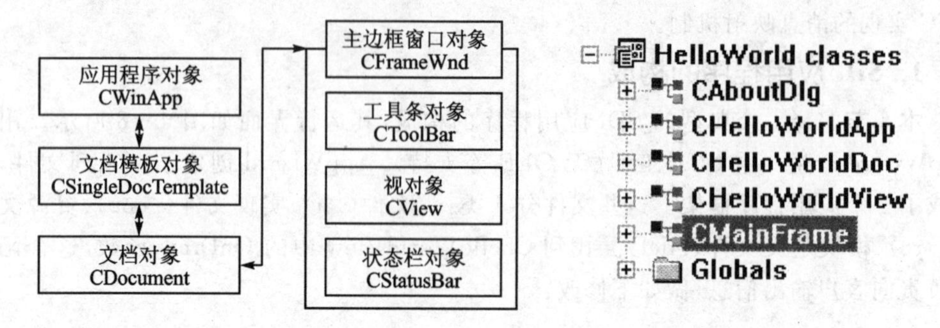

图 4－9　SDI 应用程序结构　　　　图 4－10　类视图

主框架窗口包含了视窗口、工具条和状态栏。对这些类或者对象解释如下。

(1) 应用程序

应用程序类 CHelloWorldApp 派生于 CWinApp。基于框架的应用程序必须有且只有一个应用程序对象，它负责应用程序的初始化、运行和结束。

(2) 边框窗口

如果是 SDI 应用程序，从 CFrameWnd 类派生边框窗口类，边框窗口的客户子窗口(MDIClient)直接包含视窗口；如果是 MDI 应用程序，从 CMDIFrameWnd 类派生边框窗口类，边框窗口的客户子窗口(MDIClient)直接包含文档边框窗口。

如果要支持工具条、状态栏，则派生的边框窗口类还要添加 CToolBar 和 CStatusBar 类型的成员变量，以及在一个 OnCreate 消息处理函数中初始化这两个控制窗口。

边框窗口用来管理文档边框窗口、视窗口、工具条、菜单、加速键等，协调半模式状态(如上下文的帮助“SHIFT＋F1 模式”和打印预览)。

(3) 文档边框窗口

文档边框窗口类从 CMDIChildWnd 类派生，MDI 应用程序使用文档边框窗口来包含视窗口。

(4) 文　档

文档类从 CDocument 类派生，用来管理数据，数据的变化、存取都是通过文档实现的。视窗口通过文档对象来访问和更新数据。

(5) 视　类

视类从 CView 或它的派生类派生，和文档联系在一起，在文档和用户之间起中介作用，即视在屏幕上显示文档的内容，并把用户输入转换成对文档的操作。

(6) 文档模板

文档模板类一般不需要派生。MDI 应用程序使用多文档模板类 CMultiDoc-

Template；SDI 应用程序使用单文档模板类 CSingleDocTemplate。

2. 应用程序的消息机制

所有 Windows 应用程序都是消息驱动的，消息处理是所有 Windows 应用程序的核心部分。上述 SDI 应用程序各类之间的消息传递结构如图 4－11 所示，当用户单击鼠标或改变窗口大小时，都将给适当的窗口发送消息。每个消息都对应于某个特定的事件。消息主要指由用户操作而向应用程序发出的信息，也包括操作系统内部产生的消息。

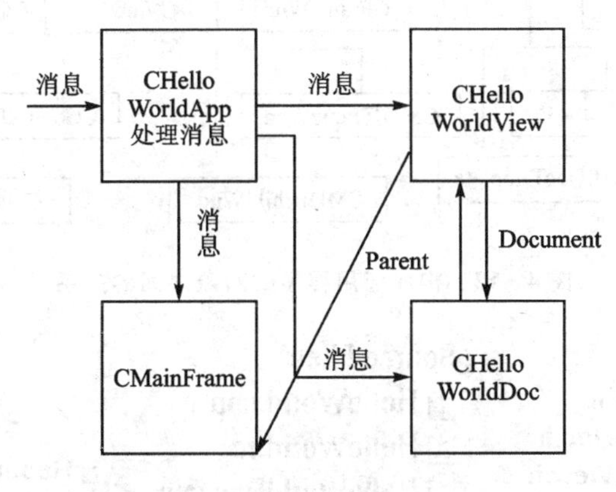

图 4－11　应用程序的消息机制

3. 应用程序的对象关系

应用程序通过文档模板类对象来管理上述对象（应用程序对象、文档对象、主边框窗口对象、文档边框窗口对象、视对象）的创建。

用图的形式可直观地表示所涉及的 MFC 类的继承或者派生关系，如图 4－12 所示。这些类都是从 CObject 类派生出来的；所有处理消息的类都是从 CCmdTarget 类派生的。如果是多文档应用程序，文档模板使用 CMultiDocTemplae，主框架窗口从 CMdiFarmeWnd 派生，它包含工具条、状态栏和文档框架窗口。文档框架窗口从 CMdiChildWnd 派生，文档框架窗口包含视，视从 CView 或其派生类派生。

4. 构成应用程序的文件

通过上述分析，可知 AppWizard 产生的 MDI 框架程序的内容，所定义和实现的类。下面，从文件的角度来考察 AppWizard 生成了哪些源码文件，这些文件的作用是什么。图 4－13 列出了 AppWizard 所生成的头文件和实现文件及其对头文件的包含关系。

由图可以看出.h 文件定义了用户对象，cpp 的实现用到所有的用户定义对象，编译器通过一个头文件 stdafx.h 来使用预编译头文件。stdafx.h 这个头文件名是可以在 project 的编译设置里指定的。

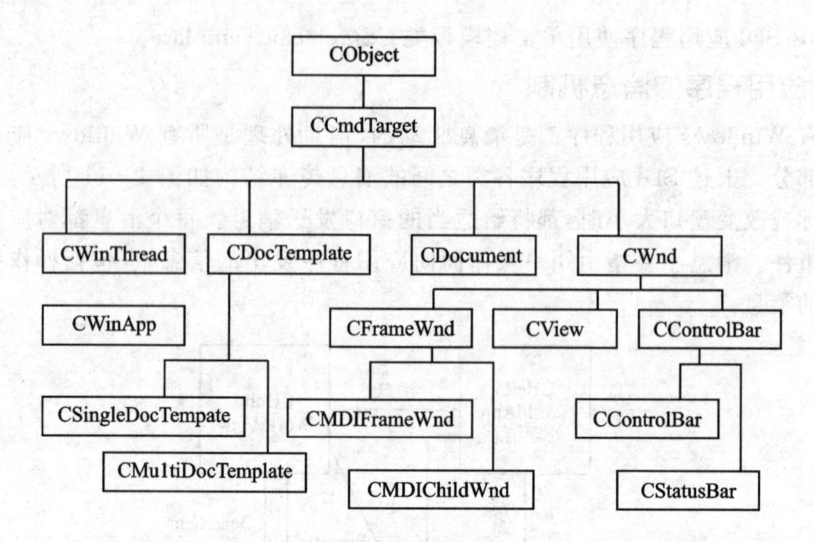

图 4-12 构成应用程序的对象之间的关系

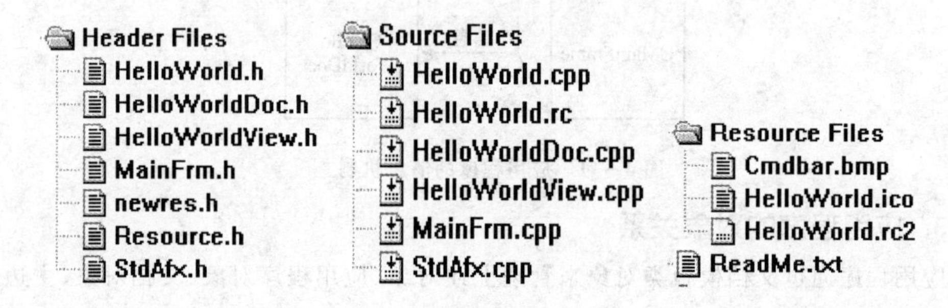

图 4-13 AppWizard 所生成文件

4.3 消　息

4.3.1 消息概述

所有 Windows 应用程序都是消息驱动的，消息处理是所有 Windows 应用程序的核心部分。当用户单击鼠标或改变窗口大小时，都将给适当的窗口发送消息。每个消息都对应于某个特定的事件。消息主要指由用户操作而向应用程序发出的信息，也包括操作系统内部产生的消息。例如，单击鼠标，Windows 将产 WM_LBUTTONDOWN 消息，而释放鼠标左按钮将产生 WM_LBUTTONUP 消息，按下键盘上的字母键，将产生 WM_CHAR 消息。消息主要有 3 种类型，即 Windows 消息、控件通知和命令消息。

1. Windows 消息

除 WM_COMMAND 外，所有以 WM_开头的消息都是 Windows 消息。Windows 消息由窗口和视图处理。这类消息通常含有用于确定如何对消息进行处理的一些参数。

2. 控件通知

控件通知包含从控件和其他子窗口传递给父窗口的 WM_COMMAND 通知消息。例如，当用户改变编辑控件中的文本时，编辑控件将发送给父窗(例如对话框)一条含有 EN_EXCHANGE 控件通知码的 WM_COMMAND 消息。窗口的消息处理函数将以适当的方式对通知消息做出响应，如获取编辑框中的文本等。

像其他标准 Windows 消息一样，控件通知消息由窗口和视图进行处理。但是如果用户单击控件按钮时发出的 BN_CLICKED 控件通知消息将作为命令消息来处理。

3. 命令消息

命令消息包括来自用户界面对象的 WM_COMMAND 通知消息。菜单项、工具栏按钮和加速键都是可以产生命令的用户界面对象，每个这样的对象都有一个 ID。通过给对象和命令分配同一个 ID 可以把用户界面对象和命令联系起来。命令是被作为特殊的消息来处理的。

通常，命令 ID 是以其表示的用户界面对象的功能来命名的。例如，Edit 菜单中的 Copy 命令就可以用 ID_EDIT_COPY 来表示。MFC 类库预定义了某些命令 ID (如 ID_EDIT_PASTE 和 ID_FILE_OPEN 等)。其他命令 ID 则要编程人员自已定义，所有预定义命令 ID 的列表，参见 AFXRES. H 文件。

命令消息的处理和其他消息的处理不同。命令消息可以被更广泛的对象(如文档、文档模板、应用程序对象、窗口和视图等)处理。Windows 把命令发送给多个候选对象，称为命令目标。通常其中一个对象有针对该命令的处理函数。处理函数处理命令的方法和处理 Windows 消息的方法是一样的，但调用机制不一样。

4.3.2 MFC 消息映射机制

可以接收消息和命令的所有框架类都有自己的消息映射。框架利用消息映射把消息、命令与它们的处理函数链接起来。从 CCmdTarget 类派生的任何类都可以有消息映射。虽然叫“消息映射”，但消息映射既可以处理消息，也可以处理命令。下面结合实例介绍 MFC 中的消息映射机制，要实现的功能如图 4 - 14 所示，在选择 Edit 菜单下的 ShowMyDlg 命令时将触发一个命令消息，从而启动一个消息处理函数，该函数则调用一个对话框类并显示该对话框。

1. 创建一个基于 SDI 的 MFC 程序

启动 VS2005 集成开发环境，新建 MFC 应用程序，安装应用程序向导建立了一

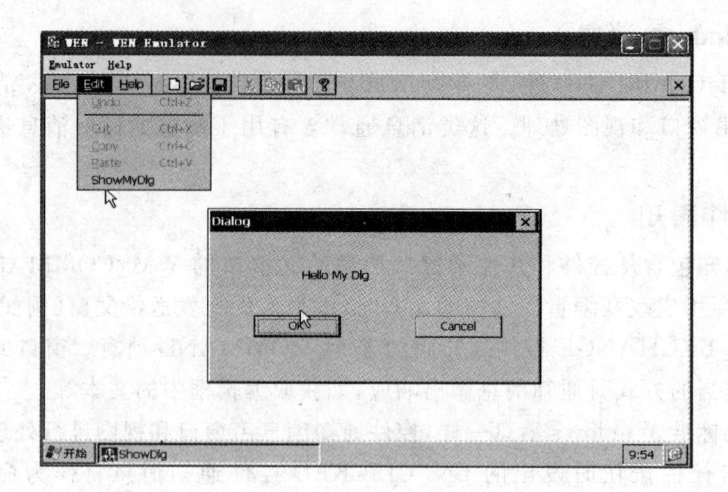

图 4-14　消息机制

个基于 SDI 的应用程序，如图 4-15 所示。

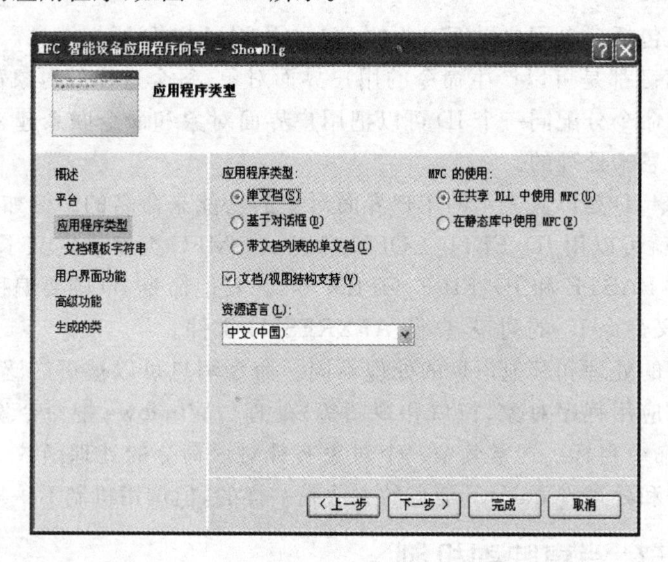

图 4-15　利用 APPWIZARD 创建 SDI 应用程

2. 添加菜单命令

将视图切换到资源视图，选择 Menu 资源，即可看到菜单资源视图，如图 4-16 所示。

在 Edit 菜单下新建一个子菜单，子菜单的标题为 ShowMyDlg，如图 4-17 所示。

3. 新建对话框类

在资源视图中选择 Dialog 资源，右击添加一个对话框资源 IDD_DIALOG1 如

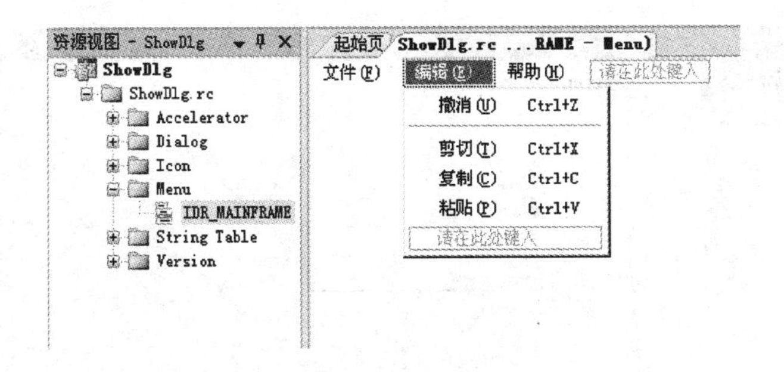

图 4-16　添加菜单命令

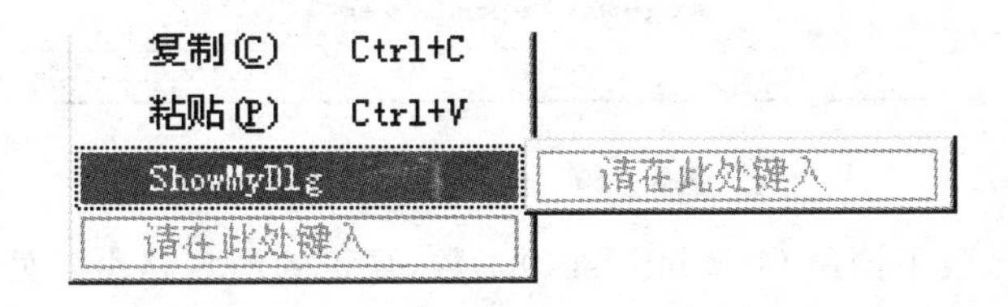

图 4-17　创建子菜单

图4-18 所示。

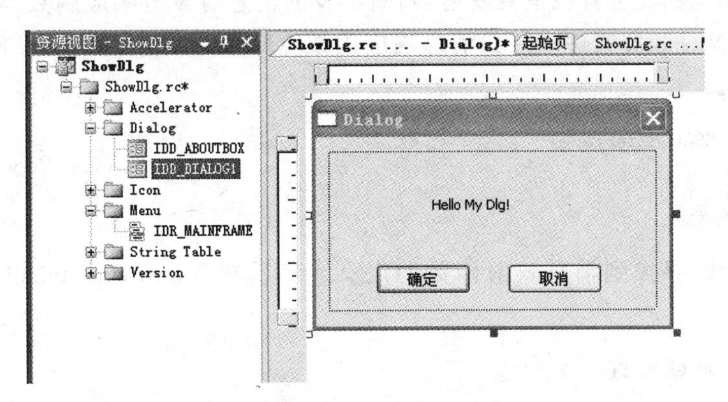

图 4-18　添加对话框类

在对话框空白处右击，选择“添加类”为对话框新建一个类，如图 4-19 所示，类的名称取为 MyDlg。基类选择 CDialog，Dialog ID 为 IDD_DIAGLOG1，其他选项默认。

做完这步操作后，可以发现在文件视图中分别添加了文件 MyDlg.h 和 MyDlg.cpp。

4. 添加消息映射机制

MFC 在后台维护了一个句柄和 C++对象指针对照表，当收到一个消息后，通过消息结构里资源句柄(查对照表)就可找到与它对应的一个 C++对象指针，然后把这个指针传给基类，基类利用这个指针调用 WindowProc()函数对消息进行处理，

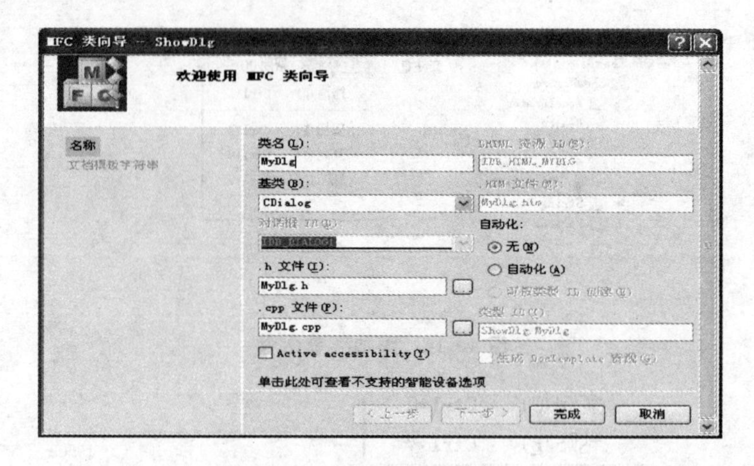

图 4-19　创建对话框类

WindowProc()函数中调用 OnWndMsg()函数，真正的消息路由及处理是由 OnWndMsg()函数完成的。由于 WindowProc()和 OnWndMsg()都是虚函数，而且是用派生类对象指针调用的，由多态性知最总终调用的子类。在 OnWndMsg()函数处理的时候，根据消息种类去查找消息映射，判断所发的消息有没有响应函数，具体方式是到相关的头文件和源文件中寻找消息响应函数声明，例如，本例中是从 MainFrm.h 中的注释宏。

```
//{{AFX_MSG(CMainFrame)
…
//}}AFX_MSG
```

之间寻找，寻找到消息映射函数的定义。然后在 MainFrm.cpp 中的，消息映射宏。

```
BEGIN_MESSAGE_MAP(...)
....
END_MESSAGE_MAP()
```

之间寻找，最终找到对应的消息处理函数。当然，如果子类中没有对消息进行处理，则消息交由基类处理。

用应用程序向导创建应用程序框架时，AppWizard 为创建的每个命令目标类(包括派生的应用程序对象、文档、视图和边框窗口等)编写一个消息映射。每个命令目标类的消息映射存在相应的.cpp 文件中。可以在 AppWizard 创建基本消息映射的基础上，使用事件处理程序向导为每个类将处理的消息和命令添加一些条目，如图4-20 所示。

当增加一个消息响应处理，实际上也可以在以下 3 处进行了修改。可在消息响应函数里添加消息处理代码完成对消息的响应、处理。

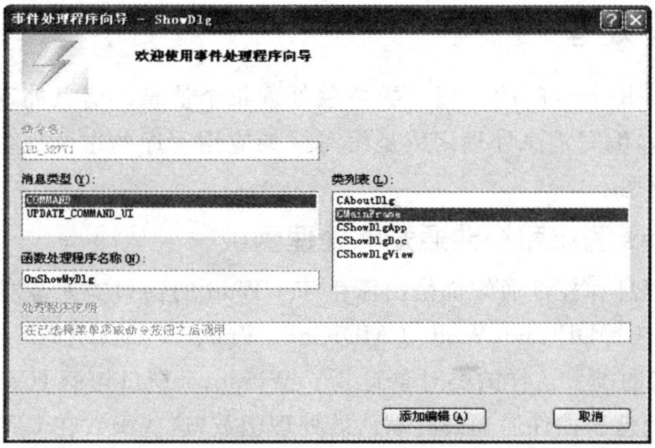

图 4-20 利用事件处理程序向导建立消息映射机制

① 消息响应函数：在头文件(MainFrm. h)中声明消息响应函数原型。

```
protected:
 //{{AFX_MSG(CMainFrame)
 afx_msg void OnShowMyDlg();
 //}}AFX_MSG
```

在注释宏之间的声明在 VC 中灰色显示。afx_msg 宏表示声明的是一个消息响应函数。

② 在源文件(MainFrm. cpp)中进行消息映射。

```
BEGIN_MESSAGE_MAP(CMainFrame, CFrameWnd)
 //{{AFX_MSG_MAP(CMainFrame)
 ON_COMMAND(ID_EDIT_ShowDlg, OnShowMyDlg)
 //}}AFX_MSG_MAP
 END_MESSAGE_MAP()
```

在宏 BEGIN_MESSAGE_MAP()与 END_MESSAGE_MAP()之间进行消息映射。宏 ON_COMMAND()把 ID_EDIT_ShowDlg 的命令消息与它的响应函数 OnEDITShowDlg()相关联。这样一旦有消息产生，就会自动调用相关联的消息响应函数去处理。

③ 源文件中进行消息响应函数处理。在源文件(MainFrm. cpp)中自动生成 OnEDITShowDlg 函数框架：

```
void CAboutDlg::OnShowMyDlg()
 {
   // TODO: 在此添加命令处理程序代码
 }
```

4.3.3 消息处理

在 MFC 中，每个专门的处理函数单独处理每个消息。消息处理函数通常是某一类的成员函数，编写消息处理函数是编写框架应用程序的主要任务。消息处理函数有如下几种类型。

1. Windows 消息和控件通知的处理函数

Windows 消息和控件通知都是由派生于 CWnd 的窗口类对象处理的。它们包括 CFrameWnd、CMDIFrameWnd、CMDIChildWnd、CView、CDialog 以及从这些派生的用户自定义的类。这样的类对象封装了 Windows 窗口句柄 HWND。

Windows 消息和控件通知都有默认的处理函数，这些函数在 CWnd 类中进行了预定义，MFC 类库以消息名为基础形成这些处理函数的名称，这些处理函数的名称都以前缀“On”开始。有的处理函数不带参数，有的则有几个参数；有的还有除 void 以外的返回值类型。CWnd 中消息处理函数的说明都有 afx_msg 前缀。关键字 afx_msg 用于把处理函数和其他 CWnd 成员函数区分开来。例如，消息 WM_PAINT 的处理函数在 CWnd 中被声明成：

```
afx_msg void OnPaint();
```

Windows 消息常见的有鼠标消息（如 WM_LBUTTONDOWN）消息）、键盘字符消息（WM_CHAR 消息）、键盘按键消息（WM_KEYDOWN）、窗口重画消息 WM_PAINT、水平和垂直条滚动消息 WM_HSCROLL 和 WM_VSCROLL）以及系统时钟消息 WM_TIMER 等。

2. 命令消息的处理函数

由于用户界面的对象是用户自己定义的，每个应用程序的用户界面对象千差万别，所以对用户界面对象的命令消息没有默认的处理函数。如果某条命令直接影响某个对象，则应该让这个对象来处理这条命令。例如，FILE 菜单上的 Open 命令当然与应用程序有关：应用程序打开一个特定的文档来响应该命令。所以，Open 命令的处理函数是应用程序类的一个成员函数。

把命令消息映射成处理函数时，事件处理程序向导以命令 ID 来命名处理函数，可以接受、修改或替换推荐使用的名字。例如，Edit 菜单项的 Cut 命令，对应 ID 就是 ID_EDIT_CUT，处理函数被命名成：

```
afx_msg void OnEditCut();
```

此外，对于控件按钮的 BN_CLICKED 通知消息，其处理函数可以被命名为：

```
afx_msg void OnClickedUseAsDefault();
```

命令消息的处理函数没有参数值，也不返回值。可以使用事件处理程序向导创建消息处事函数，然后从事件处理程序向导直接跳到源文件消息处理函数，编写处理代码。例如，在上小节中的消息处理函数中编写了如下代码：

```
void CMainFrame::OnEDITShowDlg()
{
// TODO: Add your command handler code here
MyDlg MyDlg1;
MyDlg1.DoModal();
}
```

如果在编译中出错，则还需要在 MainFrm. cpp 头文件包含处添加一行：

```
#include  "MyDlg.h"
```

重新编译并下载到模拟器中，其运行结果如图 4-14 所示。

4.4 对话框编程

4.4.1 对话框概述

对话框经常被使用，因为对话框可以从模板创建，而对话框模板是可以使用资源编辑器方便地进行编辑的。

1. 对话框分类

对话框分两种类型，模式对话框和无模式对话框。

模式对话框是一个有系统菜单、标题栏、边线等的弹出式窗口。对话框窗口被创建之后，Windows 使得它成为一个激活的窗口，它保持激活直到对话框过程调用::EndDialog 函数结束对话框的运行或者 Windows 激活另一个应用程序为止，在激活时，用户或者应用程序不可以激活它的所属窗口(Owner window)。从某个窗口创建一个模式对话框时，Windows 自动地禁止使用(Disable)这个窗口和它的所有子窗口，直到该模式对话框被关闭和销毁。虽然对话框过程可以 Enable 所属窗口，但是这样做就失去了模式对话框的作用，所以不鼓励这样做。

为了处理模式对话框的消息，Windows 开始对话框自身的消息循环，暂时控制整个应用程序的消息队列。如果 Windows 收到一个非对话框消息时，则它把消息派发给适当的窗口处理；如果收到了 WM_QUIT 消息，则把该消息放回应用程序的消息队列里，这样应用程序的主消息循环最终能处理这个消息。

一个应用程序通过调用::EndDialog 函数来销毁一个模式对话框。一般情况下，当用户从系统菜单里选择了“关闭”(Close)命令或者按下了“确认”(OK)或“取消”(CANCLE)按钮，::EndDialog 被对话框过程所调用。调用::EndDialog 时，指定其参数 nResult 的值，Windows 将在销毁对话框窗口后返回这个值，一般程序通过返回值判断对话框窗口是否完成了任务或者被用户取消。

无模式对话框是一个有系统菜单、标题栏、边线等的弹出式窗口。一个无模式对话框既不会禁止所属窗口，也不会给它发送消息。当创建一个模式对话框时，Windows 使它成为活动窗口，但用户或者程序可以随时改变和设置活动窗口。如果对话框失去激活，那么即使所属窗口是活动的，它仍然在所属窗口之上。

应用程序负责获取和派发输入消息给对话框。大部分应用程序使用主消息循环来处理，但是为了用户可以使用键盘在控制窗口之间移动或者选择控制窗口，应用程序应该调用::IsDialogMessage 函数。这里顺便解释::IsDialogMessage 函数。虽然该函数是为无模式对话框设计的，但是任何包含了控制子窗口的窗口都可以调用它，用来实现类似于对话框的键盘选择操作。

2. 对话框组成

对话框主要由两部分组成。

对话框资源：可以使用对话框编辑器来配置对话框的界面，如对话框的大小、位置、样式，对话框中控件的类型和位置等。另外，还可以在程序的执行过程中动态创建对话框资源。

对话框类：在 MFC 程序中，可以使用向导帮助用户建立一个与对话框资源相关联的类，通常这个类由 CDialog 类派生。

3. 对话框控件

控件是一个可以与其交互以完成输入或操作数据操作的对象，它也是一种特殊的窗口。控件通常出现在对话框或工具栏中。Windows 提供了多种多样的控件，在 MFC 应用程序中，能够使用的控件通常可以分为 3 种。

① windows 公用控件：包括编辑控件、按钮、列表框、组合框、滑动条控件等，另外也包括所有者描述的控件。

② ActiveX 控件：既可以在对话框中使用，也可以在 HTML 网页中使用。

③ 由 MFC 提供的其他控件类。

主要介绍第一种类型的控件——Windows 公用控件。Windows 操作系统提供了多种 Windows 公用控件，这些控件对象都是可编程的，Visual C++的对话框编辑器支持将这些控件对象添加到对话框中。用户可以在工具箱的对话框编辑器中看到这些 Windows 公用控件。MFC 为了更好地支持 Windows 公用控件，提供了多种控件类，每一个控件类封装一种控件，并提供相应的成员函数来管理操作控件。

4.4.2 对话框数据交换机制

在 VC 中，所有的对话框函数都是使用 C++代码实现的，它并没有采用特殊的资源或“奇特”的宏，但却可以很好地实现用户与应用程序之间的交互工作，这里的关键就在于对话框应用程序中广泛采用的对话框数据交换和验证机制。例如，一个编辑框既可以用作输入,又可以用作输出。当用作输入时,用户在其中输入了字符后,对应的数据成员应该更新;用作输出时,应及时刷新编辑框的内容以反映相应数据成员的变化。对话框需要一种机制来实现这种数据交换功能,这对于对话框来说是至关重要的。

对话框数据交换(DDX,Dialog Data Exchange)用于初始化对话框中的控件并获取用户的数据输入,而对话框数据验证(DDV,Dialog Data Validation)则用于验证对话框中数据输入的有效性。MFC 在每个对话框类中提供了一个用于重载的虚函数——DoDataExchange 来实现对话框数据交换和验证工作。

1. 对话框数据交换

如果使用 DDX 机制,则通常在 OnInitDialog 程序或对话框构造函数中设置对话框对象成员变量的初始值。在对话框即将显示前,应用程序框架的 DDX 机制将成员变量的值传递给对话框的控件,当对话框响应 DoModal 或 Create 而被显示时,对话框控件将"显示"这些值。Cdialog 类中的 OnInitDialog 函数默认时将调用 CWnd 类的 UpdateData 成员函数初始化对话框中的控件。UpdateData 函数的原型如下:

```
BOOL UpdateData( BOOL bSaveAndValidate = TRUE );
```

函数参数为 TRUE,即将对话框及其控件中的数据传递给程序代码中的成员变量;函数参数为 FALSE,即将类中的数据状态传递给对话框及其控件。

当用户重载 DoDataExchange 函数时,也就为每一个数据成员(控件)指定了一个 DDX 函数调用。

MFC 提供两种方法在对话框中进行数据交换和数据检查(Dialog data exchange/Dialog data validation),数据交换和数据检查的思想是将某一变量和对话框中的一个子窗口进行关联,然后通过调用 BOOL UpdateData(BOOL bSaveAndValidate = TRUE)来指示 MFC 将变量中数据放入子窗口还是将子窗口中数据取到变量中并进行合法性检查。

在进行数据交换时一个子窗口可以和两种类型的变量相关联,一种是控件(Control)对象,比如按钮子窗口可以和一个 CButton 对象相关联,这种情况下可以通过该对象直接控制子窗口,而不需要像上节中讲的一样使用 GetDlgItem(IDC_CONTROL_ID)来得到窗口指针;一种是内容对象,比如说输入框可以和一个 CString 对象关联,也可以和一个 UINT 类型变量关联,这种情况下可以直接设置/获取窗口中的输入内容。

而数据检查是在一个子窗口和一个内容对象相关联时在存取内容时对内容进行合法性检查,比如当一个输入框和一个 CString 对象关联时,可以设置检查 CString 的对象的最长/最小长度,当输入框和一个 UINT 变量相关联时可以设置检查 UINT 变量的最大/最小值。在 BOOL UpdateData(BOOL bSaveAndValidate = TRUE)

被调用后，合法性检查会自动进行，如果无法通过检查 MFC 会弹出消息框进行提示，并返回 FALSE。

设置 DDX/DDV 在 VC 中非常简单，ClassWizard 可以完成所有的工作，只需要打开 ClassWizard 并选中 Member Variables 页，就看到所有可以进行关联的子窗口 ID 列表，双击一个 ID 会弹出一个添加变量的对话框，填写相关的信息后按下“确定”按钮就可以了。然后选中刚才添加的变量在底部的输入框中输入检查条件。

2. 对话框数据验证

除了调用 DDX 参数指定数据交换外，用户还可以使用 DDV 函数进行对话框数据验证。在调用控件的 DDX 函数后，必须立即调用该控件的 DDV 函数。大部分 DDV 函数的原型如下所示。

```
DDV_MinMaxCustom(pDX, Data, MinData, MaxData);
```

其中，参数 pDX 是一个指向 CdataExchange 对象的指针，参数 Data 中存放着即将被验证的数据，后两个参数用于定制数据的范围。

如果仅仅需要使用对话框数据，一般没有必要了解数据交换/验证的核心内容。但在了解了数据交换和验证的实质后，用户就可以编写自己的数据交换和验证代码，定制 DDX/DDV。

4.4.3 对话框设计与实现

1. 对话框的实现原理

为了能够方便地操作对话框，MFC 为用户提供了 CDialog 类。它是在屏幕上显示对话框的基类，与对话框资源紧密相关，提供了管理对话框的接口，封装了一些对话框的相关操作。

从 CDialog 的定义代码可以看出，Cdialog 提供了两套构建 Cdialog 对象的系统，分别用于模式对话框和无模式对话框。

无模式对话框对象的构建过程，它首先调用缺省的构造函数生成对话框对象，然后调用 Create 函数创建和初始化对话框。Cdialog 类中的 Create 函数有两种函数原型：

```
BOOL Create( LPCTSTR lpszTemplateName, CWnd * pParentWnd = NULL );
BOOL Create( UINT nIDTemplate, CWnd * pParentWnd = NULL );
```

其中，参数 lpszTemplateName 是无模式对话框模板资源的标志符；参数 nIDTemplat 是对话框模板资源的标志符，它通常以 IDD_开头（如 IDD_DIALOG1）；参数 pParentWnd 是指向对话框对象所属的父窗口的指针（如果它为 NULL，则表示对话框对象的父窗口是应用程序主窗口）。如果希望对话框中的父窗口创建后马上被显示，就必须把对话框模板设置为 WS_VISIBLE 形式。否则，需要调用 ShowWindow

函数来显示对话框。

对于模式对话框，其构造函数如下所示：

```
CDialog( LPCTSTR lpszTemplateName, CWnd * pParentWnd = NULL );
CDialog( UINT nIDTemplate, CWnd * pParentWnd = NULL );
```

构造函数的参数说明与无模式对话框的 Create 函数类似。在模式对话框中，当创建了对话框对象后，可以通过调用 DoModal 函数来显示对话框。

一般情况下，无论是模式对话框还是无模式对话框，都有两个按钮 OK 和 CANCEL。对话框为它们提供了默认的消息处理函数 OnOk 和 OnCancel。调用这两个函数都将关闭对话框。所不同的是，默认的 OnOk 函数中关闭对话框前将更新对话框数据，而默认的 OnCancel 函数不更新对话框数据。

当 CDialog 类检测到 OK 或 Cancel 键时，它将调用::EndDialog 函数。EndDialog 函数虽然结束了对话框应用程序，但却并没有删除对话框对象，释放内存。这对于模式对话框来说，不是问题，它的生存时间不长，一般在栈上创建它们；但无模式对话框则不同，它的生存时间更长，通常在栈上创建它们，并且希望它在消失之前能够删除自己。因此，大多数情况下，需要在无模式对话框中重载 OnOK 和 OnCancel 函数，加入 DestroyWindows 函数来彻底地删除它。

2. 数据交换实例分析

运行结果如图 4-21 所示，其运行机制是这样的：在编辑框中输入字符串，然后修改按钮的标题，这里涉及编辑框控件中的数据交换到变量，将变量中的数据交换到按钮控件。为此需要定义一个和编辑框关联的变量，一旦编辑框中的数据发生变化将发出数据改变这样一个消息，相应的消息处理函数将读取控件中的数据；同理需要定义一个和按钮控件相关联的变量，当单击按钮控件时，将产生鼠标单击这样一个消息，相应的消息处理函数首先实现将编辑框控件中的最新数据交换到与编辑框关联的变量，然后将该变量的值传递给按钮控件相关联的变量，最后实现将此变量的值交换到按钮控件，从而实现了修改按钮的标题。

图 4-21　对话框和数据交换

① 新建一个基于对话框的应用程序，如图 4-22 所示。

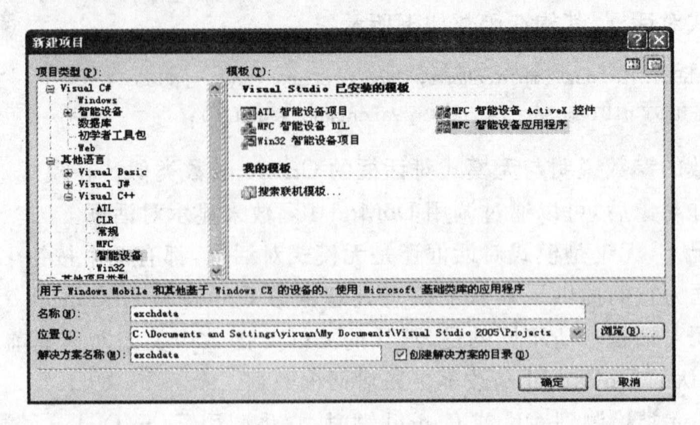

图 4-22　利用 AppWizard 创建基于对话框的应用程序

② 在资源视图中设计应用程序的界面，如图 4-23 所示。

③ 为控件关联变量。

分别为 Button 控件和 edit 控件关联一个字符变量，如图 4-24 展示了 edit 按钮添加过程，首先选择 edit 控件右键单击空白处，选择添加变量。

在弹出的对话框中输入成员变量的名称"m_edit1"，类别处选择 Value，变量类型选择 CString。单击"完成"按钮后，将自动修改 .h 文件变量的定义，Button 按钮关联变量的添加过程类似，参考图 4-25。

图 4-23　对话框界面设计

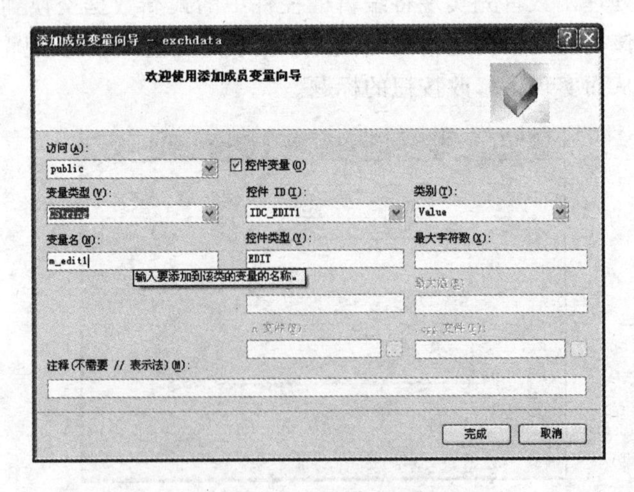

图 4-24　为控件添加关联变量

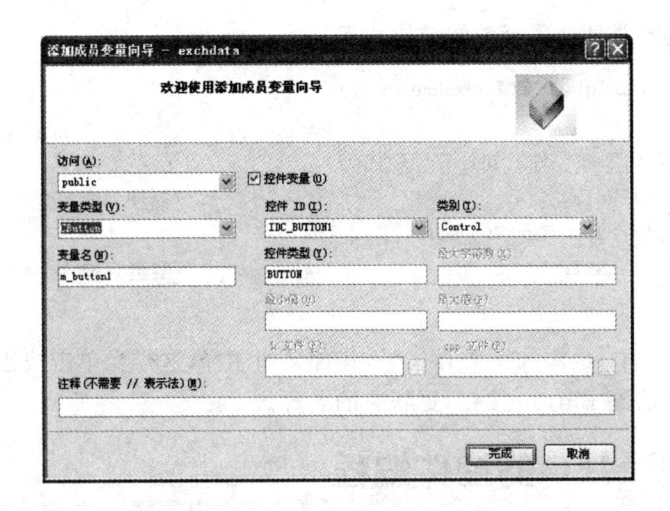

图 4-25 设置 Button 关联变量

3. 添加消息处理机制

为 Button 控件添加 BN_CLICKED 消息，右键单击控件，选择“添加事件处理程序”，弹出对话框如图 4-26 所示。这个操作过程将自动修改.h 文件和.cpp 文件中的数据，交换相关代码。单击“添加代码”进入到下一步。

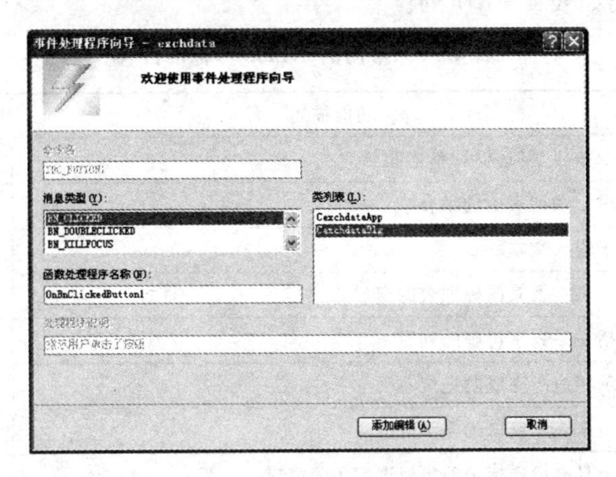

图 4-26 为 Button 控件添加 BN_CLICKED 消息机制

4. 修改消息处理函数

经过以上操作，集成开发环境会自动生成消息机制相关的代码框架，具体来说是为“IDC_BUTTON1”控件生成了 BN_CLICKED 消息处理函数框架“OnButton1()”。所做的工作就是要实现这个函数的功能，其基本原理是：当单击了按钮后就会发出 BN_CLICKED 消息，OnButton1()函数就会响应这个消息，需要做的工作就是要实现这个函数。

相应按钮的消息处理函数的结构如下：

```
void CexchdataDlg::OnBnClickedButton1()
{
// TODO：在此添加控件通知处理程序代码
UpdateData(TRUE);                                    //控件到变量
m_button1.SetWindowTextW(m_edit1);
UpdateData(FALSE);                                   //变量到控件
}
```

在这个函数中，也添加了4行代码，其含义如注释，这样当单击按钮时，就会将全局变量 str1 关联到 Button 按钮，更新它的名称。

4.5 基于 MFC 的控件编程

4.5.1 MFC 下的常用控件

本小节将要介绍的 Windows 控件指的是 Windows 系统预定义的标准控件，如按钮控件、编辑控件和列表控件等。常用的 Windows 标准控件的名称、功能描述及其对应的 MFC 类如表 4-1 所列。

表 4-1 常用的 Windows 标准控件

控件名称	功能描述	对应的 MFC 类
按钮	命令按钮、复选框和单选框	CButton
组合框	编辑框和列表框的组合	CComboBox
编辑框	用于输入文本	CEdit
列表控件	显示文本及其图标列表的窗口	CListCtrl
列表框	包括一系列字符串的列表	CListBox
进度条	提示用户所完成的进度	CProgressCtrl
滚动条	常用来表示窗口的显示范围	CScrollBar
滑动条	一个具有可选标记的类似进度条的窗口	CSliderCtrl
旋转按钮	提供一对可用于增减某个值的箭头	CSpinButtonCtrl
静态文本	标签	CStatic
状态栏	用于显示状态信息，与类 CStatusBar 类似	CStatusBarCtrl
工具栏	具有一系列命令按钮的窗口，与 CToolBar 类似	CToolBarCtrl
工具提示	一个小的弹出式窗口，用于提供对工具条按钮或其他控件功能的简单描述	CToolTipCtrl
树形控件	用于显示一系列项的继承结构	CTreeCtrl

这些预定义控件实际是一种特殊的子窗口，主要供用户同应用程序的交互之用。启动项目后，在资源视图中选择某个对话框，那么就可以直接利用控件进行界面设计。MFC 控件开发工具如图 4-27 所示。

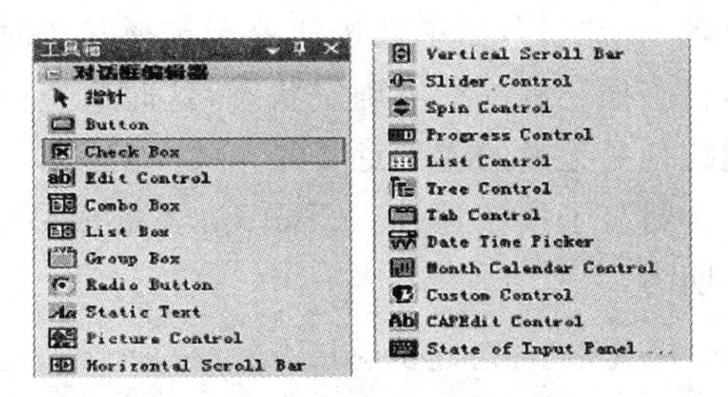

图 4-27　MFC 控件开发工具

和普通窗口类一样，每一个预定义控件也都是由所属的窗口类规定了自身的外观属性和具有的功能。Windows 系统通过预定义的方式提供了一些标准控件的窗口类名，在程序设计时只需通过调用 CreateWindow() 函数或 CreateWindowEx() 函数并将预定义的窗口类名作为参数传入即可创建出相应的控件。当用户通过屏幕对象同控件进行交互操作时，控件将以“通知消息”的形式向父窗口发送 WM_COMMAND 通知消息，消息的 wParam 参数含有控制标识，在 lPamam 参数的高位字和低位字中分别含有通知码和控制句柄，由父窗口完成对消息的响应处理。

4.5.2　按钮控件

1. 概　述

按钮是指可以响应鼠标单击的小矩形子窗口。按钮控件包括命令按钮（Pushbutton）、组框（Group Box）、复选框（Check Box）单选按钮（Radio Button）。其形状分别如图 4-28 所示。

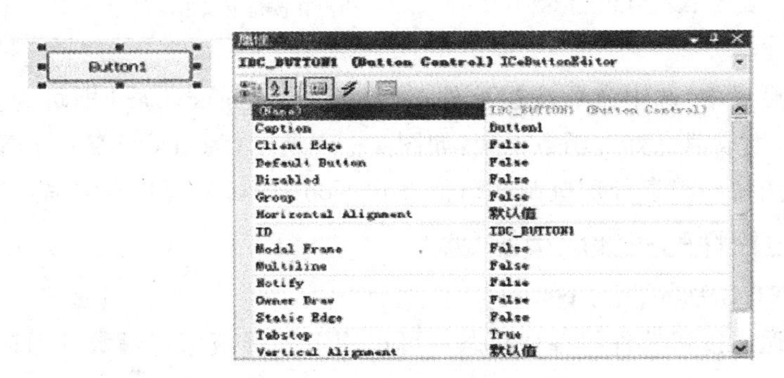

图 4-28　按钮控件

命令按钮的作用是对用户的鼠标单击做出反应并触发相应的事件，在按钮中既可以显示正文，也可以显示位图。组框用来将相关的一些控件聚成一组。复选框控件可作为一种选择标记,可以有选中、不选中和不确定3种状态。单选按钮控件一般都是成组出现的,具有互斥的性质,即同组单选按钮中只能有一个是被选中的。后两者实际上是一种特殊的按钮,它们有选择和未选择状态。当一个选择框处于选择状态时,在小方框内会出现一个"√",当单选按钮处于选择状态时,会在圆圈中显示一个黑色实心圆。此外,检查框还有一种不确定状态,这时检查框呈灰色显示,不能接受用户的输入,以表明控件是无效的或无意义的。

MFC的CButton类封装了按钮控件。CButton类的成员函数Create负责创建按钮控件,该函数的声明为:

```
BOOL Create( LPCTSTR lpszCaption,DWORD dwStyle,const RECT& rect,CWnd * pPa
 rentWnd,UINT nID );
```

其中:参数lpszCaption指定了按钮显示的正文。dwStyle指定了按钮的风格,可以是风格的组合。rect说明了按钮的位置和尺寸。pParentWnd指向父窗口,该参数不能为NULL。nID是按钮的ID。如果创建成功,该函数返回TRUE,否则返回FALSE。

在界面设计中,选中某个控件,单击右键,即可设置控件的属性,可以设置命令按钮的ID和标题,其中ID是控件在头文件中定义的符号。标题用来设置控件的名称。当然还可以设置命令按钮的显示风格等属性。

2. 按钮控件的消息

按钮控件会向父窗口发出如表4-2所列的控件通知消息。

表4-2 按钮控件的通知消息

消 息	含 义
BN_CLICKED	用户在按钮上单击了鼠标
BN_DOUBLECLICKED	用户在按钮上双击了鼠标

在界面设计中,选中命令按钮控件,选择view→classwizard即可为按钮创建消息处理机制,生成消息处理函数框架,如图4-29所示,为IDC_BUTTON1命令按钮创建了单击按钮的消息处理机制。单击Edit Code即可编写相应的消息处理函数。

3. 按钮控件的主要成员函数

(1) UINT GetState ( ) const;

该函数返回按钮控件的各种状态。可以用下列屏蔽值与函数的返回值相与,以获得各种信息。

0x0003:用来获取检查框或单选按钮的状态。0表示未选中,1表示被选中,2表示不确定状态(仅用于检查框)。

0x0004:用来判断按钮是否是高亮度显示的。非零值意味着按钮是高亮度显示

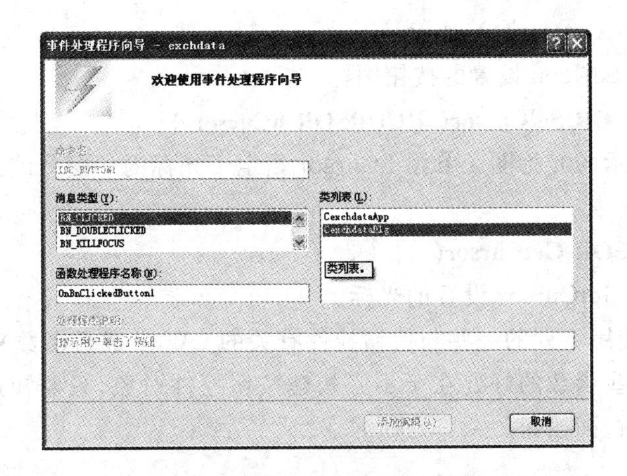

图 4-29 创建消息处理函数

的。当用户点击了按钮并按住鼠标左键时,按钮会呈高亮度显示。

0x0008:非零值表示按钮拥有输入焦点。

(2) void SetState(BOOL bHighlight);

当参数 bHeightlight 值为 TRUE 时,该函数将按钮设置为高亮度状态,否则,去除按钮的高亮度状态。

(3) int GetCheck( ) const;

返回检查框或单选按钮的选择状态。返回值 0 表示按钮未被选择,1 表示按钮被选择,2 表示按钮处于不确定状态(仅用于检查框)。

(4) void SetCheck(int nCheck);

设置检查框或单选按钮的选择状态。参数 nCheck 值的含义与 GetCheck 返回值相同。

(5) UINT GetButtonStyle( ) const;

获得按钮控件的 BS_XXXX 风格。

(6) void SetButtonStyle(UINT nStyle, BOOL bRedraw = TRUE);

设置按钮的风格。参数 nStyle 指定了按钮的风格。bRedraw 为 TRUE 则重绘按钮,否则就不重绘。

(7) HBITMAP SetBitmap(HBITMAP hBitmap);

设置按钮显示的位图。参数 hBitmap 指定了位图的句柄。该函数还会返回按钮原来的位图。

(8) HBITMAP GetBitmap( ) const;

返回以前用 SetBitmap 设置的按钮位图。

(9) HICON SetIcon(HICON hIcon);

设置按钮显示的图标。参数 hIcon 指定了图标的句柄。该函数还会返回按钮原来的图标。

(10) HICON GetIcon( ) const;

返回以前用 SetIcon 设置的按钮图标。

(11) HCURSOR SetCursor(HCURSOR hCursor);

设置按钮显示的光标图。参数 hCursor 指定了光标的句柄。该函数还会返回按钮原来的光标。

(12) HCURSOR GetCursor( );

返回以前用 GetCursor 设置的光标。

另外,可以使用下列的一些与按钮控件有关的 CWnd 成员函数来设置或查询按钮的状态。用这些函数的好处在于不必构建按钮控件对象,只要知道按钮的 ID,就可以直接设置或查询按钮。

```
void CheckDlgButton( int nIDButton,UINT nCheck );
```

用来设置按钮的选择状态。参数 nIDButton 指定了按钮的 ID。nCheck 的值为 0 表示按钮未被选择,1 表示按钮被选择,2 表示按钮处于不确定状态。

```
void CheckRadioButton( int nIDFirstButton,int nIDLastButton,int nIDCheck
 Button );
```

用来选择组中的一个单选按钮。参数 nIDFirstButton 指定了组中第一个按钮的 ID,nIDLastButton 指定了组中最后一个按钮的 ID,nIDCheckButton 指定了要选择的按钮的 ID。

```
int GetCheckedRadioButton( int nIDFirstButton,int nIDLastButton );
```

该函数用来获得一组单选按钮中被选中按钮的 ID。参数 nIDFirstButton 说明了组中第一个按钮的 ID,nIDLastButton 说明了组中最后一个按钮的 ID。

```
UINT IsDlgButtonChecked( int nIDButton ) const;
```

返回检查框或单选按钮的选择状态。返回值 0 表示按钮未被选择,1 表示按钮被选择,2 表示按钮处于不确定状态(仅用于检查框)。

可以调用 CWnd 成员函数 GetWindowText, GetWindowTextLength 和 SetWindowText 来查询或设置按钮中显示的正文。

4.5.3 编辑框控件

1. 概 述

编辑框(Edit Box)控件实际上是一个简易的正文编辑器,用户可以在编辑框中输入并编辑正文,如图 4-30 所示。编辑框既可以是单行的,也可以是多行的,多行编辑框是从零开始编行号的。在一个多行编辑框中,除了最后一行外,每一行的结尾处都有一对回车换行符(用"\r\n"表示)。这对回车换行符是正文换行的标志,在屏幕上是不可见的。

MFC 的 CEdit 类封装了编辑框控件。CEdit 类的成员函数 Create 负责创建按钮控件，该函数的声明为：

```
BOOL Create( DWORD dwStyle,const RECT& rect,CWnd * pParentWnd,UINT nID );
```

参数 dwStyle 指定了编辑框控件风格，如表 4 - 3 所列，dwStyle 可以是这些风格的组合。rect 指定了编辑框的位置和尺寸。pParentWnd 指定了父窗口不能为 NULL。编辑框的 ID 由 nID 指定。如果创建成功，该函数返回 TRUE，否则返回 FALSE。

编辑控件既可以在对话框模板上创建也可以通过代码来直接创建，这两种方式均要通过 CEdit 的构造函数来构造一个 CEdit 对象。

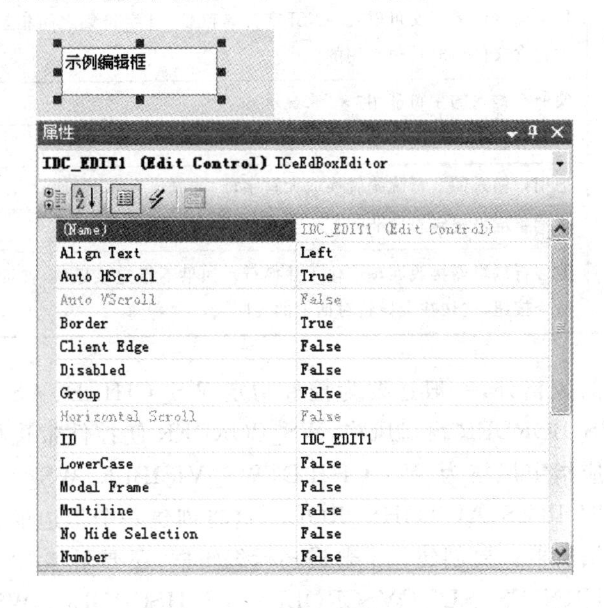

图 4 - 30 编辑框

对于用对话框模板编辑器创建的编辑框控件，选中编辑框控件，单击右键，即可设置控件的属性，如表 4 - 3 所列，可以设置编辑框按钮的 ID，还可以设置编辑框的风格等属性。可以在控件的属性对话框中指定表 4 - 3 中列出的控件风格。例如，在属性对话框中选择 Multi - line 项，相当于指定了 ES_MULTILINE 风格。

表 4 - 3 编辑框常见的风格

控件风格	含 义
ES_AUTOHSCROLL	当用户在行尾键入一个字符时，正文将自动向右滚动 10 个字符，当用户按回车键时，正文总是滚向左边
ES_AUTOVSCROLL	当用户在最后一个可见行按回车键时，正文向上滚动一页

续表 4-3

控件风格	含 义
ES_CENTER	在多行编辑框中使正文居中
ES_LEFT	左对齐正文
ES_LOWERCASE	把用户输入的字母统统转换成小写字母
ES_MULTILINE	指定一个多行编辑器。若多行编辑器不指定 ES_AUTOHSCROLL 风格,则会自动换行,若不指定 ES_AUTOVSCROLL,则多行编辑器会在窗口中正文装满时发出警告声响
ES_NOHIDESEL	缺省时,当编辑框失去输入焦点后会隐藏所选的正文,当获得输入焦点时又显示出来。设置该风格可禁止这种缺省行为
ES_OEMCONVERT	使编辑框中的正文可以在 ANSI 字符集和 OEM 字符集之间相互转换。这在编辑框中包含文件名时是很有用的
ES_PASSWORD	使所有键入的字符都用"*"来显示
ES_RIGHT	右对齐正文
ES_UPPERCASE	把用户输入的字母统统转换成大写字母
ES_READONLY	将编辑框设置成只读的
ES_WANTRETURN	使多行编辑器接收回车键输入并换行。如果不指定该风格,按回车键会选择缺省的命令按钮,这往往会导致对话框的关闭

除了上表中的风格外,一般还要为控件指定 WS_CHILD、WS_VISIBLE、WS_TABSTOP 和 WS_BORDER 窗口风格,WS_BORDER 使控件带边框。创建一个普通的单行编辑框应指定风格为 WS_CHILD|WS_VISIBLE|WS_TABSTOP |WS_BORDER|ES_LEFT|ES_AUTOHSCROLL,这将创建一个带边框、左对齐正文、可水平滚动的单行编辑器。要创建一个普通多行编辑框,还要附加 ES_MULTILINE|ES_WANTRETURN|ES_AUTOVSCROLL |WS_HSCROLL| WS_VSCROLL 风格,这将创建一个可水平和垂直滚动的,带有水平和垂直滚动条的多行编辑器。

2. 编辑框常见消息

编辑框控件会向父窗口发出如表 4-4 所列的控件通知消息。

表 4-4 编辑框控件消息

消 息	含 义
EN_CHANGE	编辑框的内容被用户改变了。与 EN_UPDATE 不同,该消息是在编辑框显示的正文被刷新后才发出的
EN_ERRSPACE	编辑框控件无法申请足够的动态内存来满足需要
EN_HSCROLL	用户在水平滚动条上单击鼠标

续表 4-4

消　息	含　义
EN_KILLFOCUS	编辑框失去输入焦点
EN_MAXTEXT	输入的字符超过了规定的最大字符数。在没有 ES_AUTOHSCROLL 或 ES_AUTOVSCROLL 的编辑框中，当正文超出了编辑框的边框时也会发出该消息
EN_SETFOCUS	编辑框获得输入焦点
EN_UPDATE	在编辑框准备显示改变了的正文时发送该消息
EN_VSCROLL	用户在垂直滚动条上单击鼠标

在界面设计中，选中编辑框控件，选择 view→classwizard 即可为编辑框创建消息处理机制，生成消息处理函数框架，如图 4-31 所示，为 IDC_EDIT1 命令按钮创建了编辑框内容被用户改变的消息处理机制。单击 Edit Code 即可编写相应的消息处理函数。

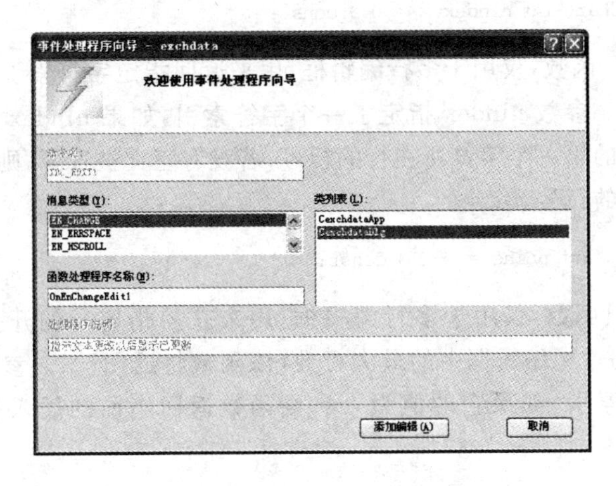

图 4-31　创建编辑框消息处理函数

3. 编辑框成员函数

CEdit 类从 CWnd 继承了一些重要的函数，比如可以通过使用 CWnd 类成员函数 SetWindowText()和 GetWindowText()来设定和获取一个编辑控件中的文本。同按钮类控件类似，如果要处理由编辑控件发送给其父窗口的通知消息，需要在父窗口类中为每一个待处理消息增添消息映射入口和消息响应函数。

```
int GetWindowText( LPTSTR lpszStringBuf,int nMaxCount ) const;
void GetWindowText( CString& rString ) const;
```

这两个函数均是 CWnd 类的成员函数，可用来获得窗口的标题或控件中的正文。第一个版本的函数用 lpszStringBuf 参数指向的字符串数组作为复制正文的缓冲区，参数 nMaxCount 可以复制到缓冲区中的最大字符数，该函数返回以字节为单位的实际复制字符数(不包括结尾的空字节)。第二个版本的函数用一个 CString 对象作为缓冲区。

```
int GetWindowTextLength( ) const;
```

CWnd 的成员函数,可用来获得窗口的标题或控件中的正文的长度。

```
DWORD GetSel( ) const;
void GetSel( int& nStartChar,int& nEndChar ) const;
```

两个函数都是 CEdit 的成员函数,用来获得所选正文的位置。GetSel 的第一个版本返回一个 DWORD 值,其中低位字说明了被选择的正文开始处的字符索引,高位字说明了选择的正文结束处的后面一个字符的字符索引,如果没有正文被选择,那么返回的低位和高位字节都是当前插入符所在字符的字符索引。GetSel 的第二个版本的两个参数是两个引用,其含义与第一个版本函数返回值的低位和高位字相同。

```
int LineFromChar( int nIndex = -1 ) const;
```

CEdit 的成员函数,仅用于多行编辑框,用来返回指定字符索引所在行的行索引(从零开始编号)。参数 nIndex 指定了一个字符索引,如果 nIndex 是-1,那么函数将返回选择正文的第一个字符所在行的行号,若没有正文被选择,则该函数会返回当前插入符所在行的行号。

```
int LineIndex( int nLine = -1 ) const;
```

CEdit 的成员函数,仅用于多行编辑框,用来获得指定行的开头字符的字符索引,如果指定行超过了编辑框中的最大行数,该函数将返回-1。参数 nLine 是指定了从零开始的行索引,如果它的值为-1,则函数返回当前的插入符所在行的字符索引。

```
int GetLineCount( ) const;
```

CEdit 的成员函数,仅用于多行编辑框,用来获得正文的行数。如果编辑框是空的,那么该函数的返回值是 1。

```
int LineLength( int nLine = -1 ) const;
```

CEdit 的成员函数,用于获取指定字符索引所在行的字节长度(行尾的回车和换行符不计算在内)。参数 nLine 说明了字符索引。如果 nLine 的值为-1,则函数返回当前行的长度(假如没有正文被选择),或选择正文占据的行的字符总数减去选择正文的字符数(假如有正文被选择)。若用于单行编辑框,则函数返回整个正文的长度。

```
int GetLine( int nIndex,LPTSTR lpszBuffer ) const;
int GetLine( int nIndex,LPTSTR lpszBuffer,int nMaxLength ) const;
```

CEdit 的成员函数，仅用于多行编辑框，用来获得指定行的正文(不包括行尾的回车和换行符)。参数 nIndex 是行号，lpszBuffer 指向存放正文的缓冲区，nMax-Length 规定了复制的最大字节数，若函数返回实际复制的字节数，若指定的行号大于编辑框的实际行数，则函数返回 0。需要注意的是，GetLine 函数不会在缓冲区中字符串的末尾加字符串结束符(NULL)。

下列 CWnd 或 CEdit 类的成员函数可用来修改编辑框控件。

```
void SetWindowText( LPCTSTR lpszString );
```

CWnd 的成员函数，可用来设置窗口的标题或控件中的正文。参数 lpszString 可以是一个 CString 对象，或是一个指向字符串的指针。

```
void SetSel( DWORD dwSelection,BOOL bNoScroll = FALSE );
void SetSel( int nStartChar,int nEndChar,BOOL bNoScroll = FALSE );
```

CEdit 的成员函数，用来选择编辑框中的正文。参数 dwSelection 的低位字说明了选择开始处的字符索引，高位字说明了选择结束处的字符索引。如果低位字为 0 且高位字节为－1，那么就选择所有的正文，如果低位字节为－1，则取消所有的选择。参数 bNoScroll 的值如果是 FALSE，则滚动插入符并使之可见，否则就不滚动。参数 nStartChar 和 nEndChar 的含义与参数 dwSelection 的低位字和高位字相同。

```
void ReplaceSel( LPCTSTR lpszNewText,BOOL bCanUndo = FALSE );
```

CEdit 的成员函数，用来将所选正文替换成指定的正文。参数 lpszNewText 指向用来替换的字符串。参数 bCanUndo 的值为 TRUE 说明替换是可以被撤消的。

与剪切板有关的 CEdit 成员函数：

void Clear( )清除编辑框中被选择的正文。

void Copy( )把在编辑框中选择的正文复制到剪贴板中。

void Cut( )清除编辑框中被选择的正文并把这些正文复制到剪贴板中。

void Paste( )将剪贴板中的正文插入到编辑框的当前插入符处。

BOOL Undo( )撤消上一次键入。对于单行编辑框，该函数总返回 TRUE，对于多行编辑框，返回 TRUE 表明操作成功，否则返回 FALSE。

4.5.4 综合实例：简易计算器

下面通过一个综合实例来说明如何利用按钮和编辑框控件编程，该例子实现了一个简易计算器的功能，其界面如图 4－32 所示。

其步骤如下：

1. 启动 VS2005

创建一个基于对话框的 MFC 应用程序 calculator，如图 4－33 所示。

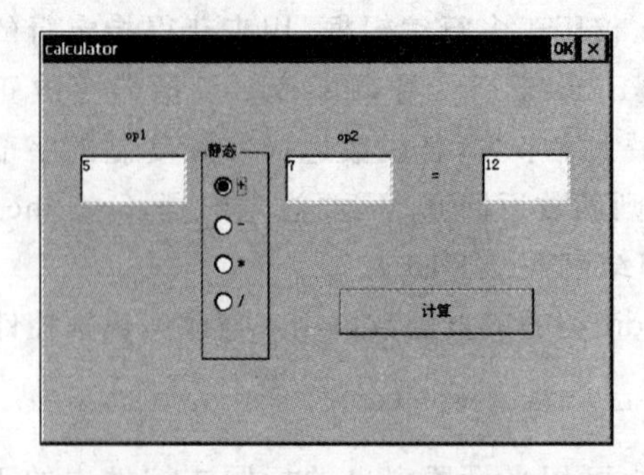

图 4-32　简易计算器界面

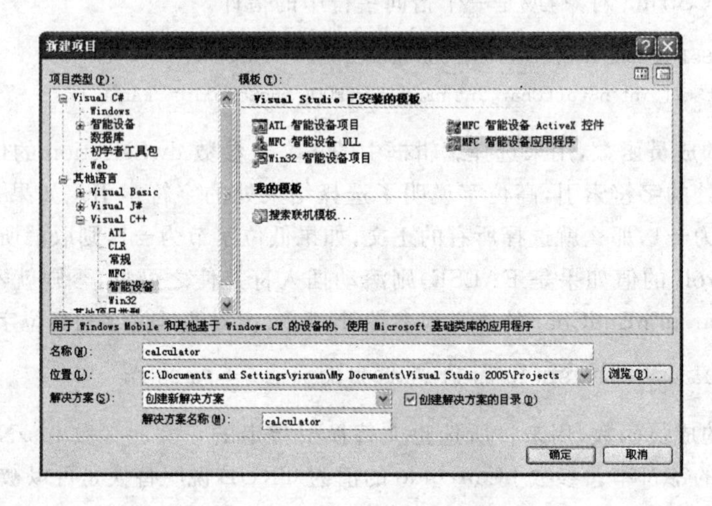

图 4-33　创建 cal 程序框架

2. 界面设计

界面如图 4-32 所示，用到的控件信息如表 4-5 所列，如果没有明确说明，则控件的属性为默认属性。

表 4-5　控件信息

控件名称	控件 ID	属性设置
静态文本	IDC_STATIC	用到 3 个，其 catpion 分别设为“OP1”、“OP2”、“=”
编辑框	IDC_ADD1	
编辑框	IDC_ADD2	
编辑框	IDC_SUM	
组框	IDC_STATIC	
单选框	IDC_RADIO1	其 catpion 设为“+”
单选框	IDC_RADIO2	其 catpion 设为“-”

续表 4-5

控件名称	控件 ID	属性设置
单选框	IDC_RADIO3	其 catpion 设为“ * ”
单选框	IDC_RADIO4	其 catpion 设为“/”
命令按钮	IDC_BUTTON1	其 catpion 设为“计算”

3. 为控件关联变量

实现控件数据交换机制，启动 Class Wizard，如图 4-34 所示，在这个工具中分别为编辑框 IDC_ADD1、IDC_ADD2、IDC_SUM 关联成员变量，以便实现控件之间的数据交换。

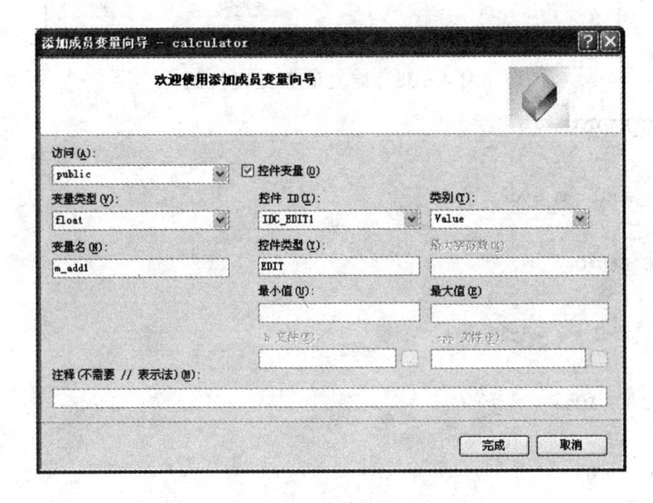

图 4-34　控件关联变量

4. 建立消息处理机制

编写消息处理函数。建立消息处理机制如图 4-35 所示。

为 IDC_BUTTON1 创建 BN_CLICK 消息响应函数 OnButton1()，其代码编写如下：

```
void CCalDlg::OnButton1()
{
// TODO: Add your control notification handler code here
UpdateData(TRUE);
int i = GetCheckedRadioButton(IDC_RADIO1,IDC_RADIO4);
if(i == IDC_RADIO1)
{
  m_sum = m_add1 + m_add2;
}
```

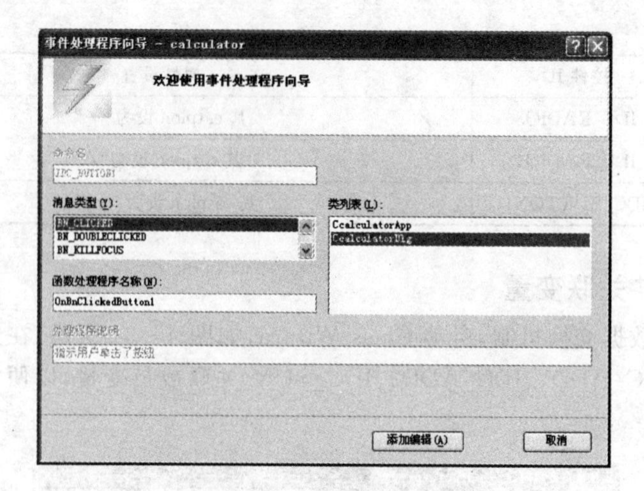

图 4-35　建立消息处理机制

```
if(i == IDC_RADIO2)
{
  m_sum = m_add1 - m_add2;
}
if(i == IDC_RADIO3)
{
  m_sum = m_add1 * m_add2;
}
if(i == IDC_RADIO4)
{
  if(m_add2 == 0)
  {
     MessageBox(_T("Zero can not be divede!"));
   }
   else
   {
     m_sum = m_add1/m_add2;
    }
  }
  if(i == 0)
{
   MessageBox(_T("Please select op"));
  }
  UpdateData(FALSE);
}
```

5. 下载调试

编写完以上代码，就可以编译调试，在模拟器中其运行结果如图 4-36 所示。

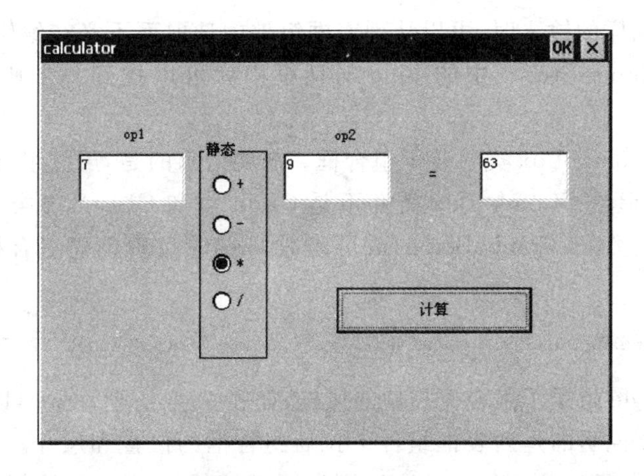

图 4-36 运行结果

4.5.5 列表框和组合框控件

1. 概 述

列表框是窗口类名为“ListBox”的预定义子窗口，在窗口矩形内包含有一些可以滚动显示的栏状字符串列表。标准的列表框只能允许选中一个条目，选中的条目将以系统颜色 COLOR_HIGHLIGHT 高亮显示。Windows 还提供了多种不同风格的标准列表框，其中包括多选列表框、多列显示的列表框和可以显示图像的拥有者画(Owner-draw)列表框等。另一种与列表框相关的控件是组合框，该控件预定义类名为“COMBOBOX”，实际是一个编辑控件同一个彼此相关的列表框控件的组合。用户既可以在组合框的编辑栏上直接输入、编辑文字也可以从下拉列表中显示的可能选择中进行选取。

MFC 的 CListBox 类封装了列表框控件，由成员函数 Create()完成对列表框的创建，在创建的同时指定了控件的窗口风格。当列表框中的条目被选中或被鼠标双击后将向父窗口发送 WM_COMMAND 消息。

组合框把一个编辑框和一个单选择列表框结合在了一起。用户既可以在编辑框中输入，也可以从列表框中选择一个列表项来完成输入。组合框分为简易式(Simple)、下拉式(Dropdown)和下拉列表式(Drop List)3 种。简易式组合框包含一个编辑框和一个总是显示的列表框。下拉式组合框同简易式组合框类似，两者的区别在于仅当单击下滚箭头后列表框才会弹出。下拉列表式组合框也有一个下拉的列表框，但它的编辑框是只读的，不能输入字符。

Windows 中比较常用的是下拉式和下拉列表式组合框，在 Developer Studio 中就大量使用了这两种组合框。两者都具有占地小的特点，这在界面日益复杂的今天是十分重要的。下拉列表式组合框的功能与列表框类似。下拉式组合框的典型应用是作为记事列表框使用，即把用户在编辑框中敲入的东西存储到列表框组件中，这样当用户要重复同样的输入时，可以从列表框组件中选取而不必在编辑框组件中从新输入。在 Developer Studio 中的 Find 对话框中就可以找到一个典型的下拉式组合框。

MFC 的 CComboBox 类封装了组合框。需要指出的是，虽然组合框是编辑框和列表框的选择，但是 CComboBox 类并不是 CEdit 类和 CListBox 类的派生类，而是 CWnd 类的派生类。CComboBox 的成员函数 Create 负责创建组合框，该函数的说明如下：

```
BOOL Create( DWORD dwStyle,const RECT& rect,CWnd * pParentWnd,UINT nID );
```

参数 dwStyle 指定了组合框控件的风格，如表 4-6 所列，dwStyle 可以是这些风格的组合。rect 说明的是列表框组件下拉后组合框的位置和尺寸。pParentWnd 指向父窗口，该参数不能为 NULL。nID 则说明了控件的 ID。如果创建成功，该函数返回 TRUE，否则返回 FALSE。

提示：在用 Create 函数创建组合框时，参数 rect 说明的是包括列表框组件在内的组合框的位置和尺寸，而不是列表框组件隐藏时的编辑框组件尺寸。要设置编辑框组件的高度，可以调用成员函数 SetItemHeight(－1,cyItemHeight)，其中参数 cyItemHeight 指定了编辑框的高度(以像素为单位)。

虽然组合框实际是列表框和编辑框的组合，但在使用中的表现使得组合框同其他控件一样当作一个独立的控件去使用。MFC 的 CComboBox 类提供了对组合框的功能支持。在使用 Create()函数创建组合框时可以同时指定组合框的风格(见表4-6)。

表 4-6　组合框窗口风格

窗口风格	说　明
CBS_AUTOHSCROLL	当在行尾输入字符时自动将编辑框中的文字向右滚动
CBS_DROPDOWN	同 CBS_SIMPLE 风格类似，只有在用户单击下拉图标时才会显示出下拉列表
CBS_DROPDOWNLIST	同 CBS_DROPDOWN 类似，只是显示当前选项的编辑框为一静态框所代替
CBS_HASSTRINGS	创建一个包含了由字串组成的项目的拥有者画组合框
CBS_OEMCONVERT	将组合框中的 ANSI 字串转化为 OEM 字符
CBS_OWNERDRAWFIXED	由下拉列表框的拥有者负责对内容的绘制；列表框中各项目高度相同
CBS_OWNERDRAWVARIABLE	由下拉列表框的拥有者负责对内容的绘制；列表框中各项目高度可以不同
CBS_SIMPLE	下拉列表始终显示

续表 4-6

窗口风格	说　明
CBS_SORT	自动对下拉列表中的项目进行排序
CBS_DISABLENOSCROLL	当下拉列表显示内容过少时显示垂直滚动条
CBS_NOINTEGRALHEIGHT	在创建控件时以指定的大小来精确设定组合框尺寸

2. 常用消息

当操作列表框时，将会通过 WM_COMMAND 消息发送通知给父窗口，消息参数 lParam 的高字节包含了通知码标识符。在 MFC 应用程序中，列表框的通知消息通过 ON_LBN 消息映射宏而映射到类成员函数。表 4-7 给出了列表框的几个通知消息以及相应的 ON_LBN 宏。其中，LBN_DBLCLK、LBN_SELCHANGE 和 LBN_SELCANCEL 通知消息只有在列表框使用了 LBS_NOTIFY 或 LBS_STANDARD 风格时才会被发出，其他通知消息则无此限制。

表 4-7　列表框常见消息

通知码标识符	ON_LBN 宏	值	含　义
LBN_SETFOCUS	ON_LBN_SETFOCUS	4	列表框接收到输入焦点
LBN_KILLFOCUS	ON_LBN_KILLFOCUS	5	列表框失去输入焦点
LBN_ERRSPACE	ON_LBN_ERRSPACE	−2	列表框存储溢出
LBN_DBLCLK	ON_LBN_DBLCLK	2	双击条目
LBN_SELCHANGE	ON_LBN_SELCHANGE	1	改变选择
LBN_SELCANCEL	ON_LBN_SELCANCEL	3	取消选择

其中，最经常使用的两个通知消息是 LBN_DBLCLK 和 LBN_SELCHANGE。对于不可复选的列表框可以通过 GetCurSel()来获取当前双击的是列表框条目的索引值；对于允许多选的列表框则需要用 GetCaretIndex()来代替 GetCurSel()。

对组合框进行操作也会向父窗口发送通知消息，处理过程同前面几种控件大同小异，是通过 ON_CBN 消息映射宏完成对通知消息的映射的。表 4-8 就给出了这些 ON_CBN 宏的详细说明：

表 4-8　组合框常见消息

ON_CBN 宏	对应事件
ON_CBN_CLOSEUP	关闭下拉列表
ON_CBN_DBLCLK	双击下拉列表中的项目
ON_CBN_DROPDOWN	下拉显示列表框
ON_CBN_EDITCHANGE	编辑框中文本内容被改动

续表 4-8

ON_CBN 宏	对应事件
ON_CBN_EDITUPDATE	编辑框内容更新显示
ON_CBN_ERRSPACE	组合框不能为某个特殊请求分配足够的内存
ON_CBN_SELENDCANCEL	用户的选择被取消
ON_CBN_SELENDOK	用户选择了一个项目并且通过回车键或按下鼠标而隐藏组合框的下拉列表
ON_CBN_KILLFOCUS	组合框失去焦点
ON_CBN_SELCHANGE	选择发生变化
ON_CBN_SETFOCUS	组合框获得输入焦点

3. 常用成员函数

MFC 的 CListBox 类封装了列表框。CListBox 类的 Create 成员函数负责列表框的创建，该函数的声明是：

```
BOOL Create( DWORD dwStyle,const RECT& rect,CWnd * pParentWnd,UINT nID );
```

参数 dwStyle 指定了列表框控件的风格，如表 4-8 所列，dwStyle 可以是这些风格的组合。rect 说明了控件的位置和尺寸。pParentWnd 指向父窗口，该参数不能为 NULL。nID 则说明了控件的 ID。如果创建成功，该函数返回 TRUE，否则返回 FALSE。

CListBox 类的成员函数有数十个之多。可以把一些常用的函数分为 3 类，在下面列出。需要说明的是，可以用索引来指定列表项，索引是从零开始的。

(1) 用于插入和删除列表项的函数

列表框创建之初是不含任何条目的，通过 CListBox 成员函数 AddString()和 InsertString()向列表框增添或插入条目。如果列表框具有 LBS_SORT 风格，那么新添加字串的位置是不固定的，要根据字串的字母进行排序；如果不具有该风格，新字串将添加到列表框的末尾。CListBox 成员函数提供了下列函数用于插入和删除列表项。

```
int AddString( LPCTSTR lpszItem );
```

该函数用来往列表框中加入字符串，其中参数 lpszItem 指定了要添加的字符串。函数的返回值是加入的字符串在列表框中的位置，如果发生错误，会返回 LB_ERR 或 LB_ERRSPACE(内存不够)。如果列表框未设置 LBS_SORT 风格，那么字符串将被添加到列表的末尾，如果设置了 LBS_SORT 风格，字符串会按排序规律插入到列表中。

```
int InsertString( int nIndex,LPCTSTR lpszItem );
```

该函数用来在列表框中的指定位置插入字符串。参数 nIndex 给出了插入位置(索引),如果值为−1,则字符串将被添加到列表的末尾。参数 lpszItem 指定了要插入的字符串。函数返回实际的插入位置,若发生错误,会返回 LB_ERR 或 LB_ERRSPACE。与 AddString 函数不同,InsertString 函数不会导致 LBS_SORT 风格的列表框重新排序。不要在具有 LBS_SORT 风格的列表框中使用 InsertString 函数,以免破坏列表项的次序。

```
int DeleteString( UINT nIndex );
```

该函数用于删除指定的列表项,其中参数 nIndex 指定了要删除项的索引。函数的返回值为剩下的表项数目,如果 nIndex 超过了实际的表项总数,则返回 LB_ERR。

```
void ResetContent( );
```

该函数用于清除所有列表项。

```
int Dir( UINT attr,LPCTSTR lpszWildCard );
```

该函数用来向列表项中加入所有与指定通配符相匹配的文件名或驱动器名。参数 attr 为文件类型的组合。参数 lpszWildCard 指定了通配符(如 *.cpp、*.* 等)。

(2) 用于搜索、查询和设置列表框的函数

下列的 CListBox 成员函数用于搜索、查询和设置列表框:

```
int GetCount( ) const;
```

该函数返回列表项的总数,若出错则返回 LB_ERR。

```
int FindString( int nStartAfter,LPCTSTR lpszItem ) const;
```

该函数用于对列表项进行与大小写无关的搜索。参数 nStartAfter 指定了开始搜索的位置,合理指定 nStartAfter 可以加快搜索速度,若 nStartAfter 为−1,则从头开始搜索整个列表。参数 lpszItem 指定了要搜索的字符串。函数返回与 lpszItem 指定的字符串相匹配的列表项的索引,若没有找到匹配项或发生了错误,函数会返回 LB_ERR。FindString 函数先从 nStartAfter 指定的位置开始搜索,若没有找到匹配项,则会从头开始搜索列表。只有找到匹配项,或对整个列表搜索完一遍后,搜索过程才会停止,所以不必担心会漏掉要搜索的列表项。

```
int GetText( int nIndex,LPTSTR lpszBuffer ) const;
void GetText( int nIndex,CString& rString ) const;
```

用于获取指定列表项的字符串。参数 nIndex 指定了列表项的索引。参数 lpszBuffer 指向一个接收字符串的缓冲区。引用参数 rString 则指定了接收字符串的 CString 对象。第一个版本的函数会返回获得的字符串的长度,若出错,则返回 LB_ERR。

```
int GetTextLen( int nIndex ) const;
```

该函数返回指定列表项的字符串的字节长度。参数 nIndex 指定了列表项的索引。若出错则返回 LB_ERR。

```
DWORD GetItemData( int nIndex ) const;
```

每个列表项都有一个 32 位的附加数据。该函数返回指定列表项的附加数据,参数 nIndex 指定了列表项的索引。若出错则函数返回 LB_ERR。

```
int SetItemData( int nIndex,DWORD dwItemData );
```

该函数用来指定某一列表项的 32 位附加数据。参数 nIndex 指定了列表项的索引。dwItemData 是要设置的附加数据值。

提示:列表项的 32 位附加数据可用来存储与列表项相关的数据,也可以放置指向相关数据的指针。这样,当用户选择了一个列表项时,程序可以从附加数据中快速方便地获得与列表项相关的数据。

```
int GetTopIndex( ) const;
```

该函数返回列表框中第一个可见项的索引,若出错则返回 LB_ERR。

```
int SetTopIndex( int nIndex );
```

用来将指定的列表项设置为列表框的第一个可见项,该函数会将列表框滚动到合适的位置。参数 nIndex 指定了列表项的索引。若操作成功,函数返回 0 值,否则返回 LB_ERR。

提示:由于列表项的内容一般是不变的,故 CListBox 未提供更新列表项字符串的函数。如果要改变某列表项的内容,可以先调用 DeleteString 删除该项,然后再用 InsertString 或 AddString 将更新后的内容插入到原来的位置。

(3) 与列表项的选择有关的函数

下列 CListBox 的成员函数与列表项的选择有关:

```
int GetSel( int nIndex ) const;
```

该函数返回指定列表项的状态。参数 nIndex 指定了列表项的索引。如果查询的列表项被选择了,函数返回一个正值,否则返回 0,若出错则返回 LB_ERR。

```
int GetCurSel( ) const;
```

该函数仅适用于单选择列表框,用来返回当前被选择项的索引,如果没有列表项被选择或有错误发生,则函数返回 LB_ERR。

```
int SetCurSel( int nSelect );
```

该函数仅适用于单选择列表框,用来选择指定的列表项。该函数会滚动列表框以使选择项可见。参数 nIndex 指定了列表项的索引,若为-1,那么将清除列表框中的选择。若出错函数返回 LB_ERR。

```
int SelectString( int nStartAfter,LPCTSTR lpszItem );
```

该函数仅适用于单选择列表框,用来选择与指定字符串相匹配的列表项。该函数会滚动列表框以使选择项可见。参数的意义及搜索的方法与函数 FindString 类似。如果找到了匹配的项,函数返回该项的索引,如果没有匹配的项,函数返回 LB_ERR 并且当前的选择不被改变。

```
int GetSelCount( ) const;
```

该函数仅用于多重选择列表框,它返回选择项的数目,若出错函数返回 LB_ERR。

```
int SetSel( int nIndex,BOOL bSelect = TRUE );
```

该函数仅适用于多重选择列表框,它使指定的列表项选中或落选。参数 nIndex 指定了列表项的索引,若为-1,则相当于指定了所有的项。参数 bSelect 为 TRUE 时选中列表项,否则使之落选。若出错则返回 LB_ERR。

```
int GetSelItems( int nMaxItems,LPINT rgIndex ) const;
```

该函数仅用于多重选择列表框,用来获得选中的项的数目及位置。参数 nMaxItems 说明了参数 rgIndex 指向的数组的大小。参数 rgIndex 指向一个缓冲区,该数组是一个整型数组,用来存放选中的列表项的索引。函数返回放在缓冲区中的选择项的实际数目,若出错函数返回 LB_ERR。

```
int SelItemRange( BOOL bSelect,int nFirstItem,int nLastItem );
```

该函数仅用于多重选择列表框,用来使指定范围内的列表项选中或落选。参数 nFirstItem 和 nLastItem 指定了列表项索引的范围。如果参数 bSelect 为 TRUE,那么就选择这些列表项,否则就使它们落选。若出错函数返回 LB_ERR。

如果有必要,可以使用 SetItemDataPtr()或 SetItemData()将一个 32 位的指针(或一个 DWORD 的值)同列表框中的一个条目联系起来,并且在设置后可以通过调用 GetItemDataPtr()或 GetItemData()而获取。这样做的目的是可以将列表框中的条目同外部数据建立联系。例如,可以用这种方式非常方便地将一个包含有地址、电话号码和 E-mail 地址等信息的数据结构同列举在列表框中的持有人建立起关联。当从列表框中选中某个人时,可以同时得到有关该人的通信信息。

CComboBox 类的成员函数较多。其中常用的函数可粗分为两类,分别针对编辑框组件和列表框组件。可以想象,这些函数与 CEdit 类和 CListBox 类的成员函数肯定有很多类似之处,但它们也会有一些不同的特点。如果读者能从"组合框是由编辑框和列表框组成"这一概念出发,就能够很快掌握 CComboBox 的主要成员函数。

事实上,绝大部分 CComboBox 的成员函数都可以看成是 CEdit 或 CListBox 成员函数的翻版。函数的功能、函数名甚至函数的参数都是类似的。

4. 实例分析

下面通过一个例子来说明如何使用列表框和组合框编程，要实现的例子界面如图 4－37 所示，结合编辑框和命令按钮实现了列表框的添加、删除、复位、清空的功能。

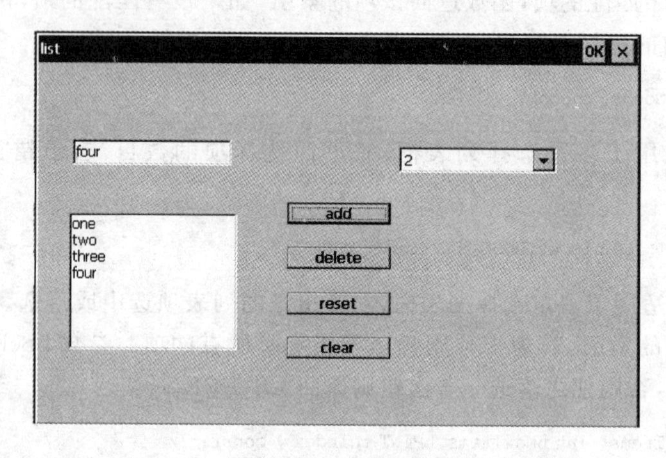

图 4－37　界面设计

其步骤如下：

① 利用 Appwizard 创建一个基于对话框的应用程序。

② 切换到资源视图，设计对话框的界面如图 4－37 所示，控件如表 4－9 所列，如果没有明确说明，则控件的属性为默认属性。

表 4－9　控件设计

控件名称	控件 ID	属性设置
编辑框	IDC_EDIT1	
列表框	IDC_LIST1	
组合框	IDC_COMBO1	
命令按钮	IDC_BUTTON1	其 catpion 设为“add”
命令按钮	IDC_BUTTON2	其 catpion 设为“delete”
命令按钮	IDC_BUTTON3	其 catpion 设为“reset”
命令按钮	IDC_BUTTON4	其 catpion 设为“clear”

③ 定义变量。

这里需要定义 3 个控件变量，用来获得控件的句柄。在.h 文件中为 ClistDlg 类添加如下变量。

```
class CListDlg : public CDialog
```

```
{ public:
CEdit * edit;
CComboBox * com;
CListBox * list;
...
}
```

修改 OnInitDialog()函数,初始化编辑框、列表框和组合框中的数据。其代码如下:

```
BOOL CListDlg::OnInitDialog()
{
CDialog::OnInitDialog();
// Set the icon for this dialog.  The framework does this automatically
//  when the application's main window is not a dialog
SetIcon(m_hIcon, TRUE); // Set big icon
SetIcon(m_hIcon, FALSE); // Set small icon
CenterWindow(GetDesktopWindow());// center to the hpc screen
// TODO: Add extra initialization here
list = (CListBox * )GetDlgItem(IDC_LIST1);
list->AddString(_T("one"));
list->AddString(_T("two"));
list->AddString(_T("three"));
com = (CComboBox * )GetDlgItem(IDC_COMBO1);
com->AddString(_T("1"));
com->AddString(_T("2"));
com->AddString(_T("3"));
edit = (CEdit * )GetDlgItem(IDC_EDIT1);
edit->SetWindowText(_T("0"));
return TRUE;  // return TRUE  unless you set the focus to a control
}
```

④ 建立消息映射机制。

使用添加事件向导为命令按钮建立鼠标单击的消息映射机制,如图 4-38 所示。

⑤ 编写消息处理函数。

按钮 IDC_BUTTON1 的消息处理函数如下:

```
void CListDlg::OnButton1()
{
// TODO: Add your control notification handler code here
CString str;
edit->GetWindowText(str);
list->AddString(str);
}
```

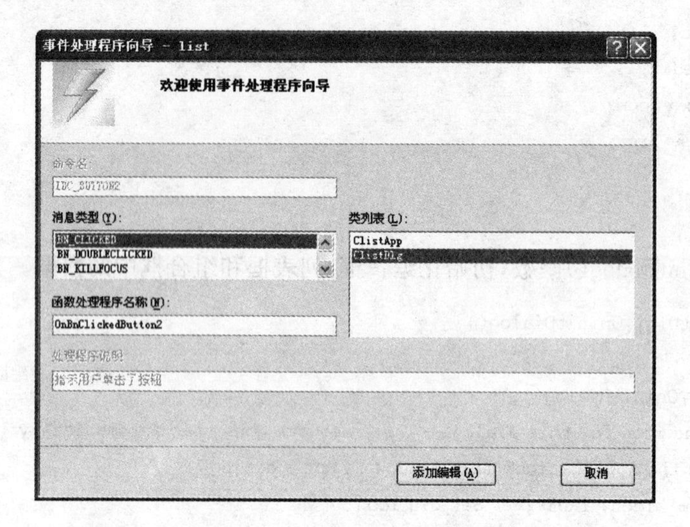

图 4-38 建立消息映射

按钮 IDC_BUTTON2 的消息处理函数如下：

```
void CListDlg::OnButton2()
{
// TODO: Add your control notification handler code here
int i = list->GetCurSel();
list->DeleteString(i);
}
```

按钮 IDC_BUTTON3 的消息处理函数如下：

```
void CListDlg::OnButton3()
{
// TODO: Add your control notification handler code here
list->ResetContent();
list->AddString(_T("one"));
list->AddString(_T("two"));
list->AddString(_T("three"));
}
```

按钮 IDC_BUTTON4 的消息处理函数如下：

```
void CListDlg::OnButton4()
{
// TODO: Add your control notification handler code here
list->ResetContent();
}
```

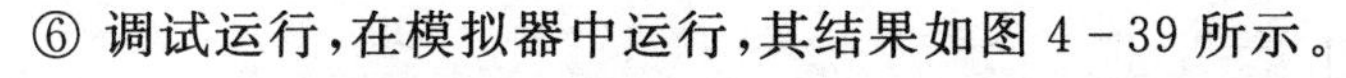

⑥ 调试运行,在模拟器中运行,其结果如图 4-39 所示。

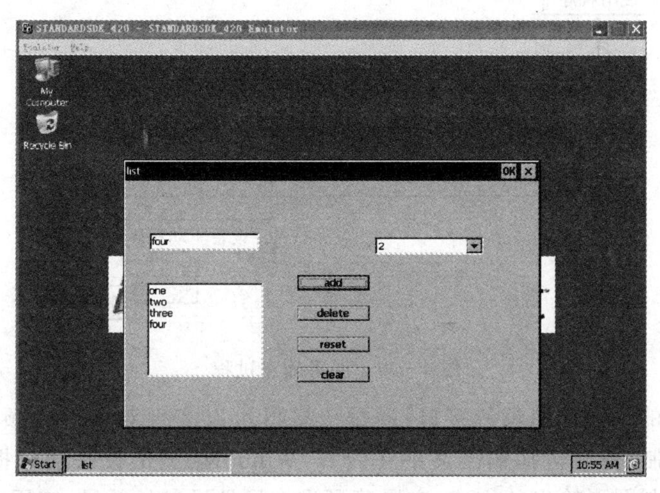

图 4-39 运行结果

4.6 图形设备接口编程

4.6.1 设备上下文

1. 设备上下文概述

当 Windows 要在显示器或其他设备上绘制图形或文本时,它不像 DOS 系统那样,把图形和文本直接输出到硬件,而是使用一个设备描述表来代替硬件设备的逻辑表示。

设备描述表(Device Context 简称为 DC),也称设备上下文、设备环境,是一种包含各种绘图属性(如前面所说的字体、颜色)和方法(即各种绘图函数)的数据结构,它定义了设备、画图工具和画图信息,它不仅可以绘制各种图形,而且还可以确定在应用窗口中绘制图形的方式和图形的样式。Windows 所有的绘制操作及图形输出都必须通过设备描述表这一虚拟用户工作区来进行。用户在绘图之前,必须获取绘图窗口区域的一个设备环境 DC,接着才能进行 GDI 函数的调用,执行适合于设备环境的命令。利用图形设备接口进行绘图的流程如图 4-40 所示。

Windows 操作系统提供了一个图形用户界面 GUI(Graphics User Interface),图形是组成 Windows 应用程序的主体,这些图形包括一般的几何图形、位图、光标形状甚至文本。因此,为了实现 Windows 应用程序的图形化,Windows 操作系统提供了大量的函数来实现绘图的要求,这些函数的集合,就称为图形设备接口 GDI(Graphics Device Interface)。

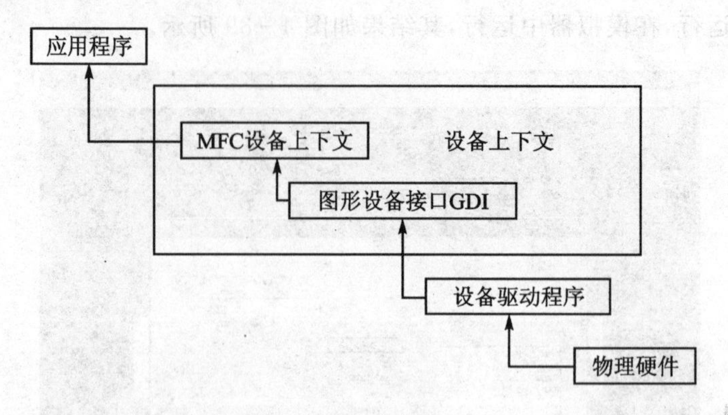

图 4-40　图形输出过程

GDI 表示的是一个抽象的接口，通过该接口可以实现对图形的颜色、线条的粗细等属性的控制(甚至包括输出文字在内)。Windows 图形设备接口提供了一种与设备无关的控制图形输出的方法，它屏蔽了许多硬件设备的差异，应用程序可以通过调用这些函数和硬件打交道，使得用户可以方便地在输出设备上绘图，而不用去考虑到底是哪个厂家生产的硬件。

简单地说，设备上下文就是应用程序和输出设备之间的中介。一方面，设备上下文向应用程序提供一个与设备无关的编程环境，另一方面，它又以设备相关的格式和具体的设备打交道。

2. MFC 中的设备上下文类

需要注意的是，应用程序不能直接存取设备描述表，只能通过调用有关函数或使用 DC 的句柄(HDC)来间接的存取 DC。设备描述表是一个对象，若要在图形设备上使用，首先必须构造一个 DC 对象或得到指向 DC 的指针。MFC 库提供了不同类型的设备描述表类，每一个类都封装了代表 WindowsDC 的句柄(HDC)和函数。在 MFC 库中，设备描述表被 CDC 类封装了起来，而 CDC 类下面又有 4 个派生类，这 4 个派生类各有特点，并可以完成不同的功能。

CClientDC 这是一个客户区设备描述表，提供对窗口客户区的图形访问。在窗口中画图可使用这种 DC，但对 WM_PAINT 消息除外。

CWindowDC 可提供在整个窗口(包括客户区和非客户区)中画图的 DC。

CPaintDC 这是创建响应 WM_PAINT 消息的 DC。应用程序可以使用此 CPaintDC 更新 Windows 显示，通常在 MFC 应用程序的 OnPaint 函数中使用。

CMetaFileDC 这个设备描述表 Windows 元文件，它包含一系列命令以重新产生图像。想要创建独立于设备的文件时可使用这种 DC。用户可以回放这种文件来创建图像。

以上分别讲述了这 4 种 DC 类的特点，下面介绍一下它们之间的区别。

(1) CWindowDC 类与 CPaintDC 和 CClientDC 类的区别

绘图区域不同：用 CPaintDC 和 CClientDC 类的对象绘制图形时，绘制区只能是客户区,而不能在非客户区;而 CWindowDC 可以在非客户区进行绘图。

绘图坐标系不同:在 CWindowDC 绘图类下,坐标系是建立在整个屏幕之上的,在像素坐标方式下,坐标原点在屏幕的左上角。而 CPaintDC 和 CClientDC 类的坐标系是建立在客户区上的,在像素坐标方式下,坐标原点在客户区的左上角。

(2) CPaintDC 与 CClientDC 类的区别

绘图机制不同:两者都是在窗口的客户区内绘图。CPaintDC 应用在 OnPaint 函数中,以响应 Windows 的 WM_PAINT 消息。而后者应用在非响应消息 WM_PAINT 的情况下。CPaintDC 类响应 WM_PAINT 消息,自动完成绘制,这对维护图形的完整性有着重要的作用。通俗点说,当用 CPaintDC 类在 OnPaint 函数中绘图操作之后,当窗口由于被覆盖或其他什么原因使窗口重画时,系统会自动调用 OnPaint 函数,那么该函数中的绘图语句同样又被自动调用,又执行了绘图操作,这样就保持了图形的完整性。CClientDC 类,可以实时的将图形绘制在屏幕上,需要什么时候画就什么时候画,如果用 CPaintDC 完成同样的工作,只能发出指令让包含要绘制的这条直线的屏幕部分重画,把这条直线绘制到屏幕上。当然,这个重画区域的其他图形元素同时也会重画。

适用范围不同:CPaintDC 只能支持屏幕显示,而 CClientDC 除了支持屏幕显示,还支持打印。

3. 获取设备描述表

要想在窗口中绘图必须首先获取窗口的设备描述表。没有设备描述表,任何绘图函数都无法工作。Windows 不允许直接访问显示设备,而必须通过 Windows 返回的设备描述表句柄与显示设备进行通信。用于定义设备描述表句柄的变量是 HDC。之前,仅仅在 OnDraw 中绘制,在这个函数中设备描述表指针(即 pDC)作为函数的参数由系统传入。如果系统没有传入这个 DC 的参数时,如何来获取对应的 DC 呢。

(1) 使用 GetDC 函数

如果 Windows 应用程序的绘图操作不是由 WM_PAINT 消息驱动,就需要调用 GetDC 函数来获取。GetDC 函数有多种形式,最常用的调用形式有两种,一种是 Windows API 函数形式,如下:

```
HDC GetDC( HWND hWnd );    // 获得窗口的句柄
```

该函数只有一个参数,此参数是想要获得的 DC 所在的窗口的句柄,如果该参数为 NULL,那么得到的 DC 将是整个屏幕。

另一种是 CWnd 类的成员函数,如下:

```
CDC * GetDC( );
```

该函数用于获取指定窗口工作区的显示器设备描述表,该函数不带任何参数。

如果函数调用成功，则返回标识 CWnd 客户区的设备环境，否则返回 NULL。

一般来说在完成绘图之后，用 GetDC 函数获取的设备描述表必须通过 ReleaseDC 函数来释放。同样，对应于常用的两个 GetDC 函数，也有两种常用的与其匹配的 ReleaseDC 函数。分别如下：

Windows API 函数形式：int ReleaseDC(HWND hWnd，HDC hDC)；

CWnd 类的成员函数形式：int ReleaseDC(CDC * pDC)；

使用哪个 ReleaseDC 函数和先前使用的 GetDC 函数都是一一对应的。

(2) 使用 BeginPaint 函数

Windows 应用程序响应 WM_PAINT 消息进行图形刷新时，会通过调用 BeginPaint 函数来获取 DC，BeginPaint 函数也有多种形式，其最常用的调用形式也有两种，一种是 Windows API 函数形式，如下：

```
HDC BeginPaint(HWND hwnd,  LPPAINTSTRUCT lpPaint);
```

该函数有两个参数，一个是需要重绘的窗口的句柄，另一个是指向结构 PAINTSTRUCT 变量的指针。

另一种常用的形式是 CWnd 类的成员函数，如下：

```
CDC * BeginPaint( LPPAINTSTRUCT lpPaint );
```

该函数只有一个参数，就是指向结构 PAINTSTRUCT 变量的指针。

系统无论调用哪种形式的 BeginPaint 函数，都要填写 PAINTSTRUCT 结构以标识需要刷新的无效矩形。只有在响应 WM_PAINT 消息时才调用 BeginPaint 函数，但在返回处理消息的结果之前，必须调用 EndPaint 函数以释放资源。对应于 BeginPaint、EndPaint 也有和其匹配的两种常用的调用形式，如下：

Windows API 函数形式：BOOL EndPaint (HWND hWnd，CONST PAINTSTRUCT *lpPaint)；

CWnd 类的成员函数形式：void EndPaint(LPPAINTSTRUCT lpPaint)；

因为应用程序不能保存用函数 BeginPaint 获取的 DC 处理另一个消息，在接收到另一个消息的时候，先前获取的 DC 很可能已经非法了，所以在处理完 WM_PAINT 消息后，必须将获取到的 DC 释放，以免造成内存泄漏。

(3) 直接构造 CDC 对象

该方法是用声明一个 CDC 类或其派生类对象的方式来获取。方法如下：

```
CClientdc dc(CWnd *);
```

此时，构造的是一个对象。这种方法实际上是间接使用了 GetDC 成员函数。因为当一个 C++类声明一个对象时，系统会自动调用该类的构造函数，而在 CClient 类的构造函数中就调用了 GetDC 函数，当这个对象被释放时，又会自动调用该析构函数，而在析构函数中，则调用了 ReleaseDC 函数来释放设备描述表。设备上下文是一种包含有关某个设备(如显示器或打印机)的绘制属性信息的 Windows 数据结构。所有绘制调用都通过设备上下文对象进行,这些对象封装了用于绘制线条、形状和文本的 Windows API。设备上下文允许在 Windows 中进行与设备无关的绘制。设备上下文可用于绘制到屏幕、打印机或者图元文件。

CPaintDC 对象将 Windows 的常见固定用语进行封装,调用 BeginPaint 函数,然后在设备上下文中绘制,最后调用 EndPaint 函数。CPaintDC 构造函数调用 BeginPaint,析构函数则调用 EndPaint。该简化过程将创建 CDC 对象、绘制和销毁 CDC 对象。在框架中,甚至连这个过程的大部分也是自动的。具体说来,框架给 OnDraw 函数传递(通过 OnPrepareDC)准备好的 CPaintDC,只需绘制到 CPaintDC 中。根据调用 OnDraw 函数的返回,CPaintDC 被框架销毁并且将基础设备上下文释放给 Windows。

CClientDC 对象封装对一个只表示窗口工作区的设备上下文的处理。CClientDC 构造函数调用 GetDC 函数,析构函数调用 ReleaseDC 函数。CWindowDC 对象封装表示整个窗口(包括其框架)的设备上下文。

CMetaFileDC 对象将绘制封装到 Windows 图元文件中。与传递给 OnDraw 的 CPaintDC 相反,在这种情况下必须自己调用 OnPrepareDC。

4.6.2 图形设备对象

1. Windows 的图形设备接口对象

前面提到 GDI 是一个含有与各种图形操作有关的函数集,而与各种绘图操作有关的内容则更多保存在图形设备接口对象(GDI 对象)中。一个 Windows 的 GDI 对象类型是由一个 MFC 库类表示的,其中 CGdiObject 类便是所有图形设备接口对象的一个抽象的基类。然而,设计人员在做开发的过程中很少用到基类 CGdiObject 类,而是经常用到其派生类,通常一个 Windows GDI 对象都是由 CGdiObject 的派生类的 C++ 对象所表示的,CGdiObject 的派生类包括 CBitmap、CBrush、CFont、CPen、CRgn、CPalette,分别讲述如下:

CBitmap:位图,一种位矩阵,每一个显示像素都对应于矩阵中的一位或多位。用户不仅可以利用位图来表示图像,还可以利用它来创建画刷。

CBrush:画刷,定义了一种位图形式的像素,利用它可以对区域内部填充颜色。

CFont:字体,一种具有特定风格和尺寸的所有字符的完整集合。字体通常作为一种资源存在与磁盘上,并且对一些设备来说具有依赖性。

CPen;画笔,是一种用来画线及绘制有形边框的工具,可以指定它的颜色及宽度,并且可以指定它的线型(实线、点线、虚线等)。

CRgn:区域,是由多边形、椭圆或两者组合形成的一种范围,可以利用它来进行填充、裁减以及点中测试。

CPalette:调色板,是一种颜色映射接口,它允许一个应用程序在不干扰其他应用程序的情况下，充分利用输出设备的颜色能力。

为了使用某种 GDI 对象，一般来说首先需要构造一个新的 GDI 对象，然后将这个新的 GDI 对象选入一个设备描述表中进行绘制，将设备描述表中原来旧的 GDI 对象保留，当绘制工作结束，在退出应用程序之前将旧的 GDI 对象再选回给设备描述表，将先前构造的新的 GDI 对象删除。

2. GDI 对象的创建

在本小节中，将讲述各种 GDI 对象的创建方法。不需要构造基类 CGdiObject 的对象，但是，需要构造派生类对象。在 GDI 对象中有 6 种库存刷子、3 种库存笔和 6 种库存字体，可以直接取出来使用，同时，CBrush 类、CPen 类和 CFont 类提供了一系列的函数来创建绘图工具。有些类的构造函数已经有足够的信息可以构造对象，如 CBrush 和 CPen。而有些类使用默认构造函数来构造 C＋＋对象之后还要调用一个创建函数，如 CFont 和 CRgn。

(1) 自定义画刷(CBrush)

CBrush 类提供用于产生刷子的构造函数：

CBrush( )：不带参数的画刷；

CBrush(COLORREF crColor)：它可以产生某种颜色的实心刷子；

CBrush(int nIndex，COLORREF crColor)：它可以产生某种剖面线的刷子；

CBrush(CBitmap ＊ pBitmap)：它可以产生位图刷子；

例如，下面的代码产生了一个红色的实心刷子。

```
CBrush br(RGB(255,0,0));
 dc.SelectObject(&br);
```

(2) 自定义画笔(CPen)

线型的非封闭图形线条的颜色宽度由一个专门的类管理。这个类就是 CPen 类。可以通过调用 CPen 类的成员函数生成画笔(Pen)的方法来决定图形线条的显示风格、宽度和颜色。CPen 类提供用于产生画笔的构造函数：

CPen( )；

CPen(int nPenStyle; int nWidth; COLORREF crColor)：它可以生成一个能够指定线型、线宽和颜色的画笔；

CPen (int nPenStyle; int nWidth; const LOGBRUSH ＊ lpLogBrush; int nStyleCount＝0; const DWORD ＊ lpStyle＝NULL)：生成一个由 LOGBRUSH 结构所指定风格、颜色和样式的画笔。

例如，下面的代码生成了一个实线，宽度为 6，颜色为黑色的画笔。要注意的是，有的线型只在线宽小于 1 时才有效。

```
CPen newpen(PS_SOLID ,6,RGB(0,0,0));
dc.SelectObject(&newpen);
```

创建画笔的步骤：

- 生成 CPen 类的实例，如：CPen pBluePen；
- 调用相应的 CPen 成员函数初始化画笔，如：BOOL CreatePen(int nPenStyle, int nWidth, COLORREF crColor)；
- 选择设备情景对象的画笔对象，存放原画笔对象的指针，如：pOldPen=pDC->SelectObjiect(&Pen)；
- 调用绘图函数绘制图形；
- 选择设备情景对象的原有画笔，恢复原来的状态，如：Pdc->SelectObject(pOldPen)。

(3) 自定义字体(CFont)

创建字体对象，在使用之前必须用函数 CreateFont、CreateFontIndirect、CreatePointFont 或 CreatePointFontIndirect 初始化，其中 CreateFont 函数用于创建具有指定属性的字体，其原型如下：

```
BOOL CreateFont(
 int nHeight,//字体高度,0 采用系统默认
 int nWidth, //字体宽度,取 0 则由系统根据高度比取最佳值
 int nEscapement,//每行文字相对于页底的角度,单位为 0.1 度
 int nOrientation,//每个文字相对于页底的角度,单位为 0.1 度
 int nWeight,//字体粗细度,范围为 0～1000
 BYTE bItalic, //如果要求字体倾斜,则取非 0
 BYTE bUnderline, //如果要求下划线,则取非 0
 BYTE cStrikeOut, //如果要求中划,则取非 0
 BYTE nCharSet, //字体所属字符集
 BYTE nOutPrecision, //输出精度
 BYTE nClipPrecision,//剪减精度
 BYTE nQuality, //输出质量
 BYTE nPitchAndFamily,//字体名称
 LPCTSTR lpszFacename
 );
```

Cfont、CPen、Cbrush 等 GDI 类的使用步骤如下：

- 定义 GDI 对象；
- 初始化 GDI 对象；
- 将生成的新 GDI 对象选入当前设备上下文，同时保留旧的 GDI 对象信息；
- 进行绘图；
- 恢复旧的 GDI 对象。

4.6.3 图形设备编程实例

1. 基本文本操作

在本小节中要实现的功能如图 4-41 所示，在应用程序的客户区显示一段文本，要实现这个功能，首先利用应用程序向导创建一个基于 SDI 的应用程序框架。

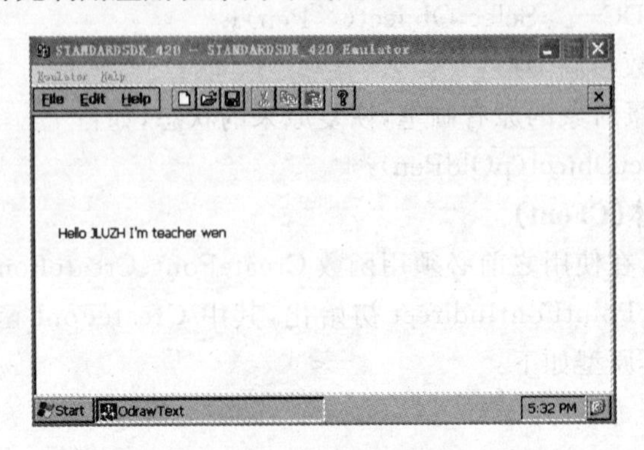

图 4-41　文本输出

在这个应用程序中，要用到文本输出函数，常见的文本输出函数主要有如下两个：

```
int DrawText( const CString& str, LPRECT lpRect, UINT nFormat );
```

参数 str：含有要被绘制的文本的 Cstring 对象。

参数 LpRect：指向 RECT 结构或 Crect 对象的指针，结构（或对象）中包含有矩形，其中的文本带有格式。

参数 nFormat：指定格式化文本的方法。

其功能是在给定的矩形内调用该成员函数格式化文本。通过将制表值扩展到适当大小，使文本在给定矩形内左对齐、右对齐或居中，使文本断成多行以适应给定矩形来格式化文本，格式类型由 nFormat 指定。该成员函数适应设备上下文中选取的字体、文本颜色、背景色来显示文本。在采用 DT_NOCLIP 格式时，DrawText 剪切不会使文本显示超过矩形范围，除非选择 DT_SINGLELINE 格式，所有格式都认为适用于多行文本。

```
BOOL ExtTextOut ( int x, int y, UINT nOptions, LPCRECT lpRect, const CString& str, LPINT
lpDxWidths );
```

各参数含义如下：

X：指定字符串首字符单元的 X 逻辑坐标。

Y：指定字符串首字符单元的 Y 逻辑坐标。

nOptions：指定矩形类型，其值可为下列值之一，或全部，或没有：ETO_

CLIPPED指定将文本剪切置入矩形;ETO_OPAQUE由背景色填充矩形(可用SetBkColor和GetBkColor成员函数设置和访问当前背景色)。

lpRect:指向决定矩形尺寸信息的RECT结构的指针,可设置为NULL。可以为该参数传递CRect对象。

lpDxWidths:表示初始字符与相邻字符单元距离的数组的指针。例如lpDxWidths[I]表示I字符与I+1字符单元的分隔距离。如果lpDxWidths为NULL,ExtTextOut使用缺省值。

Str:包含要绘制的字符的CString对象。

调用该成员函数使用当前字体在矩形内书写字符串,矩形区域可以是透明的(用当前背景色填充),也可以是一个剪切区域。如果nOptions为0且lpRect为NULL,函数在向设备上下文书写文本时不需要矩形区域。默认地,当前位置不会被函数使用或更新。如果当调用ExtTextOut时,应用需要更新当前值,应用会调用将nFlag设置为TA_UPDATECP的CDC成员函数SetTextAlign。当该标志已设定时,Windows在ExtTextOut随后的调用中会覆盖x和y,而使用当前位置。当使用TA_UPDATECP更新当前位置时,ExtTextOut把上一行文字末尾或lpDxWidths数组的末元素指定的位置设置为当前位置,具体看哪一个大一些。

理解了上述函数后,修改View类的OnDraw函数,编写如下代码:

```
void COdrawTextView::OnDraw(CDC * pDC)
{
    COdrawTextDoc * pDoc = GetDocument();
    ASSERT_VALID(pDoc);
    // TODO: add draw code for native data here
    CString str;
    str = "Hello JLUZH I'm teacher wen ";
    CRect rect(10,100,200,200);
    pDC->DrawText (str,rect,DT_CENTER|DT_NOCLIP);
}
```

接下来编译调试,模拟其中运行的结果如图4-41所示。

2. 基本图形图像操作

基本图形图像操作包括画点、画线、画图形,首先介绍几个基本的函数,然后通过一个实例演示,说明其用法。

(1) 设定像素点的颜色

```
COLORREF SetPixel( int x, int y, COLORREF crColor );
COLORREF SetPixel( POINT point, COLORREF crColor );
```

参数含义如下:

X:指定字符串首字符单元的X逻辑坐标。

Y:指定字符串首字符单元的 Y 逻辑坐标。

Point:要设置的像素点。

crColor:指定的颜色。

该函数将指定坐标处的像素设为指定的颜色如果函数执行成功,那么返回值就是函数设置像素的 RGB 颜色值。这个值可能与 crColor 指定的颜色有所不同,之所以有时发生这种情况是因为没有找到对指定颜色进行真正匹配造成的。如果函数失败,那么返回值是-1。如果像素点坐标位于当前剪辑区之外,那么该函数执行失败。

(2) 设置当前点

```
CPoint MoveTo( int x, int y );
CPoint MoveTo( POINT point );
```

参数含义如下:

X:指定字符串首字符单元的 X 逻辑坐标。

Y:指定字符串首字符单元的 Y 逻辑坐标。

Point:要设置的像素点。

其功能为设置当前位置为(x, y)或 point,返回值为原当前位置的坐标,以 POINT 结构或 CPoint 类对象的形式表示。

(3) 画线函数

```
BOOL LineTo( int x, int y );
BOOL LineTo( POINT point );
```

其功能为使用 DC 中的笔从当前位置画线到点(x, y)或 point,若成功返回非 0 值。例如,将 OnDraw()函数做如下修改:

```
void CDrawLineView::OnDraw(CDC * pDC)
{
    CDrawLineDoc * pDoc = GetDocument();
    ASSERT_VALID(pDoc);
    // TODO: add draw code for native data here
    CRect rect;
    GetWindowRect( &rect );
    pDC->MoveTo( rect.TopLeft( ));
    pDC->LineTo( rect.CenterPoint( ));
    pDC->LineTo( rect.right, rect.top );
    pDC->LineTo( rect.CenterPoint( ).x, rect.bottom );
}
```

编译并在模拟器中运行后,就会得到如图 4-42 所示的效果。

(4) 画矩形框

```
BOOL Rectangle( int x1, int y1, int x2, int y2 );
```

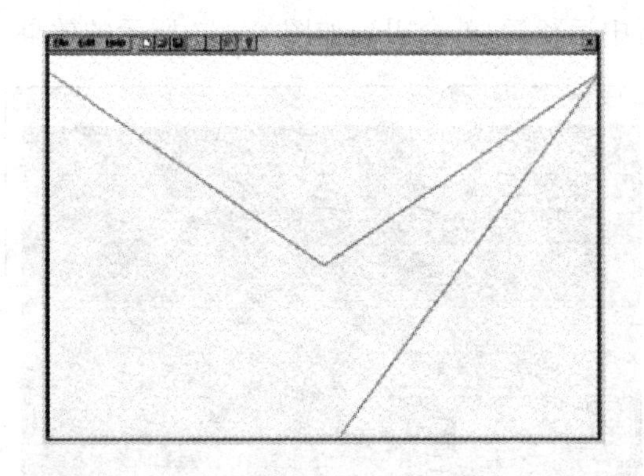

图 4-42 画线

```
BOOL Rectangle( LPCRECT lpRect );
```

使用 DC 中的笔画左上角为(x1, y1)、右下角为(x2, y2)或范围为 * lpRect 的矩形的边线，并用 DC 中的刷填充其内部区域。有时需要根据用户给定的两个任意点来重新构造左上角和右下角的点。例如，将 OnDraw()函数做如下修改：

```
void CDrawLineView::OnDraw(CDC * pDC)
{
    CDrawLineDoc * pDoc = GetDocument();
    ASSERT_VALID(pDoc);
    // TODO: add draw code for native data here
    //(1) Create and select a solid blue brush.
    CBrush brushBlue(RGB(0, 0, 255));
    CBrush * pOldBrush = pDC->SelectObject(&brushBlue);
    //(2)Create and select a thick, black pen.
    CPen penBlack;
    penBlack.CreatePen(PS_SOLID, 3, RGB(0, 0, 0));
    CPen * pOldPen = pDC->SelectObject(&penBlack);
    //(3)Get the client rectangle.
    CRect rect;
    GetClientRect(rect);
    //(4)Shrink the rectangle 20 pixels in each direction.
    rect.DeflateRect(20, 20);
    //(5)Draw a thick black rectangle filled with blue.
    pDC->Rectangle(rect);
    //(6)Put back the old objects.
    pDC->SelectObject(pOldBrush);
    pDC->SelectObject(pOldPen);
}
```

编译并在模拟器中运行后，就会得到如图 4-43 所示的效果。

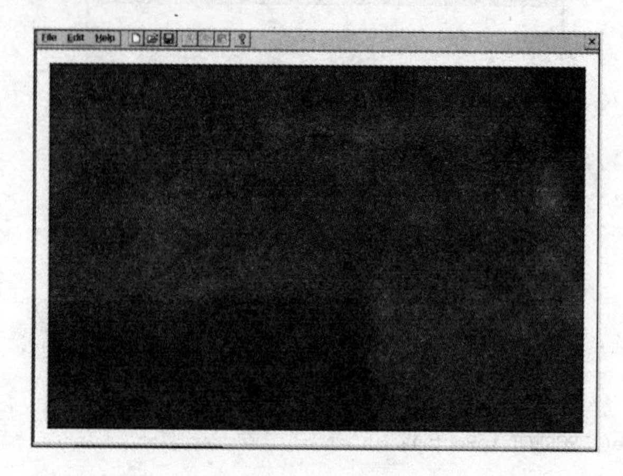

图 4-43 画矩形

(5) 画圆、椭圆

```
BOOL Ellipse( int x1, int y1, int x2, int y2 );
BOOL Ellipse( LPCRECT lpRect );
```

使用 DC 中的笔在左上角为(x1, y1)、右下角为(x2, y2)或范围为 CDC 中没有画圆的专用函数。在这里，圆是作为椭圆的(宽高相等)特例来画的。

例如，将 OnDraw()函数做如下修改：

```
void CDrawLineView::OnDraw(CDC * pDC)
{
 CDrawLineDoc * pDoc = GetDocument();
 ASSERT_VALID(pDoc);
 CBrush brushBlue(RGB(0, 0, 255));
 CBrush * pOldBrush = pDC->SelectObject(&brushBlue);
 CPen penBlack;
 penBlack.CreatePen(PS_SOLID, 3, RGB(0, 0, 0));
 CPen * pOldPen = pDC->SelectObject(&penBlack);
 CRect rect;
 GetClientRect(rect);
 rect.DeflateRect(20, 20);
 pDC->Ellipse(rect);
 pDC->SelectObject(pOldBrush);
 pDC->SelectObject(pOldPen);
}
```

编译并在模拟器中运行后，就会得到如图 4－44 所示的效果。

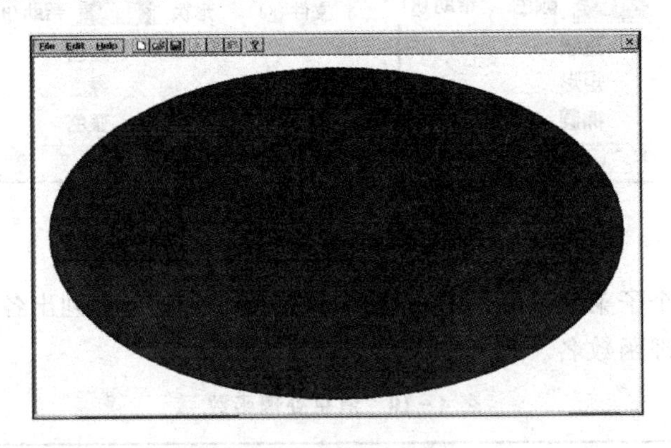

图 4－44　画椭圆

4.6.4　综合画图编程实例

下面通过一个简单的画图程序来进一步学习 MFC 单文档应用程序的编写。程序实现的功能是通过菜单选择绘制的图形和画笔的颜色，然后通过鼠标拖动来实现简单的图形绘制。

步骤如下：

① 建立一个基于单文档的应用程序，如图 4－45 所示。

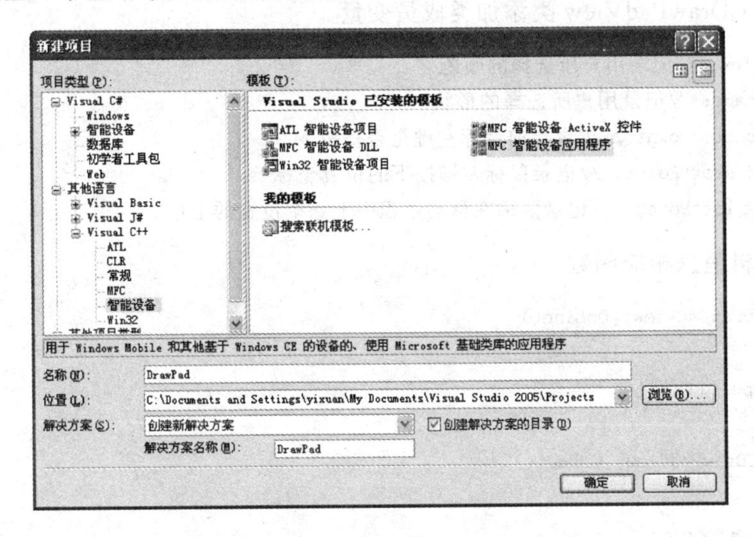

图 4－45　新建一个基于单文档的应用程序

② 修改添加菜单项，并为菜单项添加消息处理函数。分别添加形状、颜色两个主菜单，并在形状菜单下添加直线、矩形、椭圆 3 个子菜单，在颜色菜单下添加红色、绿色、蓝色 3 个子菜单，如图 4－46 所示。

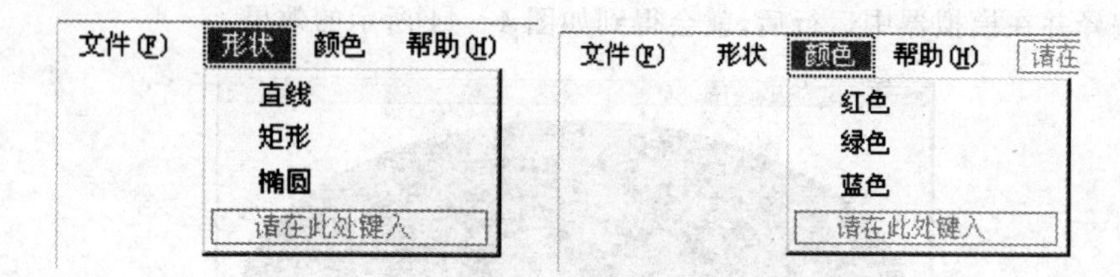

图 4-46　添加菜单项

分别为这 6 个子菜单项添加消息处理函数，表 4-10 分别列出各菜单项的 ID 号和对应的消息处理函数名。

表 4-10　消息处理函数

菜单项	菜单 ID	消息处理函数名
直线	ID_LINE	OnLine()
矩形	ID_RECT	OnRect()
椭圆	ID_ELLIPSE	OnEllipse()
红色	ID_COLOR_RED	OnColorRed()
绿色	ID_COLOR_GREEN	OnColorGreen()
蓝色	ID_COLOR_BLUE	OnColorBlue()

③ 为 CDrawPadView 类添加类成员变量。

```
int color; //记录用户所选择的颜色
int shape; //记录用户所选择的形状
bool buttonDown; //记录当前鼠标左键是否被按下
CPoint startPoint; //记录鼠标左键按下的位置坐标
CPoint lastPoint; //记录鼠标在移动过程中上一个位置的坐标
```

④ 编辑消息相应函数。

```
void CDrawPadView::OnLine()
{
    shape = 1;
}
void CDrawPadView::OnRect()
{
    shape = 2;
}
void CDrawPadView::OnEllipse()
{
    shape = 3;
}
```

```
void CDrawPadView::OnColorRed()
{
  color = 1;
}

void CDrawPadView::OnColorGreen()
{
  color = 2;
}
void CDrawPadView::OnColorBlue()
{
  color = 3;
}
```

⑤ 添加鼠标相应事件。在这里需要添加对应鼠标左键按下的响应、鼠标移动事件的响应和鼠标左键弹起的响应。在类视图中选择 CDrawPadView 类，在属性视图中选择“消息”。分别找到 WM_LBUTTONDOWN、WM_LBUTTONDOWN 和 WM_MOUSEMOVE 事件，添加消息处理函数，如图 4-47 所示。

图 4-47 添加鼠标事件

⑥ 编辑鼠标事件代码。

```
void CDrawPadView::OnLButtonDown(UINT nFlags, CPoint point)
{
  // TODO: 在此添加消息处理程序代码和/或调用默认值
  startPoint = point;
  lastPoint = point;
  buttonDown = true;
  CView::OnLButtonDown(nFlags, point);
}

void CDrawPadView::OnMouseMove(UINT nFlags, CPoint point)
{
// TODO: 在此添加消息处理程序代码和/或调用默认值
  if(buttonDown)
  {
    //使用白色画笔把上一次画的图形擦掉
    CClientDC dc(this);
    CPen whitePen;
    whitePen.CreatePen(PS_SOLID, 3, RGB(255, 255, 255));
```

```
CPen * pOldPen = dc.SelectObject(&whitePen);
switch(shape)
{
case 1:
  dc.MoveTo(startPoint);
  dc.LineTo(lastPoint);
  break;
case 2:
  dc.Rectangle(startPoint.x,startPoint.y,lastPoint.x,lastPoint.y);
  break;
case 3:
  dc.Ellipse(startPoint.x,startPoint.y,lastPoint.x,lastPoint.y);
  break;
}
  dc.SelectObject(pOldPen);
//使用彩色画笔在新的位置画图形
CPen colorPen;
switch(color)  //画笔颜色
{
case 1:
  colorPen.CreatePen(PS_SOLID, 3, RGB(255, 0, 0));
  break;
case 2:
  colorPen.CreatePen(PS_SOLID, 3, RGB(0, 255, 0));
  break;
case 3:
  colorPen.CreatePen(PS_SOLID, 3, RGB(0, 0, 255));
  break;
default:
  colorPen.CreatePen(PS_SOLID, 3, RGB(255, 255, 255));
}
pOldPen = dc.SelectObject(&colorPen);
switch(shape)
{
case 1:
  dc.MoveTo(startPoint.x,startPoint.y);
  dc.LineTo(point.x,point.y);
  break;
case 2:
  dc.Rectangle(startPoint.x,startPoint.y,point.x,point.y);
  break;
case 3:
```

```
        dc.Ellipse(startPoint.x,startPoint.y,point.x,point.y);
        break;
      }
    dc.SelectObject(pOldPen);
  }
  lastPoint = point;
  CView::OnMouseMove(nFlags, point);
}

void CDrawPadView::OnLButtonUp(UINT nFlags, CPoint point)
{
// TODO: 在此添加消息处理程序代码和/或调用默认值
buttonDown = false;
CView::OnLButtonUp(nFlags, point);
}
```

⑦ 最终运行效果如图 4-48 所示。

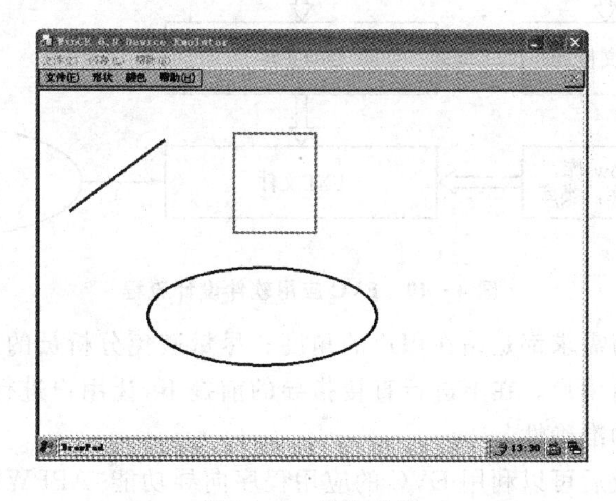

图 4-48 运行效果

4.7 EVC 实例分析

4.7.1 EVC 应用软件设计步骤

通过前面的学习，总结了使用 EVC 开发应用软件的流程，如图 4-49 所示，本小节结合俄罗斯方块游戏来介绍如何设计一个应用软件。

软件项目分析的主要任务是深入描述软件的功能和性能，确定软件设计的约束和软件同其他系统元素的接口细节，定义软件的其他有效性需求，借助于当前系统的逻辑模型导出目标系统逻辑模型，解决目标系统“做什么”的问题。进行项目分析时，

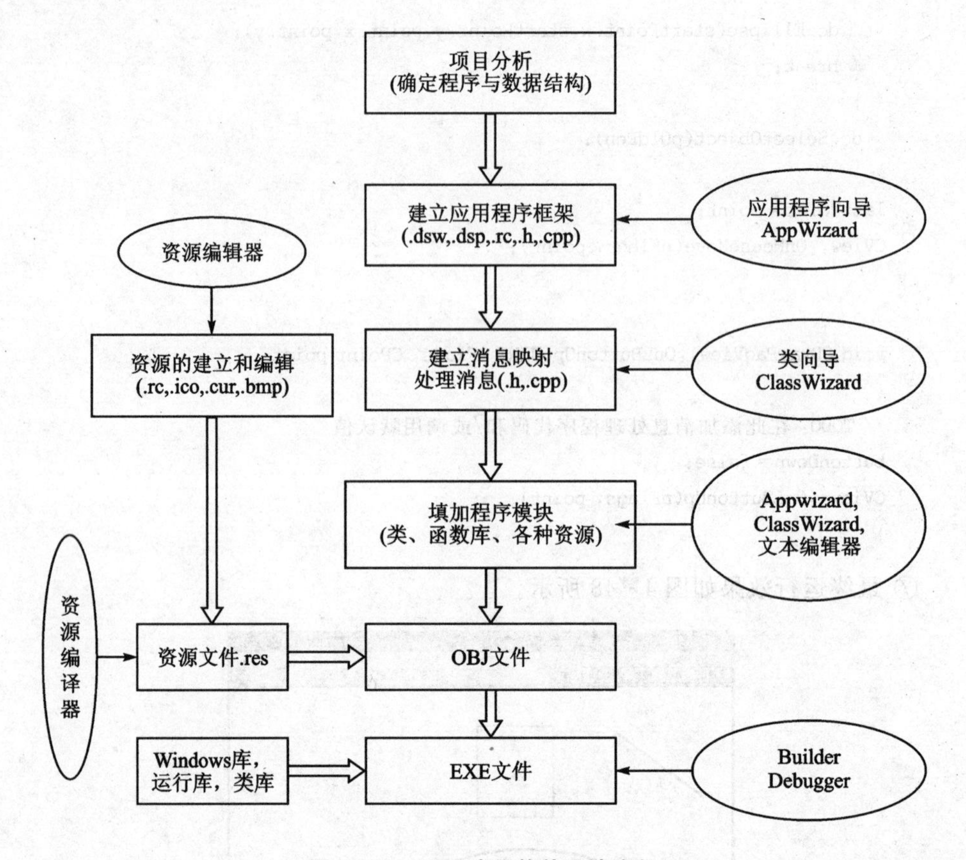

图 4-49　EVC 应用软件设计流程

应注意一切信息与需求都是站在用户的角度。尽量避免分析员的主观想象,并尽量将分析进度提交给用户。在不进行直接指导的前提下,让用户进行检查与评价。从而达到需求分析的准确性。

项目分析完成后可以利用 EVC 的应用程序向导功能"APPWIZARD"搭建一个应用程序框架,应用程序框架生成后,EVC 会自动生成应用程序的基本代码,要做的工作就是在这个基础上添加自己的应用。

如果熟练的话可以自己编写代码来实现建立消息映射,当然使用事件处理程序向导来创建消息映射是最简单的办法,如图 4-50 所示。

消息机制建立好后,用户的主要工作就是要实现所设计软件的功能函数,这个过程中可能还需要使用资源编辑一些资源如对话框、菜单等。源代码实现后就可以编译、链接生成目标代码,然后就可以下载到模拟器或者目标设调试运行了。

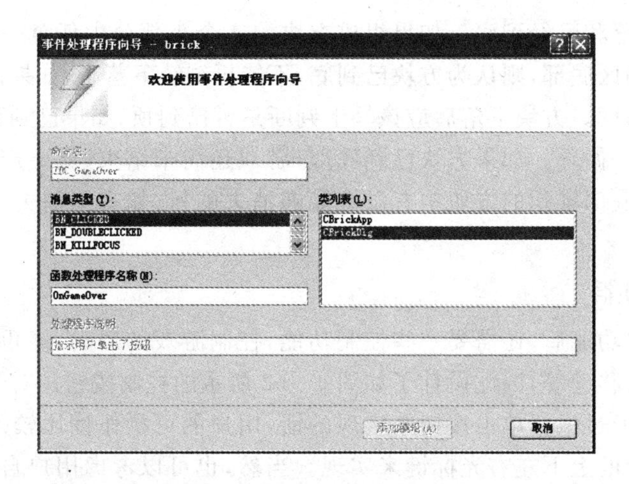

图 4-50 事件处理程序

4.7.2 实例功能分析

1. 俄罗斯方块的核心功能

传统的俄罗斯方块玩法很简单，随机产生的 7 种形状之一的方块从绘图区上部向下落，在下落过程中可以改变它们的位置及旋转固定的角度。方块落到绘图的下方堆积起来，如果任何一行被堆满则自动消去这一行。方块不断产生，直至堆积到绘图区顶端，游戏结束，如图 4-51 所示。

游戏的设计离不开图像图案的处理。微软基础类库(mfc)封装了 GDI，即“图形设备接口”，包含了各种绘图类及相关的绘图函数。而 MFC 的 CDC 提供了多种与绘图有关的函数。利用 GDI 配合建立 CDC 对象，就可以按照程序设计者的意愿在画布窗口上绘制一些图形。

图 4-51 俄罗斯方块原理

随机产生方块可以调用 rand()函数，此函数返回一个随机整数。程序中将此返回值对 7 求模，就可得到随机产生的在 0 和 6 之间的整数。每一种整数对应一种形状的方块。方块的自由下落可以看作是每过一定的时间间隔就下移一个单位高度，这个高度是由程序来控制的。这样，就可以通过定时起来完成每次下移一个单位高度的任务。定时器的函数原型是 OnTimer(UINT nIDEvent)，这个函数可以 ClassWizard 创建。当不想让定时再继续工作的时候，可以调用函数 KillTimer(int nIDEvent)，nIDEvent 是定时器的标识。方块下落有两种状

态:可以继续下落和已经到底。如果组成方块的4个小部分中任意一部分碰到了别的方块或是绘图区底部,则认为方块已到底,不能再继续下落了,如果没有,则还可再下落一个单位高度。方块下落后应该马上判断是否已到顶,如果已到顶,游戏就结束了,否则继续下一循环。如果方块已到底部,游戏还尚未结束,就要产生下一个新的方块,随机判断底部堆积的方块中有没有能够消去的行,如有则消去,随后新产生的方块继续下落。

2. 控制功能

分析了核心功能后,还需要一些控制功能,控制游戏的启动、停止、暂停,控制俄罗斯方块的左右移动等,因此设计了如图4-52所示的控制按钮。对于向左、右的移动,如果仅仅是通过鼠标单击按钮来实现的话,用户的可操作性比较差,因此还需要考虑使用键盘上的上下左右光标键来实现。当然,也可以考虑用户自定义键或者游戏柄,把这些作为扩展功能,如果有兴趣可以设计一个新的版本,添加这些功能。另外还需要对俄罗斯方块的图形进行翻转功能,考虑用"Up"按钮来实现,同时,对于熟练的用户用"Down"可以实现俄罗斯方块的加速向下移动,以增强用户的体验感。

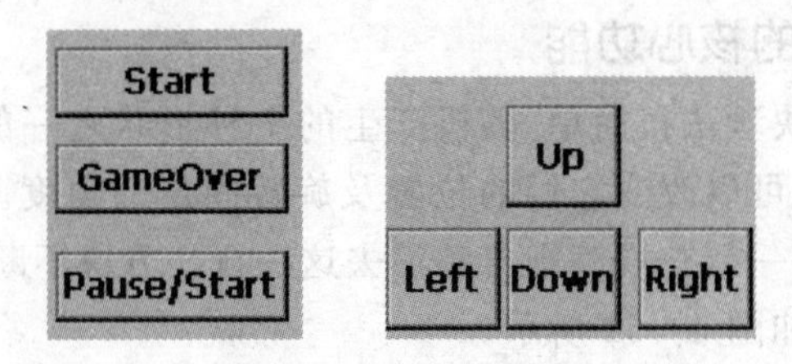

图4-52 控制按钮

3. 输出信息

其实,上面谈及的控制按钮传达了用户让计算机"干什么",软件在运行的过程中,也需要向用户输出一些信息,表明软件执行的状态,以便让用户判断,然后执行下一步操作。在本例中,用户在移动前一块俄罗斯方块的过程,给出下一个随机出现的俄罗斯方块的提示,这样以便于用户提前做好移动翻转的准备。另外游戏结束后应给出"Game Over"的提示,并给出用户的积分和等级的提示,随着等级的增加,可以考虑适当地增加游戏的难度,比如俄罗斯方块下降的速度、俄罗斯方块结构的变化等。基于以上分析,设计了如图4-53所示的功能。

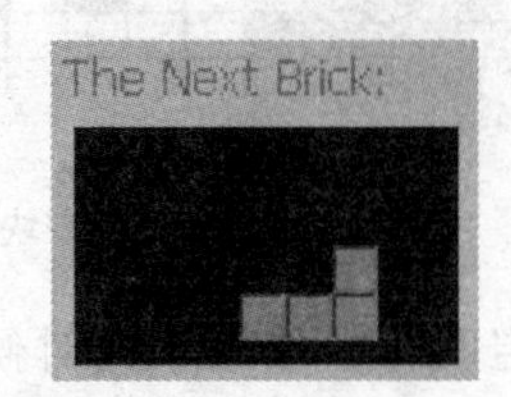

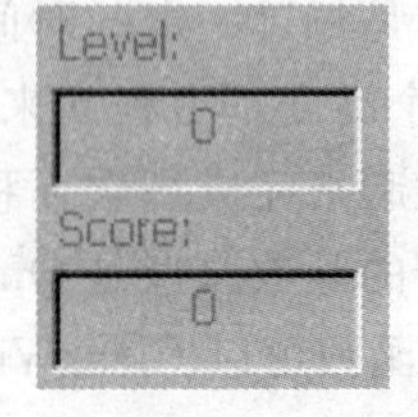

图4-53 输出信息

4. 扩展功能

扩展功能可以在下一个版本中实现，有兴趣可以增加其他一些功能，比如网络对战、声音效果、动画效果、存档功能和游戏柄控制等，这里不再赘述。

4.7.3 界面设计

人机界面(Human - Computer Interface，简写 HCI)：是人与计算机之间传递、交换信息的媒介和对话接口，是计算机系统的重要组成部分。人机交互功能主要靠可输入输出的外部设备和相应的软件来完成。可供人机交互使用的设备主要有键盘显示器、鼠标、各种模式识别设备等。与这些设备相应的软件就是操作系统提供人机交互功能的部分。人机交互部分的主要作用是控制有关设备的运行和理解并执行通过人机交互设备传来的有关的各种命令和要求。早期的人机交互设施是键盘、显示器。操作员通过键盘打入命令，操作系统接到命令后立即执行并将结果通过显示器显示。打入的命令可以有不同方式，但每一条命令的解释是清楚的、唯一的。

在本例中是通过图形化界面给用户提供了一个可视化的操作过程，其界面如图 4 -54 所示。界面设计的原则是控件的布局要合理、符合用户操作习惯，颜色、色调要协调，让人产生舒服感。

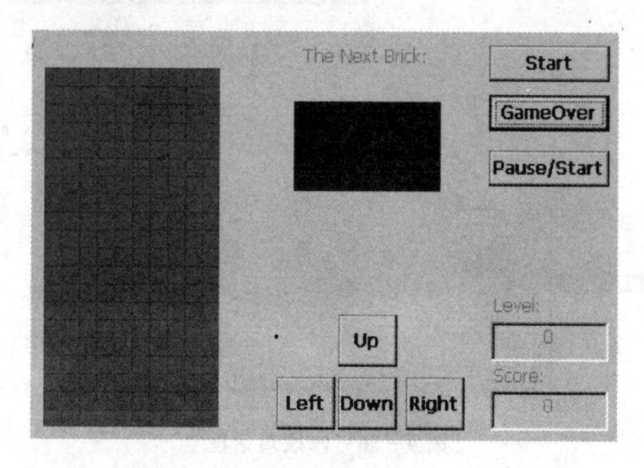

图 4 - 54 界面设计

4.7.4 代码设计与调试

① 新建工程，利用 MFC AppWizard 建立一个基于对话框的应用程序，如图 4 - 55 所示，应用程序框架建好之后，程序基本的结构都有了，并且可以编译运行一下，之后所做的工作就是要将上小节分析的功能实现，为此专门设计了 CbrickDlg 类来实现这些功能。

② 打开源文件的资源，修改对话框，如图 4 - 56 所示。

对应控件的 ID 及 caption 如表 4 - 11 所列，控件的其他属性采用默认值。

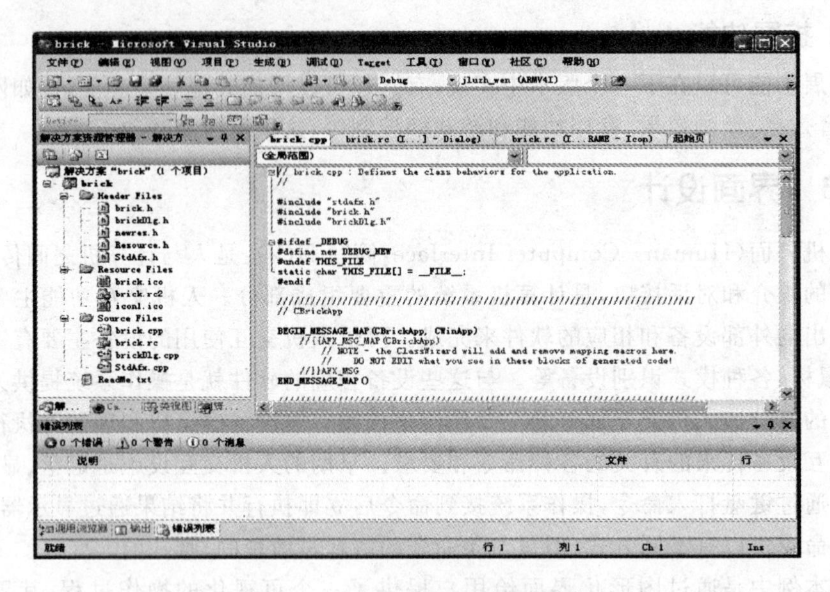

图 4-55 基于对话框的应用程序

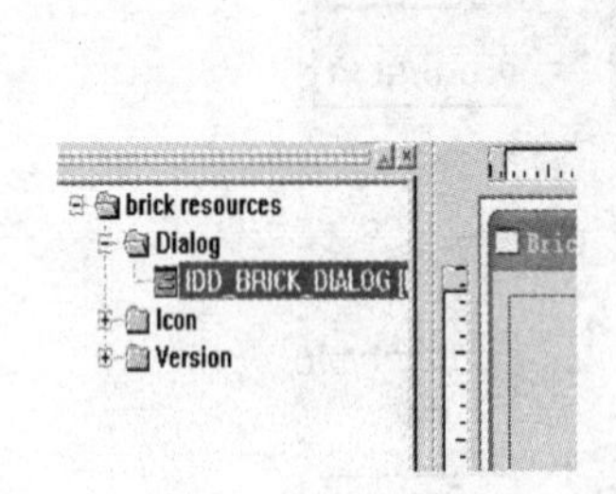

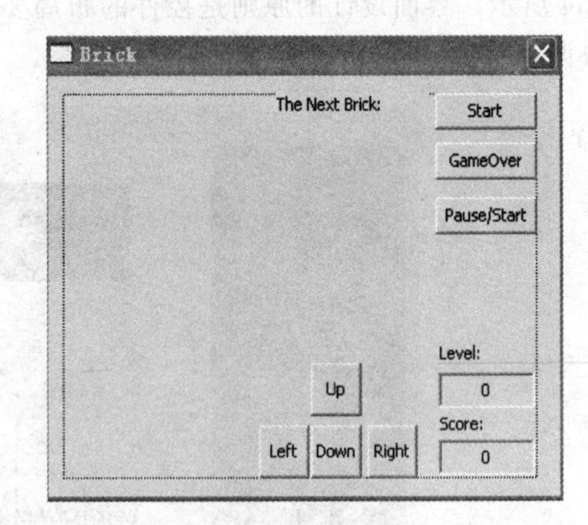

图 4-56 修改对话框

表 4-11 控件 ID 和 Caption 设计

Caption	ID	Caption	ID
The Next Brick	IDC_STATIC	Down	IDC_DOWN
Start	IDC_GameStart	Right	IDC_RIGHT
Gameover	IDC_GameOver	Level	IDC_STATIC2
Pause/Start	IDC_PAUSE	EditBox	IDC_LEVEL
Up	IDC_UP	Score	IDC_STATIC
Left	IDC_LEFT	EditBox	IDC_STATIC_NUM

③ 选择资源视图，切换到对话框界面，出现如图 4－57 所示的界面，在界面中选中控件，单击右键添加消息处理函数，如图 4－58 所示。创建的消息处理函数中，OnCreate、OnCtlColor、OnTimer 对应 Windows 消息，分别为 WM_CREATE，WM_CTLCOLOR、WM_TIMER、OnLeft、OnRight、OnDown、OnUp 对应的是相应按钮，从对象 ID 列表框选取，余下的消息处理函数请参照源代码添加。

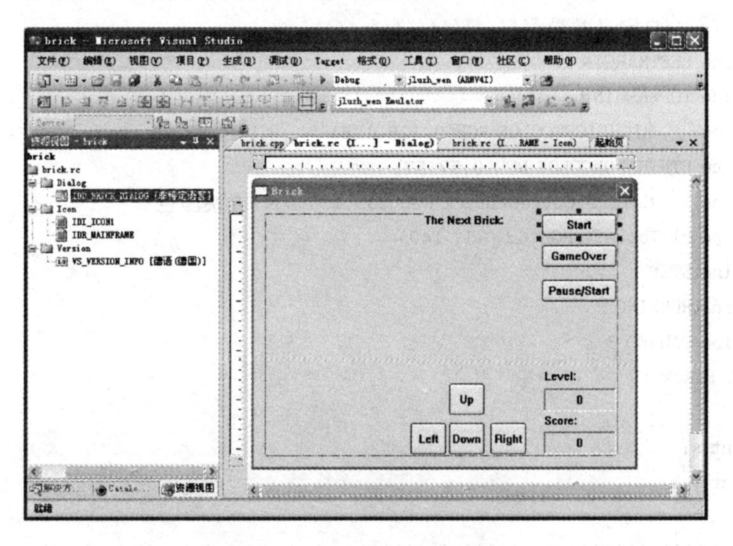

图 4－57　对话框界面设计

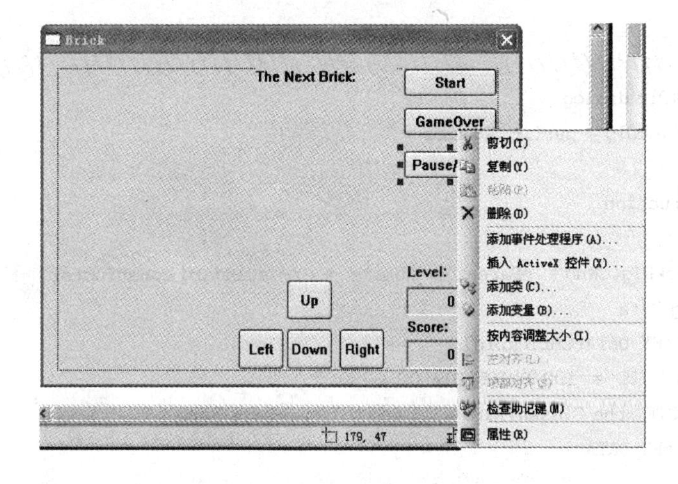

图 4－58　添加消息处理函数

④ 此时，ClassWizard 已经把程序消息处理的框架搭好了，剩下的事情就是添加代码了，为了节省篇幅，在此只给出 brickDlg 类的头文件，其余的代码，请参考源码。

```
// brickDlg.h : header file
#if !defined(AFX_BRICKDLG_H__8F782CE1_7832_4364_86DE_2A60573808AE__INCLUDED_)
```

```
#define AFX_BRICKDLG_H__8F782CE1_7832_4364_86DE_2A60573808AE__INCLUDED_

#if _MSC_VER >= 1000
#pragma once
#endif // _MSC_VER >= 1000

///////////自定义常量///////////////
#define LEFTMARGIN 10
#define TOPMARGIN 5
#define      HIGHLIGHTCOLOR RGB(0,128,128)
#define BTNSHADOWCOLOR RGB(0,57,57)
#define      ColorOfCurrentBrick RGB(255,255,0)//方块颜色
#define clrTopLeft RGB(68, 71, 140)
#define STOP 1
#define RUNNING 2
#define PAUSED 3
struct Brick
{
    int x;
    int y;
};
////////////////////////////////////


/////////////////////////////////////////////////////////////////////////////
// CBrickDlg dialog
class CBrickDlg : public CDialog
{
// Construction
public:
    CBrickDlg(CWnd * pParent = NULL);    // standard constructor
// Dialog Data
    //{{AFX_DATA(CBrickDlg)
    enum { IDD = IDD_BRICK_DIALOG };
    // NOTE: the ClassWizard will add data members here
    //}}AFX_DATA

    // ClassWizard generated virtual function overrides
    //{{AFX_VIRTUAL(CBrickDlg)
    public:
    virtual BOOL PreTranslateMessage(MSG * pMsg);
    protected:
    virtual void DoDataExchange(CDataExchange * pDX);    // DDX/DDV support
```

```
    //}}AFX_VIRTUAL

///////////自定义成员/////////////////
protected:

///////////数据成员///////////////////
    COLORREF ColorOfMatrixOfBricks[20][10];
    BOOL EraseALine,BrickAtBottom;
    int MatrixOfBricks[20][10];
    int GameState;
    Brick CurrentBrick[5],LastPositionOfBrick[4];
    int TimerInterval;      // 定时器间隔
    int Level;

    int WIDTHOFBRICKS;
    int HEIGHTOFBRICKS;
    CFont StaticFont;
//////////////////////////////////////////

///////////函数成员/////////////////////
    void myDraw(void);      // 绘制新图
    void GenerateABrick();      // 启动游戏,调用 myDraw()刷新
    void CanEraseALine();      //
    void IsGameOver();
    int Isbottom();    //
    int IsOutOfRect(int w);      //
    void RotateBrick(void);      //
    void RefreshBricks(void);      //
    void InitBricks();
    void RefreshAll(void);
    void PutMessage(int GameLevel);
    void Stop(void);
    void Pause(void);
    void Start(void);
    void Exit(void);
    void OnKey(UINT nChar);//处理输入信息的函数控制方块的运动
    void CreateNumber();//获取随机的数据
    void DrawNextBrick();//绘制下一个方块以提示

/////////////////////////////////////////
// Implementation
protected:
    HICON m_hIcon;
```

```
    // Generated message map functions
    //{{AFX_MSG(CBrickDlg)
    virtual BOOL OnInitDialog();
    afx_msg void OnGameOver();
    afx_msg void OnGameStart();
    afx_msg void OnUp();
    afx_msg void OnDown();
    afx_msg void OnLeft();
    afx_msg void OnRight();
    afx_msg void OnPause();
    afx_msg void OnTimer(UINT nIDEvent);
    afx_msg int OnCreate(LPCREATESTRUCT lpCreateStruct);
    afx_msg void OnPaint();
    afx_msg HBRUSH OnCtlColor(CDC * pDC, CWnd * pWnd, UINT nCtlColor);
    //}}AFX_MSG
    DECLARE_MESSAGE_MAP()
};
//{{AFX_INSERT_LOCATION}}
// Microsoft eMbedded Visual C++ will insert additional declarations immediately before the previous line.
#endif // !defined(AFX_BRICKDLG_H__8F782CE1_7832_4364_86DE_2A60573808AE__INCLUDED_)
```

⑤ 源代码写好之后，就可以编译调试了，图 4-59 所示就是俄罗斯方块游戏在模拟器中运行的结果。

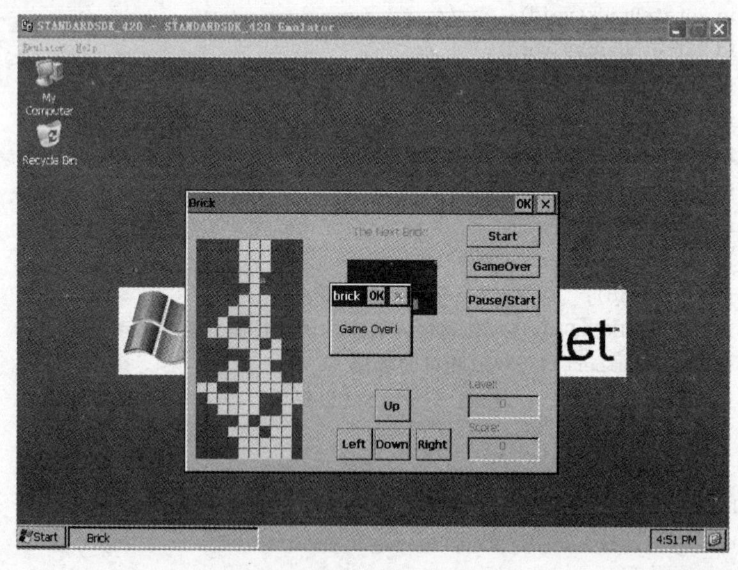

图 4-59　运行俄罗斯方块游戏

思考题四

1. 使用控件编程有什么好处?
2. 如何创建用户控件?
3. 完成组合框的编程。
4. 完成滚动条的编程。
5. 完善滑动条和进度条的程序。
6. 设计一程序利用鼠标在屏幕上画线、矩形和椭圆。

第5章

C#开发嵌入式应用程序基础

Visual Studio.NET开发平台是一款功能强大的、集成了多种编程语言的软件开发工具，其中C#是微软公司最新推出的新一代面向对象编程语言。利用Visual Studio.NET开发平台和C#语言，程序员可以快速开发出嵌入式应用程序。本章首先介绍.NET开发环境和开发流程，然后结合实例重点介绍C#开发嵌入式应用程序的相关技术，包括窗体设计技术、文件读取技术、图形图像处理技术以及组件编程技术。

5.1 Visual Studio开发环境

5.1.1 .NET Framework

.NET平台是由微软公司推出的全新应用程序开发平台，可用来构建和运行新一代Microsoft Windows和Web应用程序。它建立在开放体系结构基础之上，集Microsoft在软件领域的主要技术成就于一身。

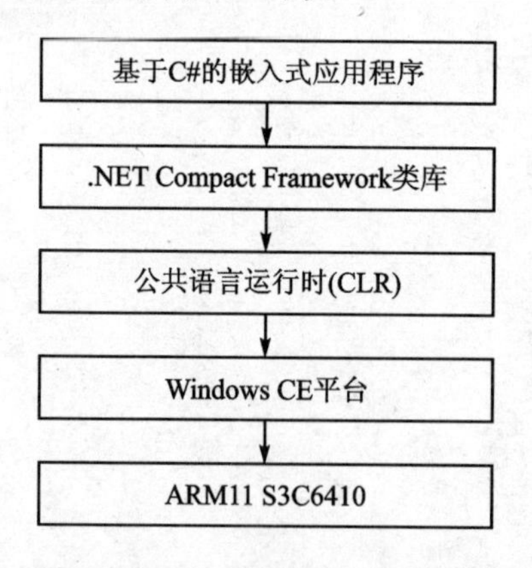

图5-1 基于Windows CE平台的.NET CF框架

基于Windows CE平台的.NET Compact Framework框架结构如图5-1所示。其中.NET Framework是.NET平台中最核心的部分，为.NET平台下应用程序的运行提供基本框架。针对嵌入式开发，微软提供了.NET Framework的精简版，即.

NET Compact Framework(简称.NET CF),它是专门为内存资源较少的嵌入式设备设计的。

.NET Compact Framework 包括两个重要组件:公共语言运行时(Common Language Runtime,简称为 CLR)和.NET Compact Framework 类库。

公共语言运行时是.NET Compact Framework 的基础,提供内存管理、线程管理和远程处理等核心服务。在.NET 平台上,无论用户使用哪一种编程语言编写的程序,在编译时语言编译器都会把它翻译成 MSIL(微软中间语言代码),在运行应用程序时,公共语言运行时自动把中间语言代码再翻译成计算机操作系统所能识别的机器语言代码,之后执行并返回结果。因此,公共语言运行时是应用程序的托管环境,为程序的运行提供了一系列的安全性保障措施。

.NET Compact Framework 类库是一个与公共语言运行库紧密集成的可重用的类型集合。该类库是面向对象的,集成了多种可重用的类,这些类提供了开发嵌入式应用程序所需要的各种功能组件,这样有助于提高应用程序的开发效率。

5.1.2 Visual Studio 开发环境

Visual Studio 是微软公司在.NET 开发平台下推出的功能非常强大的软件开发工具,Visual Studio 开发平台集成了多种语言,提供一套完整的解决方案,Visual Basic.NET、C#.NET 和 Visual C++.NET 都使用相同的集成开发环境,这样就能够进行工具共享,并能够轻松地创建混合语言解决方案。同时它提供了很多应用程序模板,支持多种类型程序的开发,可以用来创建 Windows 平台下的 Windows 应用程序和网络应用程序,也可以用来创建网络服务、智能设备应用程序和 Office 插件。

Visual Studio 开发平台提供了很多应用程序模板,支持多种类型程序的开发,常用的有以下几种:

1. 控制台应用程序

控制台应用程序没有图形用户界面,在命令行方式下运行,用于交互性操作不多、主要偏重于内部功能实现的场合。

2. Windows 应用程序

Windows 应用程序实现 Windows 窗体形式的图形用户界面,主要用于交互性操作较多的场合,如管理信息系统、大型网络游戏以及其他高端的网络开发与应用设计。

3. ASP.NET Web 应用程序

ASP.NET Web 应用程序实现可以被客户端浏览的网页界面,如目前流行的各类网站以及基于 Web 的网络办公系统等。

4. 智能设备应用程序

智能设备应用程序运行在移动设备(如 PDA 和 Smartphone)上。.NET 平台支持像 Windows Mobile、Windows CE 等操作系统上的嵌入式应用程序的开发,使用.NET Compact Framework,之前开发桌面应用程序的程序员可很快地适应嵌入式应用程序的开发。

用 Visual Studio.NET 开发嵌入式应用程序之前需要先安装 Visual Studio 开发平台,其安装步骤较为简单,选择默认安装即可。本章所有程序的开发环境为 Visual Studio 2005,运行环境为 Windows CE 6.0 操作系统。由于 Windows CE 6.0 系统是一个程序运行的平台,而开发程序都是在 PC 机端进行的,开发者经常需要通过 PC 端将编译完成的程序下载至目标硬件设备端上或通过模拟器进行在线调试运行,所以在 PC 端使用 Visual Studio 进行嵌入式应用程序开发之前需要配置开发环境,也就是需要安装目标硬件设备平台的 SDK 和安装 ActiveSyne 同步软件。

关于使用 Platform Builder 软件导出目标硬件平台的 SDK,以及导出硬件平台的 SDK 之后在 PC 端进行安装,整个过程前面章节已有介绍。此外为了让 Windows CE 设备与 PC 机之间进行同步通信,还可以安装 Microsoft ActiveSyne 同步通信软件。通过 ActiveSyne 软件一方面可实现 PC 机与设备进行即时通信,另一方面借助 ActiveSyne 还可以实现 PC 机端访问 Windows CE 设备上的文件信息。除此之外,ActiveSyne 还有一个功能就是当设备端没有以太网口时,如果 PC 端能够连接上 Internet 网,可以用一个 USB 线缆一端连接设备端,另一端连接 PC 端,然后通过 ActiveSyne 软件就可以让设备端也能浏览 Internet。目前 PC 机端使用较多的版本是 Microsoft ActiveSyne 4.5,其安装过程前面章节也有介绍,请读者参考前面章节中的内容。

安装完以上几项后就可以在 PC 端的 Visual Studio 2005.NET 开发平台上进行 Windows CE 6.0 嵌入式应用程序的开发了。

5.1.3 Visual Studio 开发流程

下面通过 Visual Studio.NET 2005 开发平台创建一个简单的 C# 智能设备应用程序,并将它下载到 ARM11 S3C6410 硬件平台和模拟器上运行和调试,以展示一个完整的基于 Windows CE 6.0 应用程序的开发过程。本例创建一个智能设备应用程序,当用户单击“确定”按钮后在文本框内显示“Hello World!”,单击“退出”按钮后退出程序的运行,程序运行效果如图 5-2 所示。

1. 在 PC 机端编写和编译智能设备应用程序

① 启动 Visual Studio.NET 2005,选择“文件”→“新建”→“项目”菜单项,在弹出的“新建项目”对话框中选择“Visual C#”→“智能设备”→“Windows CE 5.0”,在已安装的模板栏内选择“设备应用程序”,输入项目名 WindowsFormExample,设定

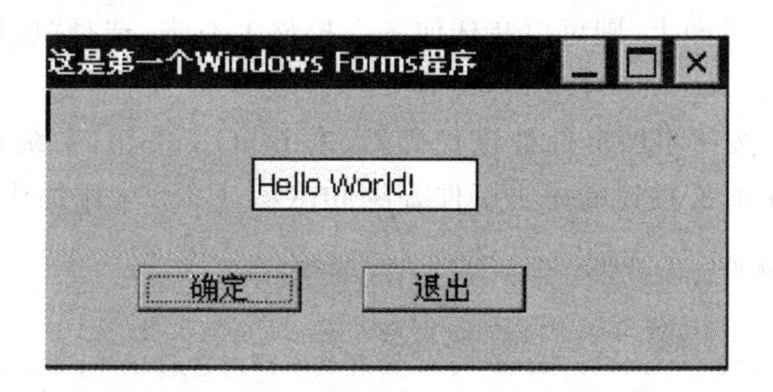

图 5-2　Windows Forms 程序运行效果

好项目保存路径，单击“确定”按钮。则打开 Visual Studio. NET 2005 开发环境界面，同时创建一个名为 WindowsFormExample 的智能设备项目，如图 5-3 所示。

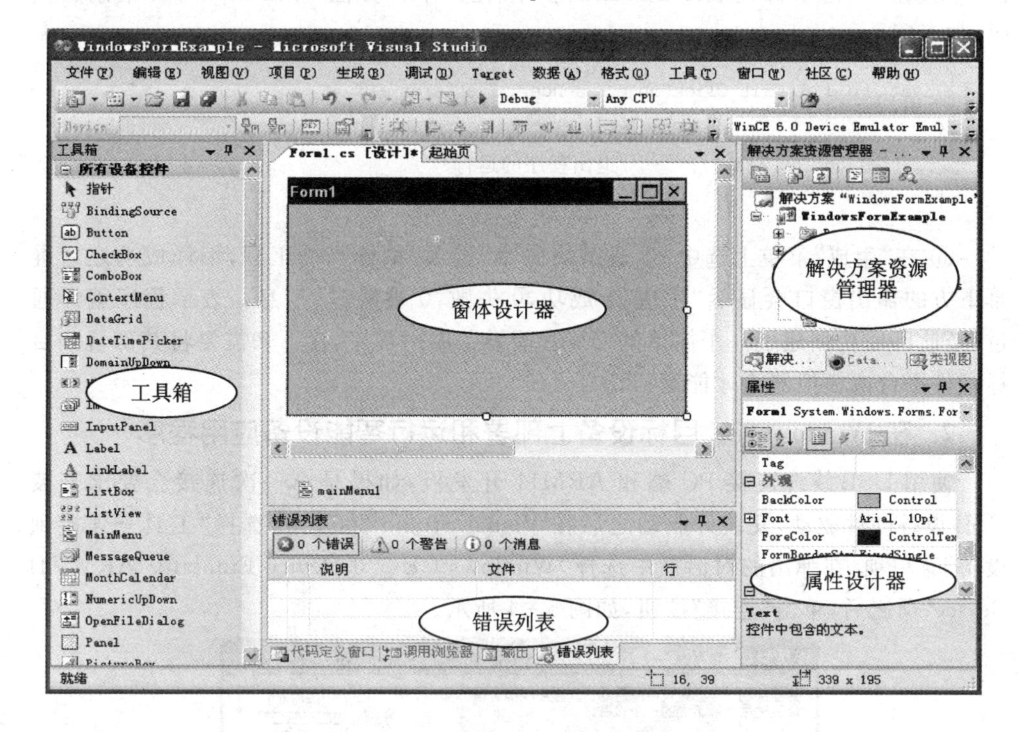

图 5-3　Visual Studio 2005 开发环境界面

② 在“解决方案资源管理器”中右击 Form1. cs，选择“重命名”，将窗体文件的文件名改为“HelloWorld. cs”。

③ 从工具箱中拖出一个 TextBox 控件放于窗体合适位置，再拖出两个 Button 控件放于 TextBox 控件的正下方。在属性设计器中修改窗体及控件的属性：将窗体 Form1 的 Name 属性设置为 FrmHello，Text 属性设置为“这是第一个 Windows Forms 程序”；控件 Button1 的 Name 属性设为 btnOK，Text 属性设为“确定”；控件 Button2 的 Name 属性设为 btnExit，Text 属性设为“退出”。如果属性设计器窗口没

有出现在开发环境界面上，则可以在任何一个控件上右击，选择“属性”快捷菜单，打开属性设计器窗口。

④ 为 btnOK 按钮添加事件处理代码，双击 btnOK 按钮，系统自动切换到代码编辑器窗口，在 btnOK 按钮的单击事件方法 btnOK_Click 中添加代码，如下所示：

```
private void btnOK_Click(object sender, EventArgs e)
{
    textBox1.Text = "Hello World!";    //在文本框内显示 Hello World!
}
```

⑤ 为 btnExit 按钮添加事件处理代码，选中 btnExit 按钮后在属性设计器中单击 按钮，双击事件列表中的 Click 事件，在其事件方法 btnExit_Click 中添加代码，如下所示：

```
private void btnExit_Click(object sender, EventArgs e)
{
    Application.Exit();    //退出程序的运行
}
```

⑥ 在“生成”菜单上选中“生成解决方案”选项，编译当前工程，编译成功之后屏幕下方的输出窗口会显示“生成：1 成功，0 失败，0 被跳过”信息。表示程序编译通过，至此已成功创建了一个简单的 C# 智能设备应用程序，接下来需要将其部署到目标硬件平台或模拟器上才能运行。

2. 在 Windows CE 目标设备上部署和运行智能设备应用程序

使用 USB 线缆连接 PC 端和 ARM11 开发板，如果是第一次连接会要求安装 USB 设备硬件驱动，安装好驱动之后在 Visual Studio 2005 中，选择“工具→连接到设备”菜单项，在弹出的对话框中选择“Windows CE 6.0 Device Emulator ARMV4I Device”项之后，单击“连接”按钮，如图 5-4 所示。

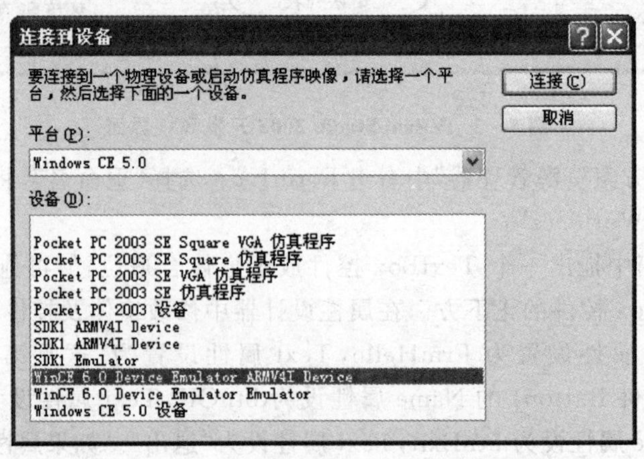

图 5-4　连接到 Windows CE 6.0 设备对话框

在出现连接成功提示框之后，按F5键运行应用程序，则弹出如图5-4所示的部署应用程序窗口，选择“Windows CE 6.0 Device Emulator ARMV4I Device”，单击“部署”按钮，在Visual Studio.NET 2005的状态栏中会显示正在部署的信息，部署成功后，就可以在ARM11开发板上看到程序的运行界面，在程序界面上单击窗口中的“确定”按钮，在文本框内就会显示字符“Hello World!”；单击“退出”按钮可结束程序的运行。

3. 在Windows CE模拟器上部署和运行智能设备应用程序

在Visual Studio.NET 2005开发平台中，选择“工具→连接到设备”，选择“Windows CE 6.0 Device Emulator Emulator”项之后，单击“连接”按钮，就会出现连接成功提示框。按F5键运行应用程序，弹出部署对话框，选择“Windows CE 6.0 Device Emulator Emulator”项，单击“部署”按钮即可在模拟器上看到程序的运行效果。

5.2 C#开发嵌入式应用程序

5.2.1 C#程序基本结构

C#是从C/C++语言演化而来的一种面向对象编程语言，在语句、表达式和运算符方面沿用了许多C++的特点，但在类型安全性、版本转换、事件和垃圾回收等方面进行了相当大的改进和创新。C#不仅拥有C/C++的强大功能以及Visual Basic简易使用的特性，又和Java一样具有面向对象的特性。可以使用C#来创建Windows应用程序、XML Web services程序、分布式组件、客户端/服务器应用程序、智能设备应用程序等。

1. 命名空间

命名空间提供了一种方法来唯一标识一个类型以及进行类型的逻辑组织，是组织和重用代码的编译单元。命名空间可以嵌套使用并可以跨程序集使用。在同一命名空间中，所有的类型必须有一个唯一的名称；不同命名空间中可以存在相同名称的类型，这是避免名称冲突的有效方式。在编写C#程序时，经常把逻辑功能上相关的类型放到同一个命名空间，就像把相关的文件放到同一个文件夹里一样，只不过命名空间只是逻辑意义上的划分，并不是真正物理上的存储分类，在实际应用中经常会出现多个C#源程序文件在磁盘上是分开存放的，但它们却属于同一个命名空间。

用C#开发嵌入式应用程序的一个很方便的地方是，C#程序员可以使用.NET Compact Framework提供的大量的命名空间，这些命名空间中包含已经预定义好的类，程序员可以重用这些类，这使编程更加容易和快速。表5-1为.NET Compact Framework中常用的命名空间，每一个命名空间分别提供了非常多的类，用于完成各种各样的功能。

表 5-1 .NET Compact Framework 中常用的命名空间

命名空间	功能描述
System	定义通常使用的数据类型和数据转换的基本.NET 类
System. Collections	定义列表、队列、泛型和位数组合字符串表
System. Data	定义 ADO. NET 数据库结构
System. Drawing	提供对基本图形功能的访问
System. IO	允许读/写数据流和文件
System. Text	ASCII、Unicode、UTF-7、UTF-8 字符编码处理
System. Threading	多线程编程
System. Windows. Forms	供 Windows 应用程序使用

如果要调用命名空间下某个类提供的方法,可以使用下面的形式:

命名空间.类名称.静态方法名(参数 1,参数 2…,参数 n)

或者:

命名空间.实例名称.方法名(参数 1,参数 2…,参数 n)

上述命名空间可以是某个处于最外层的命名空间,也可以是嵌套于某个命名空间里的子命名空间的完整“路径”。例如:

```
//在窗体上弹出一个消息框,内容显示“hello world!”。
System.Windows.Forms.MessageBox.show(“hello world!”);
```

如果程序中需要多次调用某个命名空间里的方法,最好的办法是使用 using 语句。using 语句的作用是在命名空间中导入其他命名空间中定义的类型,从而简化命名空间的表达形式。例如在程序开头增加 using 引用语句:

```
using System.Windows.Forms;
```

则程序中可将弹出消息框的语句直接写成:

```
MessageBox.show(“hello world!”);
```

也可以用关键字 namespace 为自己的程序集声明命名空间,命名空间的命名规则遵循 C# 标识符的命名规则。

2. 文件结构

一个 C# 应用程序可能包含一个或多个文件,所有这些文件在 Visual Studio 2005 开发环境下,都是用解决方案资源管理器对其进行管理的。一个解决方案中可以包含一个项目也可以包含多个项目,在一个项目中可以包含多个文件和子目录,子目录下又可以包含多个文件。解决方案资源管理器以树形结构显示项目及项目中的文件,方便程序员管理。

C#源文件的扩展名为.cs,文件名可以和类名相同,也可以不同。一个源文件中可以有一个类,也可以有多个类。一个类可以放在一个源文件中,也可以加上 partial 修饰符分散放到多个源文件中,编译器在编译时会将具有相同名称的类自动组合到一起。

对于C#应用程序项目,按F5键后,系统会先编译整个项目,然后自动运行。经过成功编译的项目,在磁盘对应目录里一般会生成和该项目相关的文件夹或文件。各文件夹和文件的用途介绍如下。

① bin文件夹:其中包含Debug子文件夹,存储生成带调试信息的可执行C#程序。还可以包含Release子文件夹,存储生成不带调试信息的可执行C#程序。双击bin\debug目录下的可执行文件(.exe文件),即可运行编译好的C#程序。

② obj文件夹:包含编译过程中生成的中间代码。

③ Properties文件夹:文件夹中包含创建项目自动添加的一些文件。包含各种属性设置,例如可执行文件的版本信息等。一般用工具修改该程序,不要直接修改。

④ .cs源文件:常见的有Program.cs源文件和像Form1.cs和Form1.Designer.cs之类的窗体文件。

⑤ .csproj文件:项目文件。

⑥ .sln文件:解决方案文件。

5.2.2 C#程序语法特点

C#语言是在C/C++的基础上演变过来的,所以有很多语法特点极为相似,比如区分大小写、运算符、表达式、控制语句以及每个语句后都要用";"号结束等方面都基本一致。但C#在保持这种一致的基础上又做了较大的改进,限于篇幅,改进后的不同之处不能一一说明,下面只例举出程序员会经常性碰到的问题,希望引起注意。

① Main方法是应用程序的入口点,Main方法的首字母必须大写,一个应用程序中必须有一个类包含Main方法,默认位置在Program.cs文件的Program类中,但也可以放到其他源文件中。Main方法默认声明为public static类型,除非有特殊理由,一般不要更改Main方法的声明。

② C#的多行注释语法和C语言相同(/*……*/),单行注释的语法和C++相同(//),此外还可以使用XML注释标记(///),为类、接口或者类的成员添加描述。例如使用XML注释为一个方法添加参数和返回值类型的描述后,以后调用该方法时就可以在输入方法名和参数的过程中直接看到注释的内容。

③ 数据类型更丰富,C#语言分为值类型和引用类型两大类。值类型数据存储的是变量的实际值,引用类型数据存储的是所指向的变量的引用,即地址指针。值类型又分为简单类型、结构类型和枚举类型。简单类型与C/C++中相应的整数类型、字符类型、布尔类型、浮点数类型等在用法上基本一致。要注意的是C#中的字符类型(char)采用Unicode字符集,每个字符占两字节。引用类型则包含类、接口、委托、

泛型、字符串和数组等数据类型，数组的定义与C/C++有所不同，方括号在变量名的前面而不是后面，且使用new运算符为数组分配空间，如“int[] a=new int[30]”。

④ 类、结构、枚举、接口以及委托是构成C#程序的基本单元。所有的程序代码都必须封装在这些基本单元之中。结构和类一样，两者都可以声明构造函数、数据成员、方法和属性等，而且也都可以继承自接口。但结构属于值类型数据，而类属于引用类型数据。

⑤ C#语言的控制语句和C语言基本相同，使用方法也基本一致。但要注意C#语言的switch语句不再支持遍历，每个非空的case标签项后必须要使用break语句或goto跳转语句跳出该分支。

此外C#语句新引入了foreach语句和try-catch语句。

foreach语句经常用于遍历集合对象里的每个元素，比如下面程序代码的作用是循环输出整型数组a里的每一个整数：

```
int[] a = new int[3]{1,2,3};
foreach(int x in a){Console.WriteLine(x);}//循环输出数组里的每个元素
```

try-catch语句用来捕获程序执行过程中出现的异常情况，将可能会出现异常的代码放入try块中，将处理异常的语句放入catch块中，这样可以使得程序就算在碰到了异常情况也能正常终止。下面程序代码的作用是捕获两个整数相除，当除数为零时抛出的异常：

```
int i, j,k;
i = Convert.ToInt32(Console.ReadLine());//将用户输入转换成整数存入被除数 i
j = Convert.ToInt32(Console.ReadLine());//将用户输入转换成整数存入除数 j
try
{
    k = i/j;
    Console.WriteLine("商为:{0}",k);
}
catch(DivideByZeroException e) //捕获在 try 块中抛出的异常
{
    Console.WriteLine("除数不能为零!");
}
```

5.2.3 事件驱动机制

目前，Windows操作系统是主流操作系统，PC机上运行的Windows 2003/Windows XP/Vista/Windows 7等，以及嵌入式系统上运行的Windows CE/ Windows Mobile都属于Windows系列操作系统。Windows系列操作系统的灵魂是基于事件的消息运行机制，而C#是一种基于事件驱动的面向对象编程语言，可作为快速开发出具有图形用户界面的 Windows 应用程序的首选工具。

1. Windows Forms 程序的结构

一个 Windows 应用程序是由若干个 Windows 窗体组成的，从用户的角度来讲，窗体是显示信息的图形界面，从程序的角度来讲，窗体是 System. Windows. Forms 命名空间中 Form 类的派生类。一般来说，一个窗体可以包含各种控件，包括标签、文本框、按钮、列表框、单选按钮等。控件是相对独立的用户界面元素，它既能显示数据或接收数据输入，又能响应用户操作。Visual Studio. NET 2005 工具箱中包含了非常丰富的控件和组件，供 C# 开发 Windows 应用程序所用。设计时只将所需的控件拖放到窗体中，使用属性窗口或在程序中用语句修改控件属性，先设计出应用程序界面，再为控件增加事件处理函数，即可完成指定的功能。

在 Visual Studio. NET 2005 中，可以使用 Windows 应用程序模板创建一个 Windows 应用程序项目，创建成功后，可在解决方案资源管理器中看到如图 5-5 所示的组织结构。

图 5-5　Windows 应用程序项目的组织结构

在项目中 Visual Studio. NET 2005 自动生成了 3 个 C# 源文件：Program. cs、Form1. cs、Form1. Designer. cs。其中 Form1. cs 和 Form1. Designer. cs 是与 Form1 窗体相关的两个源文件。. NET 中用 partial 关键字将同一个窗体的代码分开放在这两个文件中。Form1. cs 存放用户自己编写的代码，主要是事件处理代码；Form1. Designer. cs 存放系统自动生成的代码，主要是与控件布局相关的代码。双击 Form1. cs 文件可以打开窗体设计器窗口，在窗体上单击鼠标右键选择“代码窗口”或是双击 Form1. Designer. cs 文件可以打开窗体代码编辑窗口。

2. Windows Forms 程序的工作机制

所有基于. NET 的 Windows 应用程序都是基于事件驱动的应用程序，事件是响应用户对鼠标、键盘操作的行为。事件驱动程序的特点是程序并不是自上而下地顺序执行，而是仅当事件的发布者触发了事件时，事件的订阅者才去执行事件处理程序，可见事件驱动型程序与结构化程序的执行方式存在根本的区别。

一个完整的事件处理系统由3大要素构成：

① 事件源：指能触发事件的对象，有时又称为事件的发布者；

② 侦听器：指能接收到事件消息的对象，Windows提供了基础的事件侦听服务；

③ 事件处理程序：当事件发生时对事件进行处理的程序，又称事件函数或事件方法。

Windows操作系统为每一个正在运行的应用程序设立一个消息队列，在程序的运行过程中不断侦听可能发生的事件，一旦某个事件源发布了某个事件，Windows就将该事件翻译成一个消息，并把这个消息加入消息队列中。应用程序通过消息循环来从消息队列中接收消息，并执行相应的事件处理程序。在用C＃编写Windows应用程序时，事件的概念无处不在。比如单击了窗体上的“变色”按钮，从而将窗体的背景颜色变成红色，这个过程就是一个完整的事件处理过程。在这里“变色”按钮即是事件源，当单击了“变色”按钮即触发了单击事件，Windows系统将侦测到该事件，发送一个消息至该应用程序，该应用程序调用相应的事件处理函数，执行将窗体变成红色的代码。

C＃是通过定义一个委托类型变量来定义一个事件的，同时以回调函数机制为基础来执行事件处理程序。比如用事件驱动机制来解决这样一个有趣的事情：在公司里，老板想知道是否有员工在上班时间玩游戏，一旦有员工在工作时间玩游戏，老板将接收到一个消息。C＃程序代码如下：

```
namespace EventExample
 {
 public delegate void DelegateClassHandle();   //定义一个委托类型
  class employee
 {
    public event DelegateClassHandle playGame;//定义一个事件
    public void Game()                              //定义员工玩游戏的方法
    {
      playGame();                         //员工只要一玩游戏就触发 playGame 事件
    }
 }
 class boss
 {
   void Notify()              //定义一个产生消息的方法
     {
      Console.WriteLine("Somebody is playing game!");
     }
     static void Main(string[] args)
     {
      employee e1 = new employee();         //创建一个员工 e1
```

```
            boss b1 = new boss();                //创建一个老板 b1
            //为 employee 对象的 playGame 事件预定事件处理程序:boss 对象的 Notify 方法
            e1.playGame += new DelegateClassHandle(b1.Notify);
            e1.Game();     //e1 开始玩游戏,触发 playGame 事件,于是 b1 将收到通知
            Console.ReadLine();
        }
    }
}
```

通过"+="运算符为一个事件预定事件处理方法。上例中,事件源即为 employee 类,它能触发 playGame 事件,系统为侦听器,一旦 employee 对象调用了 Game()方法,系统就能捕获到 playGame 事件,从而转到事件处理程序中去执行。

事实上,在用 C#进行图形用户界面程序开发时,.NET 事先就已经定义好了控件所能响应的所有事件,一般情况下不需要再额外定义事件。而且一个控件所能响应的事件一般有多个,应用程序中也没必要编写出所有事件的响应代码。所要做的是根据需要,为某些事件编写事件处理方法,并将这些事件和事件处理方法关联起来就可以了。通过 C#的属性设计器可以快速进行关联,如果要为某事件预定事件处理方法,双击该事件即可进入代码编辑界面为事件编写响应代码;如果要取消预定,则删除事件后面列表框里的事件处理方法就可以了,可视化操作界面如图 5-6 所示。

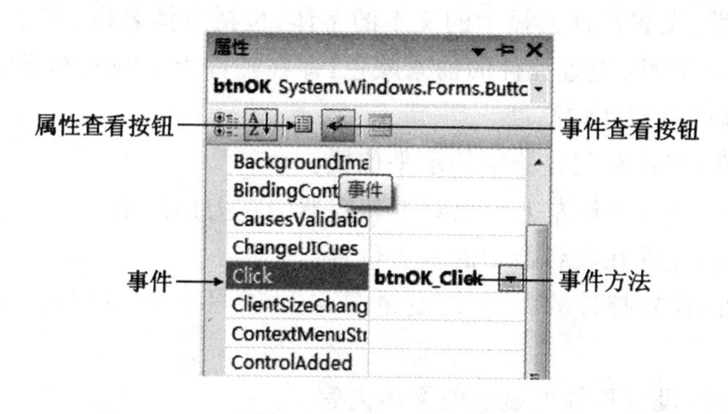

图 5-6 属性设计器可视化操作界面

5.3 Windows Form 控件编程

在项目开发过程中,界面设计是非常重要的一步,因为用户界面是程序与用户实施交互的平台,是获取用户操作和向用户提供相关功能的主要手段。Visual Studio.NET 开发平台提供了很多窗体控件,开发人员可以使用它们快速建立应用程序的用户界面。在本节中,不准备对所有控件全部介绍,而是选择其中一些比较常用的控件和组件,并通过例子介绍这些控件和组件的用法。

5.3.1 控件的常用属性和布局

控件通常用来实现与用户交互的功能，例如，按钮控件响应用户的单击事件、文本框控件接收用户的输入等。每一种控件都具有许多的属性和其所能响应的事件，在程序中添加控件有两种方法，一种是从工具箱直接将控件拖到窗体上，另一种是在源程序代码中通过控件类来创建控件对象。第一种方法往往效率更高，实际中经常采用这种办法添加窗体控件。

在.NET Compact Framework 中，窗体控件几乎都派生于 System.Windows.Forms.Control 类，该类定义了控件的基本功能和常见属性，大多数控件中都含有这些属性。控件的常用属性有：

- Name 属性：指定控件的名称，是控件在当前应用程序中的唯一标识。
- Anchor 属性：设置控件绑定到容器的边缘并确定控件如何随该容器一起调整大小。
- BackColor 属性：设置控件的背景颜色。
- Dock 属性：设置控件边框停靠到其所在容器的位置从而随该容器一起调整大小。
- Enabled 属性：决定控件是否可用，值为 True 表示可用，值为 False 表示不可用。
- Font 属性：设置控件上显示的文本的字体，包括字体名称、字号、效果等。
- ForeColor 属性：设置控件的前景颜色，即在控件上绘制文本或图形的颜色。
- Height 属性：控件的高度。
- Left 属性：控件在其容器中的水平位置。
- Location 属性：控件左上角相对于其容器的左上角的坐标。
- Top 属性：控件在其容器中的垂直位置。
- Size 属性：设置控件的大小，用变量 Width 和 Height 分别代表控件对象的宽和高。
- Text 属性：设置控件上显示的文本内容。
- Visible 属性：设置控件是否可见，值为 True 表示可见，值为 False 表示不可见。
- Width 属性：控件的宽度。

如果窗体上的控件较多，可以按住 Shift 键同时选中多个控件，然后利用布局工具栏中的工具按钮快速让各种控件对齐，或设置想要尺寸的外观效果。选择“视图”→“工具栏”→“布局”菜单项，可将布局工具栏显示在开发界面上，如图 5-7 所示。

如果控件有重叠的情况，比如将一个控件放在另一个控件的上面，也可以在布局工具栏找到“置于顶层”或“置于底层”按钮调整显示顺序。

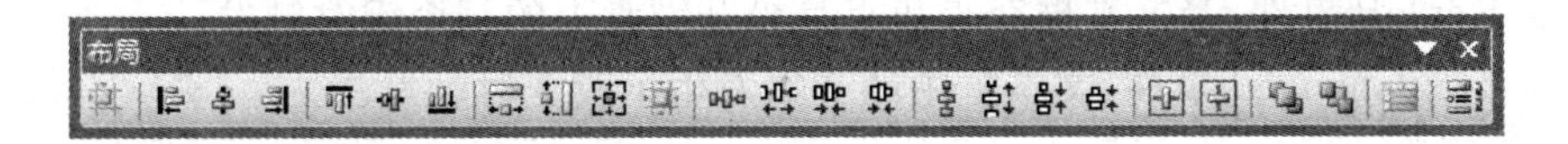

图 5-7 布局工具栏

5.3.2 文本类控件

1. 标签控件(Label、LinkLabel)

标签控件是最常用的控件,主要用于在窗体上显示文本信息。其中 Label 控件是标准的 Windows 标签;LinkLabel 控件类似于 Label,但以超链接方式显示文本。可通过修改 TextAlign 属性改变标签中文本的对齐方式。

2. 文本框控件(TextBox)

文本框控件即 TextBox 控件的主要用途是让用户输入或编辑文本,其常用属性有:

- MaxLength 属性:设置用户可在文本框控件中输入的最大字符数。
- Multiline 属性:设置文本框是否可以显示多行文本,默认情况下值为 False,是单行文本框;若设置为 Rrue,则变成多行文本框。
- PasswordChar 属性:设置某个字符用于屏蔽单行文本框控件中的密码字符,使普通文本框变成密码输入框。
- ReadOnly 属性:指示文本框中的文本是否为只读,若值设为 True,使文本框只能用来显示文本而不能被用户编辑文本。
- ScrollBars 属性:设置文本框是否具有滚动条效果。
- SelectedText 属性:获取或设置文本框中选定的文本。
- SelectionLength 属性:获取或设置文本框中选定的字符数。
- SelectionStart 属性:获取或设置文本框中选定的文本起始点。
- Text 属性:获取或设置文本框中全部文本内容。
- WordWrap 属性:指示多行文本框控件在必要时是否自动换行到下一行的开始。

TextBox 控件的常用事件有:

- GotFocus 事件:当文本框获得焦点时被触发。
- LostFocus 事件:当文本框失去焦点时被触发。
- Validating 事件:在文本框正在验证时发生。
- Validated 事件:在文本框完成验证时发生。
- KeyDown 事件:当文本框获得焦点且按下键盘上某个键时触发。
- KeyPress 事件:当文本框获得焦点且按下键盘上某个 ASCII 码的字符键时触发。

➢ KeyUP 事件:当文本框获得焦点且松开键盘上的某个键时触发。

➢ TextChanged 事件:文本框中的文本发生了改变时触发。

5.3.3 选择类控件

1. 按钮(Button)

Button 控件是使用频率较高的控件之一,经常用于接受用户的鼠标单击事件,表示用户确认某一操作。Button 控件的常用属性和常用事件有:

➢ Text 属性:显示在按钮上的文本内容。

➢ Click 事件:每次单击单选按钮时,都会触发该事件。

2. 单选按钮(RadioButton)

RadioButton 控件为用户提供由两个或多个互斥选项组成的选项集,用户在一组单选按钮中只能选择其中的一个。单选按钮是以各自所在的容器来分组的,直接添加在窗体上的多个单选按钮默认属于同一组,如果要在一个窗体上创建多个单选按钮组,则需要使用 Panel 控件作为容器将其分组。RadioButton 控件的常用属性和常用事件有:

Checked 属性:值为 true 表示按钮被选中,为 false 表示按钮未被选中。

➢ CheckChanged 事件:当单选按钮的选中状态发生改变时触发。

➢ Click 事件:每次单击单选按钮时,都会触发该事件。

3. 复选框(CheckBox)

CheckBox 控件列出了可供用户选择的选项,用户根据需要可以从中同时选择一项或多项。当选择其中某项后,该项左边的小方框会打勾表示已选中。CheckBox 控件与 RadioButton 控件的属性和事件非常类似,只不过一个用于非互斥的选项中,一个用于互斥的选项中。CheckBox 控件除了具有与 RadioButton 控件类似的 Checked 属性外,还具有 CheckState 属性,该属性有 3 个可选值:Checked、UnChecked、和 Indeterminate,分别代表 CheckBox 控件选中、未选中和不确定状态。

4. 列表框(ListBox)

ListBox 控件用于显示一组条目,以便用户从中选择一个或者多个选项。其常用属性有:

➢ Items 属性:列表框中所有的选项组成的集合。

➢ SelectedIndex 属性:获取或设置列表框中当前选定项的索引值,列表框中第一项的索引值为 0,第二项的索引值为 1,后面的依此类推。

➢ SelectedItem 属性:获取或设置列表框中当前选定项。

ListBox 控件的常用方法有:

➢ Items. Add 方法:向列表框中添加一个新项。

➢ Items. Clear 方法:清除列表框中的所有项。

➢ Items. Contains 方法：确定列表框中是否存在某项。

➢ Items. Remove 方法：移除指定的项。

ListBox 控件的常用事件有 SelectedIndexChanged，该事件在选中项的索引被改变时被触发。

5. 组合框（ComboBox）

ComboBox 控件是 TextBox 控件和 ListBox 控件的组合体，该控件包含了两部分：顶部是一个可编辑的文本框，下方是一个列表框，可供用户选择其中的某一项。ComboBox 控件可通过其 DropDownStyle 属性确定要显示的外观样式，该属性有两个值可用：DropDownList，默认值，文本部分不可编辑；DropDown，文本部分可编辑，两者都是必须单击下拉箭头才能查看下拉列表中的选项。

6. 列表视图（ListView）

ListView 控件用列表的形式显示一组数据，每项数据都是一个 ListItem 类型的对象，称之为项。一般使用 ListView 控件来显示分类查询及其详细信息，其界面类似于 Windows 资源管理器右窗格的效果，可以按大图标、小图标、列表或详细列表的方式显示其中的项。

ListView 控件的常用属性有：

➢ Columns 属性：当控件以“详细列表”显示时，该属性指示所要显示的列。

➢ Items 属性：获得或设置控件中的项。

➢ LargeImageList 属性：指定 ImageList 对象，该对象包含以大图标显示时的图标。

➢ SmallImageList 属性：指定 ImageList 对象，该对象包含以小图标显示时的图标。

View 属性：指定控件的显示方式，有 4 种值可选：LargeIcons（以大图标显示各项）、SmallIcons（以小图标显示各项）、List（以列表方式显示各项）、Details（以详细列表方式显示各项）。

7. 树形视图（TreeView）

TreeView 控件主要用于显示具有树型层次结构的数据。树视图中的各个节点也可以包含其他节点，称为“子节点”。用户可以按展开或折叠的方式显示父节点或包含子节点的节点，其界面类似于 Windows 资源管理器左窗格的效果。默认情况下，树状视图以加、减号显示在各节点的前面。为了使树状视图显示效果更好，一般会给相应级别的结点设置图标。

TreeView 控件的常用属性有：

➢ CheckBoxes 属性：设置是否在每个节点旁显示复选框。

➢ ImageList 属性：指定各节点可以使用的图标集合。

➢ ImageIndex 属性：控件中各节点使用的图标在指定 ImageList 对象中的索引。

- Nodes 属性:表示各节点的子结点集合,最上层为树视图的各根节点集。
- SelectedNode 属性:设置当前选中的节点。
- ShowLines 属性:决定是否在各节点之间显示连接线。
- ShowPlusMinus 属性:决定是否在父节点处显示加减号,以便于折叠和展开子节点。

5.3.4 菜单栏和工具栏

1. 菜单栏(MainMenu)

在 Windows 应用程序中,菜单在用户界面是很常见的元素。除了基于对话框的简单应用程序外,实际上大部分 Windows 应用程序中都会使用菜单。菜单分为下拉式菜单和快捷菜单两种,MainMenu 控件是用来制作下拉式菜单的,像 Word 字处理程序里的"文件"等下拉菜单即构成了程序的主菜单。

每次新建一个基于 Windows CE 的智能设备项目,窗体都会自动包含一个 MainMenu 对象,在窗体的底部会显示该菜单对象的名称为 mainMenu1。单击 mainMenu1 对象,在菜单中的"请在此处输入"处单击,即可输入菜单命令文本。输入内容后,在该文本的下方和右侧均会出现类似的"请在此处输入"字样,此时,可依次制作子菜单和同一级别的其他菜单。

用符号"—"可以在菜单中显示各项之间的分隔条,菜单中的每一项都是一个 MenuItem 对象。设计菜单结构时,所有工作均可在可视化界面下直接完成,当菜单结构创建完毕后,在设计界面下双击每个菜单项,然后在对应的 Click 事件中添加实现功能的代码即可。

2. 快捷菜单(ContextMenu)

ContextMenu 控件用来设计快捷菜单,设计过程与 MainMenu 控件相同,只是不必设计主菜单项。用 ContextMenu 控件设计好一个快捷菜单对象后,需要将此 ContextMenu 对象与窗体或某个控件关联起来,以便在窗体或某控件上单击鼠标右键后即弹出刚设计的快捷菜单。操作方法是:选中需要使用快捷菜单的窗体或控件,在其属性设计器窗口中,单击 ContextMenu 属性,从弹出的下拉列表中选择刚创建好的 ContextMenu 对象,即可为窗体或控件创建快捷菜单。

3. 工具栏(ToolBar)

ToolBar 控件的作用是向窗体中添加工具栏。工具栏由多个按钮排列组成,一般是将常用的菜单命令做成工具栏中按钮的形式以方便用户快速执行相应命令。ToolBar 控件常用的事件是 Click 事件,常用的属性有 Buttons 和 ImageList。

- Buttons 属性:用来向工具栏中添加按钮,可用的按钮类型有 4 种:PushButton(单击弹回型按钮)、ToggleButton(单击凹下不弹回型按钮)、Separator(分隔线)、DropDownButton(单击出现下拉列表型按钮)。

➢ ImageList 属性：为各工具栏上的按钮设置图标。

5.3.5 对话框

1. 打开文件对话框(OpenFileDialog)

OpenFileDialog 对话框用于让用户选择要打开文件的文件名。打开文件对话框的外观如图 5-8 所示。

OpenFileDialog 对话框常用的属性有：

➢ FileName 属性：获取或设置一个包含在对话框中选定的文件名的字符串。

➢ Filter 属性：获取或设置文件类型筛选字符串。字符串的形式为"提示信息|实际类型"，例如将 Filter 属性设为"文本文件|*.txt"，则打开文件对话框中只显示文本文件。

➢ InitialDirectory 属性：获取或设置对话框显示的初始目录。

图 5-8 OpenFileDialog 对话框

OpenFileDialog 对话框常用方法是 ShowDialog()，用于在窗体界面显示打开文件对话框。使用时先将对话框的各项属性设置好，然后再调用 ShowDialog()。

2. 保存文件对话框(SaveFileDialog 对话框)

SaveFileDialog 对话框用于提示用户选择文件的保存位置，其显示形式与 OpenFileDialog 对话框非常相似，常用属性也差不多，所以不再详述其用法。

3. 消息框(MessageBox 类)

除在上述通用对话框外，还有一种对话框虽然不是工具箱里的控件，但却经常会用到，这就是消息框。在.NET 中，使用 MessageBox 类产生消息框。程序员不需要创建 MessageBox 类的实例，调用其静态方法 Show()就可以显示消息框。

Show()方法有 3 种重载形式：

```
public static DialogResult Show(string text);
public static DialogResult Show(string text,string caption);
public static DialogResult Show(string text, string caption, MessageBoxButtons
buttons, MessageBoxIcon icon, MessageBoxDefaultButton defaultButton);
```

其中参数的说明如下：

text：在消息框中显示的文本；

caption：在消息框的标题栏中显示的文本；

buttons：指定在消息框中显示哪些按钮，是 MessageBoxButtons 枚举值之一。枚举值可选 AbortRetryIgnore(终止、重试、忽略)、OK(确定)、OKCancel(确定、取消)、RetryCancel(重试、取消)、YesNo(是、否)、YesNoCancel(是、否、取消)中的某一个。

icon:指定在消息框中显示哪个图标,是 MessageBoxIcon 枚举值之一。枚举值可选 None(不显示图标)、Hand(手形)、Question(问号)、Exclamation(感叹号)、Asterisk(星号)。

defaultButton:默认选定的按钮。

Show()方法的返回值是 DialogResult 枚举值,表示用户在消息框里点击的是哪个按钮。DialogResult 枚举值有 None(消息框未返回值)、Abort、Retry、Ignore、OK、Cancel、Yes 和 No。

下面的代码演示了 MessageBox 的用法。程序运行界面如图 5-9 所示。

用法 1:

MessageBox.Show("欢迎使用本系统!");

用法 2:

MessageBox.Show("欢迎使用本系统!","提示消息框");

用法 3:

DialogResult result= MessageBox.Show("确定退出本系统?","提示消息框",MessageBoxButtons.YesNo,MessageBoxIcon.Question,MessageBoxDefaultButton.Button2);

if (result == DialogResult.Yes)   //判断用户单击的是否是 Yes 按钮

{   Application.Exit();   }   //终止程序运行语句

(a) 用法1的运行界面

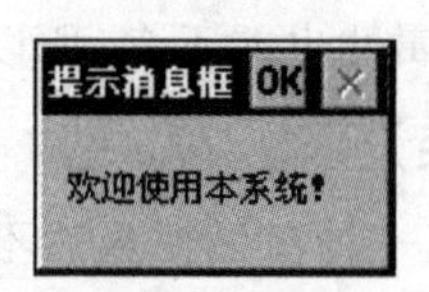

(b) 用法2的运行界面

(c) 用法3的运行界面

图 5-9 MessageBox 的 3 种使用方法

5.3.6 其他类型控件

1. 图像控件(PictureBox)

PictureBox 控件用于显示图像,其常用属性有:

- Image 属性:在控件中显示的图片,类型可以是.bmp、.ico、.gif、.wmf、.jpg、.png。
- SizeMode 属性:图片在控件中的显示方式,有 3 种显示方式可用:Normal(图片被置于控件的左上角,图片超出部分将被裁掉);CenterImage(将控件的中心和图片的中心对齐显示。如果控件比图片大,则图片将居中显示;如果图片比控件大，则超出部分被裁掉）；StretchImage（图片被拉伸或收缩，以适合控件的大小）。

2. 日期时间控件（DateTimePicker）

DateTimePicker 控件用于对日期和时间进行操作，该控件提供一个可选择的日期范围，供用户选择/编辑日期或时间。其外观如图 5-10 所示，单击控件上的下拉箭头，可选择日期。

图 5-10 DateTimePicker 控件的外观

DateTimePicker 控件的常用属性有：

- MaxDate 属性：获取或设置可在控件中选择的最大日期和时间。
- MinDate 属性：获取或设置可在控件中选择的最小日期和时间。
- Value 属性：获取或设置控件的 DateTime 类型的时期/时间值，默认为 DateTime. Now。
- Format 属性：获取或设置控件中的日期和时间格式，有 Long、Short、Time、Custom。
- ShowUpDown 属性：指示是否使用 up-down 控件调整日期/时间值。

3. 分组控件（Panel）

Panel 控件用于为其他控件提供可识别的分组，在窗体上创建 Panel 控件及其内部控件时，需要先建立 Panel 控件，然后在其内部建立各种控件，或者将窗体上已存在的控件剪切并粘贴到 Panel 控件中。这个控件的用法比较简单，因此不再过多介绍。

4. 选项卡控件（TabControl）

TabControl 控件用于显示多个选项卡，这些选项卡中可以包含其他控件。一般使用 TabControl 控件来生成多页对话框或创建用于设置一组相关属性的属性页。这种形式在 Windows 操作系统中的许多地方都可以找到，比如控制面板的“显示”属性的设置对话框。

当窗口功能复杂、控件很多时，使用 TabControl 控件将其按功能进行分类显得非常方便。TabControl 控件的常用属性有：

- SelectedIndex 属性：获取或设置当前选定的选项卡页的索引。
- TabPages 属性：获取控件中选项卡页的集合。

TabControl 控件的最重要的属性是 TabPages，该属性包含单独的选项卡，每一个单独的选项卡都是一个 TabPage 对象。单击选项卡时，将引发该 TabPage 对象的

Click 事件。

5. 定时器组件(Timer)

Timer 是.NET Compact Framework 中的组件。组件与控件的区别在于,控件提供了用户界面,可以在窗体上显示;而组件不提供用户界面,所以不会在窗体界面上显示。Timer 组件没有用户界面,所以将其从工具箱拖到窗体上后并不会停靠在窗体上,而是在窗体的底部显示出来。

Timer 组件主要用于设置某个时间间隔,并在每次到达设置的时间间隔时,触发指定的事件。其特点是按一定的时间间隔周期性地自动触发 Tick 事件,Timer 组件常用的属性、方法和事件如下:

- Enabled 属性:表示是否启用计时功能,值为 True 开始计时,为 False 停止计时。
- Interval 属性:表示触发 Tick 事件的间隔时间,单位为 ms。
- Tick 事件:每隔 Interval 属性指定的时间间隔,都会触发该事件。

6. 图像列表组件(ImageList)

ImageList 组件用于保存一组图像,然后供其他控件显示该组图像中的某一个图像。其常用属性是 Images 属性,它包含一组图像文件的集合。每个单独的图像可通过其索引值或键值来访问,索引值用 ImageIndex 属性来设置。

5.3.7 控件编程实例:计算器

下面通过一个实例来展示 windows form 控件的用法,该实例实现一个类似于 Windows 操作系统中的计算器,能够进行加、减、乘、除等运算。程序运行界面如图5-11 所示。

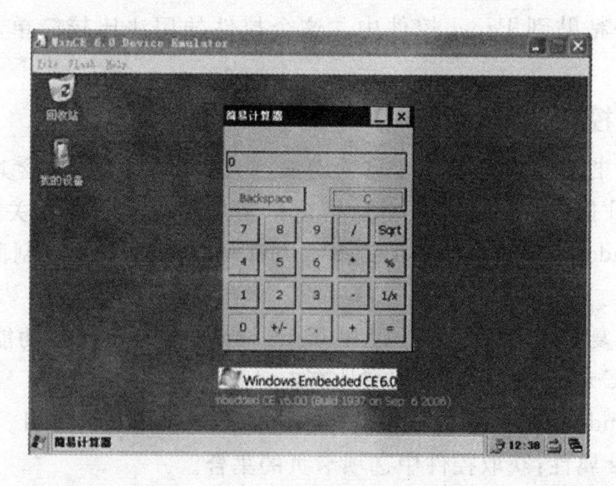

图 5-11 计算器程序运行界面

编程步骤如下：

① 新建一个名为 ComputerExample 的智能设备项目。设置主窗体 Form1 属性 MaximizeBox＝False，放置 TextBox 控件到窗体上，属性 ReadOnly＝True，BackColor＝White。增加 22 个按钮，分别修改其 Text 属性为图中各按钮上的字符，通过布局工具栏快速设置各按钮的大小和布局，使其满足图 5－11 中程序的界面效果。

② 在 Form1 类中定义如下变量：

```
string myoperator;          //用于保存当前的运算符
string tempoperator;        //连续按 = 号键时记录最后一次所按的运算符
bool operflag;              //用于判断是否是要输入第二个数
double temp;                //暂存中间结果
double f1;                  //参与运算的第一个数
double f2;                  //参与运算的第二个数
```

③ 实现退格按钮的功能代码：

```
private void Backspacebtn_Click(object sender, EventArgs e)
{   string s = textBox1.Text;
    textBox1.Text = s.Substring(0, s.Length - 1);
    if (textBox1.Text == "-") textBox1.Text = "0";//当只剩下负号时重置为 0
}
```

④ 清空按钮的功能是清空文本框内容以及重置各变量的值，以便准备下一轮计算，功能代码如下：

```
private void Clearbtn_Click(object sender, EventArgs e)
{   textBox1.Text = "0";
    operflag = false;
    temp = 0;
    f1 = 0;
    f2 = 0;
    myoperator = "";
    tempoperator = "";
}
```

⑤ 0～9 数字按钮功能基本相似，输入以下事件函数代码后，通过属性设计器窗口中的事件设置列表将 0～9 按钮的 Click 事件都预定到该事件函数上：

```
private void Numbutton_Click(object sender, EventArgs e)
{   Button b = (Button)sender;
    if (operflag ) //判断即将输入的是否是第二个数，如果是，则先重置文本框
    {   textBox1.Text = "0";
        operflag = false;
    }
```

```
        if (textBox1.Text != "0" )
            textBox1.Text += b.Text;
        else
            textBox1.Text = b.Text;
    }
```

⑥ 实现小数点按钮的功能：

```
private void Dotbutton_Click(object sender, EventArgs e)
{   string s = textBox1.Text;
    if (s.IndexOf('.', 0) < 0)   textBox1.Text += ".";
}
```

⑦ 实现正负号按钮的功能：

```
private void Flagbutton_Click(object sender, EventArgs e)
{   double f = double.Parse(textBox1.Text);
    if (f > 0)
        textBox1.Text = "-" + textBox1.Text;
    else if(f<0)
        textBox1.Text = textBox1.Text.Substring(1);
}
```

⑧ 实现加、减、乘、除、等号按钮的功能，5 个按钮功能基本相似，可以将它们的 Click 事件预定到同一事件函数。代码的主要实现思想是，当按下运算符时，判断已经获得了几个数，如果只是获得了第一个数，则将这个数存入临时变量，同时记录下本次所按的运算符号。如果已经获得了两个数，则根据上次所存的运算符号进行计算，同时把结果显示在文本框中。等号的功能与此类似，为了实现在多次连续按等号的情况下进行重复运算，需要将按等号之前最后一次所按的运算符以及操作数记录下来。事件函数代码如下：

```
private void Operator_Click(object sender, EventArgs e)
{   Button b = (Button)sender;
    if (operflag == false )
    {   f1 = temp;      //存储第一个操作数
        f2 = double.Parse(textBox1.Text); //存储第二个操作数
        switch (myoperator)
        {   //如果是第一次按 +、-、*、/按钮，则不会进行任何计算
            case "/":
                temp = f1 / f2; textBox1.Text = temp.ToString(); break;
            case "*":
                temp = f1 * f2; textBox1.Text = temp.ToString(); break;
            case "-":
                temp = f1 - f2; textBox1.Text = temp.ToString(); break;
```

```
            case "+":
                temp = f1 + f2; textBox1.Text = temp.ToString(); break;
            default:
                temp = double.Parse(textBox1.Text); break;//存储第一个数
        }
        tempoperator = myoperator; //存储按"="号之前的最后一个运算符
    }
    if (myoperator == "=" && sender == equbtn)//如果上次按了"="号,这次又按"="号
    {   //实现连续按"="号进行重复运算功能
        f1 = double.Parse(textBox1.Text);
        switch (tempoperator)
        {   //根据最后一次的运算符进行计算
            case "/":
                temp = f1 / f2; textBox1.Text = temp.ToString(); break;
            case "*":
                temp = f1 * f2; textBox1.Text = temp.ToString(); break;
            case "-":
                temp = f1 - f2; textBox1.Text = temp.ToString(); break;
            case "+":
                temp = f1 + f2; textBox1.Text = temp.ToString(); break;
        }
    }
    switch (b.Text)  //记录下本次按键的状态
    {
        case "/": myoperator = "/"; break;
        case "*": myoperator = "*"; break;
        case "-": myoperator = "-"; break;
        case "+": myoperator = "+"; break;
        case "=": myoperator = "="; break;
    }
    operflag = true;  //表示已经按过运算符,下次输入前应该重置文本框内容
}
```

⑨ 实现开根号、百分号、被1除运算的功能:

```
private void Mathbutton_Click(object sender, EventArgs e)
{   double f = double.Parse(textBox1.Text);
    Button b = (Button)sender;
    switch (b.Text)
    {   //根据当前按键的运算符进行相应的运算
        case "Sqrt": textBox1.Text = Math.Sqrt(f).ToString(); break;
        case "%": textBox1.Text = (f / 100).ToString(); break;
        case "1/x": textBox1.Text = (1 / f).ToString(); break;
```

```
        }
        operflag = true;
    }
```

⑩ 在 Visual Studio. NET 2005 开发平台中，选择“工具→连接到设备”，选择“Windows CE 6.0 Device Emulator Emulator”项之后，单击“连接”按钮。按 F5 键运行应用程序，弹出部署对话框，选择“Windows CE 6.0 Device Emulator Emulator”项，单击部署按钮，稍后即可在模拟器上看到如图 5-11 所示的程序运行效果。

5.4 流和文件编程

文件管理是操作系统的一个重要组成部分，多数应用程序有对文件进行新建、保存、读取、修改和检索的需求。.NET 平台提供了可操作目录和文件的类，C# 程序中通过灵活使用这些类就可实现读/写文件的目的。

5.4.1 目录、路径和文件

1. Directory 类和 DirectoryInfo 类

Windows 系统中，文件的管理是以树型的目录结构进行管理。.NET Compact Framework 提供了 Directory 类和 DirectoryInfo 类，以方便在程序中直接操作目录。两者都位于 System.IO 命名空间中，都可以用来实现创建、复制、移动和删除目录等操作，功能基本相似，区别在于 Directory 类是一个静态类，可直接调用其方法成员，而 DirectoryInfo 类不是静态类，需要先创建实例才能调用其方法成员。

Directory 类的常用方法：

- CreateDirectory 方法：根据指定路径创建新目录。
- Delete 方法：删除指定目录。
- Exists 方法：根据给定路径判断是否存在该目录。
- Move 方法：将目录及其内容移到新位置。
- GetFiles 方法：获得目录中的文件列表。
- GetDirectories 方法：获得目录中的子目录列表。

DirectoryInfo 类功能与 Directory 类相似，比如也具有 GetFiles、GetDirectories 等方法，同时还具有以下常用的属性和方法。

- FullName 属性：获取目录或文件的完整目录。
- Parent 属性：获取指定子目录的父目录。
- Root 属性：获取指定子目录的根目录。
- Create 方法：创建目录。
- CreateSubDirectory 方法：在指定路径中创建一个或多个子目录。
- MoveTo 方法：将目录实例及其内容移动到新目录中。

2. Path 类

为了方便程序员在程序中读取文件和目录的路径,.NET Compact Framework 提供了 Path 类,此类位于 System.IO 命名空间,是一个静态类,可以用来操作路径的每一个字段,如盘符、目录名、文件名、文件扩展名和分隔符。Path 类的常用方法如下:

➢ GetDirectoryName 方法:获得指定路径的目录信息,或为根目录,则返回 null。
➢ GetFileName 方法:获得指定路径字符串的文件名和扩展名。
➢ GetExtension 方法:获得指定路径字符串的扩展名。
➢ GetFullPath 方法:获得指定路径字符串的绝对路径。
➢ GetTempPath 方法:获得当前系统的临时文件夹的路径。

3. File 类

文件是在各种存储介质上永久存储的数据的有序集合,是读/写操作的基本对象。对文件的新建、打开、复制、删除、移动和替换等基本操作都可以通过.NET Framework 提供的 File 类和 FileInfo 类来实现。File 类是一个静态类,可直接调用其方法成员,而 FileInfo 类不是静态类,需要先创建实例才能调用其方法成员,两者都处于在 System.IO 命名空间下。

File 类的常用方法如下:

➢ Open 方法:打开文件。
➢ Create 方法:创建新文件。
➢ Copy 方法:复制文件。
➢ Delete 方法:删除文件。
➢ Exists 方法:判断文件是否存在。
➢ Move 方法:移动文件。
➢ AppendAllText 方法:新建文件并添加文本。

FileInfo 类功能与 File 类相似,除具有 Open、Create、CopyTo、Delete、MoveTo 等成员方法外,同时还有以下常用的属性:

➢ Name 属性:返回文件名。
➢ FullName 属性:获取目录或文件的完整目录。
➢ Directory 属性:返回文件目录。
➢ Exists 属性:判断文件是否存在。
➢ Extension 属性:返回文件扩展名。
➢ Length 属性:返回文件长度。

5.4.2 用流读/写文件

流是字节序列的抽象概念,当打开一个文件并对其进行读/写时,该文件就成为流(stream),但是流不仅仅指打开的文件流,还有多种其他类型的流,如分布在网络中的流,内存中的流,键盘输入和控制台输出的流。.NET Compact Framework 中提供了多种操作流的类,其中 stream 类是所有流的抽象基类。

下面以文本文件和二进制文件的读取操作为例讲解常用的操作文件流的类。

1. 读取文本文件

文本文件是一种纯文本数据构成的文件。在文本文件里保存的是每个字符的编码,在文件处理中,打开文件时指定的编码格式一定要和保存文件时所用的编码格式一致,否则看到的可能就是一堆乱码。.NET Compact Framework 支持多种编码,包括 ASCII、Unicode、UTF8、UTF16、UTF32,文本文件常用的编码方式是 ASCII、Unicode 和 UTF8。

用 C#读/写文本文件可以用操作流的类,比如:StringReader 类和 StringWriter 类,或者 StreamReader 类和 StreamWriter 类。这些类都处于 System.IO 命名空间,下面所示代码为用 StreamReader 类和 StreamWriter 类实现读/写文本文件的过程。

```
//创建一个写文件的流,将程序中的字符串常量写入 testFile.txt 文本文件
using (StreamWriter sw = new StreamWriter("\\testFile.txt"))
{
  sw.WriteLine("hello world!");                          //写入第一行文本
  sw.WriteLine("the date is:{0}",DateTime.Now);    //写入第二行文本
}
//创建一个读文件的流,将 testFile.txt 文本文件中的内容输出至控制台
using (StreamReader sr = new StreamReader("\\testFile.txt"))
{
  String line;
  while ((line = sr.ReadLine()) != null)        //判断是否读到文件尾
  {
    Console.WriteLine(line);              //将每次读到的一行内容输出
  }
}
```

程序中 using 关键字在此处的作用是定义一个用大括号规定的范围,程序执行到此范围的末尾时,系统会立即释放 using 后小括号内指定的对象。此处是当输出完 testFile.txt 里的内容后即释放 sw 流和 sr 流所占用的系统资源。

除了可以一次读/写一行之外,StreamReader 类和 StreamWriter 类还提供了 Read()方法和 Write()方法,用于一次读/写一个字符。此外需要注意的是 StreamReader 类和 StreamWriter 类默认使用的是 UTF-8 编码,而不是当前系统的 ANSI 编码。如果需要以其他编码格式读/写文本文件,可以通过这两个类的其他构造函数创建一个满足其他编码的流。

2. 读取二进制文件

二进制文件是以二进制形式编码的文件,数据存储为字节序列。二进制文件可以包含图像、声音或编译之后的程序。在 System.IO 命名空间下提供了 BinaryReader 和 BinaryWriter 类来读取二进制文件。针对不同的数据类型,BinaryReader 提供了 ReadByte、ReadBoolean、ReadInt16、ReadInt32、ReadDouble、ReadString 等方法,而 BinaryWriter 类则提供了 WriteByte、WriteBoolean、WriteInt16、WriteInt32、WriteDouble、WriteString 等方法。

下面的例子讲解了如何将 BinaryReader 和 BinaryWriter 类结合 FileStream 类来对二进制文件进行读取操作。

```
//创建一个文件流,使用 BinaryWriter 写入器往该文件流中写入 10 个整型数
using (FileStream fs = new FileStream("\\testFile.bin", FileMode.Create))
{
    BinaryWriter w = new BinaryWriter(fs);
    for (int i = 0; i < 10; i++)  w.Write(i);
    w.Close();
}
//创建一个文件流,使用 BinaryReader 读取器将该文件流中的 10 个整数存入数组
using (FileStream fs = new FileStream("\\testFile.bin", FileMode.Open))
{
    int[] data = new int[10];
    BinaryReader r = new BinaryReader(fs);
    for (int i = 0; i < 10; i++)  data[i] = r.ReadInt32();
    r.Close();
    foreach (int d in data) Console.Write("{0},",d);
}
```

BinaryReader 和 BinaryWriter 类两者的构造函数里的参数都是需要给定一个流的类型对象,因此在这里先用 FileStream 类创建一个流对象,再作为参数传给 BinaryReader 和 BinaryWriter 类的构造函数。

5.4.3 文件编程实例:文本编辑器

下面通过一个实例来展示文件编程,该实例实现一个简单的文本编辑器,具有新建、打开、保存、退出功能,可以对文本内容进行剪切、复制、粘贴。文本编辑器运行界面如图 5-12 所示。

编程步骤如下:

① 新建一个名为 TextEditExample 的智能设备项目。使用窗体 Form1 自动生成的 mainMenu1 菜单对象创建菜单,在 mainMenu1 中输入文件、编辑、格式 3 个主菜单,并在文件菜单下输入新建、打开、保存、分格符"—"、退出子菜单,在编辑菜单下

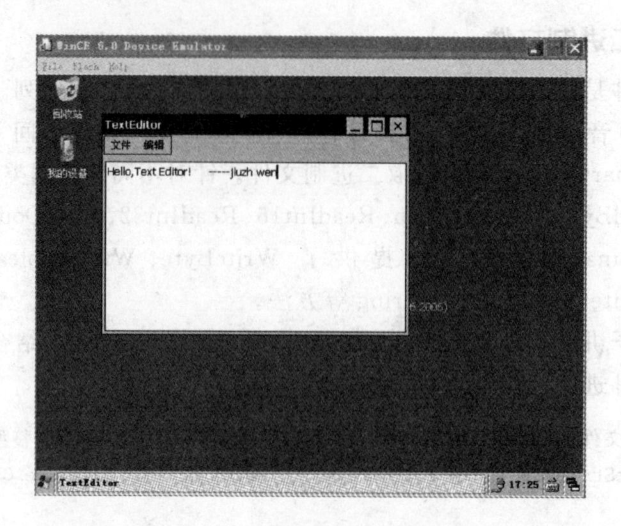

图 5-12　文本编辑器运行界面

输入剪切、复制、粘贴子菜单。从工具箱中拖出一个 TextBox 控件，设置 textBox1 的 Multiline 属性为 True，Anchor 属性为(Top、Bottom、Left、Right)，目的是让文本框随着窗体大小的变化而自动调整大小。在窗体设计器中适当调整文本框大小使其完全填充窗体剩余部分。

② 在窗体 Form1 类里定义变量 string text = "";用于实现剪切、复制和粘贴菜单命令时的临时中间变量。

③ 实现文件菜单下的各子菜单命令的程序代码，核心代码如下：

```
//新建菜单
private void Newmenu_Click(object sender, EventArgs e)
{
    if (textBox1.Text != "")
    {  DialogResult dialogResult = MessageBox.Show("是否保存文件?","提示保存",
MessageBoxButtons.YesNoCancel,MessageBoxIcon.Question,MessageBoxDefaultButton.Button3);
    switch(dialogResult)
     {
       case DialogResult.Yes:
       SaveFileDialog savefile = new SaveFileDialog();
       savefile.Filter = "文本文件(*.txt)|*.txt";
       if (savefile.ShowDialog() == DialogResult.OK)
       {
          using (StreamWriter sw = new StreamWriter(savefile.FileName))
          {
           sw.Write(textBox1.Text);
          }
       }
```

```
            textBox1.Text = "";
            return;
            case DialogResult.No:
            textBox1.Text = "";
            return;
            case DialogResult.Cancel:
            return;
            }
        }
    }
    //打开菜单
    private void Openmenu_Click(object sender, EventArgs e)
    {
        OpenFileDialog openfile = new OpenFileDialog();
        openfile.Filter = "文本文件(*.txt)|*.txt";
        if (openfile.ShowDialog() == DialogResult.OK)
        {
            string line;
            textBox1.Text = "";
            using (StreamReader sr = new StreamReader(openfile.FileName))
            {
              while((line = sr.ReadLine()) != null)
              textBox1.Text += line + Environment.NewLine;
            }
        }
    }
    //保存菜单
    private void Savemenu_Click(object sender, EventArgs e)
    {
        SaveFileDialog savefile = new SaveFileDialog();
        savefile.Filter = "文本文件(*.txt)|*.txt";
        if (savefile.ShowDialog() == DialogResult.OK)
        {
            using (StreamWriter sw = new StreamWriter(savefile.FileName))
            {
                sw.Write(textBox1.Text);
            }
        }
    }
    //退出菜单
    private void Exitmenu_Click(object sender, EventArgs e)
    {
```

```
        Application.Exit();
    }
```

④ 实现编辑菜单下的各子菜单命令的程序代码：

```
//剪切菜单
private void Cutmenu_Click(object sender, EventArgs e)
{
    text = textBox1.SelectedText;
    textBox1.SelectedText = "";
}
//复制菜单
private void Copymenu_Click(object sender, EventArgs e)
{
    text = textBox1.SelectedText;
}
//粘贴菜单
private void Pastemenu_Click(object sender, EventArgs e)
{
    textBox1.SelectedText = text;
}
```

⑤ 在 Visual Studio. NET 2005 开发平台中，选择“工具→连接到设备”，选择“Windows CE 6.0 Device Emulator Emulator”项之后，单击“连接”按钮。按 F5 键运行应用程序，弹出部署对话框，选择“Windows CE 6.0 Device Emulator Emulator”项，单击“部署”按钮，稍后即可在模拟器上看到如图 5-12 所示的运行效果。

5.5 图形图像编程

图形图像处理是程序中经常使用的技术之一，在项目中的应用非常广泛。.NET 框架提供了丰富的 GDI+托管类，程序员通过调用这些托管类提供的接口即可实现各种图形图像处理功能。

5.5.1 概 述

1. GDI+概述

GDI+是 Windows 操作系统中提供的处理二维矢量图形和图像的接口，它封装了与硬件交互的功能程序，为用户提供在不同设备环境中的同名函数以实现在外设上的图形图像输出，使用户不用关心具体的硬件产品信息，从而为程序开发提供了便利。

在托管代码中，程序员不需要考虑 GDI+内部是如何实现的，直接使用.NET 框架提供的类进行编程就可以。这些图形图像处理类按功能被划分到不同的命名空间中。GDI+的主要命名空间有：

- System. Drawing：包含与基本绘图功能有关的大多数类、结构、枚举和委托。
- System. Drawing. Drawing2D：提供了高级的二维和矢量图形处理能力，如消除锯齿、几何转换和图形路径等。
- System. Drawing. Imaging：提供了处理图像(位图和 GIF 文件)的各种类。
- System. Drawing. Text：对字体和字体系列执行更高级操作的类。

2. 基本结构

在程序中绘图使用的坐标系的原点在绘图区域的左上角，x 轴正方向水平向右，y 轴正方向垂直向下，绘图单位是像素。

在 GDI+中，有 3 种最基本的结构，分别是 Point、SizeF 和 Rectangle。

Point 结构定义点的位置，用一对坐标(x,y)表示该点相对于坐标原点的水平和垂直距离。例如构造一个坐标为(1,3)的点，其代码如下：

```
Point p = new Point(1, 3);     //坐标用整数表示
```

SizeF 结构表示一个图形有多大，它有两个参数，一个表示宽度(Width)，另一个表示高度(Height)。例如，声明一个宽度为 5，高度为 10 的 Size，其代码如下：

```
SizeF s = new SizeF(5, 10);
```

Rectangle 结构表示一个矩形，它由矩形左上角坐标和矩形大小确定。例如，构造一个左上角坐标为(1,3)，宽度和高度分别为 5 和 10 的矩形，其代码如下：

```
Rectangle r1  = new Rectangle(1, 3, 5, 10);
```

对应 Rectangle 结构还有 RectangleF，用于构造一个 4 个参数为浮点数的矩形。

3. 颜色

颜色是进行图形操作的基本要素，C# 中使用 Color 结构来描述颜色。Color 结构提供了多种颜色常量供用户直接使用，还可以通过 Color 结构的静态方法 FromArgb()创建新颜色，由于任何一种颜色可以用透明度(alpha)、红色(red)、绿色(green)、蓝色(blue)来合成，所以 FromArgb()方法的使用形式有两种。

第 1 种形式为：

```
public static Color FromArgb(int argb);
```

方法中的参数为指定 32 位 ARGB 值的值，ARGB 值分别代表 Alpha、Red、Green、Blue，每一项取值限于 8 位。

第 2 种形式为：

```
public static Color FromArgb(int red, int green, int blue);
```

方法原型中的3个参数分别表示Red、Green、Blue 3色值,每种颜色的值仅限于8位。值使用默认值255,即完全不透明。

4. Graphics类

Graphics类包含在System.Drawing命名空间下,可以使用它在窗体和控件中绘制图形图像。在窗体或控件中绘制图形图像时,程序中的坐标都是相对图形图像所在的容器而言的。也就是说如果在窗体上绘图,则图形所在坐标系的默认坐标原点是窗体的左上角;如果在控件里绘图,则图形所在坐标系的默认坐标原点是控件的左上角。

在绘制图形图像之前必须创建Graphics对象,常用的创建方法有3种。

第1种方法是在窗体或控件的Paint事件中获取Graphics对象。例如,要获得窗体的Graphics对象,语句代码如下:

```
private void Form1_Paint(object sender, PaintEventArgs e)
{
    Graphics g = e.Graphics;
}
```

第2种方法是通过当前窗体的CreateGraphics()方法,把当前窗体的画笔、字体和颜色作为默认值,获取Graphics对象的引用。例如:

```
Graphics g = this.CreateGraphics();                //获取窗体的 Graphics 对象
```

用这种方法绘制的图形图像会在窗体最小化后消失,因为系统在最小化并再次还原窗体时,系统不会重绘Graphics对象。

第3种方法是从继承自图像的任何对象创建Graphics对象,例如:

```
Bitmap myBitmap = new Bitmap("myPicture.bmp");
Graphics g = Graphics.FromImage(myBitmap);
```

这个方法适用于需要处理已经存在图像的情况。

在C#程序中,最常见的是第1种方法。因为在Paint事件中绘制的图形图像不会在窗体最小化或大小改变时遭到破坏。

如果需要在别的控件事件中控制何时在窗体或其他控件中绘图,可通过设置一个枚举类型的变量来实现。下面给出一个简单的程序供参考,实现如下程序功能:单击窗体上的"绘制"按钮后在窗体的Panel面板上画一个红色的矩形,单击"清除"按钮后清除Panel面板上的矩形。程序运行界面如图5-13所示。

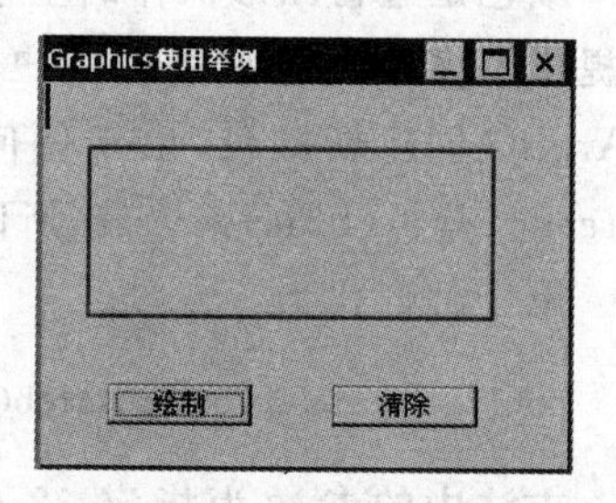

图5-13 用按钮控制在Panel面板上绘图

编程步骤如下：

① 新建一个名为GraphicsExample的智能设备项目，在Form1窗体中创建一个panel1对象，两个按钮，修改其中一个按钮的Name属性为btnPaint，Text属性为“绘制”；修改另一个按钮的Name属性为btnClear，Text属性为“清除”。

② 在Form1类中定义DrawMode枚举类型以及drawmode枚举变量，用于标记是绘制还是清除：

```
enum DrawMode { Rect,None};                    //枚举值用来控制绘制还是清除
 DrawMode drawmode = DrawMode.None;
```

③ 为panel1对象添加Paint事件，为btnPaint和btnClear对象添加Click事件：

```
private void panel1_Paint(object sender, PaintEventArgs e)
 {
     Graphics g = e.Graphics;
     if (drawmode == DrawMode.None)      //清除 panel1 面板中的矩形
     {
         g.Clear(this.BackColor);
         return;
     }
     if(drawmode == DrawMode.Rect)           //在 panel1 面板中画矩形
     {
         Pen p = new Pen(Color.Red,2);    //创建一个画笔
         g.DrawRectangle(p, 20, 20, 200, 80); //绘制宽为 200,高为 80 的矩形
     }
 }
 private void btnPaint_Click(object sender, EventArgs e)
 {
     drawmode = DrawMode.Rect;       //通过改变 drawmode 的值来启动绘制
     panel1.Refresh();  //每次调用 panel1 的 Refresh()方法将会触发其 Paint 事件
 }
 private void btnClear_Click(object sender, EventArgs e)
 {
     drawmode = DrawMode.None;
     panel1.Refresh();
 }
```

④ 选择“工具→连接到设备”，选择“Windows CE 6.0 Device Emulator Emulator”，单击“连接”按钮。按F5键运行应用程序，弹出部署对话框，选择“Windows CE 6.0 Device Emulator Emulator”项，单击“部署”按钮，稍后即可在模拟器上看到如图5-13所示的程序运行效果。

5.5.2 绘制图形

1. 创建画笔

画笔是 Pen 类的实例,用于绘制各种基本图形的线条样式。其常用构造函数有两种:

```
public Pen(Color color);  //参数 color 指定画笔的颜色,画笔宽度默认为 1 像素
public Pen(Color color, float width);  //color 作用同上,width 指定画笔宽度
```

例如定义 2 支画笔:

```
Pen pen1 = new Pen(Color.Red);//创建 1 支宽度为 1 像素的红色画笔
Pen pen2 = new Pen(Color.Red,10.5f);//创建 1 支宽度为 10.5 像素的红色画笔
```

2. 绘制直线

DrawLine 方法用于绘制一条直线,其使用形式为:

```
public void DrawLine(Pen pen, int x1, int y1, int x2, int y2);
```

其中 pen 参数确定线条的颜色和宽度;x1, y1 为起点坐标;x2, y2 为终点坐标。

绘制多条连贯的直线可用 DrawLines 方法,其常用形式为:

```
public void DrawLines(Pen pen, Point[] points);
```

其中 pen 参数确定线条的颜色和宽度;Points 数组中的点表示要连接的线段的端点,数组中第一个点为起始点,后面的每个点都以相邻的前一个点为起始点组成线段。

在工程控制中,经常需要绘出模拟现场参数变化的曲线图出来,由于.NET Compact Framework 中的 Graphics 类没有提供绘制曲线的方法,所以常用 DrawLines 方法绘制曲线。下面的例子中使用 DrawLines 方法画正弦曲线,程序的运行界面如图 5-14 所示。

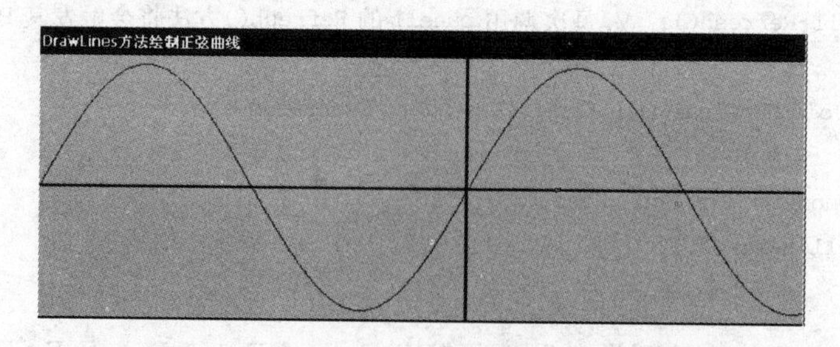

图 5-14 使用 DrawLines 方法绘制正弦曲线

其步骤如下:

① 新建一个名为 DrawLineExample 的智能设备项目，将 Form1 窗体的 Size 属性设为(720, 240)，Text 属性设为“DrawLines 方法绘制正弦曲线”，并删除 mainMenu1 控件。

② 为窗体的 Click 事件添加如下代码：

```
private void Form1_Click(object sender, EventArgs e)
{
    Graphics g = this.CreateGraphics();       //得到窗体使用的 Graphics 类对象
    int X = this.ClientRectangle.Width ;      //窗体工作区域的宽
    int Y = this.ClientRectangle.Height ;     //窗体工作区域的高
    Point[] points = new Point[720];
    for (int i = 0; i < 720; i++)
    {   //求出 720 个点的横纵坐标，其中将纵坐标扩大 100 倍是为了扩大波形幅度
      points[i] = new Point(i, Y/2 + Convert.ToInt32( - 100 * Math.Sin(i * Math.PI
      / 180)));
    }
    Pen Pen1 = new Pen(Color.Blue,2);        //设置坐标轴的颜色和宽度
    g.DrawLine(Pen1, 0, Y/2, X, Y/2);       //画横坐标轴
    g.DrawLine(Pen1, X/2, 0, X/2, Y);       //画纵坐标轴
    Pen Pen2 = new Pen(Color.Red);           //设置坐标轴画笔颜色和宽度
    g.DrawLines(Pen2, points);               //画正弦曲线
}
```

③ 选择“工具→连接到设备”，选择“Windows CE 6.0 Device Emulator Emulator”，单击“连接”按钮。按 F5 键运行应用程序，弹出部署对话框，选择“Windows CE 6.0 Device Emulator Emulator”项，单击“部署”按钮，稍后即可在模拟器上看到如图 5 - 14 所示的程序运行效果。

3. 绘制矩形

绘制一个矩形可以用 DrawRectangle()方法，有两种使用形式：

```
public void DrawRectangle(Pen pen, int x, int y, int width, int height);
```

其中 pen 参数确定矩形边框线条的颜色、宽度和样式；x，y 为矩形左上角坐标；width 为矩形的宽，height 为矩形的高。

```
public void DrawRectangle(Pen pen, Rectangle rect);
```

其中 pen 参数确定矩形边框线条的颜色、宽度和样式；rect 为矩形结构变量。

例如，绘制一个正方形，代码如下：

```
private void Form1_Paint(object sender, PaintEventArgs e)
{   Graphics g = e.Graphics;
    Pen pen = new Pen(Color.Red);
```

```
    Rectangle rect = new Rectangle(20, 20, 100, 100);
    g.DrawRectangle(pen,rect);
}
```

4. 绘制多边形

多边形是由3条或3条以上的边组成的闭合图形，如三角形、矩形、五边形、六边形等。绘制一个多边形可以用DrawPolygon()方法，其使用形式为：

```
public void DrawPolygon(Pen pen, Point[] points);
```

其中pen参数确定多边形边框线条的颜色和宽度，points为多边形各顶点构成的数组。

例如，绘制一个三角形，代码如下：

```
private void Form1_Paint(object sender, PaintEventArgs e)
{   Graphics g = e.Graphics;
//确定三角形3个顶点的坐标
    Point[] p1 = new Point[]{
new Point(80,20),new Point(20,100),new Point(140,100)};
    Pen pen = new Pen(Color.Red);
    g.DrawPolygon(pen, p1); //画三角形
}
```

5. 绘制椭圆与圆

绘制椭圆与圆都是用DrawEllipse()方法，其使用形式有两种：

```
public void DrawEllipse(Pen pen, int x, int y, int width, int height);
```

其中pen参数确定椭圆或圆的线条颜色、宽度和样式；x和y表示椭圆或圆的外接矩形的左上角坐标，width和height为外接矩形的宽和高。

```
public void DrawEllipse(Pen pen, Rectangle rect);
```

其中pen参数确定椭圆或圆的边线的颜色和宽度；rect表示椭圆或圆的外接矩形。

例如，绘制5个同心圆，代码如下：

```
private void Form1_Paint(object sender, PaintEventArgs e)
{    Graphics g = e.Graphics;
     Pen pen = new Pen(Color.Red);
     for (int i = 0; i < 5; i++)
     {    //每次循环重新计算同心圆的外切正方形的左上角坐标和边长
          Rectangle rect = new Rectangle(10 + i * 10, 10 + i * 10, 100 - i * 20, 100 - i * 20);
          g.DrawEllipse(pen,rect); //画圆
     }
```

```
}
```

6. 绘制字符串

用 DrawString()方法可以绘制字符串，该方法通常和画刷一起实现字体的特殊效果，其常用形式有：

```
public void DrawString(string s, Font font, Brush brush, float x, float y);
```

其中参数 s 为要绘制的字符串，font 指定字符串所用的字体，brush 指定字符串的颜色和纹理，x 和 y 指定所绘制的字符串左上角的横坐标和纵坐标。

例如，在窗体的(20,20)坐标位置处开始绘制文字，字体为宋体，字号为 40，加下划线，字体颜色为蓝色，代码如下：

```
private void Form1_Paint(object sender, PaintEventArgs e)
 {
   Graphics g = e.Graphics;
   SolidBrush brush = new SolidBrush(Color.Blue);
   string s = "绘制文字";
   g.DrawString(s, new Font("宋体",40,FontStyle.Underline), brush, 20, 20);
 }
```

7. 绘制图像

在程序中经常要处理图像，图像与图形的区别在于，图像是采用点阵的形式来保存；而图形只保存绘制相关的属性。前面介绍了图形的绘制方法，下面介绍图像的绘制方法。

.NET Compact Framework 中提供了 Image 类来处理图像。Image 类有多种派生类用于处理各种不同类别的图像，如位图图像、图元图像等。其中 Bitmap 类就是常用的一种派生类，使用它可以处理多种格式的图像文件，如 BMP、GIF、JPG、PNG 等。

Bitmap 类的构造函数有多个，常用格式有：

```
public Bitmap(string filename);
```

其中参数 filename 是图像文件的路径字符串，在智能设备项目中需要使用绝对路径，如“\\Program Files\\picture 1.jpg”。

```
public Bitmap(Image original);
```

其中参数 original 为 Image 对象。

创建 Bitmap 对象后可用 Graphics 对象的 DrawImage()方法对其进行绘制。该方法的常用形式有：

```
public void DrawImage(Image image, int x, int y);
```

其中 image 为绘制图像对象,x 和 y 为所绘制图像的左上角顶点的坐标。

```
public void DrawImage(Image image, Rectangle destRect, Rectangle srcRect, GraphicsUnit
srcUnit);
```

其中 destRect 指定将图像进行缩放以适合该矩形,srcRect 指定 image 对象中要绘制的部分,srcUnit 指定参数所用的度量单位。此方法经常用于拉伸与反转图像。

绘制完图像后,可以调用 Bitmap 对象的 Save 方法保存绘制时的修改。

例如,下面代码实现了将一幅图像逐步由中间向两边拉伸的效果:

```
private void Form1_Paint(object sender, PaintEventArgs e)
 {
    Graphics g = e.Graphics;
    Bitmap b1 = new Bitmap("\\image.jpg");
    for (int i = 0; i <= this.ClientRectangle.Width / 2; i = i + 10)
    {
      Rectangle srcRect = new Rectangle(0, 0, b1.Width, b1.Height);
      Rectangle destRect = new Rectangle(this.ClientRectangle.Width / 2 - i, 0,
      2 * i, this.ClientRectangle.Height);
      g.DrawImage(b1, destRect, srcRect, GraphicsUnit.Pixel);
    }
 }
```

此程序的运行条件需要在模拟器或开发板的根目录下存在 image.jpg 图片文件,可以用 ActiveSyne 同步软件将 PC 机上的图片文件复制到模拟器或开发板的根目录下,也可以用 Visual Studio 2005 的远程工具导入该图片文件,单击"程序→Microsoft Visual Studio 2005→Visual Studio Remote Tools→远程文件查看器"可打开"Windows CE Remote File Viewer",单击工具栏上的按钮与模拟器或开发板建立连接后,再单击"File→Export File"即可往模拟器或开发板上导入图片文件。

5.5.3 填充图形

对于上述封闭的图形都有与其相对应的以"Fill"为前缀的填充方法。如填充矩形的 FillRectangle()方法、填充多边形的 FillPolygon()方法、填充椭圆的 FillEllipse()方法等。填充图形是利用画刷来进行操作的,画刷类对象指定填充封闭图形内部或文本的颜色和样式。.NET Compact Framework 提供了两个画刷类:SolidBrush 类和 TextureBrush 类。

1. SolidBrush 类

SolidBrush 类用一种单色将各种封闭图形填充为纯色实心图形。其构造函数为:

```
public SolidBrush(Color color);     //参数 color 指定要填充的颜色
```

例如,绘制一个红色实心椭圆,代码如下:

```
private void Form1_Paint(object sender, PaintEventArgs e)
 {    Graphics g = e.Graphics;
      SolidBrush brush = new SolidBrush(Color.Red);
      g.FillEllipse(brush, 10, 10, 200, 100);
  }
```

2. TextureBrush 类

TextureBrush 类使用图像填充封闭曲线的内部。其构造函数为:

```
public TextureBrush(Image image);      //参数 image 指定要填充的图像
```

例如,使用图片"image.jpg" 填充椭圆,代码如下:

```
private void Form1_Paint(object sender, PaintEventArgs e)
 {      Graphics g = e.Graphics;
        g.Clear(Color.LightBlue);
        Bitmap b = new Bitmap("\\image.jpg");//读取图片文件到 Bitmap 对象
        TextureBrush t = new TextureBrush(b);
        g.FillEllipse(t, this.ClientRectangle); //填充为窗体工作区大小
 }
```

5.5.4 图形图像编程实例:手绘画板

下面通过一个实例展示图形图像编程,该实例实现一个可手绘的画图软件,可以绘制直线、矩形、椭圆等基本形状,可以按键输入文字或手写输入,可以擦除和清除所绘图形,能够设置图形的填充颜色和边线颜色,能够打开其他的位图文件以及将绘制的图形保存为位图文件。程序的运行界面如图 5-15 所示。

具体操作步骤:

① 创建一个名为 DrawingboardExample 的智能设备项目,使用窗体 Form1 自动生成的 mainMenu1 菜单对象创建清除、打开、保存、退出 4 个主菜单。从工具箱中拖出 7 个 Button 控件,分别修改按钮的 Text 属性为:"直线"、"矩形"、"椭圆"、"多边形"、"画笔"、"文字"、"橡皮擦"。从工具箱中拖出两个 Label 控件,分别修改其 Text 属性为:"填充颜色"和"线条颜色"。从工具箱拖出两个 ComboBox 控件,通过其 Items属性输入:无、红、蓝、绿、黄、黑 6 个子项。从工具箱中拖出一个 PictureBox 控件,修改其 Name 属性为 Drawboard,Anchor 属性为(Top、Bottom、Left、Right),并适当调整其大小,使其填充窗体的剩余空间。从工具箱中拖出一个 TextBox 控件放于 PictureBox 控件的上方,修改其 Visible 属性值为 False。调整窗体上各控件的大小和布局,使其与图 5-15 的布局一致。

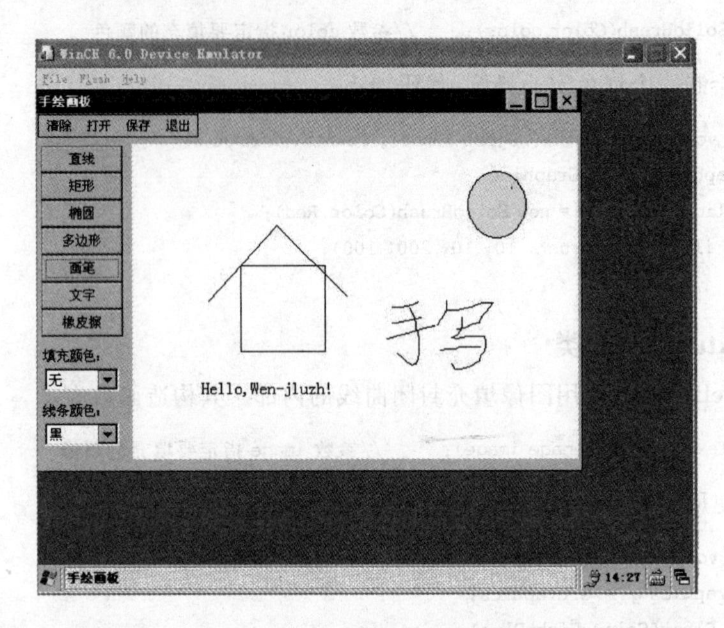

图 5-15 手绘画板程序运行界面

② 程序的基本思路是当按下鼠标时记录下被按处的点坐标，作为直线的起始点，或矩形的左上角顶点，或多边形的各个顶点。当按下鼠标移动时，实现画笔和橡皮擦的功能，当松开鼠标时使用由 Bitmap 对象创建的 Graphics 对象画出最终图形，同时更新 PixcturBox 对象的 Image 值。在 Form1 类中定义如下变量：

```
enum DrawType{line,rectangle,ellipse,polygon,pen,text,erase};//按钮标识
 DrawType type;              //标记用户按了哪个按钮
 Color fillcolor;            //保存用户选择的填充颜色
 Color linecolor;            //保存用户选择的线条颜色
 bool mark;                  //标记用户是否按下了鼠标左键
 Point point;                //保存线条的起点或矩形的左上角坐标
 List<Point> listpoint = new List<Point>();    //保存多边形的所有顶点
 Bitmap bits;                //保存画板里的位图信息
 Graphics bitG;              //由画板里的位图创建图形对象
```

③ 在 Form1 类的 Load 事件中初始化各控件以及变量的值：

```
private void Form1_Load(object sender, EventArgs e)
{
     comboBox1.Text = "无";          //初始化填充颜色为无
     comboBox2.Text = "黑";          //初始化线条颜色为黑色
     bits = new Bitmap(drawboard.Width, drawboard.Height); //创建位图对象
     bitG = Graphics.FromImage(bits);      //由位图对象创建 Graphics 对象
     bitG.Clear(Color.White);             //用白色初始化位图对象的 Graphics 对象
     drawboard.Image = bits;               //将位图对象里的内容赋值给画板对象
```

```
}
```

④ “清除”菜单的功能是将各变量的值重置，代码如下：

```
private void Clearmenu_Click(object sender, EventArgs e)
{
    bits.Dispose();    //释放 bits 所引用的对象
    bits = new Bitmap(drawboard.Width, drawboard.Height);
    bitG = Graphics.FromImage(bits);
    bitG.Clear(Color.White);
    drawboard.Image = bits;
}
```

⑤ “打开”菜单的功能是读取位图文件里的内容到画板上，通过创建一个 Bitmap 对象可以获取位图文件里的内容，然后再将 Bitmap 对象赋值给 PictureBox 对象的 Image 属性：

```
private void Openmenu_Click(object sender, EventArgs e)
{
    OpenFileDialog openfile = new OpenFileDialog();
    if (openfile.ShowDialog() == DialogResult.OK)
    {
        bits.Dispose();
        bits = new Bitmap (openfile.FileName);//建立指定位图文件的新位图对象
        bitG = Graphics.FromImage(bits);
        drawboard.Image = bits;//将位图文件里的内容显示在画板上
    }
}
```

⑥ 实现“保存”菜单的代码：

```
private void Savemenu_Click(object sender, EventArgs e)
{
    SaveFileDialog savefile = new SaveFileDialog();
    if (savefile.ShowDialog() == DialogResult.OK)
    {
        string s = savefile.FileName + ".bmp";
        //将位图对象里的内容保存到位图文件中
        bits.Save(s, System.Drawing.Imaging.ImageFormat.Bmp);
    }
}
```

⑦ 实现“退出”菜单的代码：

```
private void Exitmenu_Click(object sender, EventArgs e)
{
  Application.Exit();
}
```

⑧ 当用户单击窗体上的各按钮时，需要保存用户的选择，通过定义一个 DrawType 的枚举类型，用于标记用户单击的是哪个按钮。7 个按钮功能相似，所以通过属性设计窗口将这 7 个按钮的 Click 事件都预定到 button_Click 事件函数上来。

```
private void button_Click(object sender, EventArgs e)
{
    Button b = (Button)sender;
    switch (b.Text)
    {   //获取用户点击了哪个按钮
        case "直线": type = DrawType.line; break;
        case "矩形": type = DrawType.rectangle; break;
        case "椭圆": type = DrawType.ellipse; break;
        case "多边形": type = DrawType.polygon; break;
        case "画笔": type = DrawType.pen; break;
        case "文字": type = DrawType.text; break;
        case "橡皮擦": type = DrawType.erase; break;
    }
}
```

⑨ 用户每一次在 comboBox1 中更改填充颜色后，就将该颜色存储到 fillcolor 变量中；同样每次在 comboBox2 中更改线条颜色后，就将该颜色存储到 linecolor 变量中。两个 ComboBox 控件功能相似，所以将这两个 ComboBox 控件的 SelectedIndexChanged 事件都预定到如下事件函数上来：

```
private void comboBox_SelectedIndexChanged(object sender, EventArgs e)
{
    if (sender == comboBox1)//判断用户操作的是不是 comboBox1
    {   switch (comboBox1.Text)
        {   //获取用户选择了哪种填充颜色
            case "无": fillcolor = Color.White; break;
            case "红": fillcolor = Color.Red; break;
            case "蓝": fillcolor = Color.Blue; break;
            case "绿": fillcolor = Color.Green; break;
            case "黄": fillcolor = Color.Yellow; break;
            case "黑": fillcolor = Color.Black; break;
        }
    }
    else
```

```
{   switch (comboBox2.Text)
    {   //获取用户选择了哪种线条颜色
        case "无": linecolor = Color.White; break;
        case "红": linecolor = Color.Red; break;
        case "蓝": linecolor = Color.Blue; break;
        case "绿": linecolor = Color.Green; break;
        case "黄": linecolor = Color.Yellow; break;
        case "黑": linecolor = Color.Black; break;
    }
  }
}
```

⑩ 当鼠标在画板上按下时表示即将开始绘制图形，此时需要记录下被按处的点坐标，作为画直线的一个端点或矩形的左上角顶点。而如果是画多边形，则每次单击鼠标表示确定多边形的顶点，将这些顶点添加到一个点链表中，以便双击鼠标时根据这些点集合绘制多边形。此外，如果是绘制文本，则在鼠标单击位置将文本框显示出来，以接收用户输入的内容。

```
private void drawboard_MouseDown(object sender, MouseEventArgs e)
 {
     if (e.Button == MouseButtons.Left)
     {
         Pen pen = new Pen(linecolor);   //创建颜色为线条颜色的画笔
         mark = true;   //标记已经按下鼠标左键
         switch (type)
         {
             case DrawType.polygon:
                 Point p = new Point(e.X, e.Y);//记录下鼠标按下位置的点坐标
                 listpoint.Add(p);//将该点保存到多边形顶点链表中
                 //若链表中已有 2 个以上的点则画出多边形相邻两个顶点间的连线
                 if (listpoint.Count > 1)
                 bitG.DrawLine(pen, point.X, point.Y, e.X, e.Y);
                 break;
             case DrawType.text://在鼠标单击位置显示文本框，该位置相对于窗体
                 textBox1.Location = new Point(e.X + drawboard.Location.X,
                 e.Y + drawboard.Location.Y);
                 textBox1.Focus();
                 textBox1.ForeColor = linecolor;
                 textBox1.Visible = true;
                 break;
         }
         point.X = e.X;//记录下起始点的坐标
```

```
            point.Y = e.Y;
            drawboard.Image = bits;//将绘制的各条边线显示到画板上
        }
    }
```

⑪ 如果是画笔或橡皮擦，每次鼠标移动都要留下最终痕迹，所以调用 Bitmap 的 Graphics 对象绘制图形。画笔的功能是按下鼠标拖动可以绘制任意的曲线，实现的基本思想是每次鼠标移动都画出移动过程中相邻两点的线段，若干条这样的微小线段就组成了一条连续的任意曲线。橡皮擦的功能是擦除鼠标所在位置的图形，其实现思想与画笔类似，只不过是每次鼠标移动时通过绘制一个与背景色相同的小矩形达到擦除目的。

```
private void drawboard_MouseMove(object sender, MouseEventArgs e)
{
    if (mark)//如果鼠标被按下的同时移动鼠标，则开始绘图
    {
        Pen pen1 = new Pen(linecolor);
        SolidBrush brush = new SolidBrush(fillcolor);
        drawboard.Invalidate();//擦除上次鼠标移动时所画的图形
        drawboard.Update();      //立即重绘
        switch (type)
        {
            case DrawType.pen:  //在画布上显示画笔的运动轨迹
                bitG.DrawLine(pen1, point.X, point.Y, e.X, e.Y);
                point.X = e.X;
                point.Y = e.Y;
                break;
            case DrawType.erase: //在画布上擦除鼠标所经过的地方
                bitG.FillRectangle(brush, e.X, e.Y, 20, 20);
                point.X = e.X;
                point.Y = e.Y;
                break;
        }
    }
}
```

⑫ 当鼠标松开时需要在画板上显示出直线、矩形、椭圆，所以用 bitG 对象来绘制，将图形保存到位图对象中，绘制完成后再将位图对象赋给 PictureBox 的 Image 值，就可以更新 PictureBox 画板。

```
private void drawboard_MouseUp(object sender, MouseEventArgs e)
{
    mark = false; //表示结束一次绘制过程
```

```
Pen pen1 = new Pen(linecolor);
SolidBrush brush = new SolidBrush(fillcolor);
switch (type)
{   case DrawType.line:      //绘制最终线条
        bitG.DrawLine(pen1, point.X, point.Y, e.X, e.Y);
        break;
    case DrawType.rectangle://绘制最终矩形
        if (fillcolor != Color.White)
        {
          bitG.FillRectangle(brush, point.X, point.Y,
          e.X - point.X, e.Y - point.Y);
         }
         bitG.DrawRectangle(pen1, point.X, point.Y,
         e.X - point.X, e.Y - point.Y);
         break;
    case DrawType.ellipse: //绘制最终椭圆
        if (fillcolor != Color.White)
        {
            bitG.FillEllipse(brush, point.X, point.Y,
            e.X - point.X, e.Y - point.Y);
         }
     bitG.DrawEllipse(pen1, point.X, point.Y,
     e.X - point.X, e.Y - point.Y);
     break;
}
drawboard.Image = bits;  //更新画板
}
```

⑬ 如果绘制的是多边形，则双击时确定绘制。根据前面每次单击鼠标时记录下来的多边形顶点坐标，绘制多边形。

```
private void drawboard_DoubleClick(object sender, EventArgs e)
{   if (type == DrawType.polygon)
    {   Point[] arrpoint = new Point[listpoint.Count];
        int i = 0;
        foreach (Point temp in listpoint)
        {
            arrpoint[i++] = temp;//将多边形顶点链表中的点转存到点数组中
        }
        Pen pen = new Pen(linecolor);
        SolidBrush brush = new SolidBrush(fillcolor);
        if (fillcolor != Color.White)
        { //如果设置了填充色，即画实心多边形
```

```
            bitG.FillPolygon(brush, arrpoint);
        }
        bitG.DrawPolygon(pen, arrpoint);//绘制多边形边框
        drawboard.Image = bits;  //更新画布
        listpoint.Clear();  //清除点链表里的点
}
```

⑭ 绘制文本时，如果用户在文本框中按下“确认”键，则开始绘制文本框里的文本；如果用户在文本框中按下 ESC 键，则退出文本的绘制。

```
private void textBox1_KeyDown(object sender, KeyEventArgs e)
{    if (e.KeyCode == Keys.Enter)
     {    SolidBrush brush = new SolidBrush(linecolor);
          textBox1.Visible = false;
          bitG.DrawString(textBox1.Text, new Font("宋体", 12, FontStyle.Regular),
brush, point.X, point.Y);
          textBox1.Text = "";
     }
 if (e.KeyCode == Keys.Escape)
     {
          textBox1.Text = "";
          textBox1.Visible = false;
     }
     drawboard.Image = bits;
}
```

也可以用 TextBox 控件的 Validating 事件验证用户在文本框的输入情况：

```
private void textBox1_Validating(object sender, CancelEventArgs e)
{
     if (textBox1.Text == "")
          textBox1.Visible = false;
     else
     {
          SolidBrush brush = new SolidBrush(linecolor);
          textBox1.Visible = false;
          bitG.DrawString(textBox1.Text, new Font("宋体", 12, FontStyle.Regular)
          , brush, point.X, point.Y);
          textBox1.Text = "";
     }
}
```

⑮ 选择“工具→连接到设备”，选择“Windows CE 6.0 Device Emulator Emulator”，单击“连接”按钮。按 F5 键运行应用程序，弹出部署对话框，选择“Windows CE

6.0 Device Emulator Emulator"项，单击"部署"按钮，稍后即可在模拟器上看到如图5-15所示的程序运行效果。

5.6 组件编程

5.6.1 用C#设计类库

使用C#进行程序开发时，不仅可以使用.NET平台提供的基类库，而且也可以定义自己的类库供其他程序调用。在Visual Studio 2005开发环境下，设计类库的方法和设计一般类的方法非常相似，只是类库最终会被编译成.dll文件，其本身不能单独运行，只能被别的项目程序调用。下面通过实例演示类库的设计及调用方法，该例实现了一个能求n的阶乘的类库。具体步骤如下：

① 启动Visual Studio.NET 2005，选择"文件"→"新建"→"项目"菜单项，在弹出的"新建项目"对话框中选择"Visual C#"→"智能设备"→"Windows CE 5.0"，在已安装的模板栏内选择"类库"，输入项目名FactorialClassLibrary，设定好项目保存路径，单击"确定"按钮。

② 在"解决方案资源管理器"中右击Class1.cs，选择"重命名"，将其文件名改为FactorialClass.cs。

③ 双击打开FactorialClass.cs文件，将源代码改为如下内容：

```
namespace FactorialClassLibrary
{
    public class FactorialClass
    {
        public long SolveFactorial(int n)
        {
            long i = 1;
            for (int k = 1; k <= n; k++)
            {
                i = i * k;
            }
            return i;
        }
    }
}
```

④ 单击"生成"菜单下的"生成解决方案"。此时在bin\Debug目录下生成了FactorialClassLibrary.dll文件。

⑤ 测试类库

上述生成的 FactorialClassLibrary. dll 文件可以添加到其他项目中，并在其他项目中调用它提供的属性、方法、事件。现创建一个 Windows 窗体应用程序，在用户界面上由用户输入一个正整数，然后用 FactorialClassLibrary. dll 文件中的 SolveFactorial 方法求出其阶乘，具体步骤如下：

➤ 在 Visual Studio 2005 中创建一个“智能设备项目”，选择“设备应用程序”模板，输入项目名 ClassLibraryExample，设定好保存路径，单击“确定”按钮。

➤ 在窗体设计器中添加两个 Label 控件，一个 TextBox 控件，一个 Button 控件。将 lable1 的 Text 属性设为“请输入一个正整数：”，lable2 的 Text 属性设为“这个正整数的阶乘是：”，button1 的 Text 属性设为“求阶乘”。用户界面如图 5 - 16 所示。

➤ 在“解决方案资源管理器”中右击“引用”，从弹出的快捷菜单中选择“添加引用”命令，在弹出的对话框中选择“浏览”标签，找到 FactorialClassLibrary. dll 文件，单击“确定”按钮将其添加到引用中，并在程序最上面添加 using FactorialClassLibrary；语句。

➤ 双击 button1 按钮，为 Click 事件中添加代码：

```
private void button1_Click(object sender, EventArgs e)
 {
     int i =  Int32.Parse(textBox1.Text);
     FactorialClass f = new FactorialClass();
     label2.Text = "这个正整数的阶乘是：" + f.SolveFactorial(i).ToString();
 }
```

➤ 按 F5 键运行程序，在文本框中输入 6，然后单击“求阶乘”按钮。可得到如图 5 - 17 所示的运行结果界面。

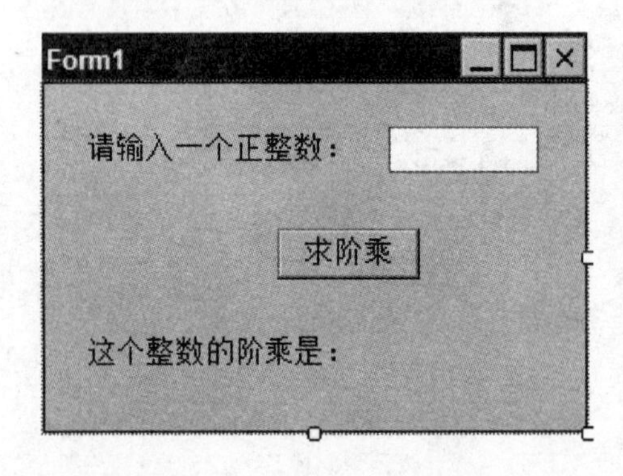

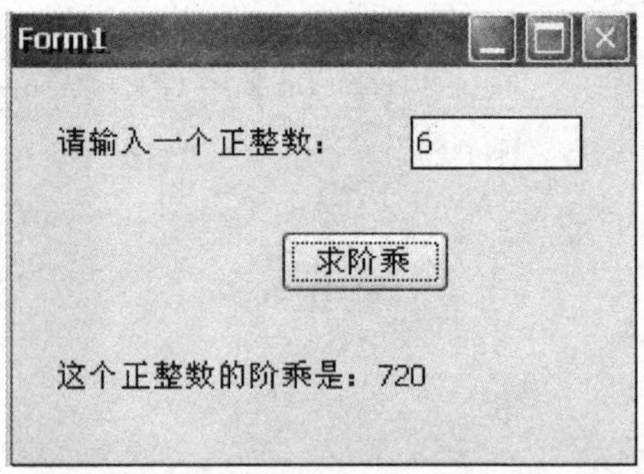

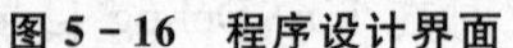
图 5 - 16　程序设计界面　　**图 5 - 17　程序运行界面**

5.6.2 用C#设计用户控件

.NET开发平台不仅提供了多种控件供用户直接使用，而且也提供了让用户自行设计控件的基础结构。用户可以根据现有的控件组合得到一个复合控件，也可以在现有控件的基础上派生出新的控件，甚至还可以完全自己定义控件。

实际应用中有很多用户界面具有相同或者相似的外观和功能，并且这类界面区域中包括多个相互关联的控件。这时可以将一个重复使用的控件组合封装成一个复合控件，方便以后使用。比如几乎所有的用户登录窗口在界面和功能上都极为相似，因此可以将登录窗口中的所有控件组合成一个用户控件。下面通过实现一个用户登录控件介绍用户控件的制作过程。

① 在Visual Studio 2005中创建一个“智能设备项目”，模板选择“控件库”，输入项目名SignInUserControl，设定好保存路径，单击“确定”按钮。

② 在“解决方案资源管理器”中右击UserControl1.cs，选择“重命名”，将其文件名改为SignInUserControl.cs。

③ 双击打开SignInUserControl.cs文件，从工具箱中分别拖出两个Label控件、两个TextBox控件、两个Button控件放到窗体上，将窗体设计器中lable1的Text属性设为“用户名:”；lable2的Text属性设为“密码:”；TextBox1的Name属性设置为txtUser；TextBox2的Name属性设置为txtPassword，PasswordChar属性设置为“*”；button1的Name属性设置为btnOK，Text属性设为“确定”；button2的Name属性设置为btnCancle，Text属性设为“取消”。控件界面如图5-18所示。

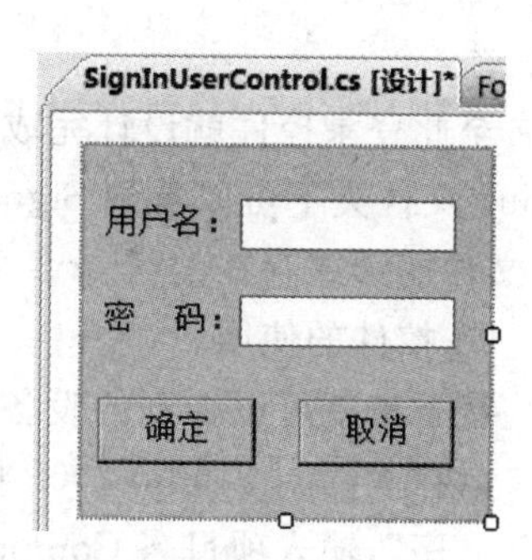

图5-18 用户控件的设计界面

④ 为txtPassword控件添加Validating事件以验证密码的有效性。

```
private void txtPassword_Validating(object sender, CancelEventArgs e)
{   if (txtPassword.Text.Length < 5 || txtPassword.Text.Length > 12)
    {
        MessageBox.Show("密码必须为6-12位字符!");
        return;
    }
    else
    {
        string s = txtPassword.Text.ToString();
        for (int i = 0; i < txtPassword.Text.Length; i++)
            if (char.IsLetterOrDigit(s[i]) == false)
            {
```

```
                MessageBox.Show("密码包含了非汉字、字母和数字的字符");
                return;
            }
        }
    }
```

⑤ 为 btnOK 按钮添加 Click 事件，编写事件代码如下：

```
private void btnOK_Click(object sender, EventArgs e)
{
    MessageBox.Show(txtUser.Text + ",欢迎你登录系统!");
}
```

⑥ 为 btnCancle 按钮添加 Click 事件，编写事件代码如下：

```
private void btnCancle_Click(object sender, EventArgs e)
{   txtUser.Text = "";
    txtPassword.Text = "";
}
```

至此登录控件就设计完成了，按 F7 键生成解决方案。生成后在该项目的 bin\debug 文件夹下可以看到 SignInUserControl.dll 文件，可见生成的复合控件也是以.dll 文件的形式存在的。

⑦ 控件的使用。

接下来就可以在别的设备应用程序中使用这个复合控件了。操作步骤如下：

- 在 Visual Studio 2005 中创建一个“智能设备项目”，模板选择“设备应用程序”，输入项目名 CompositeUserControl，设定好保存路径，单击“确定”按钮。
- 往工具箱中添加复合控件：在工具箱中右击，执行“添加选项卡”，输入名称 Compositecontrol，在该选项卡上单击右键，执行“选择项”，在弹出的“.NET Framework 组件”标签中单击“浏览”按钮，找到 SignInUserControl.dll 文件后按“打开”按钮即可在工具箱中看到一个 SignInUserControl 控件，如图 5-19 所示。
- 打开项目中 Form1 窗体设计器，将工具箱中的 SignInUserControl 控件拖放到 Form1 窗体上，按 F5 键运行程序，测试效果，当输入密码少于 6 位时，可看到程序运行界面如图 5-20 所示。

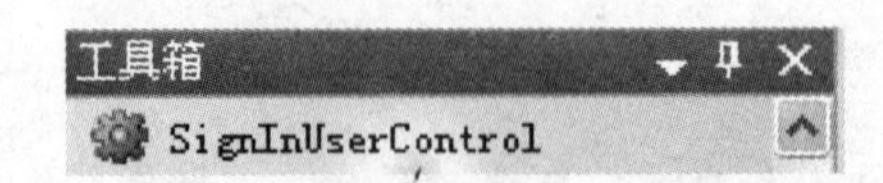

图 5-19　工具箱中的 SignInUserControl 控件

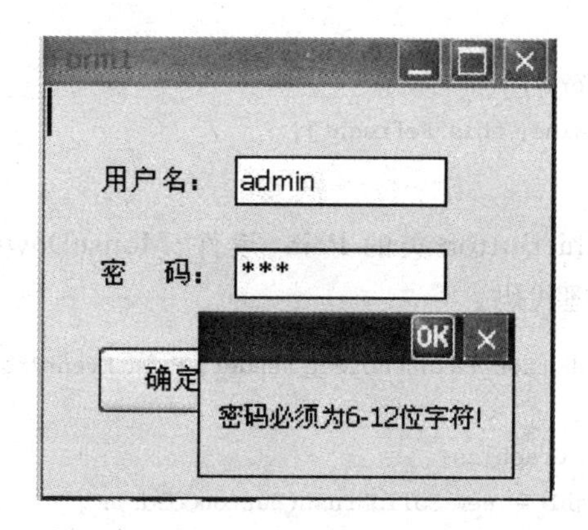

图 5-20　运行界面

5.6.3　用 C#设计自定义控件

有的时候用户可能觉得工具箱中的控件不能完全满足自己的需要，比如控件外观不够美观，属性不能体现特殊需求。这时可以通过扩展控件或者自定义控件使问题得以解决。

扩展控件是从现有的某个控件的基础上派生出一个子类，重写或添加属性、方法和事件。自定义控件是从基类 Control 的基础上派生出一个控件类，从头开始创建一个控件。两者在实现步骤上类似，只是自定义控件更复杂一些，因为 Control 类只提供控件所需的所有基本功能，其他的特定功能和图形界面必须由用户实现。下面的例子自定义了一个外形为椭圆形的图形按钮控件，其步骤如下。

① 在 Visual Studio 2005 中创建一个"智能设备项目"，模板选择"控件库"，输入项目名 MyControlLibrary，设定好保存路径，单击"确定"按钮。

② 在"解决方案资源管理器"中右击 UserControl1. cs 文件，将该文件重命名为 GraphicButton. cs，在窗口设计器中将窗口的 Size 属性设为(80,40)。

③ 在 GraphicButton 类中定义如下成员变量和属性：

```
string text = "Text1";        //在按钮上显示的文本
Color ButtonColor = Color.Red;    //按钮的背景颜色
Color color = Color.White;     //按钮的文本颜色
[DefaultValue("Text1")]        //ButtonText 属性的默认值
public string ButtonText      //新增 ButtonText 属性，用于设置按钮上的文本内容
{
  get { return text; }
  set { text = value; this.Refresh(); }
}
[DefaultValue("白色")]          // TextColor 属性的默认值
public Color TextColor         //新增 TextColor 属性，用于设置按钮上文本的颜色
```

```
    {
        get { return color; }
        set { color = value; this.Refresh(); }
    }
```

④ 分别添加 GraphicButton 类的 Paint 事件、MouseDown 事件和 MouseUp 事件,并实现各事件的处理代码。

```
private void GraphicButton_Paint(object sender, PaintEventArgs e)
{
    Graphics g = e.Graphics;
    SolidBrush brush1 = new SolidBrush(ButtonColor);
    g.FillEllipse(brush1, this.ClientRectangle);      //将按钮设置为椭圆形
    SizeF textsize = g.MeasureString(text, new Font("宋体",
    16,FontStyle.Bold));                                //计算按钮上文本的大小
    float x = (this.Width - textsize.Width) / 2;      //求出文本左上角的横坐标
    float y = (this.Height - textsize.Height) / 2;  //求出文本左上角的纵坐标
    SolidBrush brush2 = new SolidBrush(color);
    g.DrawString(text, new Font("宋体",16,FontStyle.Bold), brush2, x, y);
                                                        //绘制文本
}
private void GraphicButton_MouseDown(object sender, EventArgs e)
{
    ButtonColor = Color.Blue;//鼠标按下时改变按钮的背景颜色
    this.Refresh();          //重绘按钮
}
private void GraphicButton_MouseUp(object sender, EventArgs e)
{
    ButtonColor = Color.Red;//鼠标按下时改变按钮的背景颜色
    this.Refresh();         //重绘按钮
}
```

⑤ 按 F7 键生成解决方案,此时在项目 bin\debug 文件夹下会生成 MyControlLibrary.dll 的控件库文件。

至此,MyControlLibrary.dll 控件库中已具有了一个名为 GraphicButton 的自定义按钮控件。当用户单击该按钮控件时其外观效果发生改变,区别于标准的 Windows 按钮,具有动态变化的特效。

接下来就可以在别的设备应用程序中使用这个自定义控件了。操作步骤同 5.6.2 小节所讲内容,不同的是由于在这个自定义控件中定义了两个属性 ButtonText 和 TextColor,所以在往窗体上添加 GraphicButton 对象后可以在其属性设计器中看到这两个属性,同时也可以修改这两个属性的值,如图 5-21 所示。可见使用自己定义的控件可以让控件具有更多的灵活性,从而使控件更能满足用户的需要。

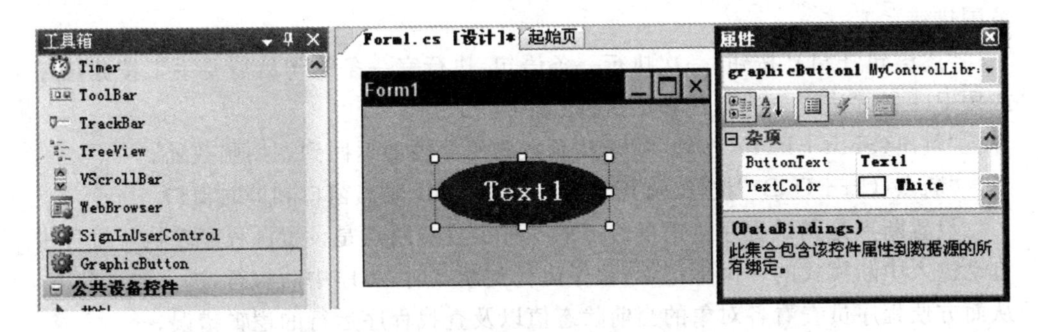

图 5-21 自定义的 GraphicButton 控件

5.7 C#应用程序的调试

5.7.1 调试工具

任何一个应用程序就算没有语法错误，能编译通过，但也无法保证其运行结果是完全正确的，其功能是完全符合要求的，其性能是最优的。因此每一个软件在交付使用前都必须经过反复的调试和严格的测试，以保证程序的正确性。为了方便程序员进行调试和测试工作，Visual Studio 2005 开发平台提供了丰富的调试和测试菜单命令，通过这些菜单命令，程序员可以快速地对程序进行纠错和排错。

调试程序时，可以通过“调试”菜单命令或“调试”工具栏对程序进行调试。“调试”工具栏如图 5-22 所示。

图 5-22 “调试”工具栏

将鼠标停放在“调试”工具栏的各工具按钮上数秒就可以看到各工具按钮的名称，常用的调试工具按钮有如下几个。

“启动调试(F5)”按钮：启动应用程序并一直运行到断点，如果程序中没设置断点则正常运行到结束。

“全部中断(Ctrl+Alt+Break)”按钮：当程序在运行过程中暂停程序的执行，程序处于中断模式，但并不退出，而是可以随时恢复执行。

“停止调试(Shift+F5)”按钮：作用是终止当前正在调试的程序并结束调试会话。

“逐过程(F10)”按钮：将每个过程当作一条语句，一次执行一个过程，执行完一个过程后需要手工按此按钮或按 F10 键，才进入下一行代码的执行，一般使用于大范围排错。

“逐语句(F11)”按钮:一次执行一条语句,执行完一条语句后需要手工按此按钮或按 F11 键才进入下一行代码的执行。

“跳出(Shift+F11)”按钮:用于从函数调用的内部返回到调用函数处。

“断点(Ctr+D,B)”按钮:可用于打开断点窗口、输出窗口和即时窗口。

设置断点是调试程序时用得最多的一种手段。断点是设置源程序在执行过程中自动进入中断模式的一个标记,当程序运行到断点时,程序中断执行,进入调试状态,从而方便程序员查看各对象的当前状态值以及查找程序运行的逻辑错误。

在 Visual Studio 2005 的代码编辑器窗口中,设置和取消断点的方法有下面几种。

方法 1:用鼠标单击某代码行左边的灰色区域。单击一次设置断点,再次单击取消断点。

方法 2:用鼠标右键单击某代码行,从弹出的快捷菜单中选择“断点”→“插入断点”可设置断点,选择“删除断点”可取消断点。

方法 3:用鼠标单击某代码行,直接按 F9 键设置断点或取消断点。

断点设置成功后,在对应代码行的左边会显示一个红色的实心圆,同时该行代码也突出显示,如图 5-23 所示。

```
private void textBox1_KeyDown(object sender, KeyEventArgs e)
{
    if (e.KeyCode == Keys.Enter)
    {
        SolidBrush brush = new SolidBrush(linecolor);
        textBox1.Visible = false;
        bitG.DrawString(textBox1.Text, new Font("宋体", 12, For
        textBox1.Text = "";
    }
    drawboard.Image = bits;
}
```

图 5-23 断点设置后的效果

程序中可以设置一个或多个断点,如果采用“启动调试”的方式运行该程序,则程序执行到第一个断点所在的行,就会中断运行。需要注意的是,程序中断后,断点所在的行还没有执行。

当程序中断后,如果将鼠标放在希望观察的执行过的语句的变量上面,调试器就会自动显示执行到断点时该变量的值。此外也可以使用 Visual Studio 2005 提供的调试窗口监测变量值的变化,常用的用于调试的窗口有:局部变量窗口、监视窗口、快速监视窗口等。

局部变量窗口可显示局部变量的值。只列出当前运行方法中的变量并跟踪这些变量的值。可以在局部变量的窗口中修改变量的值,当值被修改后,新值为红色。

监视窗口可通过程序跟踪变量的值,也可编辑变量的值。此窗口跟踪的变量可以由程序员设定，能够跟踪不同方法中的变量。

快速监视窗口每次只能显示一个变量的值，要继续执行程序时必须关闭此窗口，因此不能跟踪执行过程中变量的值。

在程序可能出错的地方设置断点后，利用各种窗口跟踪变量的值，可以方便查找程序的错误信息，解决程序存在的错误和缺陷。

即使通过调试找到并消除了程序中的语法错误和运行时错误，程序仍然不一定完全正确，必须对程序进一步测试，检查程序的性能，确保应用软件稳定可靠。

5.7.2 单元测试

调试是解决错误的过程，测试是发现软件缺陷的过程，两者具有紧密的联系。测试中发现的错误，要经过调试消除；调试后的程序还必须再测试，若发现错误则还需要再进行调试。测试和调试是交互循环进行的工作。在消除了程序中的语法错误和运行错误后，程序仍然不能保证完全正确，程序员可以进行简单的单元测试，来确定基本功能是否完善。

单元测试是测试隔离的单元或模块，对各种方法分别使用不同的输入和执行参数来测试。单元测试的依据是详细设计描述，单元测试应对模块内所有重要的控制路径设计测试用例，以便发现模块内部的错误。Visual Studio 2005 将单元测试工具集成在 IDE 中，方便程序员使用。下面以一个简单的实例讲解 Visual Studio 2005 中单元测试工具的使用。要测试 TestedClass 类中求和函数的功能是否达到预期效果。

① 在 Visual Studio 2005 中创建一个名为 UnitTestExample 的智能设备项目，开发平台选择 Windows CE，模板类型选择控制台应用程序。

② 在 Program.cs 中创建一个 TestedClass 类，作为被测试对象。代码如下：

```
public class TestedClass
{
    public static int Add(int x, int y)
    {
      return x + y;
    }
}
```

③ 按 F7 键生成解决方案，在 Bin\Debug 目录下生成了 UnitTestExample.dll 文件。选择“测试→新建测试”菜单项，在弹出的对话框中选择 UnitTestExample.dll 文件，单击“打开”按钮。依次展开程序集中的各项，勾选 Add 方法，如图 5-24 所示。

④ 单击“确定”按钮，在弹出的“新建测试项目”对话框中输入测试项目的名称，此处用默认名 TestProject1，单击“创建”按钮。在当前解决方案中创建了一个名为

图 5-24　创建单元测试

TestProject1 的测试项目，并自动添加了测试代码。其中关于对 Add 方法进行测试的代码如图 5-25 所示。

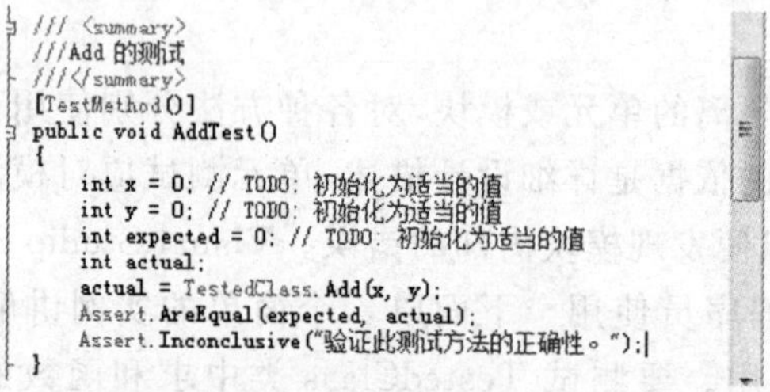

```
/// <summary>
///Add 的测试
///</summary>
[TestMethod()]
public void AddTest()
{
    int x = 0; // TODO: 初始化为适当的值
    int y = 0; // TODO: 初始化为适当的值
    int expected = 0; // TODO: 初始化为适当的值
    int actual;
    actual = TestedClass.Add(x, y);
    Assert.AreEqual(expected, actual);
    Assert.Inconclusive("验证此测试方法的正确性。");
}
```

图 5-25　测试项目中自动生成的代码

⑤ 修改测试用例，将 x 值改为 3，y 的值改为 4，expected 的值改为 7，同时注释掉 AddTest 方法中的最后一条语句。然后右击，在弹出的快捷菜单中选择“运行测试”命令，或者选择“测试”→“运行”→“解决方案中的测试”菜单项，都将开始执行测试并显示测试结果为通过，表示验证 Add 方法得到的值与期望值相同，Add 方法的功能符合要求。

Assert(判定)对象的常用方法有：

AreEqual 方法：测试指定的值是否相等；如果两个值不相等，则测试失败。

AreNotEqual 方法：测试指定的值是否不相等；如果两个值相等，则测试失败。

AreSame 方法：测试指定的对象是否都引用相同的对象；如果两个输入内容引用不同的对象，则测试失败。

AreNotSame 方法：测试指定的对象是否引用不同的对象；如果两个输入内容引用相同的对象，则测试失败。

Fail 方法：断言失败。

Inconclusive 方法：表示无法证明为 true 或 false 的测试结果。

IsTrue 方法：测试指定的条件是否为 true；如果该条件为 false，则测试失败。

IsFalse 方法:测试指定的条件是否为 false;如果该条件为 true,则测试失败。

IsNull 方法:测试指定的对象是否为空引用(在 Visual Basic 中为 Nothing);如果它不为空,则测试失败。

IsNotNull 方法:测试指定的对象是否为非空;如果它为空引用,则测试失败。

5.8 C#综合程序开发实例

5.8.1 需求分析

目前很多嵌入式应用产品上都会安装各种小游戏以满足用户娱乐方面的需求,使用C#语言可以非常方便地开发出界面美观、操作方便的游戏程序,本小节以当前流行的"连连看"游戏为例综合介绍运用C#语言开发游戏程序的知识。游戏规则为:用鼠标选出游戏界面中的两张相同的图形卡片,如果这两张卡片的连线中没有别的图形遮挡,并且连接的线段中最多只存在两个拐点,就可以消去这两张彼此相连的卡片。在规定的时间内,玩家消掉的卡片越多,其得分也就越高。游戏运行界面如图5-26所示。

图 5-26 连连看游戏运行界面

5.8.2 算法设计

"连连看"游戏中需要不断捕捉玩家鼠标的单击位置,而C#恰好提供了事件驱动机制,很多控件都可以捕捉用户的鼠标行为,因此在程序中定义 Card 类,并且将 Card 类继承自 PictureBox 类,是用户自定义的一个控件,用于存储游戏上每张卡片的基本信息(包括卡片的宽和高、行列位置、背景图案等),以及捕获玩家的鼠标事件;

再定义 Game 类用于存储每一次游戏的基本信息(包括游戏的参数、随机生成的卡片数组、玩家的分数等)和实现游戏功能的相关函数(包括寻找路径、判断是否为通路、画出连通线等)。

程序的核心功能是判断玩家单击的两张图案相同的卡片之间是否存在连通路径,算法的基本思想如下:

① 如果这两张卡片在同一行或同一列的方向上处于紧邻位置,则直接消除这两张卡片;否则执行②;

② 从卡片1开始分别向上、下、左、右4个方向寻找符合条件的拐点1和拐点2。判断两个拐点是否符合条件的方法是:

如果是往上或往下的方向,就将拐点1的行值减1或加1,列值等于卡片1的列值,拐点2的行值等于拐点1的行值,拐点2的列值等于卡片2的列值。

如果是往左或往右的方向,就将拐点1的列值减1或加1,其行值等于卡片1的行值,拐点2的列值行于拐点1的列值,拐点2的行值等于卡片2的行值。

判断卡片1到拐点1、拐点1到拐点2和拐点2到卡片2构成的3条直线段路径是否都为通路(如果在这3条直线段上除了卡片1和卡片2外的其他卡片都为消除状态就表示为通路),如果不通则继续执行②;如果存在通路则结束算法。

存在3种情况的通路:当两张卡片处在同一行或同一列,同时他们之间的其他卡片都为消除状态时,卡片1和卡片2之间不存在拐点;当两张卡片的行列值都不相同,同时拐点2和卡片2重叠时,卡片1和卡片2之间只存在1个拐点;当两张卡片的行列值都不相同,同时拐点2和卡片2不重叠时,卡片1和卡片2之间存在2个拐点。如图5-27所示,其中表格中的数字1和2表示卡片1和卡片2,数字3和4表示拐点1和拐点2。其中③和④都属于第3种情况。

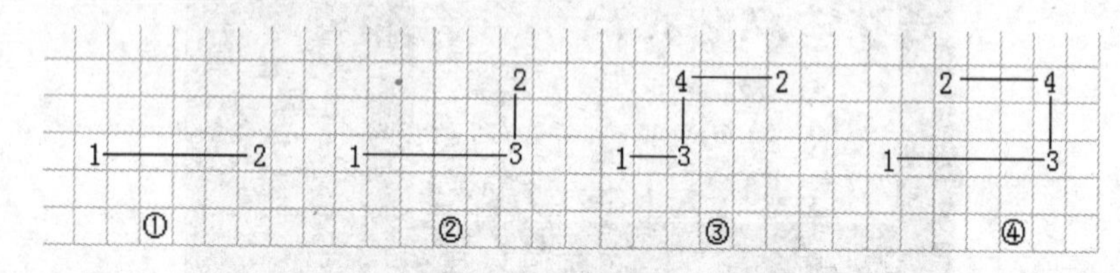

图5-27 两张卡片之间的通路情况

为了使算法简单化,程序在生成各张图案卡片的同时也生成4个边缘的"空白"卡片,其实"空白"卡片是指可见性为 false 的卡片,表示4个边缘为通路状态。因此在程序中若想生成7×9的图案卡片矩阵,实际上需要构造9×11个 Card 对象。

5.8.3 界面设计

程序的界面设计可以直接在窗体设计器中用可视化的方式进行,也可以通过代码来实现。本程序窗体 Form1 上的"重玩"、"退出"、"刷新"3个菜单项是通过自动生成的 mainMenu1 菜单对象创建的。窗体上的其他所有控件都是动态加载的,目的是为了让程序更易于维护和修改。下面给出动态加载控件的方法，创建一个名为 LinkGameExample 的 Windows CE 设备应用程序，首先在 Form1 类中定义如下变量：

```
Label label1 = new Label();
Label label2 = new Label();
ProgressBar probar = new ProgressBar();
Timer timer = new Timer();
```

其中 Label2 控件用于显示玩家成绩，ProgressBar 控件用于显示游戏时间进度，Timer 控件用来计时。在窗体加载的时候将各控件加载在窗体上一并显示在屏幕上，定义窗体的 Load 事件如下：

```
private void Form1_Load(object sender, EventArgs e)
{
    this.BackColor = Color.Black;
    this.Width = Game.ArrCols * 45;
    this.Height = Game.ArrRows * 45 + 40;
    label1.Text = "剩余时间:";
    label1.Location = new Point(40, Game.ArrRows * 45 - 10);
    label1.Size = new Size(80, 20);
    label1.Visible = true;
    probar.Location = new Point(label1.Left + label1.Width, label1.Top);
    probar.Size = new Size(100, 20);
    probar.Maximum = 60;
    probar.Minimum = 0;
    probar.Value = 60;
    probar.Visible = true;
    label2.Text = "你的成绩是:0";
    label2.Size = new Size(150, 20);
    label2.Location = new Point(probar.Left + probar.Width + 100, label1.Top);
    label2.Visible = true;
    timer.Interval = 1000;
    timer.Enabled = true;
    timer.Tick += new System.EventHandler(timer_Tick);
    …
    this.Controls.Add(label1);
    this.Controls.Add(probar);
    this.Controls.Add(label2);
}
```

定义计时器的 Tick 计时事件，用于控制玩家的剩余时间：

```
private void timer_Tick(object sender, EventArgs e)
```

```
{   label2.Text = "你的成绩是:" + game.score;
    if (--probar.Value == 0)
    {
        timer.Enabled = false;
        if (DialogResult.OK == MessageBox.Show("游戏时间结束,是否重玩?"))
            menuItem1_Click(null,null);
    }
}
```

因为在程序中会多次刷新卡片的生成数组,因此专门定义一个 refresh()方法用于重新生成图案卡片。

```
private void refresh()
{
    for (int i = 0; i < Game.ArrRows; i++)
        for (int j = 0; j < Game.ArrCols; j++)
            this.Controls.Add(game.cards[i, j]);
}
```

5.8.4 代码设计与实现

本程序中关键部分是 Card 类和 Game 类的定义,下面给出其定义方法以及程序中各功能实现的具体步骤。

① 在当前项目中添加一个 Card 类,将其代码修改为:

```
public class Card:System.Windows.Forms.PictureBox
{
    public int Row = 0; // 卡片所在的行
    public int Col = 0; // 卡片所在的列
    public int Type = 0; // 卡片中显示的图案类型
    public Game game; //卡片所处的当次游戏
    enum selectedcount { NON,ONE};// 当前选中了几张卡片
    static selectedcount selected = selectedcount.NON;
    static Card c1 = null, c2 = null; //卡片 1 和卡片 2
    public Card(int row, int col, Bitmap bit,int type,Game game)
    {
        this.Row = row;
        this.Col = col;
        this.Width = Game.CARD_WIDTH;
        this.Height = Game.CARD_HEIGHT;
        this.Location = new Point(col * this.Width, row * this.Height);
        this.BackColor = Color.LightBlue;
        this.Image = bit;
```

```
            this.SizeMode = PictureBoxSizeMode.CenterImage;
            this.Type = type;
            this.Visible = true;
            this.game = game;
            this.Click + = new EventHandler(Card_Click);
        }
    }
```

Card 类是 PictureBox 类的派生类，因此它具有 PictureBox 类大多数属性，同时可以通过捕获用户的鼠标事件来确定某卡片是否被用户单击。下面给出其单击事件的定义：

```
private void Card_Click(object sender, System.EventArgs e)
{   //设置卡片的选中或未选中效果
    if (this.BackColor == Color.LightBlue)
        this.BackColor = Color.Red;
    else
        this.BackColor = Color.LightBlue;
    if (selected == selectedcount.NON)
    {
        c1 = this;
        selected = selectedcount.ONE;
    }
    else
    {   //如果用户已选中了两张卡片，则开始判断两者之间是否存在通路
        c2 = this;
        if (c1.Type == this.Type && ! c1.Equals(c2))
        {
            if (game.serch_path(c1, c2))
            {
                game.draw_path(c1, c2);
                game.score + = 10;
                c1.Visible = false;
                c2.Visible = false;
            }
        }
        c1.BackColor = Color.LightBlue;
        c2.BackColor = Color.LightBlue;
        selected = selectedcount.NON;
    }
}
```

② 在项目中添加一个 Game 类，Game 类的功能是实现游戏的算法以及记录游

戏的配置信息，玩家的得分信息等。定义成员变量如下：

```
public static int CARD_WIDTH = 45; // 卡片宽度
public static int CARD_HEIGHT = 45; // 卡片高度
public static int CARD_ROWCOUNT = 7, CARD_COLCOUNT = 9; //卡片数量,7 行×9 列

public static int ArrRows = CARD_ROWCOUNT + 2; //卡片对象数组的行数
public static int ArrCols = CARD_COLCOUNT + 2; //卡片对象数组的列数
public static Bitmap[] CardType = new Bitmap[16]; // 卡片种类
public Card[,] cards; //卡片对象数组,包含 4 个边缘的空卡片,9 行×11 列
public int score = 0; //游戏得分
Card  c3 = null, c4 = null; //拐点卡片 1,拐点卡片 2
Random ran = new Random();
Graphics graphics = null;
```

程序中将卡片的高和宽以及卡片数组的行数与列数定义成变量的形式是为了提高程序的可维护性，当这些参数需要修改时，只需修改这些成员变量的值即可，无需修改代码中其他地方。

定义 Game 类的构造函数，在构造函数中获得绘制连通路径的 Graphics，同时加载卡片的图案种类。图案图片是通过项目资源管理器中的 Properties 的图形用户界面添加到 Resources 中的，代码如下：

```
public Game(Graphics g)
{
    this.graphics = g;
    cards = new Card[ArrRows, ArrCols];
    CardType[0] = null;
    CardType[1] = Resources._1;
    CardType[2] = Resources._2;
    ……      //为了节约篇幅,此处省略了 CardType[2]～ CardType[14]的赋值诗句
    CardType[15] = Resources._15;
}
```

在游戏开始时或刷新游戏时将重新生成卡片集合，以下是生成卡片集合的函数，处在 4 条边上的卡片始终让其处于隐藏状态，表示 4 条通路，代码如下：

```
public void ResetCards()
{     for (int i = 0; i < ArrRows; i++)
         for (int j = 0; j < ArrCols; j++)
         {   if (i == 0 || i == ArrRows - 1 || j == 0 || j == ArrCols - 1)
             {   cards[i, j] = new Card(i, j, CardType[0], 0, this);
                 cards[i, j].Visible = false;              }
             else
```

```
            {    int temp = ran.Next(15) + 1;
                 cards[i, j] = new Card(i, j, CardType[temp], temp, this);
            }
        }
    }
```

根据前面设计的算法，定义判断卡片1和卡片2之间是否存在通路的函数，代码如下：

```
public bool serch_path(Card c1,Card c2)
 {
   c3 = null; c4 = null;
  if (Math.Abs(c1.Row - c2.Row) == 1 && c1.Col == c2.Col || Math.Abs(c1.Col -
    c2.Col) == 1 && c1.Row == c2.Row) //如果两个卡片在上下左右正向紧邻则为通路
      return true;
  else
  {
      int row1 = c1.Row, col1 = c1.Col, row2 = c2.Row, col2 = c2.Col;
      //向上寻找
      for (int r = row1 - 1; r >= 0; r--)
     {
       c3 = cards[r, col1]; c4 = cards[r, col2];
       if (c3.Visible == false )
       { //如果只有一个拐点，则只需判断拐点1到卡片2的路径是否为通路
          if (c4.Equals(c2))
            if (iFthrough(c3, c2)) return true;
               if (c4.Visible == false && iFthrough(c3, c4) && iFthrough(c4, c2))
                  return true;
        }
        else
        break;
       }
       //向下寻找
       for (int r = row1 + 1; r <= ArrRows - 1; r++)
       {
         c3 = cards[r, col1]; c4 = cards[r, col2];
         if (c3.Visible == false)
         {
           if (c4.Equals(c2))
             if (iFthrough(c3, c2)) return true;
               if (c4.Visible == false && iFthrough(c3, c4) && iFthrough(c4, c2))
                   return true;
          }
```

```
        else
          break;
        }
        //向左寻找
        for (int c = col1 - 1; c >= 0; c--)
        {
          c3 = cards[row1, c]; c4 = cards[row2, c];
          if (c3.Visible == false)
          {
            if (c4.Equals(c2))
             if (iFthrough(c3, c2)) return true;
              if (c4.Visible == false && iFthrough(c3, c4) && iFthrough(c4, c2))
                return true;
           }
           else
           break;
        }
        //向右寻找
        for (int c = col1 + 1; c <= ArrCols - 1; c++)
        {
          c3 = cards[row1, c]; c4 = cards[row2, c];
          if (c3.Visible == false)
          {
              if (c4.Equals(c2))
               if (iFthrough(c3, c2)) return true;
                if (c4.Visible == false && iFthrough(c3, c4) && iFthrough(c4, c2))
                  return true;
            }
            else
            break;
        }
        return false;
    }
}
//判断两个处于同一直线上的卡片之间是否是通路
public bool iFthrough(Card c1,Card c2)
{   //如果两个点在同一行上
    if (c1.Row == c2.Row)
    {
      int step = Math.Sign(c1.Col - c2.Col);
      for (int c = c1.Col - step; c != c2.Col; c -= step)
      if (cards[c1.Row, c].Visible)
```

```
      return false;
    return true;
  }
  //如果两个点在同一列上
  else if (c1.Col == c2.Col)
  {
    int step = Math.Sign(c1.Row - c2.Row);
    for (int r = c1.Row - step; r != c2.Row; r -= step)
    if (cards[r, c1.Col].Visible)
      return false;
    return true;
  }
  else
    return false;
}
```

如果两张卡片之间存在通路，则用下面的代码绘制通路直线：

```
public void draw_path(Card c1, Card c2)
{
    Point p1 = new Point(c1.Left + CARD_WIDTH / 2,c1.Top + CARD_HEIGHT / 2);
    Point p2 = new Point(c2.Left + CARD_WIDTH / 2,c2.Top + CARD_HEIGHT / 2);
    Pen pen = new Pen(Color.Red, 2);
    Point[] points;
    if (c3 == null && c4 == null)
    {
        points = new Point[] { p1, p2 };
    }
    else
    {
      Point p3 = new Point( c3.Left + CARD_WIDTH / 2,c3.Top + CARD_HEIGHT / 2);
      Point p4 = new Point(c4.Left + CARD_WIDTH / 2,c4.Top + CARD_HEIGHT / 2);
      points = new Point[] {p1,p3,p4 ,p2};
    }
    this.graphics.DrawLines(pen, points);
    Thread.Sleep(100);          //延时线条显示时间
    this.graphics.Clear(Color.Black);
}
```

此函数中的 Thread.Sleep(100)语句的作用是让当前线程休眠一秒钟，从而延长线条的显示时间，Thread 类处于 System.Threading 命名空间中，关于它的详细使用方法，读者可以参考第 6 章中的线程知识。

③ 实现窗体界面上各菜单的功能：

“重玩”菜单的功能实现代码如下：

```
private void menuItem1_Click(object sender, EventArgs e)
 {
     game = new Game(panel.CreateGraphics());
     panel.Controls.Clear();
     game.ResetCards();
     panel_refresh();
     timer.Enabled = true;
     probar.Value = probar.Maximum;
     label2.Text = "你的成绩是:0";
 }
```

“刷新”菜单功能的代码与“重玩”菜单的功能类似，只是不用清空成绩和剩余时间。

```
private void menuItem2_Click(object sender, EventArgs e)
 {
     int time = probar.Value;
     this.Controls.Clear();
     game.ResetCards();
     this.refresh();
     this.Controls.Add(label1);
     this.Controls.Add(probar);
     this.Controls.Add(label2);
     probar.Value = time;
     label2.Text = "你的成绩是:" + game.score;
 }
```

“退出”菜单功能的代码：

```
private void menuItem3_Click(object sender, EventArgs e)
{
     Application.Exit();
 }
```

为了让程序一运行即加载卡片数组，可以在 Form1 类中添加 public Game game;语句，然后在窗体的 Load 事件中添加如下代码：

```
game = new Game(this.CreateGraphics());
 game.ResetCards();
 this.refresh();
```

④ 选择“工具→连接到设备”，选择“Windows CE 6.0 Device Emulator Emulator”，单击“连接”按钮。按 F5 键运行应用程序，弹出部署对话框，选择“Windows CE

6.0 Device Emulator Emulator"项，单击"部署"按钮，稍后即可在模拟器上看到如图 5-26所示的程序运行效果。

思考题五

1. 说明值类型和引用类型的区别。

2. 说明用 namespace 关键字声明命名空间的作用。

3. 定义整型一维数组，从键盘输入数组元素数值后，用循环语句显示所有元素的值。

4. 编写一个 Windows CE 设备应用程序，输入一个学生的成绩，输出其等级(优：≥90；良：≥80；中：≥70；及格：≥60；不及格：<60)。

5. 构造一个 Person 基类，再分别构造 Student 和 Teacher 派生类，要求具有不同的特征和行为。

6. 编程实现一个图书类 book，增加有参和无参数构造函数，同时具有如下功能：记录和访问图书信息，包括书名、作者、价格。用两种不同的构造函数创建两本书，使这两本书都具有各自的相关信息，最后将其信息输出。

7. 思考连连看游戏程序中的 Card 类定义为 PictureBox 类的派生类有何好处？如果不用 PictureBox 控件的派生类还有哪些实现方法？

第 6 章

嵌入式通信编程

本章首先介绍了进程和线程有关的基本概念以及进程线程之间的通信技术，然后介绍了 TCP/IP 网络模型，并介绍了 TCP/UDP 编程技术，最后对嵌入式系统中常用到的几种近距离通信技术，如串口、WiFi、蓝牙等通信编程进行了介绍，通过本章的学习，读者能使用 C# 语言对常用的几种通信技术编程。

6.1 进程管理与通信

6.1.1 程序、进程、线程

从概念上来说，程序只是一组指令的有序集合，进程是具有一定独立功能的程序关于某个数据集合上的一次运行活动，是系统进行资源分配和调度的一个独立单位。每个应用程序启动后，就会变成一个单独的进程，并且每个进程都有自己的虚拟内存空间。操作系统可以列举系统的活动进程，并且可以根据进程句柄执行“终止进程”和“激活进程”等操作。由于每个进程都有自己的虚拟内存空间，因此各进程间相互独立，互不干扰。

线程是进程的一个实体，是 CPU 调度和分派的基本单位，是比进程更小的能独立运行的基本单位。线程基本上不拥有系统资源，只拥有一点在运行中必不可少的资源(如程序计数器，一组寄存器和栈)，一个线程可以创建和撤销另一个线程。

1. 进程、程序的区别和联系

程序只是一组指令的有序集合，本身没有任何运行的含义，只是一个静态的实体。而进程则不同，它是程序在某个数据集上的执行。进程是一个动态的实体，有自己的生命周期，反映了一个程序在一定的数据集上运行的全部动态过程。

进程和程序并不是一一对应的，一个程序执行在不同的数据集上就成为不同的进程，可以用进程控制块来唯一地标识每个进程。而这一点正是程序无法做到的，由于程序没有和数据产生直接的联系，即使是执行不同的数据的程序，他们的指令的集合依然是一样的，所以无法唯一地标识出这些运行于不同数据集上的程序。一般来说，一个进程肯定有一个与之对应的程序，而且只有一个。而一个程序有可能没有与之对应的进程(因为它没有执行)，也有可能有多个进程与之对应(运行在几个不同的数据集上)。

进程还具有并发性和交互性,这也与程序的封闭性不同。进程和线程都是由操作系统所控制的程序运行的基本单元,系统利用该基本单元实现系统对应用的并发性。

2. 进程、线程的区别和联系

划分尺度:线程更小,所以多线程程序并发性更高。

资源分配:进程是资源分配的基本单位,同一进程内多个线程共享其资源。

地址空间:进程在执行过程中拥有独立的内存单元,而同一进程内多个线程共享其资源,从而极大提高了程序的运行效率。

处理器调度:线程是处理器调度的基本单位。

执行:每个独立的线程有一个程序运行的入口、顺序执行序列和程序的出口。但是线程不能够独立执行,必须依存在应用程序中,由应用程序提供多个线程执行控制。简而言之,一个程序至少有一个进程,一个进程至少有一个线程。从逻辑角度来看,多线程的意义在于一个应用程序中,有多个执行部分可以同时执行。但操作系统并没有将多个线程看作多个独立的应用,来实现进程的调度和管理以及资源分配。这就是进程和线程的重要区别。

6.1.2 进程管理类

用最简短的话来说,进程就是当前运行的应用程序。线程是操作系统向其分配处理器时间的基本单位。线程可执行进程的任何一部分代码,包括当前由另一线程执行的部分。在.NET Framework 中,Process 组件提供对正在计算机上运行的进程的访问。Process 类位于 System.Diagnostics 命名空间下,用于完成进程的相关处理任务。可以在本地计算机上启动和停止进程,也可以查询进程的相关信息。在自己的程序中运行其他的应用程序,实际上就是对进程进行管理。Process 类常用的方法如下:

Start 方法:启动(或重用)此 Process 组件的 StartInfo 属性指定的进程资源,并将其与该组件关联。

Close 方法:释放与此组件关联的所有资源。

CloseMainWindow 方法:通过向进程的主窗口发送关闭消息来关闭拥有用户界面的进程。

Dispose 方法:释放由 Component 使用的所有资源。

Kill 方法:立即停止关联的进程。

Refresh 方法:重新获取关联进程信息。

Handle 属性:获取关联进程的本机句柄。

ID 属性:获取关联进程的唯一标识符。

MachineName:获取关联进程正在其上运行的计算机名称。

ProcessName:获取该进程的名称。

如果希望在自己的进程中启动和停止其他进程,首先要创建 Process 类的实例,并设置对象的 StartInfo 属性,然后调用该对象的 Start 方法启动进程。下面结合一个例子来说明 Process 类的使用。例子中首先创建一个 MyProcess 的进程,运行后启动另一个应用程序 Helloworld,程序运行的结果如图 6-1 所示。

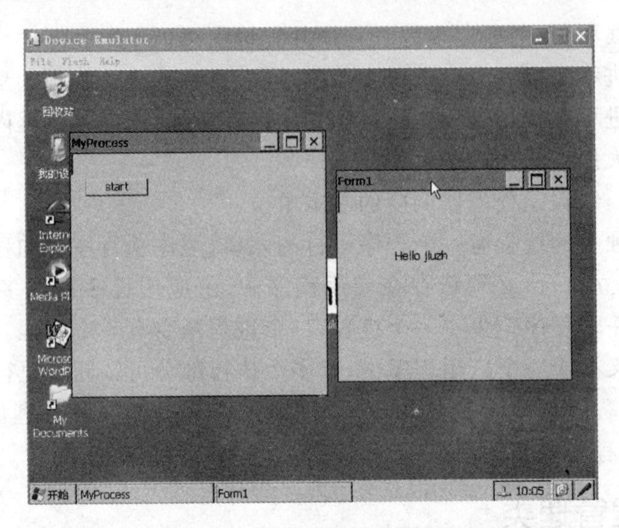

图 6-1 MyProcess 运行结果

MyProcess 程序中只实现了一个按钮,Helloworld 程序只实现了显示一段字符串的功能。两个应用程序在同一个解决方案中,部署后都会在智能设备"我的设备\Program Files\"中,程序的代码如下:

```
using System;
using System.Collections.Generic;
using System.ComponentModel;
using System.Data;
using System.Drawing;
using System.Text;
using System.Windows.Forms;
using System.Diagnostics;
namespace MyProcess
{
    public partial class Form1 : Form
    {
        public Form1()
        {
            InitializeComponent();
        }
```

```
            private void button1_Click(object sender, EventArgs e)
            {
                string mypath = "\\Program Files\\helloworld\\helloworld.exe";
                Process myProcess = new Process();
                try
                {
                    myProcess.StartInfo.UseShellExecute = false;
                    myProcess.StartInfo.FileName = mypath;
                    myProcess.Start();
                }
                catch
                {
                    MessageBox.Show("catch exception");
                }
            }
        }
    }
```

通过以上例子可以看出，对于启动、停止、控制和监视应用程序等任务，Process组件是很有用的工具。使用 Process 组件，可以获取正在运行的进程列表，或者可以启动新的进程。Process 组件用于访问系统进程。初始化 Process 组件后，可使用该组件来获取有关当前运行的进程信息。此类信息包括线程集、加载的模块(.dll 和 .exe 文件)和性能信息(如进程当前使用的内存量)。

上述例子中"string mypath = "\\Program Files\\helloworld\\helloworld.exe";"用来指明应用程序的路径，调试中要根据实际情况设定。否则，系统将找不到该路径从而产生异常。

进程组件同时获取有关一组属性的信息。Process 组件获取有关任一组的一个成员的信息后，它将缓存该组中其他属性的值，并且在调用 Refresh 方法之前，不获取有关该组中其他成员的新信息。因此，不保证属性值比对 Refresh 方法的最后一次调用更新。组细分与操作系统有关。

系统进程在系统上由其进程标识符唯一标识。与许多 Windows 资源一样，进程也由其句柄标识，而句柄在计算机上可能不唯一。句柄是表示资源标识符的 般术语。即使进程已退出，操作系统仍保持进程句柄，该句柄通过 Process 组件的 Handle 属性访问。因此，可以获取进程的管理信息，如 ExitCode(通常，或者为零表示成功，或者为非零表示错误)和 ExitTime。句柄是非常有价值的资源，所以句柄泄漏比内存泄漏危害更大。

6.1.3 进程间通信

在项目开发和系统集成上，进程间通信的应用非常广泛。例如，在使用 Word

时，经常会从网页上或其他编辑器中复制一段文字到 Word 中，这其实就是一个非常常见的进程间通信的例子，它是通过剪贴板技术来实现的。在 Windows CE 和 Windows Moblie 下的进程间通信可以由以下几种技术实现。

- Windows Message
- Point - to - Point Message Queues
- MSMQ

下面讲述. NET Compact Framework 下使用 Windows Message 进行进程间的通信。比起后两种方法，Windows Message 消息无疑是一种经济实惠的方法，Windows Message 消息的主要目的是允许在进程间传递只读数据。Windows 在通过 WM_COPYDATA 消息传递期间，不提供继承同步方式。通过实例来演示 Windows CE 进程间的通信方法。程序运行结果如图 6-2 所示，有两个进程分别是 send 窗口和 receive 窗口，在 send 窗口中通过发送消息，在 receive 窗口中能收到 send 窗口发过来的消息。

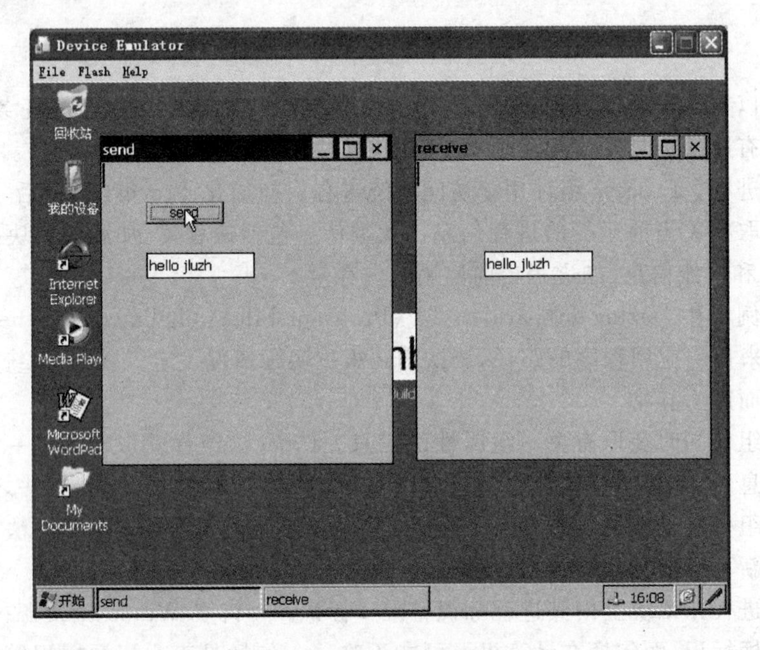

图 6-2 进程间通信

具体实现过程如下：

① 在 CF. net 下进行 Windows Message 的开发需要引用 Microsoft. WindowsCE. Forms，该 DLL 一般存放于“C:\Program Files\Microsoft. NET\SDK\CompactFramework\v2. 0\WindowsCE\Microsoft. WindowsCE. Forms. dll”。

② 发送消息。

```
using Microsoft.WindowsCE.Forms;
```

```
public partial class MsgForm : Form
{
    [DllImport("coredll.dll", EntryPoint = "RegisterWindowMessage",
SetLastError = true)]
     private static extern uint RegisterWindowMessage(string lpString);
     private uint msgUid = RegisterWindowMessage("MESSAGE_UID");
    public static int MSG_BROADCAST = 0xFFFF;
    private void SendMessage(object sender)
     {
       Message msg = Message.Create((IntPtr)MSG_BROADCAST, (int)msgUid ,
IntPtr.Zero, IntPtr.Zero);
        MessageWindow.SendMessage(ref msg);
     }
}
```

首先需要 P/Invoke RegisterWindowMessage 函数，每个发送的 Message 都有唯一的 UID，这样接收方才能根据 UID 进行监听和接收该 Message。发送之前先 create 一个 Message 对象，参数一为接收对象，如果为进程间通信可以使用广播的形式(MSG_BROADCAST)，第 2 个参数为 Message 的 UID，接收方利用其表示辨别 Message。第 3 和第 4 分别为 WParam 和 LParam，这是标准 Windows Message 的传递参数。

③ 接收消息。

```
using Microsoft.WindowsCE.Forms;
public class MsgWindow : MessageWindow
{
    [DllImport("coredll.dll", EntryPoint = "RegisterWindowMessage",
SetLastError = true)]
      private static extern uint RegisterWindowMessage(string lpString);
      private uint msgUid = RegisterWindowMessage("MESSAGE_UID");
      protected override void WndProc(ref Message msg)
      {
          if (msg.Msg == msgUid )
          {
              //handle the message.
          }
      }
}
```

接收消息需要定义一个继承类，继承于 MessageWindow，同时他同样需要 P/Invoke RegisterWindowMessage 函数，定义接收 Message 的唯一 UID。重写 WndProc，然后通过 msg.Msg 来辨别关心的消息。

如果接收方接收到 Message 需要更新到 form 的话就定义一个 form 的 reference,这样可以利用 form 来处理消息。如果在消息中传递对象,就不可以使用.NET Compact Framework 里面的 MessageWindow. SendMessage 函数了,需要使用 P/Invoke 来进行发送。发送端的关键是把要传递的对象封装到 COPYDATA-STRUCT Structure 里面,然后通过 API SendMessageW 进行发送,接收方辨别 WM_COPYDATA 消息,从 LParam 中分拆出对象。详细代码请参考本书附带的源代码,这里不再列出。

6.2 多线程编程

6.2.1 多线程概述

每个正在系统上运行的程序都是一个进程。每个进程包含一到多个线程。进程也可能是整个程序或者是部分程序的动态执行。线程是一组指令的集合,或者是程序的特殊段,可以在程序里独立执行,也可以理解为代码运行的上下文。所以线程基本上是轻量级的进程,负责在单个程序里执行多个任务。通常由操作系统负责多个线程的调度和执行。

在计算机编程中,一个基本的概念就是同时对多个任务加以控制。许多程序设计问题都求程序能够停下手头的工作,改为处理其他一些问题,再返回主进程。每一个进程至少有一个主执行线程,它无需由用户去主动创建,是由系统自动创建的。用户根据需要在应用程序中创建其他线程,多个线程并发地运行于同一个进程中。一个进程中的所有线程都在该进程的虚拟地址空间中,共同使用这些虚拟地址空间、全局变量和系统资源,所以线程间的通信非常方便,多线程技术的应用也较为广泛。多线程可以实现并行处理,避免了某项任务长时间占用 CPU 时间。

最开始,线程只是用于分配单个处理器的处理时间的一种工具。但假如操作系统本身支持多个处理器,那么每个线程都可分配给一个不同的处理器,真正进入“并行运算”状态。从程序设计语言的角度看,多线程操作最有价值的特性之一就是程序员不必关心到底使用了多少个处理器。程序在逻辑意义上被分割为数个线程;假如机器本身安装了多个处理器,那么程序会运行得更快,毋需做出任何特殊的调校。

多线程不是为了提高运行效率,而是为了同步完成多项任务和提高资源使用效率来提高系统的效率。线程是在同一时间需要完成多项任务的时候实现的。

使用线程的优点有:可以把占据长时间的程序中的任务放到后台去处理;用户界面的交互性能可以更加吸引人,这样比如用户单击了一个按钮去触发某些事件的处理,可以弹出一个进度条来显示处理的进度;程序的运行速度可能加快;在一些等待的任务实现上如用户输入、文件读/写和网络收发数据等,线程就比较有用了。在这种情况下可以释放一些珍贵的资源如内存占用等。还有其他很多使用多线程的好处，这里就不一一说明了。

使用线程自然也有缺点，以下列出了一些：如果有多个线程同时运行，而且它们试图访问相同的资源，控制起来就变得复杂了。举个例子来说，两个线程不能将信息同时发送给一台打印机。为解决这个问题，对那些可共享的资源来说（比如打印机），它们在使用期间必须进入锁定状态。所以一个线程可将资源锁定，在完成了它的任务后，再解开（释放）这个锁，使其他线程可以接着使用同样的资源。其次，如果有大量的线程会影响性能，因为操作系统需要在它们之间切换；更多的线程需要更多的内存空间；线程会给程序带来更多的 bug，因此要小心使用；线程的中止需要考虑其对程序运行的影响。

在 Win32 环境中常用的线程模型包括：单线程模型、块线程模型、多线程块模型。

在单线程模型中，一个进程中只能有一个线程，剩下的进程必须等待当前的线程执行完。这种模型的缺点在于系统完成一个很小的任务都必须占用很长的时间。

块线程模型也可理解为单线程多块模型（STA），一个程序里可能会包含多个执行的线程。在这里，每个线程被分为进程里一个单独的块。每个进程可以含有多个块，可以共享多个块中的数据。程序规定了每个块中线程的执行时间，所有的请求通过 Windows 消息队列进行串行化，这样保证了每个时刻只能访问一个块，因而只有一个单独的进程可以在某一个时刻得到执行。这种模型比单线程模型的好处在于，可以响应同一时刻的多个用户请求的任务而不只是单个用户请求。但它的性能还不是很好，因为它使用了串行化的线程模型，任务是一个接一个得到执行的。

多线程块模型也可以理解为自由线程块模型，多线程块模型（MTA）在每个进程里只有一个块而不是多个块。这单个块控制着多个线程而不是单个线程。这里不需要消息队列，因为所有的线程都是相同的块的一个部分，并且可以共享。这样的程序比单线程模型和 STA 的执行速度都要快，因为降低了系统的负载，因而可以优化减少系统 idle 的时间。这些应用程序一般比较复杂，因为程序员必须提供线程同步以保证线程不会并发的请求相同的资源，因而导致竞争情况的发生。这里有必要提供一个锁机制，但是这样也许会导致系统死锁的发生。

6.2.2 线程的实现方法

Visual C# 中使用的线程都是通过自命名空间 System. Threading 提供的多线程编程的类和接口来实现的，其中线程的创建有以下 3 种方法：Thread、ThreadPool、Timer。Thread 适用于那些需对线程进行复杂控制的场合；线程池（ThreadPool）是一种相对较简单的方法，它适应于一些需要多个线程而又较短的任务（如一些常处于阻塞状态的线程），它的缺点是对创建的线程不能加以控制，也不能设置其优先级；Timer 适用于需周期性调用的方法，它不在创建计时器的线程中运行，它在由系统自动分配的单独线程中运行。这和 Win32 中的 SetTimer 方法类似。这里主要介绍 Thread 类如何实现创建线程、启动线程、终止线程、合并线程、线程休眠等。

通过 Thread 类的构造函数来创建可供 Visual C＃使用的线程，通过 Thread 中的方法和属性来设定线程属性和控制线程的状态。Thread 还提供了其他的构造函数来创建线程，这里就不一一介绍了。表 6－1 是 Thread 类中的一些常用的方法及其简要说明：

表 6－1　Thread 类的常用方法及其说明

方　法	说　明
Abort	调用此方法会终止线程，但会引起 ThreadAbortException 类型异常
Interrupt	中断处于 WaitSleepJoin 线程状态的线程
Join	阻塞调用线程，直到某个线程终止时为止
ResetAbort	取消当前线程调用的 Abor 方法
Resume	继续已挂起的线程
Sleep	当前线程阻塞指定的毫秒数
Start	操作系统将当前实例的状态更改为 ThreadState. Running
Suspend	挂起线程，或者如果线程已挂起，则不起作用

这里要注意的是在. Net 中执行一个线程，当线程执行完毕后，一般会自动销毁。如果线程没有自动销毁可通过 Thread 中的 Abort 方法来手动销毁，但同样要注意的是如果线程中使用的资源没有完全销毁，Abort 方法执行后，也不能保证线程被销毁。在 Thread 类中还提供了一些属性用以设定和获取创建的 Thread 实例属性，表 6－2 中是 Thread 类的一些常用属性及其说明。

表 6－2　Thread 类常用属性

属　性	说　明
CurrentCulture	获取或设置当前线程的区域性
CurrentThread	获取当前正在运行的线程
IsAlive	获取一个值，该值指示当前线程的执行状态
IsBackground	获取或设置一个值，该值指示某个线程是否为后台线程
Name	获取或设置线程的名称
Priority	获取或设置一个值，该值指示线程的调度优先级
ThreadState	获取一个值，该值包含当前线程的状态

1. 线程的创建与启动

创建线程的命令如下：

```
Thread t = new Thread(new ThreadStart(FunctionName));
```

也可以写成：

```
Thread t = new Thread(FunctionName);
```

这就是最基本的创建线程方法。但是 ThreadStart 是无参数的委托类型，这种方法也就不能直接给线程函数传递参数。

在实例化 Thread 的实例中，需要提供一个委托，在实例化这个委托时所用到的参数是线程将来启动时要运行的方法。在.net 中提供了两种启动线程的方式，一种是不带参数的启动方式，另一种是带参数的启动的方式。线程的启动方式如下：

```
t.Start();
t.Start("My name")
```

对于不带参数的线程，线程函数可以直接访问它所在的类中的其他成员变量，参数可以设置在其他成员变量中，让线程函数去读取。如果在实例化线程时要带一些参数，就不能用 ThreadStart 委托作为构造函数的参数来实例化 Thread 了，而要 ParameterizedThreadStart 委托，和 ThreadStart 一样的是它也是线程启动时要执行的方法，和 ThreadStart 不同的是，它在实例化时可以用一个带有一个 Object 参数的方法作为构造函数的参数，而实例化 ThreadStart 时所用到的方法是没有参数的。

2. 线程的优先级

Thread 类中 hreadPRiority 属性，它用来设置优先级，但不能保证操作系统会接受该优先级。一个线程的优先级可分为 5 种：Normal、AboveNormal、BelowNormal、Highest、Lowest。具体实现例子如下：

```
thread.Priority = ThreadPriority.Highest;
```

3. 线程的挂起与恢复

Thread 类的 Suspend 方法用来挂起线程，直到调用 Resume，此线程才可以继续执行。如果线程已经挂起，那就不会起作用。线程挂起的代码如下：

```
if (thread.ThreadState = ThreadState.Running)
{
thread.Suspend();
}
```

线程挂起后，可以使用命令恢复已经挂起的线程，以让它继续执行，如果线程没挂起，也不会起作用。线程恢复的代码如下：

```
if (thread.ThreadState = ThreadState.Suspended)
{
```

```
thread.Resume();
}
```

4. 线程的终止与暂停

线程启动后,当不需要某个线程继续执行的时候可以使用如下命令终止线程:

```
Thread t = new Thread(方法名)
...
t.Abort();
```

Thread.Abort()方法来永久销毁一个线程,而且将抛出 ThreadAbortException 异常。使终结的线程可以捕获到异常但是很难控制恢复,仅有的办法是调用 Thread.ResetAbort()来取消刚才的调用,而且只有当这个异常是由于被调用线程引起的异常。因此,A 线程可以正确的使用 Thread.Abort()方法作用于 B 线程,但是 B 线程却不能调用 Thread.ResetAbort()来取消 Thread.Abort()操作。Thread.Abort()方法使得系统悄悄销毁了线程而且不通知用户。一旦实施 Thread.Abort()操作,该线程不能被重新启动。

在多线程应用程序中,有时候并不希望某一个线程继续执行,而且是希望该线程暂停一段时间,可以通过调用 Thread.Sleep,Thread.Suspend 或者 Thread.Join 可以暂停/阻塞线程。调用 Sleep()和 Suspend()方法意味着线程将不再得到 CPU 时间。这两种暂停线程的方法是有区别的,Sleep()使得线程立即停止执行,但是在调用 Suspend()方法之前,公共语言运行时必须到达一个安全点。一个线程不能对另外一个线程调用 Sleep()方法,但是可以调用 Suspend()方法使得另外一个线程暂停执行。对已经挂起的线程调用 Thread.Resume()方法会使其继续执行。不管使用多少次 Suspend()方法来阻塞一个线程,只需一次调用 Resume()方法就可以使得线程继续执行。已经终止的和还没有开始执行的线程都不能使用挂起。

Sleep()方法使用如下:

```
Thread.Sleep(int x)     //使线程阻塞 x 毫秒
```

注意,Sleep()方法是静态方法,暂停的是该语句所在的线程,而不是其他线程。

5. 前台与后台线程

.Net 的公用语言运行时(Common Language Runtime,CLR)能区分两种不同类型的线程:前台线程和后台线程。这两者的区别就是:应用程序必须运行完所有的前台线程才可以退出;而对于后台线程,应用程序则可以不考虑其是否已经运行完毕而直接退出,所有的后台线程在应用程序退出时都会自动结束。

.Net 环境使用 Thread 建立的线程默认情况下是前台线程,即线程属性 IsBackground=false,在进程中,只要有一个前台线程未退出,进程就不会终止。主线程就是一个前台线程。而后台线程不管线程是否结束,只要所有的前台线程都退出(包括正常退出和异常退出)后,进程就会自动终止。一般后台线程用于处理时间较短的任务,如在一个 Web 服务器中可以利用后台线程来处理客户端发过来的请求信息。而前台线程一般用于处理需要长时间等待的任务,如在 Web 服务器中的监听客户端请求的程序,或是定时对某些系统资源进行扫描的程序。下面的代码演示了前台和后台线程的区别。

```
public static void myStaticThreadMethod()
{
    Thread.Sleep(3000);
}
    Thread thread = new Thread(myStaticThreadMethod);
    // thread.IsBackground = true;
    thread.Start()
```

如果运行上面的代码,程序会等待 3 s 后退出,如果将注释去掉,将 Thread 设成后台线程,则程序会立即退出。要注意的是,必须在调用 Start 方法之前设置线程的类型,否则一旦线程运行,将无法改变其类型。

6.2.3 线程编程实例

下面的例子演示了通过线程来显示时间的例子,其运行结果如图 6-3 所示,按 Start Clock 按钮启动线程后,将更新显示状态栏中的时间,按 Stop Clock 按钮将停止。

其源代码如下:

```
using System.Data;
using System.Drawing;
using System.Text;
using System.Windows.Forms;
using System.Threading;
namespace UpdatingControls
{
    public partial class Form1 : Form
    {
        private Thread myThread;
        private bool workerThreadDone = false;
        private delegate void UpdateTime(string dateTimeString);
        public Form1()
        {
            InitializeComponent();
        }
        private void button1_Click(object sender, EventArgs e)
```

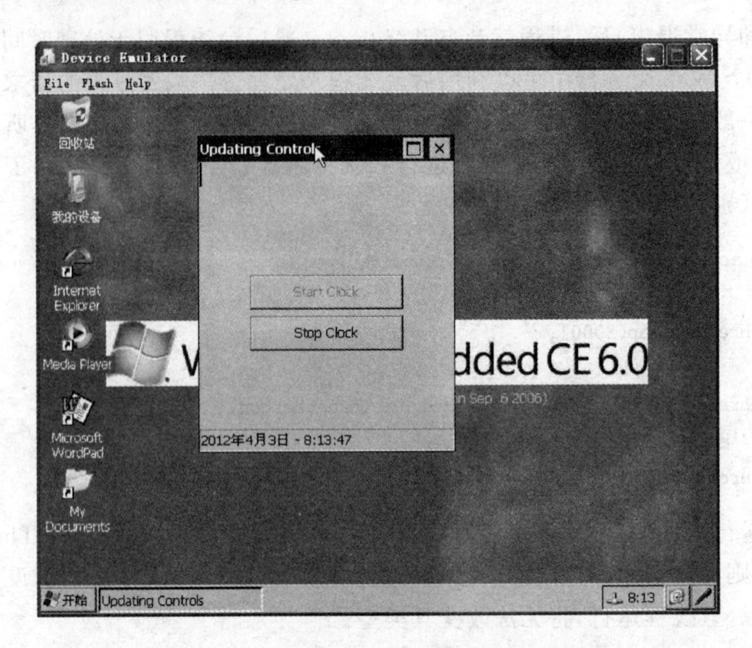

图 6-3　线程控制时钟程序运行结果

```
{
    button1.Enabled = false;
    button2.Enabled = true;
    statusBar1.Text = "";
    workerThreadDone = false;
    myThread = new Thread(new ThreadStart(MyWorkerThread));
    myThread.Start();
}
private void button2_Click(object sender, EventArgs e)
{
    workerThreadDone = true;
    myThread.Join();
    button2.Enabled = false;
    button1.Enabled = true;
}
private void MyWorkerThread()
{
    UpdateTime timeUpdater = new UpdateTime(UpdateTimeMethod);
    string currentTime;
    while (! workerThreadDone)
    {
        currentTime = DateTime.Now.ToLongDateString() + " - " +
                      DateTime.Now.ToLongTimeString();
```

```
                this.Invoke(timeUpdater, new object[] { currentTime });
                Thread.Sleep(0);
            }
            string statusInfo = "MyWorkerThread terminated!";
            this.BeginInvoke(timeUpdater, new object[] { statusInfo });
        }
        private void UpdateTimeMethod(String dateTimeString)
        {
            statusBar1.Text = dateTimeString;
        }
    }
}
```

从上例可看出，线程的构造类似于 Win32 的工作线程，但更加简单，只需把线程要调用的函数作为委托，然后把委托作为参数构造线程实例即可。当调用 Start()启动后，便会调用相应的函数，从函数第一行开始执行。

接下来结合线程的 ThreadState 属性来了解线程的控制。ThreadState 是一个枚举类型，它反映的是线程所处的状态。当一个 Thread 实例刚创建时，它的 ThreadState 是 Unstarted；当此线程被调用 Start()启动之后，它的 ThreadState 是 Running；在此线程启动之后，如果想让它暂停（阻塞），可以调用 Thread.Sleep()方法，它有两个重载方法（Sleep(int)、Sleep(Timespan)），只不过是表示时间量的格式不同而已，当在某线程内调用此函数时，它表示此线程将阻塞一段时间（时间是由传递给 Sleep 的毫秒数或 Timespan 决定的，但若参数为 0 则表示挂起此线程以使其他线程能够执行，指定 Infinite 以无限期阻塞线程），此时它的 ThreadState 将变为 WaitSleepJoin，另外值得注意一点的是 Sleep()函数被定义为了 static。这也意味着它不能和某个线程实例结合起来用，也不存在类似于 t1.Sleep(10)的调用。正是如此，Sleep()函数只能由需“Sleep”的线程自己调用，不允许其他线程调用，正如 when to Sleep 是个人私事不能由他人决定。但是当某线程处于 WaitSleepJoin 状态而又不得不唤醒它时，可使用 Thread.Interrupt 方法，它将在线程上引发 ThreadInterruptedException。

上例还用了另外两个使线程进入 WaitSleepJoin 状态的方法：利用同步对象和 Thread.Join 方法。Join 方法的使用比较简单，它表示在调用此方法的当前线程阻塞直至另一线程（此例中是 myThread）终止或者经过了指定的时间为止（若它还带了时间量参数），当两个条件（若有）任一出现，它立即结束 WaitSleepJoin 状态进入 Running 状态（可根据 Join 方法的返回值判断为何种条件，为 true 则是线程终止；false 则是时间到）。线程的暂停还可用 Thread.Suspend 方法，当某线程处于 Running 状态时对它调用 Suspend 方法，它将进入 SuspendRequested 状态，但它并不会被立即挂起，直到线程到达安全点之后它才可以将该线程挂起，此时它将进入 Suspended 状态。如对一个已处于 Suspended 的线程调用则无效,要恢复运行只需调用 Thread.Resume 即可。

最后讲的是线程的销毁,可以对需销毁的线程调用 Abort 方法,它会在此线程上引发 ThreadAbortException。可把线程内的一些代码放入 try 块内,并把相应处理代码放入相应的 catch 块内,当线程正执行 try 块内代码时如被调用 Abort,它便会跳入相应的 catch 块内执行,执行完 catch 块内的代码后它将终止,若 catch 块内执行了 ResetAbort 则不同了:它将取消当前 Abort 请求,继续向下执行。所以如要确保某线程终止最好用 Join,如上例。

6.3 串口通信编程

6.3.1 串口通信基础

1. 串口通信定义

串口是计算机上一种非常通用设备通信的协议。大多数计算机包含两个基于 RS-232 的串口。串口同时也是仪器仪表设备通用的通信协议;很多 GPIB 兼容的设备也带有 RS-232 口。同时,串口通信协议也可以用于获取远程采集设备的数据。RS-232 接口如图 6-4 所示。

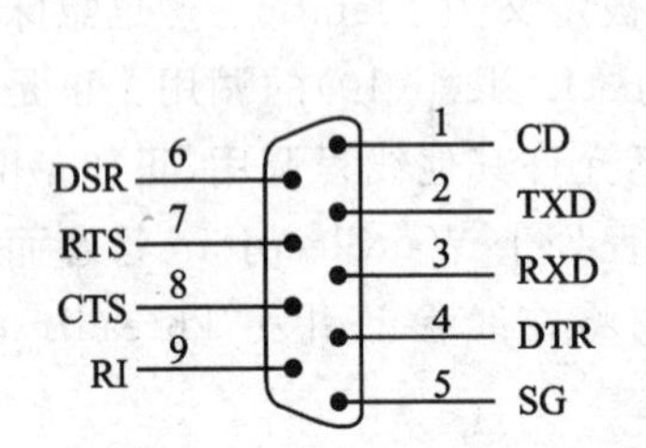

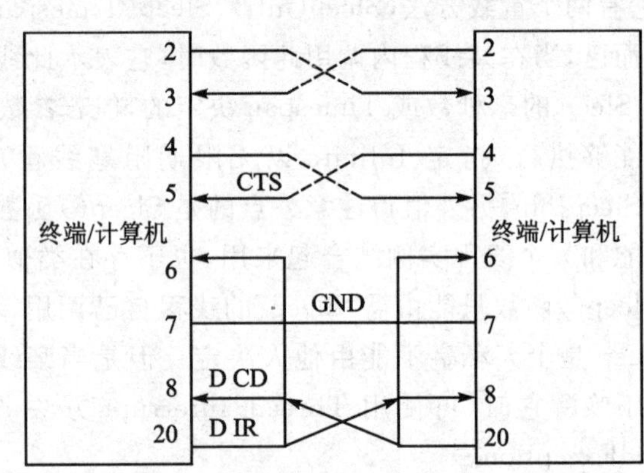

图 6-4 RS-232 接口

2. RS-232 的信号定义

RS-232 信号名称、功能和引脚如表 6-3 所列。一个简单的数据终端的典型 RS-232 接口,仅包括 TxD、RxD、RTS、CTS、SGND、CD 和 DTR 等 7 条信号线。甚至用 TxD、RxD 和 SGND3 条线就可以组成一个最简单的接口。

表 6-3　RS-232 信号的定义

引　脚	信号名称	功　能	引　脚	信号名称	功　能
1	DCD	载波检测	6	DSR	数据准备好
2	RXD	接收数据	7	RTS	请求发送
3	TXD	发送数据	8	CTS	允许发送
4	DTR	数据终端准备好	9	RI	振铃提示
5	SG	信号地			

3. 串口通信原理

串口通信的概念非常简单,串口按位(bit)发送和接收字节。尽管比按字节(byte)的并行通信慢,但是串口可以在使用一根线发送数据的同时用另一根线接收数据。它很简单并且能够实现远距离通信。比如 IEEE488 定义并行通行状态时,规定设备线总长不得超过 20 米,并且任意两个设备间的长度不得超过 2 米;而对于串口而言,长度可达 1 200 米。典型地,串口用于 ASCII 码字符的传输。通信使用 3 根线完成:地线、发送、接收。由于串口通信是异步的,端口能够在一根线上发送数据同时在另一根线上接收数据。其他线用于握手,但是不是必须的。串口通信最重要的参数是波特率、数据位、停止位和奇偶校验。对于两个进行通信的端口,这些参数必须匹配。

(1) 波特率

这是一个衡量通信速度的参数。它表示每秒钟传送的 bit 的个数。例如 300 波特表示每秒钟发送 300 个 bit。当提到时钟周期时,就是指波特率。例如,如果协议需要 4 800 波特率,那么时钟是 4 800 Hz。这意味着串口通信在数据线上的采样率为 4 800 Hz。通常电话线的波特率为 14 400 Hz、28 800 Hz 和 36 600 Hz。波特率可以远远大于这些值,但是波特率和距离成反比。高波特率常常用于放置得很近的仪器间的通信,典型的例子就是 GPIB 设备的通信。

(2) 数据位

这是衡量通信中实际数据位的参数。当计算机发送一个信息包,实际的数据不会是 8 位的,标准的值是 5 位、7 位和 8 位。如何设置取决于想传送的信息。比如标准的 ASCII 码是 0～127(7 位)。扩展的 ASCII 码是 0～255(8 位)。如果数据使用简单的文本(标准 ASCII 码),那么每个数据包使用 7 位数据。每个包是指一个字节,包括开始/停止位,数据位和奇偶校验位。由于实际数据位取决于通信协议的选取,术语“包”指任何通信的情况。

(3) 停止位

用于表示单个包的最后一位。典型的值为 1 位、1.5 位和 2 位。由于数据是在传输线上定时的,并且每一个设备有其自己的时钟,很可能在通信中两台设备间出现了小小的不同步。因此停止位不仅仅是表示传输的结束,并且提供计算机校正时钟同步的机会。适用于停止位的位数越多,不同时钟同步的容忍程度越大,但是数据传输率同时也越慢。

(4) 奇偶校验位

在串口通信中一种简单的检错方式。有 4 种检错方式:偶、奇、高和低。当然没有校验位也是可以的。对于偶和奇校验的情况,串口会设置校验位(数据位后面的一位),用一个值确保传输的数据有偶个或者奇个逻辑高位。例如,如果数据是 011,那么对于偶校验,校验位为 0,保证逻辑高的位数是偶数个。如果是奇校验,校验位为 1,这样就有 3 个逻辑高位。高位和低位不真正的检查数据,简单置位逻辑高或者逻辑低校验。这样使得接收设备能够知道一个位的状态,有机会判断是否有噪声干扰了通信或者是否传输和接收数据是否不同步。

6.3.2 C#中的串口通信类

在.NET 平台下创建 C#串口通信程序,.NET 2.0 提供了串口通信的功能,其命名空间是 System.IO.Ports。这个新的框架不但可以访问计算机上的串口,还可以和串口设备进行通信。使用标准的 RS-232 C 在 PC 间通信。System.IO.Ports 命名空间中最重用的是 SerialPort 类。此类用于控制串行端口文件资源。此类提供同步 I/O 和事件驱动的 I/O、对管脚和中断状态的访问以及对串行驱动程序属性的访问。另外,此类的功能可以包装在内部 Stream 对象中,可通过 BaseStream 属性访问,并且可以传递给包装或使用流的类。SerialPort 类支持以下编码:ASCIIEncoding、UTF8Encoding、UnicodeEncoding、UTF32Encoding 以及 mscorlib.dll 中定义的、代码页小于 50 000 或者为 54 936 的所有编码。可以使用其他编码,但必须使用 ReadByte 或 Write 方法并自己执行编码。Serialport 常用的属性如表 6-4 所列。

表 6-4 Serialport 常用属性

名 称	说 明
BaseStream	获取 SerialPort 对象的基础 Stream 对象
BaudRate	获取或设置串行波特率
BreakState	获取或设置中断信号状态
BytesToRead	获取接收缓冲区中数据的字节数
BytesToWrite	获取发送缓冲区中数据的字节数
CDHolding	获取端口的载波检测行的状态
CtsHolding	获取“可以发送”行的状态
DataBits	获取或设置每个字节的标准数据位长度
DiscardNull	获取或设置一个值,该值指示 Null 字节在端口和接收缓冲区之间传输时是否被忽略

续表 6-4

名　称	说　明
DsrHolding	获取数据设置就绪(DSR)信号的状态
DtrEnable	获取或设置一个值,该值在串行通信过程中启用数据终端就绪(DTR)信号
Encoding	获取或设置传输前后文本转换的字节编码
Handshake	获取或设置串行端口数据传输的握手协议
IsOpen	获取一个值,该值指示 SerialPort 对象的打开或关闭状态
NewLine	获取或设置用于解释 ReadLine( )和 WriteLine( )方法调用结束的值
Parity	获取或设置奇偶校验检查协议
ParityReplace	获取或设置一个字节,该字节在发生奇偶校验错误时替换数据流中的无效字节
PortName	获取或设置通信端口,包括但不限于所有可用的 COM 端口
ReadBufferSize	获取或设置 SerialPort 输入缓冲区的大小
ReadTimeout	获取或设置读取操作未完成时发生超时之前的毫秒数
ReceivedBytesThreshold	获取或设置 DataReceived 事件发生前内部输入缓冲区中的字节数
RtsEnable	获取或设置一个值,该值指示在串行通信中是否启用请求发送(RTS)信号
StopBits	获取或设置每个字节的标准停止位数
WriteBufferSize	获取或设置串行端口输出缓冲区的大小
WriteTimeout	获取或设置写入操作未完成时发生超时之前的毫秒数

Serialport 常用的方法如表 6-5 所列。

表 6-5　SerialPort 常用方法

方法名称	说　明
Close	关闭端口连接,将 IsOpen 属性设置为 False,并释放内部 Stream 对象
Open	打开一个新的串行端口连接
Read	从 SerialPort 输入缓冲区中读取
ReadByte	从 SerialPort 输入缓冲区中同步读取一个字节
ReadChar	从 SerialPort 输入缓冲区中同步读取一个字符
ReadLine	一直读取到输入缓冲区中的 NewLine 值
ReadTo	一直读取到输入缓冲区中指定 value 的字符串
Write	已重载。将数据写入串行端口输出缓冲区
WriteLine	将指定的字符串和 NewLine 值写入输出缓冲区

创建 C# 串口通信程序的创建 SerialPort 对象代码如下：

```
SerialPort sp = new SerialPort ();
```

默认情况下，DataBits 值是 8，StopBits 是 1，通信端口是 COM1。这些都可以在下面的属性中重新设置：

BaudRate：串口的波特率。

StopBits：每个字节的停止位数量。

ReadTimeout：当读操作没有完成时的停止时间。单位，毫秒。

6.3.3 串口通信编程实例

在 Windows CE 和 Windows Mobile 下，很多设备以串口（Serial Port/Com Port）的方式提供访问接口，例如，可以通过串口访问 GPS 的 receiver，从而接收 NMEA Data。在 CF. NET2.0 开始，MS 把串口操作封装了到 System. IO. Ports. SerialPort 里面，大大简便了对串口的操作，不再需要 P/Invoke 就可以直接操作串口。下面展现串口通信过程，首先单击 Open 打开串口然后单击 Send 发送，通过 loopback 模式，串口又会收到自己发送的信息，如图 6-5 所示。

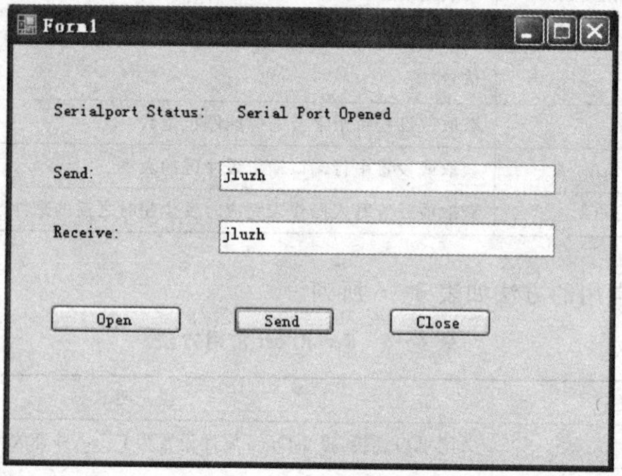

图 6-5 串口通信

串口通信的源程序如下：

```
using System;
using System.Collections.Generic;
using System.ComponentModel;
using System.Data;
using System.Drawing;
using System.Text;
using System.Windows.Forms;
```

```
namespace serialportapp
{
    public partial class Form1 : Form
    {
        public Form1()
        {
            InitializeComponent();
        }
        private void button1_Click(object sender, EventArgs e)
        {
            this.label1.Text = "";
            try
            {
                serialPort1.Open();
                this.label1.Text = "Serial Port Opened";

            }
            catch (System.Exception ex)
            {
               label1.Text = ex.Message;
             }
        }
        private void button2_Click(object sender, EventArgs e)
        {
            string send_text = textBox1.Text;
            if (send_text == "")
            {
                MessageBox.Show("Please Enter String ");
            }
            else
            {
                try
                {
                    serialPort1.WriteLine(send_text);
                }
                catch (System.Exception ex)
                {
                    label1.Text = ex.Message;
                }
            }
        }
```

```
            private void button3_Click(object sender, EventArgs e)
            {
                this.label1.Text = "";
                try
                {
                    serialPort1.Close();
                    this.label1.Text = "Serial Port Closed";
                }
                catch (System.Exception ex)
                {
                    label1.Text = ex.Message;
                }
            }
            private void serialPort1_DataReceived(object sender,
        System.IO.Ports.SerialDataReceivedEventArgs e)
            {
                this.textBox2.Text = serialPort1.ReadExisting();
            }
        }
    }
```

进行串口通信,需要通信双方执行共同的协议,所谓共同的协议就是通信的参数相同,通信参数包括 BaudRate、Parity、DataBits、StopBits 和 Handshake。比较关键的是波特率(BaudRate),通信双方 BaudRate 应该一样。

SerialPort 的构造函数第一个参数是端口号,端口号一般由"COM"加上数字组成,如例子上的 COM1。所有的串口操作都是基于 logic serial port(逻辑串口),并不是 physical serial port(物理串口),逻辑串口到物理串口是有驱动程序进行映射的,也就是在使用的设备上安装相应的驱动程序,这个逻辑串口就存在,对这个逻辑串口操作并不是说可以正常通信,还需要检查硬件连接。对逻辑串口操作有一个好处是同样的程序可以对物理的串口或者虚拟的串口进行操作。

在 ReceiverPort 需要注册一个接收函数 serialPort_DataReceived 到 delegate,这样当接收到数据时就回调这个处理函数。由于串口操作是唯一,排他和独占的操作,因此使用后最好 Dispose。在实际调试时需要将串口线的 2、3 引脚短接,从而设置成回环模式,否则串口是收不到任何信息的。

6.4 网络编程基础

6.4.1 TCP/IP 网络模型

TCP/IP 参考模型是计算机网络 ARPANET 和其后继的因特网使用的参考模

型。ARPANET 是由美国国防部 DoD(U. S. Department of Defense)赞助的研究网络。它通过租用的电话线逐渐地连结了数百所大学和政府部门。当无线网络和卫星出现以后,现有的协议在和它们相连的时候出现了问题,所以需要一种新的参考体系结构。这个体系结构在它的两个主要协议出现以后,被称为 TCP/IP 参考模型(TCP/IP Reference Mmodel)。

基于 TCP/IP 的参考模型将协议分成 4 个层次,它们分别是:网络接口层、网际互连层、传输层(主机到主机)和应用层。与 OSI 参考模型相比,TCP/IP 参考模型如图 6-6 所示。

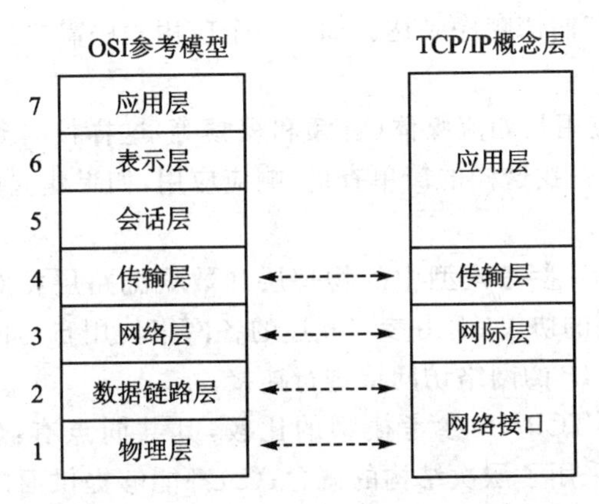

图 6-6 TCP/IP 参考模型与 OSI 参考模型

应用层对应于 OSI 参考模型的高层,为用户提供所需要的各种服务,例如:FTP、Telnet、DNS、SMTP 等。通常人们认为 OSI 模型的最上面 3 层(应用层、表示层和会话层)在 TCP/IP 组中是一个应用层。由于 TCP/IP 有一个相对较弱的会话层,由 TCP 和 RTP 下的打开和关闭连接组成,并且在 TCP 和 UDP 下的各种应用提供不同的端口号,这些功能能够被单个的应用程序(或者那些应用程序所使用的库)增加。与此相似的是,IP 是按照将它下面的网络当作一个黑盒子的思想设计的,这样在讨论 TCP/IP 的时候就可以把它当作一个独立的层。

传输层对应于 OSI 参考模型的传输层,为应用层实体提供端到端的通信功能。该层定义了两个主要的协议:传输控制协议(TCP)和用户数据报协议(UDP)。TCP 协议提供的是一种可靠的、面向连接的数据传输服务;而 UDP 协议提供的是不可靠的、无连接的数据传输服务。

网际互联层对应于 OSI 参考模型的网络层,主要解决主机到主机的通信问题。该层有 4 个主要协议:网际协议(IP)、地址解析协议(ARP)、互联网组管理协议(IGMP)和互联网控制报文协议(ICMP)。TCP(IP 协议 6)是一个可靠的、面向连结的传输机制,它提供一种可靠的字节流保证数据完整、无损并且按顺序到达。TCP 尽量连续不断地测试网络的负载并且控制发送数据的速度以避免网络过载。另外,TCP 试图将数据按照规定的顺序发送。这是它与 UDP 不同之处,这在实时数据流或者路由高网络层丢失率应用的时候可能成为一个缺陷。

较新的SCTP也是一个可靠的、面向连结的传输机制。它是面向记录而不是面向字节的，它在一个单独的连结上提供了通过多路复用提供多个子流。它也提供了多路自寻址支持，其中连结终端能够被多个IP地址表示(代表多个物理接口)，这样的话即使其中一个失败了，连接也不中断。它最初是为电话应用开发的(在IP上传输SS7)，但是也可以用于其他的应用。

UDP(IP协议号17)是一个无连结的数据报协议。它是一个“best effort”或者“不可靠”协议——不是因为它特别不可靠，而是因为它不检查数据包是否已经到达目的地，并且不保证它们按顺序到达。如果一个应用程序需要这些特点，它必须自己提供或者使用TCP。

UDP的典型性应用是如流媒体(音频和视频等)这样按时到达比可靠性更重要的应用，或者如DNS查找这样的简单查询/响应应用，如果建立可靠的连接所做的额外工作将是大比例的。

网络接口层与OSI参考模型中的物理层和数据链路层相对应。事实上，TCP/IP本身并未定义该层的协议，而由参与互连的各网络使用自己的物理层和数据链路层协议，然后与TCP/IP的网络访问层进行连接。

OSI参考模型和TCP/IP参考模型的比较，其共同点有：(1)OSI参考模型和TCP/IP参考模型都采用了层次结构的概念；(2)都能够提供面向连接和无连接两种通信服务机制。

两者的不同点有：(1)前者是7层模型，后者是4层结构；(2)对可靠性要求不同(后者更高)；(3)OSI模型是在协议开发前设计的，具有通用性；TCP/IP是先有协议集然后建立模型，不适用于非TCP/IP网络；(4)实际市场应用不同(OSI模型只是理论上的模型，并没有成熟的产品，而TCP/IP已经成为“实际上的国际标准”)。

6.4.2 网卡与IP地址

1. 网　卡

网卡(NIC)是计算机局域网中最重要的连接设备，计算机主要通过网卡连接网络。在网络中，网卡的工作是双重的：一方面它负责接收网络上传过来的数据包，解包后将数据通过主板上的总线传输给本地计算机；另一方面它将本地计算机上的数据打包后送入网络。网卡是工作在数据链路层的网路组件，是局域网中连接计算机和传输介质的接口，不仅能实现与局域网传输介质之间的物理连接和电信号匹配，还涉及帧的发送与接收、帧的封装与拆封、介质访问控制、数据的编码与解码以及数据缓存的功能等。网卡分为有线网卡和无线网卡。

有线网卡最终是要与网络进行连接，所以也就必须有一个接口使网线通过它与其他计算机网络设备连接起来。不同的网络接口适用于不同的网络类型，如图6-7所示，目前常见的接口主要有以太网的RJ－45接口、细同轴电缆的BNC接口和粗同轴电 AUI 接口、FDDI 接口、ATM 接口等。

图 6-7 网 卡

无线网卡定义所谓无线网络，就是利用无线电波作为信息传输的媒介构成的无线局域网(WLAN)，与有线网络的用途十分类似，最大的不同在于传输媒介的不同，利用无线电技术取代网线，可以和有线网络互为备份。无线网卡是终端无线网络的设备，是无线局域网的无线覆盖下通过无线连接网络进行上网使用的无线终端设备。具体来说无线网卡就是使计算机可以利用无线来上网的一个装置，但是有了无线网卡也还需要一个可以连接的无线网络，如果在家里或者所在地有无线路由器或者无线 AP(AccessPoint 无线接入点)的覆盖，就可以通过无线网卡以无线的方式连接无线网络上网。常用的无线网卡标准有：

① IEEE 802.11a：使用 5 GHz 频段，传输速度 54 Mbps，与 802.11b 不兼容。

② IEEE 802.11b：使用 2.4 GHz 频段，传输速度 11 Mbps。

③ IEEE 802.11g：使用 2.4 GHz 频段，传输速度 54 Mbps，可向下兼容 802.11b。

④ IEEE 802.11n(Draft 2.0)：用于 Intel 新的迅驰 2 便携计算机和高端路由上，可向下兼容，传输速度 300 Mbps。

2. 网卡信息检测相关类

在.Net 的 System.Net.NetworkInformation 命名空间中，提供了对网络流量数据、网络地址信息和本地计算机的地址更改通知的访问。该命名空间还包含实现 Ping 实用工具的类。可以使用 Ping 和相关的类检查是否可通过网络连接到计算机。NetworkInformation 中常用的类如表 6-6 所列。

表 6-6 NetworkInformation 中常用类

类 名	说 明
IPAddressCollection	存储一组 IPAddress 类型
IPAddressInformation	提供有关网络接口地址的信息
IPGlobalProperties	提供有关本地计算机的网络连接的信息
IPGlobalStatistics	提供 Internet 协议（IP）统计数据
IPInterfaceProperties	提供网络接口的信息
NetworkInformationException	检索网络信息时发生错误而引发的异常
NetworkInformationPermission	控制对本地计算机的网络信息和通信统计信息的访问。此类不能被继承
NetworkInterface	提供网络接口的配置和统计信息
PhysicalAddress	提供网络接口的媒体访问控制（MAC）地址
Ping	允许应用程序确定是否可通过网络访问远程计算机
PingCompletedEventArgs	为 PingCompleted 事件提供数据
PingException	当 Send 或 SendAsync 调用的方法引发异常时引发的异常
PingOptions	用于控制如何传输 Ping 数据包
PingReply	提供有关 Send 或 SendAsync 操作的状态及产生的数据的信息
TcpConnectionInformation	提供有关本地计算机上的传输控制协议（TCP）连接的信息
TcpStatistics	提供传输控制协议（TCP）统计数据
UdpStatistics	提供用户数据报协议（UDP）统计数据
UnicastIPAddressInformation	提供有关网络接口的单播地址的信息

这里只介绍其中的 NetworkInterface 类和 IPInterfaceProperties 类，有兴趣的读者可以在互联网上查阅其他类。

NetworkInterface 类位于 System. Net. NetworkInformation 命名空间，该类可以方便的检测本机有多少个网卡（网络适配器）、网卡信息、哪些网络连接可用等。NetworkInterface 类的常用方法和属性如表 6-7 所列。

表 6-7 NetworkInterface 类的常用方法和属性

名 称	说 明
GetAllNetworkInterfaces	返回描述本地计算机上的网络接口的对象
GetHashCode	用作特定类型的哈希函数（继承自 Object）
GetIPProperties	返回描述此网络接口的配置的对象
GetIPv4Statistics	获取 IPv4 统计信息
GetIsNetworkAvailable	指示是否有任何可用的网络连接

续表 6-7

名　称	说　明
GetPhysicalAddress	返回此适配器的媒体访问控制(MAC)或物理地址
GetType	获取当前实例的 Type(继承自 Object)
Supports	获取 Boolean 值,该值指示接口是否支持指定的协议
Description	获取接口的描述
Id	获取网络适配器的标识符
Name	获取网络适配器的名称
NetworkInterfaceType	获取接口类型
OperationalStatus	获取网络连接的当前操作状态
Speed	获取网络接口的速度

在获取网络适配器相关信息时,首先要构造 NetworkInterface 对象。需要注意的是不能直接使用 new 关键字构造该类的实例,而是利用 NetworkInterface 类提供的静态方法 GetAllNetworkInterfaces,得到 NetworkInterface 类型的数组。对于本机的每个网络适配器,该数组中都包含一个 NetworkInterface 对象与之对应。例如:

```
NetworkInterface[] adapters = NetworkInterface.GetAllNetworkInterfaces();
```

IPInterfaceProperties 类提供了有关支持 Internet 协议版本 4(IPv4)或 Internet 协议版本 6(IPv6)的网络接口的信息。利用该类可以检测本机所有网络适配器支持的各种地址,如 DNS 服务器的 IP 地址、网关地址以及多路广播地址等。IPInterfaceProperties 常用的方法和属性如表 6-8 所列。

表 6-8　IPInterfaceProperties 常用属性和方法

名　称	说　明
AnycastAddresses	获取分配给此接口的任意广播 IP 地址
DhcpServerAddresses	获取此接口的动态主机配置协议 (DHCP) 服务器的地址
DnsAddresses	获取此接口的域名系统 (DNS) 服务器的地址
DnsSuffix	获取与此接口关联的域名系统 (DNS) 后缀
GatewayAddresses	获取此接口的 IPv4 网关地址
IsDnsEnabled	获取一个 Boolean 值,该值指示是否将 NetBt 配置为对此接口使用 DNS 名称解析
IsDynamicDnsEnabled	获取 Boolean 值,该值指示此接口是否被配置为自动向域名系统 (DNS) 注册其 IP 地址信息
MulticastAddresses	获取分配给此接口的多路广播地址
UnicastAddresses	获取分配给此接口的单播地址

续表 6-8

名 称	说 明
WinsServersAddresses	获取 Windows Internet 名称服务（WINS）服务器的地址
GetIPv4Properties 方法	提供此网络接口的 Internet 协议版本 4（IPv4）配置数据
GetIPv6Properties 方法	提供此网络接口的 Internet 协议版本 6（IPv6）配置数据

IPInterfaceProperties 是一个抽象类，因此不能直接创建该类的实例，而是通过调用 NetworkInterface 对象的 GetIPProperties 方法得到的该类的实例。例如：

```
NetworkInterface[] adapters = NetworkInterface.GetAllNetworkInterfaces();
IPInterfaceProperties adapterProperties = adapters[0].GetIPProperties();
```

下面通过实例说明如何通过 NetworkInterface 类和 IPInterfaceProperties 获取本机网络适配器的各种信息。程序运行的结果类似于图 6-8 所示。

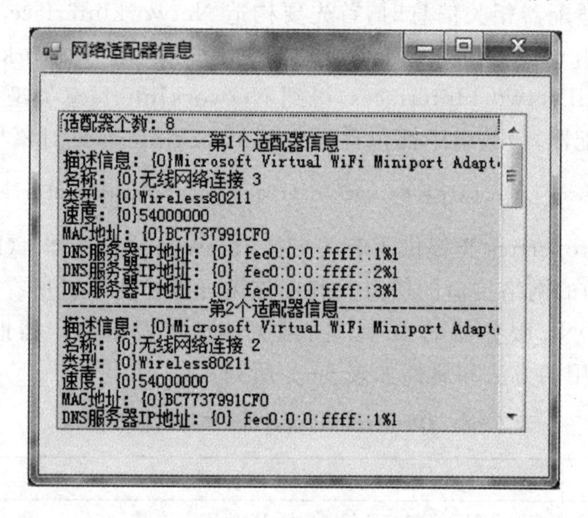

图 6-8　获取本机网络适配器信息的程序运行结果

其主要代码如下：

```
private void ShowAdapterInfo()
    {
      NetworkInterface[] adapters =
      NetworkInterface.GetAllNetworkInterfaces();
      listBoxAdpterInfo.Items.Add("适配器个数：" + adapters.Length);
      int index = 0;
      foreach (NetworkInterface adapter in adapters)
      {
        index++;
        //显示网络适配器描述信息、名称、型号、速度、MAC 地址
```

```
            listBoxAdpterInfo.Items.Add("------第" + index + "个适配器信息---
----");
            listBoxAdpterInfo.Items.Add("描述信息:{0}" + adapter.Description);
            listBoxAdpterInfo.Items.Add("名称:{0}" + adapter.Name);
            listBoxAdpterInfo.Items.Add("类型:{0}" +
            adapter.NetworkInterfaceType);
            listBoxAdpterInfo.Items.Add("速度:{0}" + adapter.Speed);
            listBoxAdpterInfo.Items.Add("MAC 地址:{0}" +
            adapter.GetPhysicalAddress());
            //获取 IPInterfaceProperties 实例
            IPInterfaceProperties adapterProperties = adapter.GetIPProperties();
            //获取并显示 DNS 服务器 IP 地址信息
             IPAddressCollection dnsServers = adapterProperties.DnsAddresses;
              if (dnsServers.Count > 0)
              {
                foreach (IPAddress dns in dnsServers)
                {
                 listBoxAdpterInfo.Items.Add("DNS 服务器 IP 地址:{0} " + dns + "\n");
                 }
                }
                else
                {
                  listBoxAdpterInfo.Items.Add("DNS 服务器 IP 地址:{0} " + "\n");
                }
              }
          }
```

该实例在 x86 平台运行通过。

6.4.3 C#网络编程类

.NET 提供了两个用于网络编程的命名空间：System.Net 和 System.Net.Socket。这些类和方法可以进行网络编程，通过网络进行通信，通信可以是面向连接的，也可以是面向无连接的；既可以采用数据流模式，也可以采用数据报的模式。广泛使用的 TCP 协议用基于数据流的通信，而 UDP 协议用于基于数据报的通信。C# 网络编程中常用到如下一些类：Dns 类、IPHostEntry 类、IPEndPoint 类、IPAddress 类以及 Socket 类。

1. Dns 类

Dns 位于 System.net 命名空间下，它用于创建和发送一个请求从 DNS 服务器获取一个主机服务器的信息。当然，在访问 DNS 之前，机器必须首先要连接到网络上，当在一台独立的机器上执行 DNS 查询时，由于无法连接到 DNS 服务器，就会产生一个 Systm. Net. SocketException 异常。这个类的所有成员方法都是静态的，只能用“类名.方法名”的形式使用它所提供的方法。该类提供的方法如表 6－9 所列，这些方法可以获取本地或远程主机的域名和 IP 地址。

表 6－9 DNS 类常用方法

名 称	说 明
BeginGetHostAddresses	异步返回指定主机的 Internet 协议(IP)地址
BeginGetHostEntry	将主机名或 IP 地址异步解析为 IPHostEntry 实例
GetHostEntry	将主机名或 IP 地址解析为 IPHostEntry 实例
GetHostName	获取本地计算机的主机名

这个类中最重要的方法是：

```
public static IPHostEntry GetHostByAddress(string address)
```

地址应该是一个用点分十进制的 IP 地址，这个方法返回一个 IPHostEntry 实例，它包括了主机的信息。如果 DNS 服务器不可用，这个方法将产生一个 SocketException 异常。

```
public static string GetHostName()
```

这个方法返回本地机器的 DNS 服务器名称。

```
public static IPHostEntry Resolve(string hostname)
```

这个方法解析一个 DNS 主机名称或 IP 地址为一个 IPHostEntry 实例。主机名称应该是一个用点分十进制的 IP 地址，如：127.0.0.1。

2. IPHostEntry 类

IPHostEntry 类是一个容器类，它包含 INTERNET 上主机的地址信息，该类常和 DNS 类一起使用，这个类不是线程安全的。这个类的主要属性如表 6－10 所列。

表 6－10 IPHostEntry 类属性

名 称	说 明
AddressList	获取或设置与主机关联的 IP 地址列表
Aliases	获取或设置与主机关联的别名列表
HostName	获取或设置主机的 DNS 名称

在 DNS 类中，有一个专门获取 IPHostEntry 对象的方法 GetHostEntry，这个方法将主机名或 IP 地址解析为 IPHostEntry 实例之后，可以通过访问 AddressList 获取或设置与主机关联的 IP 地址列表。

3. IPEndPoint 类

这是一个从抽象类 EndPoint 继承而来的一个类，由两部分组成，它将网络端点表示为 IP 地址和端口号。IPEndPoint 类常用的属性和方法如表 6-11 所列。

表 6-11　IPEndPoint 类常用属性和方法

名　称	说　明
Address	获取或设置终结点的 IP 地址
AddressFamily	获取网际协议(IP)地址族
Port	获取或设置终结点的端口号
Create	从套接字地址创建终结点
Serialize	将终结点信息序列化为 SocketAddress 实例
ToString	返回指定终结点的 IP 地址和端口号

4. IPAddress 类

该类对象用于表示一个 IP 地址，它提供了对 IP 地址的转换、处理等功能。IPAddress 属性和方法如表 6-12 所列，其构造函数有如下两个：

① public IPAddress(byte[] address);

用指定为 Byte 数组的地址初始化 IPAddress 类的新实例，如果 address 的长度为 4，则构造一个 IPV4 地址；否则构造一个 IPV6 地址。例如：

```
byte[] iparry = new byte[] {192,168,1,101};
 IPAddress localIP = new IPAddress(iparry)
```

② public IPAddress(long address);

用类型为 Int64 的地址初始化 IPAddress 类的新实例。参数 address 为长整型。例如，大端格式值 0x2414188f 代表的 IP 地址为"143.24.20.36"。其中，点分十进制 IP 地址"143.24.20.36"转化为二进制为 100111.00011000.00010100.00100100。按照大端格式低地址存放最高有效字节的原则，IP 地址"143.24.20.36"对应的大端格式值为 0x2414188f。所以，其构造代码如下：

```
long ip = 0x2414188f;
 IPAddress localIP = new IPAddress(ip);
```

由此可见，在程序中使用 IPAddress 类构造 IPAddress 实例很繁琐，在实际中往往使用 Parse 方法转换为 IPAddress 实例。

表 6-12　IPAddress 属性和方法

名　称	说　明
Address 属性	网际协议(IP)地址

续表 6-12

名 称	说 明
AddressFamily 属性	获取 IP 地址的地址族
IsIPv6LinkLocal 属性	获取地址是否为 IPv6 链接本地地址
IsIPv6Multicast 属性	获取地址是否为 IPv6 多路广播全局地址
IsIPv6SiteLocal 属性	获取地址是否为 IPv6 站点本地地址
GetAddressBytes 方法	以字节数组形式提供 IPAddress 的副本
GetHashCode 方法	返回 IP 地址的哈希值
GetType 方法	获取当前实例的 Type
HostToNetworkOrder 方法	将值由主机字节顺序转换为网络字节顺序
IsLoopback 方法	指示指定的 IP 地址是否是环回地址
NetworkToHostOrder 方法	将数字由网络字节顺序转换为主机字节顺序
Parse 方法	将 IP 地址字符串转换为 IPAddress 实例
ToString 方法	将 Internet 地址转换为标准表示法
TryParse 方法	确定字符串是否为有效的 IP 地址

其中 Prase 方法最常用于创建 IPAddress 实例，其语法如下：

```
public static IPAdress Parse(string ipString)
```

参数 ipString 包含 IP 地址(IPv4 使用点分隔的 4 部分表示法，IPv6 使用冒号十六进制表示法)的字符串，返回一个 IPAddress 的实例，例如：

```
public NewAddress = IPAddress.parse("192.168.0.1");
```

另一个常用的是 ToString()方法，用于将 Internet 地址转换成标准表示法。其语法如下：

```
public override string ToString()
```

返回值包含该 IP 地址的字符串。(IPv4 使用点分隔的 4 部分表示法，IPv6 使用冒号十六进制表示法)。

IPAddress 类还提供了 7 个只读字段，分别代表程序中使用的特殊 IP 地址，其含义如下：

Any：提供一个 IP 地址，指示服务器应侦听所有网络连接上的客户端活动。

Broadcast：提供 IP 广播地址。

IPv6Any：指示 Socket 必须侦听所有网络接口上的客户端活动。

IPv6Loopback：提供 IP 返回地址。

IPv6None：提供指示不应使用任何网络接口的 IP 地址。

Loopback：提供 IP 返回地址。

上面是C#网络编程常用到的类，下面通过一个实例介绍这几个类的使用。该实例运行的结果如图6-9所示。

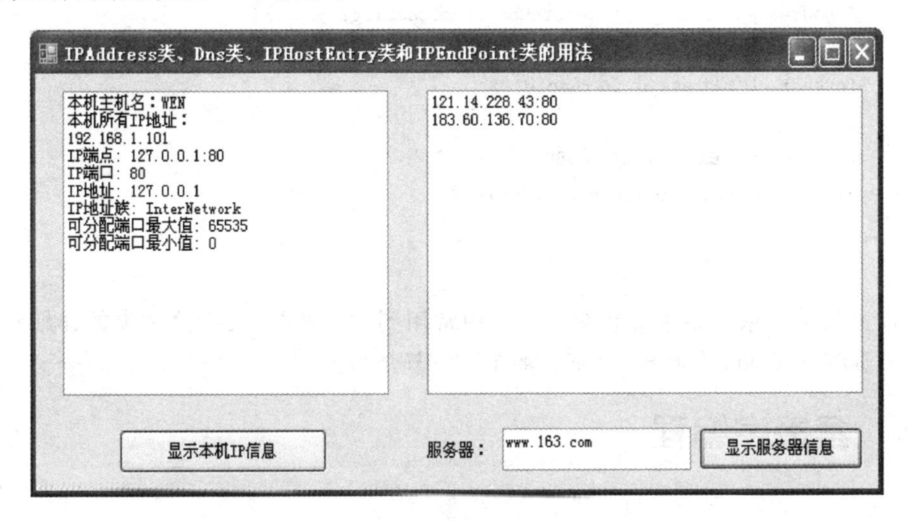

图6-9　常用网络编程类实例运行结果

其主要代码如下：

```
private void buttonLocalIP_Click(object sender, EventArgs e)
 {
  listBoxLocalInfo.Items.Clear();
  string name = Dns.GetHostName();
  listBoxLocalInfo.Items.Add("本机主机名:" + name);
  IPHostEntry me = Dns.GetHostEntry(name);
  listBoxLocalInfo.Items.Add("本机所有 IP 地址:");
  foreach (IPAddress ip in me.AddressList)
  {
    listBoxLocalInfo.Items.Add(ip);
   }
   IPAddress localip = IPAddress.Parse("127.0.0.1");
   IPEndPoint iep = new IPEndPoint(localip, 80);
   listBoxLocalInfo.Items.Add("IP 端点: " + iep.ToString());
   listBoxLocalInfo.Items.Add("IP 端口: " + iep.Port);
   listBoxLocalInfo.Items.Add("IP 地址: " + iep.Address);
   listBoxLocalInfo.Items.Add("IP 地址族: " + iep.AddressFamily);
   listBoxLocalInfo.Items.Add("可分配端口最大值: " + IPEndPoint.MaxPort);
   listBoxLocalInfo.Items.Add("可分配端口最小值: " + IPEndPoint.MinPort);
   }
   private void buttonRemoteIP_Click(object sender, EventArgs e)
   {
```

```
    this.listBoxRemoteInfo.Items.Clear();
    IPHostEntry remoteHost = Dns.GetHostEntry(this.textBoxRmoteIP.Text);
    IPAddress[] remoteIP = remoteHost.AddressList;
    IPEndPoint iep;
    foreach (IPAddress ip in remoteIP)
    {
     iep = new IPEndPoint(ip, 80);
     listBoxRemoteInfo.Items.Add(iep);
    }
    }
```

以上只是简单介绍了 C＃网络编程中常用到的一些类，关于这些类的详细资料可在 CSDN 上查阅，关于 SOCKET 将在下一节介绍。

6.5 套接字编程

6.5.1 套接字

1. 套接字

套接字是通信的基石，是支持 TCP/IP 协议的网络通信的基本操作单元。可以将套接字看作不同主机间的进程进行双向通信的端点，它构成了单个主机内及整个网络间的编程界面。套接字存在于通信域中，通信域是为了处理一般的线程通过套接字通信而引进的一种抽象概念。套接字通常和同一个域中的套接字交换数据(数据交换也可能穿越域的界限，但这时一定要执行某种解释程序)。各种进程使用这个相同的域互相之间用 Internet 协议簇来进行通信。

编写的网络应用程序就位于应用层，而 TCP 是属于传输层的协议，那么在应用层如何使用传输层的服务呢(消息发送或者文件上传下载)？在应用程序中用接口来分离实现，在应用层和传输层之间，则是使用套接字来进行分离。套接字所处的位置如图 6－10所示。它就像是传输层为应用层开的一个接口，应用程序通过这个接口向远程发送数据，或者接收远程发来的数据；而这个接口以内，也就是数据进入这个接口之后，或者数据从这个接口出来之前，是不知道也不需要知道的，也不会关心它如何传输，这属于网络其他层次的工作。

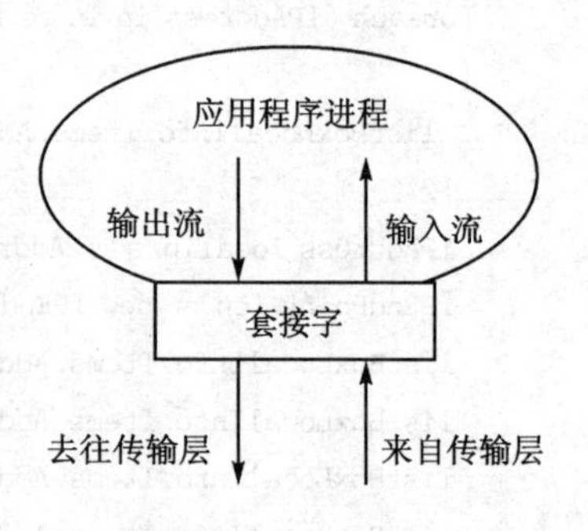

图 6－10　套接字

套接字可以根据通信性质分类，这种性质对于用户是可见的。应用程序一般仅在同一类的套接字间进行通信。不过只要底层的通信协议允许，不同类型的套接字间也照样可以通信。套接字有两种不同的类型：流套接字和数据报套接字。基于流套接字的通信中采用最广泛的协议就是 TCP 协议，基于数据报套接字的通信中采用最广泛的自然就是 UDP 协议了。

2. 套接字工作原理

要通过互联网进行通信至少需要一对套接字，其中一个运行于客户机端，称之为 ClientSocket，另一个运行于服务器端，称之为 ServerSocket，如图 6－11 所示。

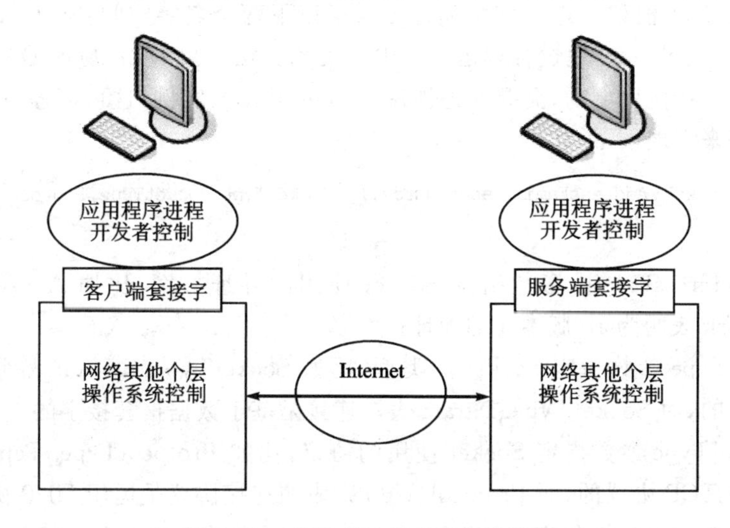

图 6－11　客户端和服务器端套接字

注意在上图中，两个主机是对等的，但是按照约定，将发起请求的一方称为客户端，将另一端称为服务端。可以看出两个程序之间的对话是通过套接字这个出入口来完成的，实际上套接字包含的最重要的也就是两个信息：连接至远程的本地的端口信息（本机地址和端口号），连接到的远程的端口信息（远程地址和端口号）。

为什么需要端口号呢？一般来说计算机上运行着非常多的应用程序，它们可能都需要同远程主机打交道，所以远程主机就需要有一个 ID 来标识它想与本地机器上的哪个应用程序打交道，这里的 ID 就是端口。将端口分配给一个应用程序，那么来自这个端口的数据则总是针对这个应用程序的。有这样一个很好的例子：可以将主机地址想象为电话号码，而将端口号想象为分机号。

根据连接启动的方式以及本地套接字要连接的目标，套接字之间的连接过程可以分为 3 个步骤：服务器监听、客户端请求、连接确认。

所谓服务器监听，是服务器端套接字并不定位具体的客户端套接字，而是处于等待连接的状态，实时监控网络状态。

所谓客户端请求，是指由客户端的套接字提出连接请求，要连接的目标是服务器端的套接字。为此，客户端的套接字必须首先描述它要连接的服务器的套接字，指出服务器端套接字的地址和端口号，然后就向服务器端套接字提出连接请求。

所谓连接确认，是指当服务器端套接字监听到或者说接收到客户端套接字的连接请求，它就响应客户端套接字的请求，建立一个新的线程，把服务器端套接字的描述发给客户端，一旦客户端确认了此描述，连接就建立好了。而服务器端套接字继续处于监听状态，继续接收其他客户端套接字的连接请求。

6.5.2 Socket 类

微软的.Net 框架为进行网络编程提供了以下两个名字空间：System.Net 以及 System.Net.Sockets。通过合理运用其中的类和方法，可以很容易地编写出各种网络应用程序。在使用之前，需要首先创建 Socket 对象的实例，这可以通过 Socket 类的构造方法来实现：

```
Public Socket(AddressFamily addressFamily,SocketType socketType,ProtocolType protocolType);
```

其中，addressFamily 参数指定 Socket 使用的寻址方案，比如 AddressFamily.InterNetwork 表明为 IP 版本 4 的地址；

SocketType 参数指定 Socket 的类型，比如 SocketType.Stream 表明连接是基于流套接字的，而 SocketType.Dgram 表示连接是基于数据报套接字的。

protocolType 参数指定 Socket 使用的协议，比如 ProtocolType.Tcp 表明连接协议是运用 TCP 协议的，而 Protocol.Udp 则表明连接协议是运用 UDP 协议的。

Socket 类常见属性如表 6-13 所列。Socket 类常见方法如表 6-14 所列。

表 6-13 Socket 类常见属性

名 称	说 明
AddressFamily	获取 Socket 的地址族
Available	获取已经从网络接收且可供读取的数据量
Blocking	获取或设置一个值，该值指示 Socket 是否处于阻止模式
Connected	获取一个值，该值指示 Socket 是在上次 Send 还是 Receive 操作时连接到远程主机
LocalEndPoint	获取本地终结点
ProtocolType	获取 Socket 的协议类型
ReceiveBufferSize	获取或设置一个值，它指定 Socket 接收缓冲区的大小
RemoteEndPoint	获取远程终结点
SendBufferSize	获取或设置一个值，该值指定 Socket 发送缓冲区的大小
SendTimeout	获取或设置一个值，该值指定之后同步 Send 调用将超时的时间长度
SocketType	获取 Socket 的类型

表 6-14 Socket 类常见方法

名　称	说　明
Accept	为新建连接创建新的 Socket
AcceptAsync	开始一个异步操作来接受一个传入的连接尝试
BeginConnect	开始一个对远程主机连接的异步请求
BeginDisconnect	开始异步请求从远程终结点断开连接
BeginReceive	开始从连接的 Socket 中异步接收数据
BeginSend	将数据异步发送到连接的 Socket
Bind	使 Socket 与一个本地终结点相关联
Close	关闭 Socket 连接并释放所有关联的资源
Connect	建立与远程主机的连接
ConnectAsync	开始一个对远程主机连接的异步请求
Disconnect	关闭套接字连接并允许重用套接字
Dispose	释放由 Socket 使用的非托管资源,并可根据需要释放托管资源
EndAccept	异步接受传入的连接尝试
EndConnect	结束挂起的异步连接请求
EndDisconnect	结束挂起的异步断开连接请求
EndReceive	结束挂起的异步读取
EndReceiveFrom	结束挂起的、从特定终结点进行异步读取
EndSend	结束挂起的异步发送
EndSendTo	结束挂起的、向指定位置进行的异步发送
Listen	将 Socket 置于侦听状态
Receive	接收来自绑定的 Socket 的数据
ReceiveAsync	开始一个异步请求以便从连接的 Socket 对象中接收数据
ReceiveFrom	接收数据报并存储源终结点
ReceiveFromAsync	开始从指定网络设备中异步接收数据
Send	将数据发送到连接的 Socket
SendAsync	将数据异步发送到连接的 Socket 对象
SendTo	将数据发送到特定终结点
SendToAsync	向特定远程主机异步发送数据
Shutdown	禁用某 Socket 上的发送和接收

如果要编写相对简单的应用程序,而且不需要很高的性能,则可以考虑使用 TcpClient、TcpListener 和 UdpClient。这些类为 Socket 通信提供了更简单、对用户更友好的接口,当然也可以直接使用 Socket 类来实现。如果要编写其他类型的应用

程序或者编写自定义的新协议程序时，只能使用 Socket 类来实现。一个 Socket 实例包含了一个本地以及一个远程的终结点，就像上面介绍的那样，该终结点包含了该 Socket 实例的一些相关信息。需要知道的是 Socket 类支持两种基本模式：同步和异步。其区别在于：在同步模式中，对执行网络操作的函数(如 Send 和 Receive)的调用一直等到操作完成后才将控制返回给调用程序。在异步模式中，这些调用立即返回。

6.5.3 面向连接的 Socket 编程

面向连接意味着两个使用 TCP 的应用(通常是一个客户和一个服务器)在彼此交换数据之前必须先建立一个 TCP 连接。这一过程与打电话很相似，先拨号振铃，等待对方摘机说“喂”，然后才说明是谁。面向连接的 Socket 工作过程如图 6-12 所示，服务器首先启动，通过调用 socket()建立一个套接字，然后调用 bind()将该套接字和本地网络地址联系在一起，再调用 listen()使套接字做好侦听的准备，并规定它的请求队列的长度，之后就调用 accept()来接收连接。客户在建立套接字后就可调用 connect()和服务器建立连接。连接一旦建立，客户机和服务器之间就可以通过调用 send()和 recv()来发送和接收数据。最后，待数据传送结束后，双方调用 close()关闭套接字。

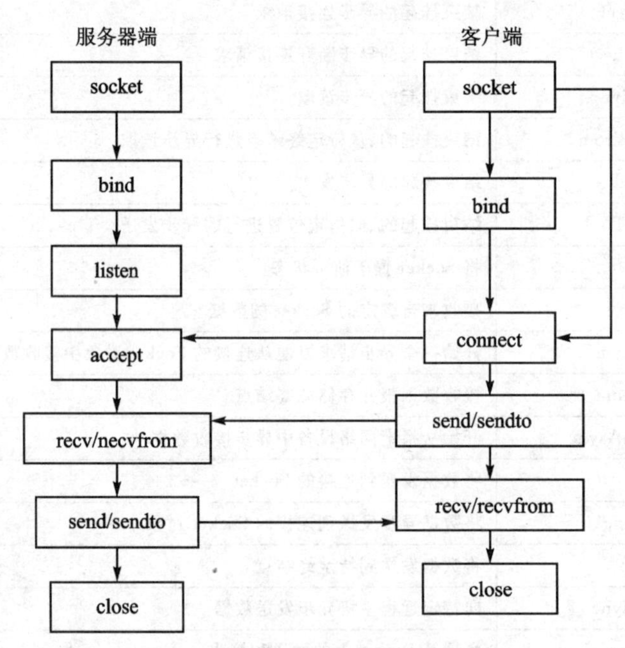

图 6-12 面向连接的套接字

下面的代码就显示了如何创建 Socket 实例并通过终结点与之取得连接的过程：

```
IPHostEntry IPHost = Dns.Resolve("http://www.google.com/");
 string []aliases = IPHost.Aliases;
```

```
IPAddress[] addr = IPHost.AddressList;
EndPoint ep = new IPEndPoint(addr[0],80);
Socket sock =
new Socket(AddressFamily.InterNetwork,SocketType.Stream,ProtocolType.Tcp);
sock.Connect(ep);
if(sock.Connected)
Console.WriteLine("OK");
```

下面讨论用到的一些方法，在创建了 Socket 实例后，就可以通过一个远程主机的终结点和它取得连接，运用的方法就是 Connect()方法：

```
public Connect (EndPoint ep);
```

该方法只可以被运用在客户端。进行连接后，可以运用套接字的 Connected 属性来验证连接是否成功。如果返回的值为 true，则表示连接成功，否则就是失败。

一旦连接成功，就可以运用 Send()和 Receive()方法来进行通信。Send()方法的函数原型如下：

```
public int Send (byte[] buffer, int size, SocketFlags flags);
```

其中，参数 buffer 包含了要发送的数据，参数 size 表示要发送数据的大小，而参数 flags 则可以是以下一些值：SocketFlags. None、SocketFlags. DontRoute、SocketFlags. OutOfBnd。该方法返回的是一个 System. Int32 类型的值，它表明了已发送数据的大小。同时，该方法还有以下几种已被重载了的函数实现：

```
public int Send (byte[] buffer); public int Send (byte[] buffer, SocketFlags flags);
public int Send (byte[] buffer,int offset, int size, SocketFlags flags);
```

介绍完 Send()方法，下面是 Receive()方法，其函数原型如下：

```
public int Receive(byte[] buffer, int size, SocketFlags flags);
```

其中的参数和 Send()方法的参数类似，在这里就不再赘述。同样，该方法还有以下一些已被重载了的函数实现：

```
public int Receive (byte[] buffer);
public int Receive (byte[] buffer, SocketFlags flags);
public int Receive (byte[] buffer,int offset, int size, SocketFlags flags);
```

在通信完成后，就通过 ShutDown()方法来禁用 Socket，函数原型如下：

```
public void ShutDown(SocketShutdown how);
```

其中的参数 how 表明了禁用的类型，SoketShutdown. Send 表明关闭用于发送的套接字；SoketShutdown. Receive 表明关闭用于接收的套接字；而 SoketShutdown. Both 则表明发送和接收的套接字同时被关闭。应该注意的是在调用 Close()

方法以前必须调用 ShutDown()方法以确保在 Socket 关闭之前已发送或接收所有挂起的数据。一旦 ShutDown()调用完毕，就调用 Close()方法来关闭 Socket，其函数原型如下：

```
public void Close();
```

该方法强制关闭一个 Socket 连接并释放所有托管资源和非托管资源。该方法在内部其实是调用了方法 Dispose()，该函数是受保护类型的，其函数原型如下：

```
protected virtual void Dispose(bool disposing);
```

其中，参数 disposing 为 true 或是 false，如果为 true，则同时释放托管资源和非托管资源；如果为 false，则仅释放非托管资源。因为 Close()方法调用 Dispose()方法时的参数是 true，所以它释放了所有托管资源和非托管资源。这样，一个 Socket 从创建到连接到通信最后的关闭的过程就完成了。虽然整个过程比较复杂，但相对以前在 SDK 或是其他环境下进行 Socket 编程，这个过程就显得相当轻松了。

6.5.4 非连接的 Socket 编程

前面介绍了基于面向连接的 Socket 通信程序的设计，面向连接的 Socket 实现了连接的、可靠的、传输数据流的传输控制协议，而面向非连接的协议是不保证可靠性的、传递数据报的传输协议。由于不提供可靠性保证，使得它具有较少的传输时延，因而面向非连接的协议常常用在一些对速度要求较高的场合。面向非连接的通信过程如图 6－13 所示。

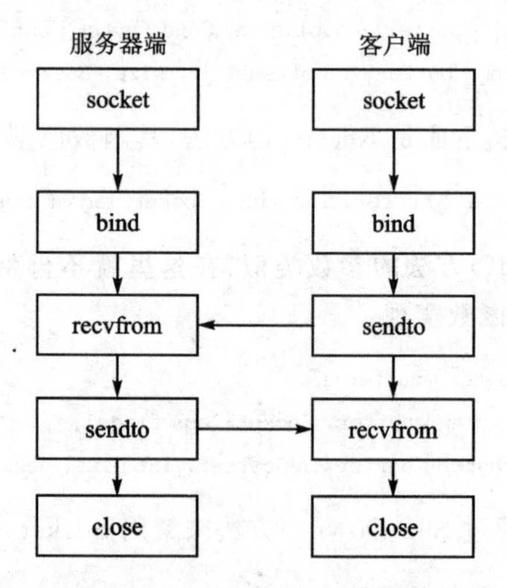

图 6－13　面向非连接的套接字

其通信的基本过程如下：在服务器端，服务器首先创建一个套接字 socket，然后服务器就调用 bind()函数，给此套接字绑定一个端口。由于不需要建立连接，因此服务器端就可以通过调用 recvfrom()函数在指定的端口上等待客户端发送来的数据报。在客户端,同样要先通过 socket()函数创建一个数据报套接字,然后有操作系统为这个套接字来分配端口号。此后客户端就可以使用 sendto()函数向一个指定的地址发送一个 UDP 数据报。服务器端接收到套接字后,从 recvfrom()中返回,在对数据报进行处理之后,再用 sendto()函数将处理的结果返回客户端。UDP 中使用的函数基本和上节相同,这里就不专门介绍了。

6.6 近距离无线通信技术

目前使用较广泛的近距无线通信技术是蓝牙(Bluetooth),无线局域网 802.11(WiFi)和红外数据传输(IrDA)。同时还有一些具有发展潜力的近距无线技术标准,它们分别是:ZigBee、超宽频(Ultra WideBand)、短距通信(NFC)、WiMedia、GPS、DECT、无线 1394 和专用无线系统等。它们都有其立足的特点,或基于传输速度、距离、耗电量的特殊要求;或着眼于功能的扩充性;或符合某些单一应用的特别要求;或建立竞争技术的差异化等。但是没有一种技术可以完美到满足所有的需求。

6.6.1 WLAN 与 WiFi

WLAN 是 Wireless Local Area Network 的缩写,指应用无线通信技术将计算机设备互联起来,构成可以互相通信和实现资源共享的网络体系。无线局域网本质的特点是不再使用通信电缆将计算机与网络连接起来,而是通过无线的方式连接,从而使网络的构建和终端的移动更加灵活。

WLAN 通信系统作为有线 LAN 以外的另一种选择一般用在同一座建筑内。WLAN 使用 ISM (Industrial、Scientific、Medical)无线电广播频段通信。WLAN 的 802.11a 标准使用 5 GHz 频段,支持的最大速度为 54 Mbps,而 802.11b 和 802.11g 标准使用 2.4 GHz 频段,分别支持最大 11 Mbps 和 54 Mbps 的速度。目前 WLAN 所包含的协议标准有:IEEE802.11b 协议、IEEE802.11a 协议、IEEE802.11g 协议、IEEE802.11E 协议、IEEE802.11i 协议、无线应用协议(WAP)。

WiFi(Wireless Fidelity,无线高保真)也是一种无线通信协议,正式名称是 IEEE802.11b,与蓝牙一样,同属于短距离无线通信技术。WiFi 速率最高可达 11 Mb/s。虽然在数据安全性方面比蓝牙技术要差一些,但在电波的覆盖范围方面却略胜一筹,可达 100 m 左右。

WiFi 是以太网的一种无线扩展,理论上只要用户位于一个接入点四周的一定区域内,就能以最高约 11 Mb/s 的速度接入 Web。但实际上,如果有多个用户同时通过一个点接入,带宽被多个用户分享,WiFi 的连接速度一般将只有几百 kb/s,信号不受墙壁阻隔,但在建筑物内的有效传输距离小于户外。

WLAN 未来最具潜力的应用将主要在 SOHO、家庭无线网络以及不便安装电缆的建筑物或场所。目前这一技术的用户主要来自机场、酒店、商场等公共热点场所。WiFi技术可将WiFi与基于XML或Java的Web服务融合起来，可以大幅度减少企业的成本。例如，企业选择在每一层楼或每一个部门配备802.11b的接入点，而不是采用电缆线把整幢建筑物连接起来。这样一来，可以节省大量铺设电缆所需花费的资金。

最初的IEEE802.11规范是在1997年提出的，称为802.11b，主要目的是提供WLAN接入，也是目前WLAN的主要技术标准，它的工作频率也是2.4 GHz，与无绳电话、蓝牙等许多不需频率使用许可证的无线设备共享同一频段。随着WiFi协议新版本如802.11a和802.11g的先后推出，WiFi的应用将越来越广泛。速度更快的802.11g使用与802.11b相同的正交频分多路复用调制技术。它工作在2.4 GHz频段，速率达54 Mb/s。根据国际消费电子产品的发展趋势判断，802.11g将有可能被大多数无线网络产品制造商选择作为产品标准。

微软推出的桌面操作系统Windows XP和嵌入式操作系统Windows CE，都包含了对WiFi的支持。其中，Windows CE同时还包含对WiFi的竞争对手蓝牙等其他无线通信技术的支持。由于投资802.11b的费用降低，许多厂商介入这一领域。Intel推出了集成WLAN技术的笔记本电脑芯片组，不用外接无线网卡，就可实现无线上网。

6.6.2 蓝牙通信技术

蓝牙(bluetooth)技术是近几年出现的，广受业界关注的近距无线连接技术。它是一种无线数据与语音通信的开放性全球规范，它以低成本的短距离无线连接为基础，可为固定的或移动的终端设备提供廉价的接入服务。

蓝牙技术是一种无线数据与语音通信的开放性全球规范，其实质内容是为固定设备或移动设备之间的通信环境建立通用的近距无线接口，将通信技术与计算机技术进一步结合起来，使各种设备在没有电线或电缆相互连接的情况下，能在近距离范围内实现相互通信或操作。其传输频段为全球公众通用的2.4 GHz ISM频段，提供1 Mbps的传输速率和10 m的传输距离。

蓝牙技术诞生于1994年，Ericsson当时决定开发一种低功耗、低成本的无线接口，以建立手机及其附件间的通信。该技术还陆续获得PC行业业界巨头的支持。1998年，蓝牙技术协议由Ericsson、IBM、Intel、NOKIA、Toshiba等5家公司达成一致。蓝牙协议的标准版本为802.15.1，由蓝牙小组(SIG)负责开发。802.15.1的最初标准基于蓝牙1.1实现，后者已构建到现行很多蓝牙设备中。新版802.15.1a基本等同于蓝牙1.2标准，具备一定的QoS特性，并完整保持后向兼容性。

但蓝牙技术遭遇了最大的障碍是过于昂贵。突出表现在芯片大小和价格难以下调、抗干扰能力不强、传输距离太短、信息安全问题等。这就使得许多用户不愿意花大价钱来购买这种无线设备。因此，业内专家认为，蓝牙的市场前景取决于蓝牙价格和基于蓝牙的应用是否能达到一定的规模。

6.6.3 ZigBee 技术

ZigBee 主要应用在短距离范围之内并且数据传输速率不高的各种电子设备之间。ZigBee 名字来源于蜂群使用的赖以生存和发展的通信方式，蜜蜂通过跳 ZigZag 形状的舞蹈来分享新发现的食物源的位置、距离和方向等信息。

ZigBee 联盟成立于 2001 年 8 月。2002 年下半年，Invensys、Mitsubishi、Motorola 以及 Philips 半导体公司四大巨头共同宣布加盟 ZigBee 联盟，以研发名为 ZigBee 的下一代无线通信标准。到目前为止，该联盟大约已有 27 家成员企业。所有这些公司都参加了负责开发 ZigBee 物理和媒体控制层技术标准的 IEEE 802.15.4 工作组。

ZigBee 联盟负责制定网络层以上协议。目前，标准制定工作已完成。ZigBee 协议比蓝牙、高速率个人区域网或 802.11x 无线局域网更简单实用。ZigBee 可以说是蓝牙的同族兄弟，它使用 2.4 GHz 波段，采用跳频技术。与蓝牙相比，ZigBee 更简单、速率更慢、功率及费用也更低。它的基本速率是 250 kb/s，当降低到 28 kb/s 时，传输范围可扩大到 134 m，并获得更高的可靠性。另外，它可与 254 个节点联网。可以比蓝牙更好地支持游戏、消费电子、仪器和家庭自动化应用。人们期望能在工业监控、传感器网络、家庭监控、安全系统和玩具等领域拓展 ZigBee 的应用。ZigBee 技术特点主要包括以下几个部分：

- 数据传输速率低。只有 10～250 kb/s，专注于低传输应用。
- 功耗低。在低耗电待机模式下，两节普通 5 号干电池可使用 6 个月以上。这也是 ZigBee 的支持者所一直引以为豪的独特优势。
- 成本低。因为 ZigBee 数据传输速率低，协议简单，所以大大降低了成本；积极投入 ZigBee 开发的 Motorola 以及 Philips，均已在 2003 年正式推出芯片，Philips 预估，应用于主机端的芯片成本和其他终端产品的成本比蓝牙更具价格竞争力。
- 网络容量大。每个 ZigBee 网络最多可支持 255 个设备，也就是说每个 ZigBee 设备可以与另外 254 台设备相连接。
- 有效范围小。有效覆盖范围 10～75 m 之间，具体依据实际发射功率的大小和各种不同的应用模式而定，基本上能够覆盖普通的家庭或办公室环境。
- 工作频段灵活。使用的频段分别为 2.4 GHz、868 MHz（欧洲）及 915 MHz（美国），均为免执照频段。

根据 ZigBee 联盟目前的设想，ZigBee 的目标市场主要有 PC 外设（鼠标、键盘、游戏操控杆）、消费类电子设备（TV、VCR、CD、VCD、DVD 等设备上的遥控装置）、家庭内智能控制（照明、煤气计量控制及报警等）、玩具（电子宠物）、医护（监视器和传感器）、工控（监视器、传感器和自动控制设备）等非常广阔的领域。

6.6.4 IrDA 技术

红外线数据协会 IrDA(Infrared Data Association)成立于 1993 年。起初，采用 IrDA 标准的无线设备仅能在 1 m 范围内以 115.2 kb/s 速率传输数据，很快发展到 4 Mb/s 以及 16 Mb/s 的速率。IrDA 是一种利用红外线进行点对点通信的技术，是第一个实现无线个人局域网(PAN)的技术。目前它的软硬件技术都很成熟，在小型移动设备，如 PDA、手机上广泛使用。事实上，当今每一个出厂的 PDA 及许多手机、笔记本电脑、打印机等产品都支持 IrDA。

IrDA 的主要优点是无需申请频率的使用权，因而红外通信成本低廉。并且还具有移动通信所需的体积小、功耗低、连接方便、简单易用的特点。此外，红外线发射角度较小，传输上安全性高。

IrDA 的不足在于它是一种视距传输，两个相互通信的设备之间必须对准，中间不能被其他物体阻隔，因而该技术只能用于 2 台(非多台)设备之间的连接。而蓝牙就没有此限制，且不受墙壁的阻隔。IrDA 目前的研究方向是如何解决视距传输问题及提高数据传输率。

6.6.5 NFC 技术

NFC(Near Field Communication，近距离无线传输)是由 Philips、Nokia 和 Sony 主推的一种类似于 RFID(非接触式射频识别)的短距离无线通信技术标准。和 RFID 不同，NFC 采用了双向的识别和连接。在 20 cm 距离内工作于 13.56 MHz 频率范围。

NFC 最初仅仅是遥控识别和网络技术的合并，但现在已发展成无线连接技术。它能快速自动地建立无线网络，为蜂窝设备、蓝牙设备、WiFi 设备提供一个“虚拟连接”，使电子设备可以在短距离范围进行通信。NFC 的短距离交互大大简化了整个认证识别过程，使电子设备间互相访问更直接、更安全和更清楚，不用再听到各种电子杂音。

NFC 通过在单一设备上组合所有的身份识别应用和服务，帮助解决记忆多个密码的麻烦，同时也保证了数据的安全保护。有了 NFC，多个设备如数码相机、PDA、机顶盒、计算机、手机等之间的无线互连，彼此交换数据或服务都将有可能实现。

此外 NFC 还可以将其他类型无线通信(如 WiFi 和蓝牙)“加速”，实现更快和更远距离的数据传输。每个电子设备都有自己的专用应用菜单，而 NFC 可以创建快速安全的连接，而无需在众多接口的菜单中进行选择。与知名的蓝牙等短距离无线通信标准不同的是，NFC 的作用距离进一步缩短且不像蓝牙那样需要有对应的加密设备。

同样，构建 WiFi 家族无线网络需要多台具有无线网卡的计算机、打印机和其他设备。除此之外，还得有一定技术的专业人员才能胜任这一工作。而 NFC 被置入接入点之后，只要将其中两个靠近就可以实现交流，比配置 WiFi 连接容易得多。NFC 有 3 种应用类型：

- 设备连接。除了无线局域网，NFC 也可以简化蓝牙连接。比如，便携计算机用户如果想在机场上网，他只需要走近一个 WiFi 热点即可实现。
- 实时预定。比如海报或展览信息背后贴有特定芯片，利用含 NFC 协议的手机或 PDA，便能取得详细信息，或是立即联机使用信用卡进行票卷购买。而且，这些芯片无需独立的能源。
- 移动商务。飞利浦 Mifare 技术支持了世界上几个大型交通系统及在银行业为客户提供 Visa 卡等各种服务。索尼的 FeliCa 非接触智能卡技术产品在中国香港及深圳、新加坡、日本的市场占有率非常高，主要应用在交通及金融机构。

总而言之，这项新技术正在改写无线网络连接的游戏规则，但 NFC 的目标并非是完全取代蓝牙、WiFi 等其他无线技术，而是在不同的场合、不同的领域起到相互补充的作用。所以如今后来居上的 NFC 发展态势相当迅速！

6.6.6 RFID 技术

RFID 射频识别是一种非接触式的自动识别技术，它通过射频信号自动识别目标对象并获取相关数据，识别工作无需人工干预，可工作于各种恶劣环境。RFID 技术可识别高速运动物体并可同时识别多个标签，操作快捷方便。

RFID 是一种简单的无线系统，只有两个基本器件，该系统用于控制、检测和跟踪物体。系统由一个询问器（或阅读器）和很多应答器（或标签）组成。

如表 6-15 所列，RFID 按应用频率的不同分为低频（LF）、高频（HF）、超高频（UHF）、微波（MW），相对应的代表性频率分别为：低频 135 kHz 以下、高频 13.56 MHz、超高频 860～960 MHz、微波 2.4 G 和 5.8 G。

RFID 按照能源的供给方式分为无源 RFID、有源 RFID、以及半有源 RFID。无源 RFID 读/写距离近，价格低；有源 RFID 可以提供更远的读/写距离，但是需要电池供电，成本要更高一些，适用于远距离读/写的应用场合。

表 6-15 RFID 频段分类

频率	低频	高频	超高频		微波	
	125～134 kHz	13.56 MHz	433 MHz	850～960 MHz	2.45 GHz	5.8 GHz
识别距离	<60 cm	<1.2 m	<150 m	<3.5～10 m(P) <100 m(A)	<1 m(P) <50 m(A)	<40 m

续表 6-15

频　率	低　频	高　频	超高频		微　波	
	125～134 kHz	13.56 MHz	433 MHz	850～960 MHz	2.45 GHz	5.8 GHz
主流产品的一般特性	价格中低； 性能几乎不受环境影响	价格低廉； 适合短距离识别，对场内金属敏感	价格较高； 识别距离长； 实时跟踪，电磁环境不高	无源标签价格低廉； 距离比低频和高频远； 国内技术掌握程度不足	价格与900 MHz频段类似； 通信速率很高； 容易受环境的影响	标签价格很高； 通信速率很高； 容易受环境的影响
供电方式	无源	无源	有源	无源/有源	无源/有源	有源
通信速度	低速 ←————→ 高速					
环境影响	迟钝 ←————→ 敏感					

RFID 超高频(UHF)标签因电磁反向散射(Backscatter)特点，对金属(Metal)和液体(Liquid)等环境比较敏感，可导致这种工作频率的被动标签(Passivetag)难以在具有金属表面的物体或液体环境下进行工作，但此类问题随着技术的发展已得到完全解决，例如，韩硕(SONTEC)标签公司即研发出能够在金属或液体环境下进行完好读取应用的被动标签产品，以方便在上述环境或应用情形下部署 RFID。常见 RFID 协议如表 6-16 所列。

表 6-16　RFID 协议

非接触智能卡应用 IC	城市一卡通，企业一卡通，IC 卡，校园一卡通，会员一卡通	ISO14443A	13.56 MHz	高频	距离 10 cm，通信速率高，适合电子钱包应用，多数加密钱包基于此
	手机支付	ISO18092/MFC IP-1			空中协议 14443A
	中国二代身份证	ISO14443			
	香港八达通卡	FELICA			
物品识别应用 RFID	畜牧业，工业现场，企业一卡通 ID 卡	ISO11784/5 ISO14223	125 kHz 134 kHz	低频	穿透水，金属相对不敏感，通信速率低，不适合高速读取，距离 1～2 米
	数字化图书馆，洗衣，生产线，人员通道等	ISO15693/ 18000—3 HF-EPC NFC　IP-2	13.56 MHz	高频	距离最远可达 1 米多，最高频的物流标准，透水性好，边界清晰，区域定位好

续表 6-16

物品识别应用RFID	车辆管理，资产管理，物流管理	ISO18000-6B/C UHF-EPC	840～845 MHz 920～925 MHz	超高频	标签价格低，通信速度快，距离远，固定读/写器可达 10 米以上，手持机也可达 3 米以上，适合商品物流，车辆管理的需要，透水性差，定位差
	WSN，无线传感网络	ZIGBEE，802.15.4	2.45 GHz	微波/有源	功率一般在 10 mW 数量级，距离可达到 100～1 000 米
	RTLS，人员定位等	无线以太网 WIFI	2.45 GHz	微波/有源	
	国家高速公路不停车收费	ETC	5.8 GHz	微波/有源	
	车辆管理等，用于停车场	蓝牙 BLUETOOTH	2.45 GHz	微波/有源	皆基于蓝牙的私有协议，无业界标准
	车辆管理	私有协议	2.46 GHz	微波/有源	功率一般在 mW 数量级，距离一般在 10 米以内
	轮船等行业	ISO18000—7	433 MHz	超高频/有源	有源的距离可以从 10 米到上百米

6.6.7 UWB 技术

超宽带技术 UWB(Ultra Wideband)是一种无线载波通信技术，它不采用正弦载波，而是利用纳秒级的非正弦波窄脉冲传输数据，因此其所占的频谱范围很宽。

UWB 可在非常宽的带宽上传输信号，美国 FCC 对 UWB 的规定为：在 3.1～10.6 GHz 频段中占用 500 MHz 以上的带宽。由于 UWB 可以利用低功耗、低复杂度发射/接收机实现高速数据传输，在近年来得到了迅速发展。它在非常宽的频谱范围内采用低功率脉冲传送数据而不会对常规窄带无线通信系统造成大的干扰，并可充分利用频谱资源。基于 UWB 技术而构建的高速率数据收发机有着广泛的用途。

UWB 技术具有系统复杂度低，发射信号功率谱密度低，对信道衰落不敏感，低截获能力，定位精度高等优点，尤其适用于室内等密集多径场所的高速无线接入，非常适于建立一个高效的无线局域网或无线个域网(WPAN)。

UWB 主要应用在小范围、高分辨率、能够穿透墙壁、地面和身体的雷达和图像系统中。除此之外，这种新技术适用于对速率要求非常高(大于 100 Mb/s)的 LANs 或 PANs。UWB 最具特色的应用将是视频消费娱乐方面的无线个人局域网(PANs)。现有的无线通信方式，802.11b 和蓝牙的速率太慢，不适合传输视频数据；54 Mb/s 速率的 802.11a 标准可以处理视频数据，但费用昂贵。而 UWB 有可能在 10 m 范围内，支持高达 110 Mb/s 的数据传输率，不需要压缩数据，可以快速、简单、经济地完成视频数据处理。具有一定相容性和高速、低成本、低功耗的优点使得 UWB 较适合家庭无线消费市场的需求：UWB 尤其适合近距离内高速传送大量多媒体数据以及可以穿透障碍物的突出优点，让很多商业公司将其看作是一种很有前途的无线通信技术，应用于诸如将视频信号从机顶盒无线传送到数字电视等家庭场合。当然，UWB 未来的前途还要取决于各种无线方案的技术发展、成本、用户使用习惯和市场成熟度等多方面的因素。

思考题六

1. 程序、进程、线程有何区别?
2. 为什么要用多线程? 多线程适用于什么场合?
3. RS232 串口协议中 TxD、RxD 有何作用? 如何在硬件上实现串口回环模式?
4. TCP/IP 这 4 层模型中各层的主要功能是什么?
5. 简述面向连接的套接字实现流程。
6. WLAN 与 WiFi 有何区别和联系?
7. 常用的近距离无线通信技术有哪些?

第 7 章

嵌入式数据库编程

嵌入式数据库是嵌入式系统的重要组成部分，随着消费电子产品、移动计算设备、企业实时管理应用等市场的高速发展，嵌入式数据库的用途也日益广泛。本章首先介绍数据库技术的基础知识，然后介绍 Windows CE 下的常用数据库系统 SQLCE 的使用和 Windows CE 自带数据库 API 函数的使用。

7.1 数据库基础

7.1.1 数据库的发展

早期的计算机主要用于科研部门的科学计算，而从 20 世纪 50 年代中期开始，计算机的应用逐步扩展到企业、行政部门，海量的数据处理迅速上升为计算机应用的主要方面。为了合理有效地管理这些数据，人类所采用的数据管理技术大致经历了 3 个阶段：人工管理阶段、文件系统阶段和数据库系统阶段。

20 世纪 50 年代中期以前为人工管理阶段，是计算机数据管理的初级阶段。这一阶段计算机主要用于科学计算，内存容量小，外存只有卡片、纸带、磁带，没有磁盘等大容量存取设备；软件方面只有汇编语言，没有操作系统，更无统一的管理数据的软件，对数据的管理完全在程序中进行。人工管理阶段的特点是数据不保存在计算机中，需要时输入，用完即撤走；数据的逻辑结构、物理结构、存取方法及输入输出方法全由程序员自己设计；一组数据只对应于一个程序，数据不共享，冗余量大。

从 20 世纪 50 年代后期到 20 世纪 60 年代中期，计算机不仅用于科学计算，还用了信息管理。这一时期计算机的硬件、软件都有了很大发展，有了磁盘、磁鼓等可直接存取的存储设备；有了操作系统和专门管理数据的软件——文件系统。文件系统阶段的特点是数据存储在文件中，可长期保存在磁盘上；数据由文件系统管理，文件系统提供数据与程序之间的存取方法，文件形式多样化；数据仍然是面向具体应用，共享性差、冗余大；文件之间缺乏联系，相互孤立，仍然不能反映现实世界各种事物之间错综复杂的联系。

20 世纪 60 年代后期，计算机技术得到了迅速发展，计算机的运算速度加快、内存容量增大，并有了大容量的磁盘；计算机应用更加广泛，需要管理的数据量急剧增

长，对数据共享和数据管理提出了更高的要求。因此，数据库技术应运而生，并在此技术的基础上出现了统一管理数据的专门软件系统——数据库管理系统。

与人工管理、文件系统相比，数据库系统阶段具有以下几个特点：

① 数据结构化，数据库中的数据都是按照某种数据模型有组织地存储在数据库中；

② 数据共享性高、冗余度低，数据库系统从整体角度看待和描述数据，数据不再面向某个应用程序而是面向整个系统，不同用户可以使用同一数据库中的数据；

③ 数据独立性高，数据的组织和存储方法与应用程序互不依赖，具有较高的物理独立性和一定程度的逻辑独立性；

④ 数据存取粒度小，可以小到记录中的一个数据项；

⑤ 数据由数据库管理系统集中管理，数据库管理系统能够提供安全性控制、完整性控制、并发控制、数据恢复等方面的功能，并能给用户提供友好的功能接口和操作界面。

总之，数据库技术使数据能按一定格式组织、描述和存储，且具有较小的冗余度、较高的数据独立性和易扩展性，并可为多个用户所共享。使用数据库技术能够更科学地组织和存储计算机内的海量数据，更高效地处理数据以获取其内在的信息。

7.1.2 常见数据库模型

在数据库中，数据模型主要是指数据的表示方法和组织方法，即如何存放数据以及数据之间的关系，确定获取需要信息的方法与途径，是对现实世界进行抽象的工具。

数据模型可分为概念数据模型和逻辑数据模型。概念数据模型是按用户的观点对数据建模，是对现实世界的第一层抽象，是用户和数据库设计人员之间交流的工具。概念数据模型只体现数据以及数据之间的联系，并不涉及信息在计算机中的表示和实现。逻辑数据模型是按计算机系统的观点对数据建模，这种模型是用户从数据库中所看到的数据模型，是具体的数据库管理系统所支持的数据模型。目前常用的逻辑数据模型有层次模型、网状模型、关系模型以及面向对象模型。

1. 层次模型

层次模型是一种树结构模型，把数据按自然的层次关系组织起来，以反映数据之间的隶属关系。层次模型是数据库技术中发展最早、技术上比较成熟的一种数据模型。

(1) 层次模型的数据结构

层次模型是将数据组织成有向有序的树结构，也叫树形结构。结构中的每个结点代表一个记录类型，连线用来描述不同结点数据间的从属关系（一对多的关系），即记录类型之间的联系。每个记录类型对应现实世界中的一类实体，均可包含多个字段，各字段描述的是该实体的属性。

由树的定义知，层次模型有以下两个特点：一棵树有且仅有一个无双亲结点的称为根的结点；除根结点外其余结点有且仅有一个双亲结点，它们可分为 m(m≥0)个互不相交的有限集，其中每一个集合本身又是一棵树，将其称为子树。图 7－1 是一个层次数据模型实例。

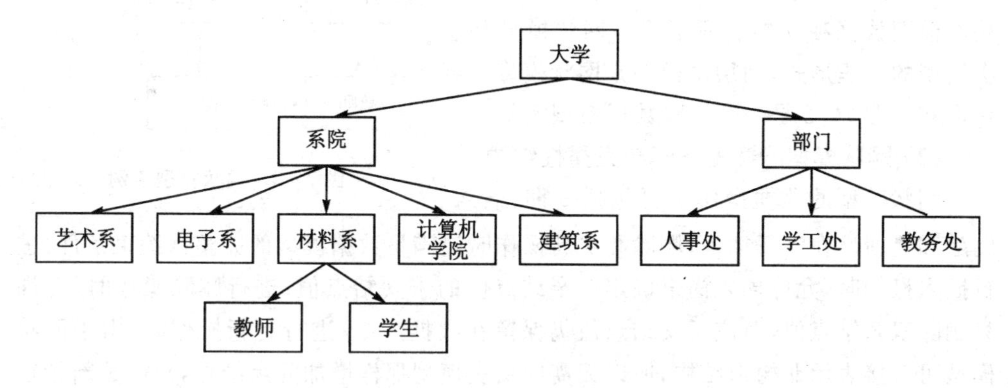

图 7－1　层次模型实例

(2) 层次模型的数据操作与完整性约束

层次模型的数据操作主要包括查询、插入、删除和更新。在进行插入、删除和更新操作时应满足数据模型的完整性约束条件：进行插入操作时，如果没有相应的双亲结点值就不能插入子女结点值；进行删除操作时，如果删除双亲结点值，则对应子女结点值也同时被删除；进行更新操作时，应更新所有相应记录，以保证数据的一致性。

(3) 层次模型的优缺点

层次模型的优点有：简单，操作相对容易；具有较好的完整性约束。

层次模型的缺点有：对于非层次性的联系操作起来比较麻烦；对插入和删除操作的限制较多；查询子女结点必须通过双亲结点。

层次模型实现的范围很广，但由于其结构不能改变，并且不支持复杂的联系，所以通常认为该模型不适合于很多复杂的应用程序。

2. 网状模型

现实世界中实体集间的联系更多的是非层次关系，层次模型难以直观的表现这种联系树的集合，网状模型克服了它的局限性，可以清晰灵活地表示这种非层次关系。

(1) 网状模型的数据结构

网状模型同层次模型一样，每个结点表示一个记录类型，每个记录类型均可包含多个字段，结点间的连线用来描述各记录类型间的从属关系。不同之处在于层次模型中只能有一个根结点，根结点以外的其他结点有且仅有一个双亲结点，而网状模型取消了这两个限制，它具备以下两个特征：允许有一个以上的结点无父结点；允许结点有多个双亲结点。

层次模型和网状模型从逻辑上看都是用结点表示实体集，用连线表示实体之间的联系；从物理上看，它们都是用指针来实现两个记录集合(文件)之间的联系，但网状模型的特征使其相比层次模型数据独立性有所下降。网状模型是层次模型的一般形式，而层次模型是网状模型的特殊形式。图 7-2 是一个网状数据模型实例。

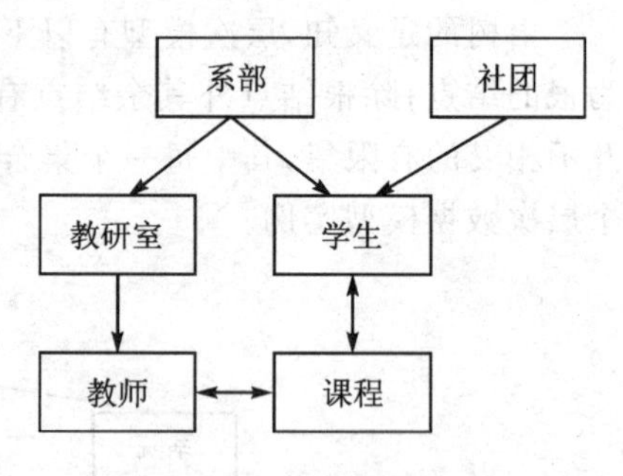

图 7-2　网状模型实例

(2) 网状模型的数据操作与完整性约束

网状模型的数据操作主要包括查询、插入、删除和更新。在进行插入、删除和更新操作时应满足数据模型的完整性约束条件：进行插入操作时，允许插入尚未确定双亲结点值的子女结点值；进行删除操作时，允许只删除双亲结点值，对应子女结点值仍保留在数据库中；进行更新操作时，由于网状模型可直接表示非树形结构，所以无需向层次模型那样增加冗余结点，只需更新指定记录。

(3) 网状模型的优缺点

网状模型的优点有：能够更加直接地表述现实世界实体间的复杂联系；具备良好的性能和存储效率。

网状模型的缺点有：结构相对层次模型复杂，操作难度变大；数据独立性差，由于实体间的联系本质上是通过存取路径表示的，因此应用程序在访问数据时要指定存取路径。

3. 关系模型

关系模型是目前最重要的数据模型，现在广泛应用的数据库管理系统几乎都是支持关系模型的，被称为关系型数据库管理系统(RDBMS: Relational Data Base Management System)。

(1) 关系模型的数据结构

关系模型是用二维表格数据来表示实体及实体之间联系的模型。一个表就是一个关系。一张表格中的一列称为一个“属性”，相当于记录中的一个数据项(或称为字段)，属性的取值范围称为域。以下是关系模型中的一些基本概念。

- 元组：表中的一行称为一个元组。与实体相对应，相当于记录。
- 属性和属性名：表中每一列称为一个属性。每个属性都有一个属性名。
- 关系与关系名：整个表就是一个关系。每个关系都有一个关系名，与实体名相对应。
- 分量：一个元组在一个属性上的值称为该元组在此属性上的分量。
- 关系模式：关系模式是关系名及其所有属性名的集合。

例如，表 7-1 是一个关系模型实例，表示学生类实体。

表 7-1 关系模型实例

学 号	姓 名	性 别	年 龄	所在系
05060101	何文	男	18	电子系
05060102	王明	男	17	计算机系
07060308	张欣	女	18	中文系
09061014	刘莉	女	19	工商系

在该模型中，表格的框架相当于记录型，一个表格数据相当于一个同质文件。所有关系都是由关系的框架和若干元组构成，或者说关系是一张二维表。在关系模型中，实体以及实体间的联系都是由关系来描述的。

关系模型要求二维表符合以下条件：每一列是不能再分的最小基本项；表中不允许出现重复的元组；行(元组)、列(属性)间次序无关。

(2) 关系模型的数据操作与完整性约束

关系模型的数据操作主要包括查询、插入、删除和更新。在进行插入、删除和更新操作时应满足关系模型的完整性约束条件。关系的完整性约束包括 3 个方面：实体完整性、参照完整性以及自定义完整性。实体完整性要求构成关系主关键字的主属性不能取空值；参照完整性要求参照关系中的参照属性的取值要么为空，要么一定是被参照关系的被参照属性中的某一个取值；自定义完整性要求录入关系数据库中的数据必须符合数据库设计者定义好的规则，比如性别必须是男或女、成绩只能是大于 0 且小于 100 的数。

(3) 关系模型的优缺点

关系模型的优点有：关系模型建立在严格的数学概念基础上，具备坚实的理论基础；关系模型数据结构单一，无论实体还是实体间的联系都是用关系来表示；关系模型易学易用。

关系模型也有其不足，主要表现在存取路径对用户透明，查询效率往往不如非关系数据模型。

由于关系模型简单易用，所以目前常用的数据库管理系统，如：Oracle、DB2、Sybase、SQL Server、FoxPro、Access 等都支持关系模型。

4. 面向对象模型

随着计算机技术的飞速发展，一些数据库新的应用领域的出现，暴露了关系模型的局限性。关系数据库对一些结构比较复杂的信息的描述就显得力不从心。例如：超文本信息、CAD 数据、图形数据、CAM 数据。这些结构复杂的信息就需要一种新的数据模型来表达。

面向对象的概念最早是在程序设计语言中提出，20 世纪 80 年代初开始提出了面向对象的数据模型(Object Oriented Data Model，简称 O-O data model)，面向对象模型就是面向对象技术与数据库技术相结合的产物。

面向对象模型中的基本数据结构是对象,一个对象由一组属性和一组方法构成,属性用来描述对象的特征,方法用来描述对象的操作。采用面向对象模型可以表示复杂的对象,其模块化的结构便于管理和维护。面向对象模型由于语义丰富表达自然,面向对象数据库作为新一代数据库,在一些新的应用领域中,如 CAD、CAM、CASE 等都得到了广泛重视和应用。

7.1.3 结构化查询语言 SQL

SQL 是结构化查询语言(Structured Query Language)的简称,是一种介于关系代数和关系演算之间的语言,其功能包括数据定义、数据查询、数据操作和数据控制 4 个方面。SQL 语言以其功能丰富、语言简洁、使用灵活、简单易学易维护等诸多优点,被广泛应用于各种 DBMS 中。当前使用的 Microsoft Access、FoxPro、SQL Server、Oracle 等数据库管理系统都支持 SQL 语言。

1. SQL 的数据定义

SQL 的数据定义主要是对表的定义,包括对表的创建、删除和修改。

(1) 创建表

在 SQL 语言中,表结构的定义可用 CREATE 语句实现,其一般格式为:

```
CREATE TABLE <表名>(<列名><数据类型>[列级完整性约束条件]
    [,<列名><数据类型>[列级完整性约束条件]…]
    [,<表级完整性约束条件>]);
```

格式中所使用的<>符号表示其中的内容需要用实际内容来替代;[]符号表示其中的内容为可选项。其中:

<表名>为基本表的名称,<列名>为表中属性(列)的名称,一般用有意义的英文或拼音表的列名在同一个表中具有唯一性,同一列的数据属于同一种数据类型。一个基本表可以有一个或多个列,列定义需要说明列名、数据类型(每个列都有数据类型,不同的关系数据库系统所支持的数据类型不完全相同)。在建表的同时可以定义与该表有关的完整性约束条件,用于约束某列中的数据值必须满足何种条件。

【例 7-1】 在学生管理数据库中建立学生表。

```
CREATE TABLE Student
(Sno  nchar(10),
 Sname  nvarchar(8),
 Ssex  char(2),
 Sage  int,
 PRIMARY KEY(Sno) /* 主关键字约束 */
);
```

上例中创建了一个 Student 学生表，该表包含 4 列，分别代表学生的 4 个属性：学号(Sno)、姓名(Sname)、性别(Ssex)和年龄(Sage)。每一列都说明了该列数据的类型，其中 nchar(n)表示长度为 n 的定长字符串，varchar(n)表示最大长度不超过 n 的可变长字符串，int 表示整型数据。语句 PRIMARY KEY(Sno)表示定义 Student 表的主关键字为 Sno，主关键字 Sno 用于标志学生表中的每一个学生记录，其值要求非空且具有唯一性，这是实体完整性约束的体现。

(2) 修改表

当表创建好后，有时需要对表的列、完整性约束条件等进行添加、修改或者删除操作，在 SQL 语言中，修改表结构的操作可用 ALTER 语句实现，其一般格式为：

```
ALTER TABLE <表名>
 [ADD <新列名><数据类型>[完整性约束]]
 [DROP <完整性约束>]
 [ALTER<列名><数据类型>];
```

其中：

<表名>是要修改的表的名称。ADD 子句用于增加新列和新的完整性约束条件，应注意，新列不能定义为 NOT NULL，表在增加一列后，原有元组在新增加的列上的值都取空值。DROP 子句用于删除指定的完整性约束条件。ALTER 子句用于修改原有的列名和数据类型。

【例 7-2】 在 Student 表中增加 Sdept(系名)列，并将 Sage 列的数据类型改为短整型。

```
ALTER TABLE Student
 ADD Sdept CHAR(20),
 ALTER  COLUMN Sage SMALLINT;
```

(3) 删除表

当某个表不再需要时，可以使用 DROP TABLE 语句删除表。删除表后，有关该表的所有信息都被删除掉，其一般格式为：DROP TABLE <表名>；

【例 7-3】 删除学生表 Student。

```
DROP TABLE Student;
```

2. SQL 的数据查询

数据查询是指根据用户的需要，以一种可读的方式从数据库中提取所需要的数据。SQL 的数据查询是 SQL 数据操纵功能的重要组成部分，对数据库的核心操作就是进行数据查询。

在 SQL 语言中使用 SELECT 语句进行查询，其一般格式为：

```
SELECT [ALL| DISTINCT] <目标列表达式> [,<目标列表达式> ]…
```

```
FROM ＜表名或视图名＞[,＜表名或视图名＞]…
[WHERE ＜行条件表达式＞]
[GROUP BY ＜列名 1＞[HAVING ＜组条件表达式＞]]
[ORDER BY ＜列名 2＞[ASC| DESC]];
```

其中 SELECT 子句和 FROM 子句是每个 SQL 查询语句所必需的，而 WHERE 子句、GROUP BY 子句和 ORDER BY 子句可以根据需要选用。

下面结合实例来说明 SELECT 语句的用法，所有实例均基于假定的学生成绩管理数据库，现给出该数据库中包含的 2 个表：学生表 Student 和选课表 SC，表中数据如图 7－3 和图 7－4 所示。

Sno	Sname	Ssex	Sage
01110101	汪华	男	20
01110102	刘晓丽	女	19
01110103	张丹阳	女	17
01110104	宋辉	男	18
01110105	张楠	男	19
01110106	田江晨	男	19
01110107	孙淑华	女	20
01110108	程涛	男	17
01110109	肖杰	男	18
01110110	苏畅	女	18

图 7－3　学生表 Student

Sno	Cno	Score
01110101	01	88
01110101	02	90
01110101	04	76
01110101	08	89
01110101	09	90
01110102	01	75
01110102	02	66
01110102	03	83
01110102	04	54

图 7－4　选课表 SC

(1) 简单查询

简单查询指从一个表中查询出某些列或全部列的信息，由 SELECT 子句的＜目标列表达式＞中指定要查询的列，FROM 子句指明查询所涉及的表。

【例 7－4】　查询 Student 表中所有学生的学号及姓名。

```
SELECT Sno,Sname
 FROM Student;
```

若想查询 Student 表中所有列，其 SQL 代码如下：

```
SELECT *
 FROM Student;
```

(2) 使用条件查询

WHERE 子句指明查询的条件，这些条件可以是各种条件运算符或逻辑运算符经过运算得到一个布尔类型的表达式，凡是不能使 WHERE 子句后的条件表达式结果为真的数据行都将被过滤掉。

【例 7－5】　查询所有年龄大于 18 岁的男学生信息。

```
SELECT *
 FROM Student
```

```
WHERE Sage>18 AND Ssex ='男';
```

注意逻辑运算符可以用来连接多个查询条件，其优先级为 NOT、AND、OR，用户可以使用括号改变它们的优先级。

(3) 使用聚合函数查询

在 SQL 语句中，如果要把一列中的值进行聚合运算并返回单值，就要用到聚合函数。SQL 中共有 5 个常用的聚合函数。AVG 函数：表示求平均值；COUNT 函数：表示统计数目；MAX 函数：表示求最大值；MIN 函数：表示求最小值；SUM 函数：表示求和。

【例 7-6】 查询 Student 表中男生的总人数。

```
SELECT COUNT( * ) as 男生总人数
 FROM Student
 WHERE Ssex ='男';
```

(4) 多表连接查询

前面例子中对数据库的查询操作只涉及一张表，但有的时候用户要查询的信息被存储在多张表中，这时就需要做连接查询，也称多表查询。

在连接查询中用来连接两个或多个表的条件称为连接条件。用 WHERE 子句可以指定连接条件，一般格式为：

```
WHERE [<表名 1>.] <列名 1> <比较运算符> [<表名 2>.] <列名 2>
```

【例 7-7】 查询每个学生的基本情况和所选修课程的情况。

```
SELECT Student. * ,SC. *
 FROM Student,SC
 WHERE Student.Sno =  SC.Sno;
```

在本例中，每个学生的基本情况存放在 Student 表中，学生选修课程的情况存放在 SC 表中，所以要查询学生基本情况及其选修课程的情况就涉及到 Student 表和 SC 表两个表。WHERE 子句后的条件表明查询执行时是将 Student 表中每条元组的 Sno 值一一去匹配 SC 表中每条元组的 Sno 值，只有两个表里的 Sno 值相等的那些数据行才能代表同一个人的信息。

因为 Student 表和 SC 表中都有 Sno 列，所以上例中查询出来的结果表中将会有两列相同的 Sno 列，为了去掉重复的列，可写成下面的形式。

```
SELECT Student. * ,Cno,Score
 FROM Student,SC
 WHERE Student.Sno =  SC.Sno;
```

【例 7-8】 查询选修了“01”号课程的男同学的学号和姓名。

```
SELECT Student.Sno,Student.Sname
```

```
FROM Student,SC
WHERE Student.Sno = SC.Sno AND SC.Cno = '01' AND Student.Ssex = '男';
```

(5) 嵌套查询

在 SQL 语言中，一个 SELECT - FROM - WHERE 语句称为一个查询块。将一个查询块嵌套在另一个查询块中的查询称为嵌套查询。

一般写成如下的形式：

```
SELECT…
FROM…
WHERE…
    (SELECT…
     FROM…
     WHERE…);
```

当查询涉及多个表时，用嵌套查询逐次求解层次分明，具有结构化程序设计特点。执行嵌套查询时，先执行最里层的查询，然后再执行外层的查询。

【例 7-9】 查询与宋辉同学同龄的学生的学号、姓名及性别。

```
SELECT Sno,Sname,Ssex
FROM Student
WHERE Sage =
      (SELECT Sage
       FROM Student
       WHERE Sname = '宋辉');
```

此例中，先执行最里层的查询，求得宋辉同学的年龄，然后在外层查询中求出等于这个年龄的学生的学号、姓名及性别。

(6) 对查询结果分组

GROUP BY 子句用来对查询结果进行分组。使用 GROUP BY 子句将查询结果按某一列或多列值分组，值相等的为一组。可以使用 HAVING 子句，消除那些不满足给出条件的组。

【例 7-10】 统计男生和女生各多少人。

```
SELECT Ssex, COUNT(*)
FROM Student
GROUP BY Ssex;
```

【例 7-11】 查询选课门数大于等于 4 的学生学号及其选课门数。

```
SELECT Sno as 学号,COUNT(*) as 选课门数
FROM SC
GROUP BY Sno
HAVING COUNT(*)>=4;
```

WHERE 子句与 HAVING 短语都是筛选满足某条件的元组，但两者的根本区别在于作用对象不同，WHERE 子句作用于表，从中选择满足条件的元组；HAVING 短语作用于组，是将查询结果分组之后，从中选择满足条件的组。

(7) 对查询结果排序

使用 ORDER BY 子句可对查询结果按一列或多列排序。在该子句中 ASC 表示升序，DESC 为降序。如果未给出升序还是降序排列，则默认为升序排列。

【例 7-12】 将 SC 表中的所有信息按学号升序，成绩降序排列。

```
SELECT *
 FROM SC
 ORDER BY Sno,Score DESC;
```

3. SQL 的数据更新

SQL 的数据更新包括插入数据、删除数据和更新数据 3 种操作。

(1) 插入数据

使用 INSERT 语句可以实现向数据库的表中添加记录，其一般格式如下：

```
INSERT
 INTO <表名> [ ( <列名 1> [,<列名 2>] …) ]
 VALUES (<常量 1>[,<常量 2>]…);
```

其中，<表名>用来指定将要插入新元组的表名。VALUES 子句用来指定一行或多行的列值，常量 1、常量 2……对应为 INTO 子句中的列名 1、列名 2 的值。在 INTO 子句中没有给出的列，系统将默认为其设置空值。如果 INTO 子句中没有给出任何列，则新插入的元组在每个列上都必须有值。

【例 7-13】 向 SC 表中新增加一条选课记录，学号为 01110103 的学生选修了 11 号课程。

```
INSERT
 INTO SC(Sno,Cno)
 VALUES ('01110103','11');
```

此例中没有为新记录的 Score 列赋值，系统自动为其赋值为 NULL。

(2) 删除数据

使用 DELETE 语句可从表中删除数据行。其一般格式如下：

```
DELETE
 FROM<表名>
 [WHERE<条件表达式>];
```

其中 WHER 子句是可选的，它指定要删除的行。如果省略 WHERE 子句，则将删除表中的所有行。

【例 7-14】 删除学号为 01110101 的学生的记录。

```
DELETE
 FROM Student
 WHERE Sno = '01110101';
```

【例 7-15】 删除 BoyStudent 表中的所有记录。

```
DELETE
 FROM BoyStudent
```

此例将删除 BoyStudent 表中的所有记录,但 BoyStudent 表的定义还在,成了一个空表。

(3) 更新数据

使用 UPDATE 语句可以修改表中的数据。其一般格式如下:

```
UPDATE <表名>
 SET <列名> = <表达式> [,<列名> = <表达式>…]
 [WHERE <条件表达式>];
```

其中<表名>用来指定要修改的表的名称,SET 子句指定要更新的列并且提供列值,WHERE 子句是可选的项,它指定要更新的行需满足的条件。如果省略 WHERE 子句,则将更新表里的所有行。

【例 7-16】 将 Student 表中的学生宋辉的年龄改为 20。

```
UPDATE Student
 SET Sage = 20
 WHERE Sname = '宋辉';
```

【例 7-17】 将 Student 表中所有学生的年龄增加 1 岁。

```
UPDATE Student
 SET Sage = Sage + 1;
```

7.2 SQLCE 数据库

7.2.1 概　述

在基于 Windows CE 的嵌入式平台上,微软公司开发了一种关系型数据库,即 SQL Server for Windows CE,简称 SQLCE。它属于 SQL Server 系列产品中的一员,是一种小型的数据库产品,可以将企业数据管理功能延伸到移动设备中。

高版本的 SQLCE 不仅仅能运行于设备端的 Windows CE 上,而且也能运行于 PC 端的 Windows 上,如果不使用存储过程,在 SQL Server Compact 下开发的程序几乎可以无修改移植到 SQL Server 的其他服务器版本上。

SQLCE 的界面和功能类似于 SQL Server，它所含的工具、应用程序编程接口(API)和 SQL 语法都与在 PC 机上开发相似，SQLCE 提供了与其他 SQL Server 产品相一致的编程和操作模型，因而确保组织方便地集成现有的系统和利用现有的开发技术，可以将开发时间降至最低。

SQLCE 引擎还提供了一组重要的关系数据库特性，包括一个优化的查询处理器及对事务和分类数据类型的支持，从而其性能得到增强。它支持各种数据类型，因而可以确保其灵活性；此外它还支持 128 位的加密，用于确保小型设备上数据库文件的安全性。同时它只占用较少的内存，只需约 1 MB 的内存就能提供其全部功能，从而可以保留较多系统资源。

SQLCE 提供灵活的数据访问方式，可通过始终保持连接或间接性连接方式远程访问 SQL Server 2000/2005/2008 中的数据。在与 SQL Server 2000 一起使用时，SQL Server CE 提供了通过合并复制进行同步的扩展功能。此外通过与 Microsoft Internet Information Services(IIS)的集成，可以使用远程数据访问技术确保来自企业 SQL Server 的数据以可靠的方式进行传递，并且确保这些数据能以离线的方式进行操纵，并在稍后与服务器同步。合并复制和远程数据访问技术均运行于 HTTP 协议之上，并且支持 HTTP SSL(安全套接字层)加密，因此，SQLCE 非常适合于移动和无线应用场合。

目前，SQLCE 产品的版本包含 2.0 版、3.0 版、3.1 版和 3.5 版。本小节将基于 SQLCE3.0 版本进行介绍，SQLCE3.0 版本包括如下主要功能：

① 与 Visual Studio 2005 集成；

② 支持多用户访问；

③ 可在台式机上创建 SQLCE3.0 数据库；

④ 自带查询分析器和支持 SQL 语言的功能；

⑤ 可用合并复制或远程数据访问实现客户端和服务器端的数据同步；

⑥ 支持 ADO.NET 和 OLEDB 所提供的数据访问接口。

7.2.2 安装和配置

在使用 SQL CE 3.0 开发嵌入式数据库程序之前，需要在嵌入式设备终端安装好相应的开发环境。SQLCE 3.0 的安装文件可以从 Visual Studio 2005 安装之后的目录中获取。在 PC 机上安装 Visual Studio 2005 时，会包含 SQLCE 3.0 安装文件，默认目录是“C:\Program Files\Microsoft Visual Studio 2005\SmartDevices\SDK\SQL Server\Mobile \v3.0\wce500 \armv4i”。

如果 PC 机上没有装 Visual Studio 2005，那么 SQLCE 3.0 的安装文件也可以从微软的官网上下载，但要注意在安装 SQLCE 3.0 前，设备端或模拟器上已经安装了 Microsoft.NET Compact Framework 2.0 或以上版本。

在模拟器或移动设备上安装 SQL Server Compact 3.0，需要按顺序安装以下 3 个 cab 形式的安装包，每个 cab 安装包分别包含以下 dll 文件：

- sqlce.平台.处理器.cab：包含 sqlcese30.dll、sqlceqp30.dll、sqlceme30.dll 和 System.Data.SqlServerCe.dll 文件。
- sqlce.repl.平台.处理器.cab：包含 sqlceca30.dll、sqlceoledb30.dll 和 sqlcecompact30.dll 文件。
- sqlce.dev.语言.平台.处理器.cab：包含 isqlw30.exe（查询分析器），还包含 sqlceerr30lang.dll（开发过程中的错误说明）。

在 Windows CE 6.0 设备端安装方法与在模拟器上相同。以在 Windows CE 6.0 模拟器上安装 SQL Server Compact 3.0 为例，操作步骤如下：

① 在 Windows CE 6.0 仿真器上执行"文件"→"配置"菜单命令，弹出"仿真程序属性"对话框，在对话框的"常规"选项卡中，将台式机上 SQL Server CE 的安装目录设置为共享文件夹，安装目录默认是：C:\Program Files\Microsoft Visual Studio 2005\SmartDevices\SDK\SQL Server\Mobile \v3.0\wce500 \armv4i。单击"确定"按钮确认设置。

② 从 Windows CE 6.0 模拟器中打开共享文件夹，找到以下 3 个文件：sqlce30.wce5.armv4i、sqlce30.repl.wce5.armv4i、sqlce30.dev.CHS.wce5.armv4i，如图 7-5所示，按顺序依次执行一次。

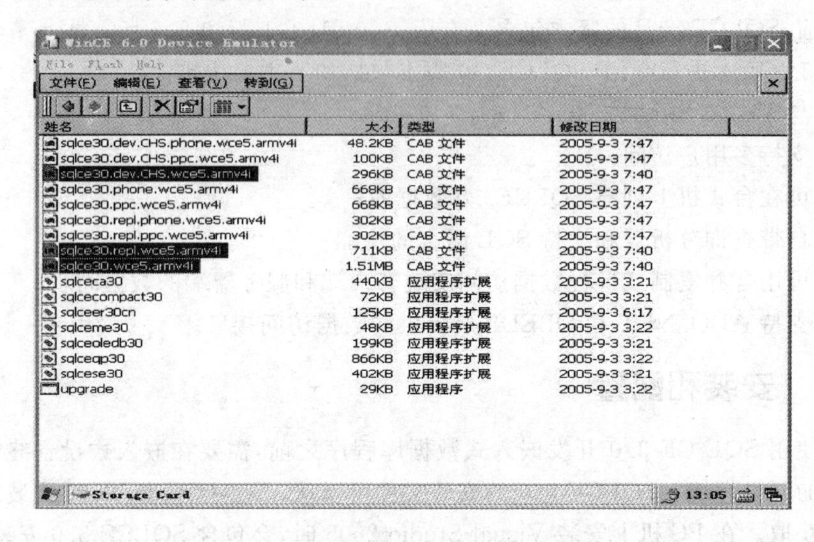

图 7-5　安装 sqlce3.0 所需的 3 个文件

③ 安装完以上文件后，在模拟器中可以找到 SQL CE 3.0 的查询分析器 isqlw30.exe，双击打开查询分析器，可以在其中创建数据库、创建表、执行 SQL 语句。

在模拟器或实验箱中安装 SQL CE 3.0 也可以通过 Visual Studio 2005 自带的

远程工具中的远程文件查看器将安装文件导入到目标平台再进行安装，具体步骤可参考第 8 章中的相关实验内容。

7.2.3 编程实例

在 Windows CE 上编程访问 SQL Server CE 数据库前需要在项目中添加对 System.Data.SqlServerCe 组件的引用，该组件提供了 SqlCeConnection、SqlCeCommand、SqlCeDataAdapter、DataSet、DataTable、SqlCeEngine、SqlCeRemoteDataAccess 等重要的数据库操作类，这些类提供了在托管环境下访问 SQL Server CE 中数据的接口。各类的功能说明如下：

SqlCeConnection 类：用于与数据库创建连接。

SqlCeCommand 类：通常用于与数据库保持连接状态下执行 SQL 命令，并返回执行结果。

SqlCeDataAdapter 类：常用其 Fill 方法将数据库中的数据填充到本地 DataSet 中，填充完后与数据库的连接就自动断开，所以一般用于断开连接状态下操作数据库中的数据。

DataSet 类：与关系数据库的结构类似，也由表的集合组成。一个 DataSet 可以包含一个或以上的 DataTable 对象。

DataTable 类：表示保存在本机内存中的表，与关系数据库中的表结构类似，包含 Rows 和 Columns 等属性以及对各属性进行操作的方法。

SqlCeEngine 类和 SqlCeRemoteDataAccess 类：用于以 RDA 方式访问远程数据库中的数据，上小节已有介绍。下面通过实例介绍以上各类的具体使用方法。

【例 7-18】 实现对学生信息的编辑操作，包括查询、添加、更改、删除操作。程序的运行界面如图 7-6 所示。

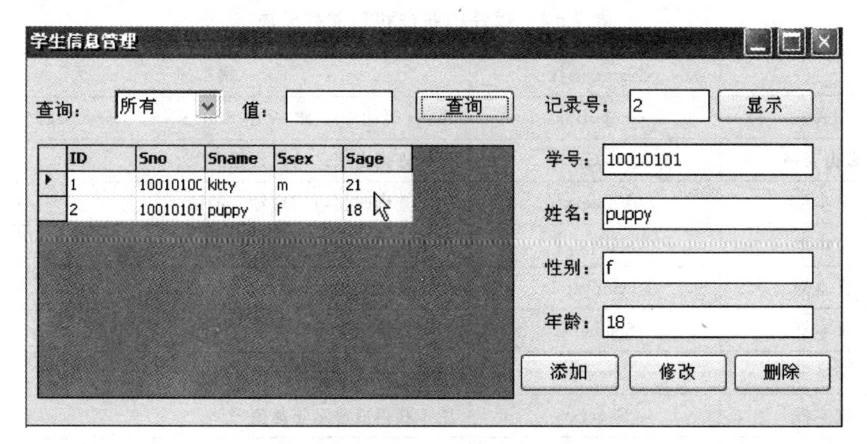

图 7-6 学生信息管理程序界面

① 新建一个名为 DatabaseExample 的智能设备项目，目标平台选择 Windows CE，

模板类型选择设备应用程序，设置好保存路径，单击确定按钮。

② 在“解决方案管理器”中右击项目名，选择“添加”→“新建项”，在弹出的对话框中选择数据库文件，将数据库文件命名为“StudentDB. sdf”，单击“确定”按钮。稍后会弹出一个设置数据源配置向导对话框，单击“完成”按钮即可。

③ 在 Visual Studio 2005 的“服务器资源管理器”中选择“StudentDB. sdf”∀“Tables”，在 Tables 上右击，在弹出的快捷菜单上选择“创建表”，创建一个名为“Student”的数据表，并设计其表结构，如图 7-7 所示。

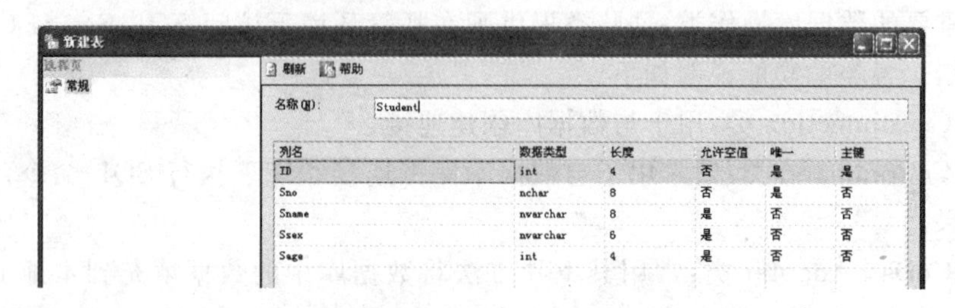

图 7-7　设计“Student”数据表的结构

④ 单击确定按钮，在“服务器资源管理器”中的“Student”上右击，选择“显示表数据”，可以向表中输入各条学生记录，也可以在程序运行时通过界面添加学生的记录。

⑤ 在工具箱中右击，执行“选择项”命令，在弹出的对话框中把所有的 DataGrid 项选中，然后单击“确定”。

打开 Form1 窗体设计器，参考图 7-7 的界面效果从工具箱中拖出 Label 控件、TextBox 控件、Button 控件、Combox 控件以及 DataGrid 控件放于合适位置，各控件的属性设置如表 7-2 所列。

表 7-2　控件的属性和功能的描述

控　件	Name 属性	描　述
列表框	comboBox1	Items 属性中添加“所有、Sno、Sname、Ssex、Sage”
数据表格	DataGrid1	显示查询出来的结果数据
文本框	Valuetxt	用于查询时接收用户输入的值
文本框	IDtxt	用于获得或显示 ID 值
文本框	Snotxt	用于获得或显示学号值
文本框	Snametxt	用于获得或显示姓名值
文本框	Ssextxt	用于获得或显示性别值
文本框	Sagetxt	用于获得或显示年龄值
按钮	Selectbtn	实现查询全部信息或按条件查询功能
按钮	Viewbtn	实现按 ID 号显示单条记录

续表 7-2

控　件	Name 属性	描　述
按钮	Insertbtn	实现对给定记录的添加功能
按钮	Updatebtn	实现对给定记录的修改功能
按钮	Deletebtn	实现对给定记录的删除功能

⑥ 鼠标右击“解决方案资源管理器”中的“引用”，选择“添加引用”，在弹出的对话框中选择“System. Data. SqlServerCe”项，如图 7-8 所示。单击“确定”按钮，并在程序代码中添加“using System. Data. SqlServerCe;”语句。

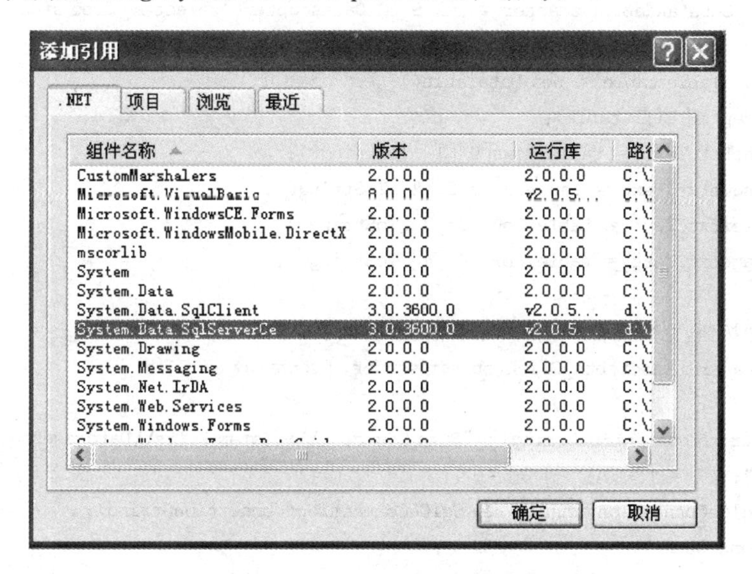

图 7-8　添加 SQLCE 命名空间

⑦ 为各按钮添加 Click 事件代码，实现增、查、删、改的功能。

```
//查询按钮,可查询所有人的记录,也可按条件查询
private void Selectbtn_Click(object sender, EventArgs e)
{
    string connectionString = "Data Source = \\Program Files\\DatabaseExample \\Stu-
dentDB.sdf";
    SqlCeConnection conn = new SqlCeConnection(connectionString);
    SqlCeDataAdapter adapter;
    if(comboBox1.Text == "所有")
        adapter = new SqlCeDataAdapter("select * from student",conn);
    else
        adapter = new SqlCeDataAdapter("select * from student where " + comboBox1.
Text + " = " + Valuetxt.Text,conn);
    DataSet dataset = new DataSet();
```

```
        adapter.Fill(dataset);
        dataGrid1.DataSource = dataset.Tables[0];
    }

    //显示按钮,作用是按照记录号显示某一条记录以便修改或删除
    private void Viewbtn_Click(object sender, EventArgs e)
    {
    string connectionString = "Data Source = \\Program Files\\DatabaseExample\\ Student-
DB.sdf";
        SqlCeConnection conn = new SqlCeConnection(connectionString);
        SqlCeDataAdapter adapter = new SqlCeDataAdapter("select * from student where ID
=" + IDtxt.Text, conn);
        DataTable table = new DataTable();
        adapter.Fill(table);
        Snotxt.Text = table.Rows[0][1].ToString();
        Snametxt.Text = table.Rows[0][2].ToString();
        Ssextxt.Text = table.Rows[0][3].ToString();
        Sagetxt.Text = table.Rows[0][4].ToString();
    }
    //添加按钮,往数据表中添加一条新记录
    private void Insertbtn_Click(object sender, EventArgs e)
    {
        string connectionString = "Data Source = \\Program Files\\DatabaseExample \\Stu-
dentDB.sdf";
        SqlCeConnection conn = new SqlCeConnection(connectionString);
        conn.Open();
        string sqlIns = "Insert into Student values('" + IDtxt.Text + "','" + Snotxt.
Text + "','" + Snametxt.Text + "','" + Ssextxt.Text + "'," + Sagetxt.Text + ")";
        SqlCeCommand command = new SqlCeCommand(sqlIns, conn);
        int i = command.ExecuteNonQuery();
        if (i > 0) MessageBox.Show("添加记录成功!" + i.ToString());
        conn.Close();
    }
```

修改和删除按钮的代码与添加按钮的代码基本一致,只需修改 SQL 语句部分就行了。

```
    //修改按钮
    ……
    string sqlUpt = "Update Student set Sno ='" + Snotxt.Text + "',Sname ='" + Snametxt.
Text + "',Ssex ='" + Ssextxt.Text + "',Sage =" + Sagetxt.Text + " where ID = " + IDtxt.
Text;
    SqlCeCommand command = new SqlCeCommand(sqlUpt, conn);
```

```
……
//删除按钮
……
string sqlDel = "Delete Student where ID ='" + IDtxt.Text + "'";
SqlCeCommand command = new SqlCeCommand(sqlDel, conn);
……
```

如果要使程序具有更好的用户交互性，程序中还应该添加一些操作数据库时的出错提示和异常捕获语句，限于篇幅在此就不过多演示，读者感兴趣的话可以自己将程序完善。

7.2.4 远程访问

SQL Server Compact 3.0 包含一个新的面向开发人员的、组件化的同步模型，支持两种数据同步的方法：RDA（远程数据访问）和 Merge Replication（合并复制）。这两种方法都支持从远程的 SQL Server 服务器中下载数据到设备端的 SQL Server CE 数据库中，在本地对数据进行浏览和修改，再将修改结果更新到 SQL Server 服务器中。

RDA 和 Merge Replication 方式都需要配置 SQL Server CE 服务器环境，服务器环境必须安装以下两项内容：

- IIS：互联网信息服务（Internet Information Services）。RDA 和 Merge Replication 方式运行于 HTTP 协议之上，所以需要 IIS 的支持。IIS 可通过控制面板里的添加/删除 Windows 组件对话框进行安装。
- SQL Server Compact 3.0 服务器工具：服务器工具包含了与客户端进行通信的必要组件，这些组件必须运行在安装了 IIS 的计算机上。SQL Server Compact 3.0 服务器工具可从微软公司的官网上免费下载。安装完毕后，单击"配置 Web 同步向导"，对 IIS 中的 SQL Server CE 虚拟目录进行配置。配置完后，在浏览器上输入配置最后一步提示的网址，如果出现 Microsoft SQL Server Compact Edition Server Agent 的提示，则表示配置成功。

SQL Server Compact 3.0 服务器环境配置好后，将 PPC 端通过网络或 ActiveSync 连接到 PC 端，即可用 RDA 或 Replication 方式中的任何一种编程实现服务器端和设备端的数据同步。

1. RDA 方式

RDA：Remote Data Acces，即远程数据访问。RDA 对象是 SQL Server CE 用于可编程存取远程数据库的 ActiveX 控件，使用 RDA 存取远程数据库就像是在桌面 PC 上操作本地数据库一样简单。由于其配置非常简便，所以是现在使用得非常多的一种数据同步方式。

(1) RDA 架构

RDA 功能的实现主要由 SQL Server CE 数据库引擎、SQL Server CE 客户端代理和 SQL Server CE 服务器端代理 3 部分组成，如图 7－9 所示。

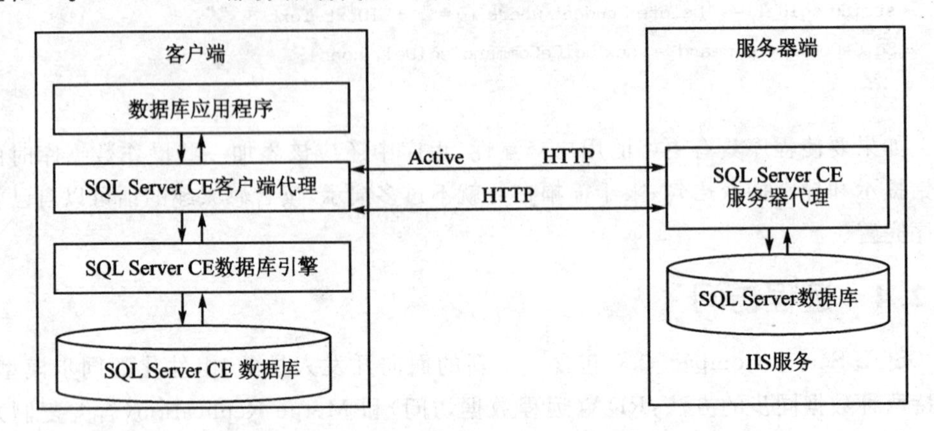

图 7－9 RDA 架构图

图中各组件的功能说明如下：

SQL Server CE 数据库引擎用于管理基于 Windows CE 设备上的数据存储，并且跟踪数据库记录的添加、更新和删除操作；

SQL Server CE 客户端代理是运行在 Windows CE 设备上的用于连接的组件，包括复制对象、RDA 对象和数据库引擎，通过调用这些对象提供的接口可以控制与 SQL Server 的连接；

SQL Server CE 服务器端代理位于服务器端，它与 SQL Server CE 客户端代理通过 HTTP 协议进行通信，接收并处理 SQL Server CE 客户端代理的命令。

(2) 编写 RDA 程序

在.NET Compact Framework 中有一个 SqlCeRemoteDataAccess 类，提供了 RDA 的应用程序编程接口。SqlCeRemoteDataAccess 类的命名空间是 System. Data. SqlServerCe。

SqlCeRemoteDataAccess 类中包括了 3 个最主要的方法：

① Pull 方法：从 SQL Server 服务器数据库中获取一个数据表，储存在 SQL Server CE 数据表中，又称“拉”数据。

常用的形式为：Public void Pull (string localTableName, string sqlSelectString, string oleDBConnectionString, RdaTrackOption trackOption)。

其中参数：

localTableName：SQL Server CE 表的名称，该表将接收提取出的 SQL Server 记录。如果该表已经存在，则会发生错误。

sqlSelectString：任何有效的 Transact－SQL 语句，包括 SELECT 语句和存储过

程，它们指定从 SQL Server 数据库中提取哪些表、列和记录以存储在 SQL Server CE 数据库中。

oledbConnectionString：连接到 SQL Server 数据库时使用的 OLE DB 连接字符串。

trackOption：该选项指示 SQL Server Compact 是否跟踪对提取的表所做的更改，以及提取的表上存在的索引是否转到具有 PRIMARY KEY 约束的设备。

② Push 方法：将本地 SQL Server CE 表中所做的更改上传回 SQL Server 数据库中，又称"推"数据。

常用的形式为：public void Push(string localTableName, string oleDBConnectionString)。

其中参数说明同 Pull 方法。

③ SubmitSql 方法：直接向 SQL Server 数据库提交一个无返回行的 SQL 命令，可以是 INSERT、UPDATE、DELETE 和 CREATE TABLE 等语句，但不能是 SELECT 语句。

常用的形式为：public void SubmitSql(string sqlString, string oleDBConnectionString)。

其中 oleDBConnectionString 参数同 Pull 方法，sqlString 参数可以是任何不返回行的 SQL 语句。

在使用这 3 个方法之前必须先创建 SqlCeRemoteDataAccess 的对象，以设置好连接属性。此外由于 Pull 方法一次只可以从 SQL Server 中获取一个数据表，而本地的 SQL Server CE 数据库中不能存在同名的数据表，所以每次通过 Pull 方法获取新的数据时，必须先删除上次 Pull 方法获得的本地表，或者创建一个全新的空数据库以接收下载的数据表。

下面以一个简单的实例说明以上 3 个方法的具体使用。假设在服务器端用 SQL Server 2005 创建了一个名为 MyserverDB.sdf 的数据库，其中有一个 Table_Books 的数据表，现要将其下载到本地设备的 SQL Server CE 数据库的 SqlceDB.sdf 中，其核心代码如下：

```
using System.Data.SqlServerCe; //添加命名空间
 ……
 string DataServerName;    //包含完整的 IP 地址和数据库服务器名
 ……
 //通过 SqlCeEngine 对象创建一个空的 SqlceDB.sdf 数据库
 string clientDBConn = "Data Source = \\SqlceDB.sdf";
 SqlCeEngine engine = new SqlCeEngine(clientDBConn);
 engine.CreateDatabase();
 engine.Dispose();
 //设置服务器端数据库的连接
```

```
SqlCeRemoteDataAccess rda = new SqlCeRemoteDataAccess();
public static string serverDBConn = "Provider = SQLOLEDB; Data Source = " + DataServer-
Name + "; Initial Catalog = MyserverDB;User Id = admin;Password = pwd";
rda.InternetUrl = "http://" + DataServerName + "/sqlce30/sqlcesa30.dll";
rda.LocalConnectionString = "Data Source = \\SqlceDB.sdf";
//使用 Pull 方法把 SQL Server 中的 Table_Books 表拉到本地设备的数据库 SqlceDB.sdf
rda.Pull("Table_Books", "select * from Table_Books", serverDBConn, RdaTrackOption.
TrackingOn);
```

Push 方法用法与 Pull 基本相同，下面代码表示将 Table_Books 数据表传回服务器端：

```
rda.Push("Table_Books", serverDBConn);
```

有时候用 SubmitSql 方法直接操作服务器端的数据则显得非常方便快捷，例如，要在 MyserverDB.sdf 创建一个 Table_Reader 表，表包含 ID、Name 两个属性，其代码如下：

```
rda.SubmitSql("CREATE TABLE Table_Reader(ID int, Name nvarchar(8))", serverDBConn);
```

(3) RDA 的特点

使用 RDA 最大的优点是配置简单，只需要在服务器端安装 IIS 和 SQL Server Compact 服务器工具就可以使用了，不需要对 SQL Server 服务器端进行任何配置。此外使用 RDA 方式同步也不需要占用 SQL Server 服务器上额外的存储空间，更新可以在本地进行，更新完了之后才提交给服务器，或者也可以直接通过命令行向服务器提交一个更新语句，并不需要花费其他维护所需空间开销。

但由于 RDA 方式是以一种间断性连接的方式与数据库服务器进行同步，所以它并不会跟踪服务器上的所有改变。比如在设备端下载某个数据表，对其进行更新操作的过程中，服务器上对应的那个数据表也发生了更新，此时设备端并不知晓，如果将此设备端的数据提交给服务器，那么就出覆盖服务器上之前更新的数据，从而造成数据丢失。此外每次同步时只能同步数据库中的一个表，而且每次更新前都必须删除以前的数据，这些都是 RDA 方式的局限之处。

2. Merge Replication 方式

Merge Replication 即合并复制，是 RDA 的一种替代方案，可 SQL Server Moblile 与 SQL Server 2000/2005/2008 配合使用。其基本原理是在服务器端创建发布数据库对象和数据的快照，用触发器跟踪在发布服务器和订阅服务器上所做的后续数据更改和架构修改，订阅服务器在连接到网络时将与发布服务器进行同步，并交换自上次同步以来发布服务器和订阅服务器之间发生更改的所有行。

(1) Merge Replication 的架构

合并复制技术需要使用 SQL Server CE 数据库引擎、SQL Server CE 客户端代理和 SQL Server CE 服务器端代理、SQL Server 2005、SQL Server CE 复制提供者，这些组件在 IIS 服务器环境中实施完成，其架构如图 7－10 所示。

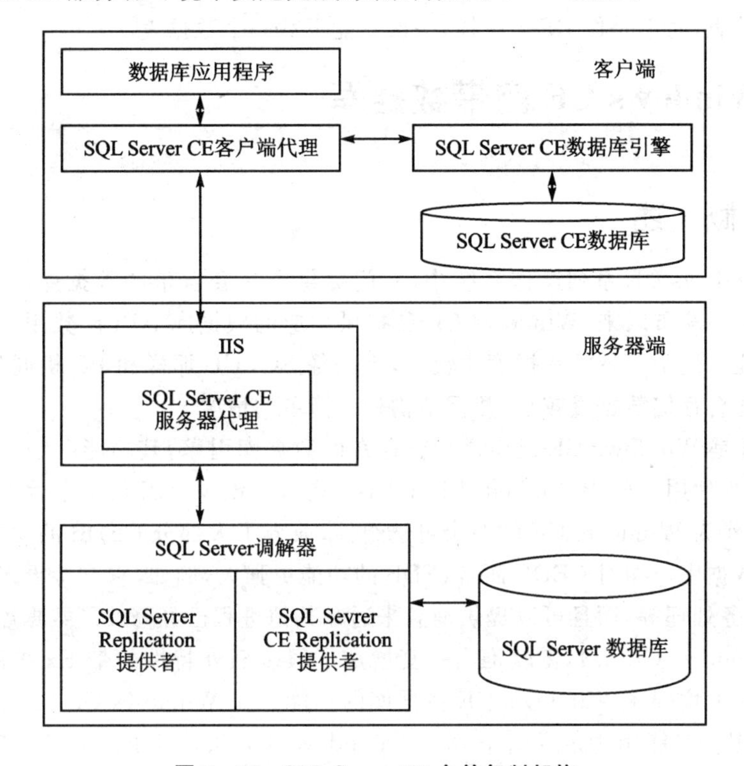

图 7－10 SQL Server CE 合并复制架构

（2）Merge Replication 的特点

用 Merge Replication（合并复制）的方式实现设备端和服务器之间的数据同步之前需要对服务器端进行一系列的配置，包括创建快照代理用户账号及快照共享文件夹，创建 SQL Server 2005 数据库的发布，设置发布数据库的访问权限和安全参数，创建发布数据库的快照，配置 IIS 实现 Web 远程同步，创建 SQLCE 数据库订阅，整个过程步骤繁琐，限于篇幅在此不详细介绍，读者可参阅其他相关书籍。

合并复制的实现原理是多个订阅服务器可能会在不同时间更新同一数据，并将其更改传播到发布服务器和其他订阅服务器。订阅服务器需要接收数据，脱机更改数据，并在以后与发布服务器和其他订阅服务器同步更改。其特点是配置过程较繁琐，每个订阅服务器都需要不同的数据分区，允许不同站点自主工作，并在以后将更新合并成一个统一的结果。由于更新是在多个节点上进行的，同一数据可能由发布服务器和多个订阅服务器进行了更新。因此，在合并更新时可能会产生冲突，需要具有检测和解决冲突的能力。

相比 RDA 方式而言，其缺点是对服务器端的配置过程繁琐，为了解决冲突而花费在管理数据表和跟踪信息上面需要占用更多的存储空间；但其优点也显而易见，一

旦配置好服务器端之后，就可以让设备端和服务器端始终保持同步，而且每次只同步被修改过的数据，节约了网络传输带宽。此外根据设备端的需要，还可以一次调用多个同步后的表，而不是像 RDA 一样，一次只能下载一个数据表。

7.3 Windows CE 自带数据库

7.3.1 概 述

在 Windows CE 系列操作系统中，专门提供了一套自带的数据库。至从 Windows CE 1.0 发布以来，Windows CE 就提供相应的数据库 API 函数用于实现各种数据库功能。这个自带的数据库比较小，无法像 SQLCE 那样和 PC 机同步，所以这种数据库适合存储数据量较小、数据结构相对简单的情况。

CEDB 是 Windows CE 诞生之初就存在的数据库引擎，其功能已经不能满足需求，现在较少使用。EDB(Embeded Database)是 Windows CE 5.0 之后出现的新数据库引擎，作为 Windows CE 的一个可选组件，兼容了大部分 CEDB 的功能，是一种增强型的数据库。相对 CEDB 而言，EDB 的功能更强大，例如，它支持更多的数据类型、支持事务处理等，而且可以提供消息来通知其他进程已经修改了数据库等。

在 Windows CE 2.1，微软推出一套增加了很多额外特性的带 Ex 扩展的函数，这一变化大大增强了 Windows CE 数据库的功能。在 Windows CE 3.0 之前，数据库 API 局限于只能用 4 条索引来分类。Windows CE 3.0 推出以后就上升为 8 条，利用这 8 条索引，数据库 API 能随意地存储数据，并兼容于 Windows CE 的不同版本。

Windows CE 的数据库结构是由数据卷(volume)组成，数据库就是存放在文件系统中的文件。在数据库打开之前必须先装配(mount)数据库卷，在数据库关闭之后数据库卷需要被卸载(unmount)。每个数据库卷包含了一个或多个数据库，而每个数据库由多条记录(record)组成。每条记录由若干属性(property)组成，属性包含了一些拥有特定数据类型的数据。

7.3.2 API 函数

1. 装配数据库卷

为了创建和使用 Windows CE 数据库，必须首先安装或者打开数据库卷。一个数据库卷实质上是可以存储 Windows CE 数据库的特殊格式的文件，是定义数据库时产生的 CreateFile 类的特殊版本。设置一个数据库卷的 API 函数为：

```
BOOL CeMountDBVol(PCEGUID pguid, LPWSTR lpszVol, DWORD dwFlags);
```

执行这个函数可以创建一个新卷或者打开一个现有的卷，其中各参数的定义如下：

pguid：标识新建数据库卷或已打开数据库卷的句柄；

lpszVol：要安装的数据库卷文件名；

dwFlags：指定数据库卷以何种方式打开，可用的值有 CREATE_NEW（创建一个新的数据库卷，如果该卷已经存在，函数返回 FALSE）、CREATE_ALWAYS（创建一个新的数据库卷，如果该卷已经存在，它将覆盖旧卷）、OPEN_EXISTING（打开一个数据库卷，如果该卷不存在，函数返回 FALSE）、OPEN_ALWAYS（打开一个数据库卷，如果该卷不存在，函数创建一个新的数据库卷）、TRUNCATE_EXISTING（打开一个数据库卷并将它截断为 0 字节大小，如果该卷不存在，函数返回 FALSE）。

如果函数执行成功，则返回 TRUE，否则返回一个错误代码。

2. 卸载数据库卷

当用户使用完数据库卷之后，必须调用下面这个 API 函数将其卸载：

```
BOOL CeUnmountDBVol(PCEGUID pguid);
```

函数参数 pguid 为要卸载的数据库卷标识。如果函数执行成功，则返回 TRUE，否则返回 FALSE。

3. 列举数据库卷

通过重复调用下面的这个函数，可以确定当前已经安装的数据库卷：

```
BOOL CeEnumDBVolumes(PCEGUID pguid, LPWSTR lpBuf, DWORD dwSize);
```

第一次调用这个函数时，要将参数 pguid 设置为无效，可以通过宏 CREATE_INVALIDGUID 来实现。如果找到了安装的卷，lpBuf 指向该卷名，dwSize 则是由 lpBuf 指向的缓冲区的大小来设置。

4. 创建数据库

要访问数据库中的数据，必须先创建数据库，可通过调用下面这个函数创建数据库：

```
CEOID CeCreateDatabaseEx2 (PCEGUID pguid, CEDBASEINFOEX * pInfo);
```

函数返回值的类型为 CEOID，用来标识新建数据库，如果返回值为 0，则说明创建数据库出错。参数 pguid 是已经安装的数据库卷的句柄，参数 pInfo 是一个结构体指针，指向 CEDBASEINFOEX 类型的结构体。有关 CEDBASEINFOEX 结构体的说明如下：

```
typedef struct CEDBASEINFOEX {
      WORD   wVersion;              //表示此结构体的版本，1 为 CEDB，2 为 EDB
      WORD   wNumSortOrder; //表示在数据库中所使用的排序字段个数，EDB 中最大为 16
      DWORD dwFlags;               //数据库标志，表示结构体中其他哪些成员有效
```

```
    WCHAR szDbaseName[EDB_MAXDBASENAMELEN]; //表示数据库名称
    DWORD  dwDbaseType;          //表示数据库类型标识
    DWORD  dwNumRecords;         //表示数据库中的记录数
    DWORD  dwSize;               //EDB 中未使用
    FILETIME ftLastModified;      //EDB 中未使用
    SORTORDERSPECEX rgSortSpecs[EDB_MAXSORTORDER];  //排序字段定义
    } CEDBASEINFOEX;
```

其中的 SORTORDERSPECEX 结构体的说明如下：

```
typedef struct SORTORDERSPECEX {
    WORD    wVersion; //表示结构体版本,必须设置为 1(SORTORDERSPECEX_VERSION)
    WORD    wNumProps;   //排序字段的个数
    WORD    wKeyFlags;   //是否定义为唯一索引
    WORD      wReserved;   //EDB 中未使用
    CEPROPID  rgPropID[EDB_MAXSORTPROP]; //参与排序的字段数组
    DWORD      rgdwFlags[EDB_MAXSORTPROP]; //各字段的排序规则
}SORTORDERSPECEX;
```

5. 打开数据库

打开数据库可以调用下面的函数完成：

```
HANDLE CeOpenDatabaseEx (PCEGUID pguid, PCEOID poid, LPWSTR lpszName,
CEPROPID propid, DWORD dwFlags, CENOTIFYREQUEST * pReq);
```

其中各参数的定义如下：

pguid:数据库所在的数据库卷的句柄；

poid:创建数据库返回的 CEOID 指针；

lpszName:数据库的名称；

propid:指定打开数据库时,使用哪种排序规则来对数据库进行排序；

dwFlags:如果设置为 CEDB_AUTOINCREMENT,则每一次从数据库中读取一个记录,数据库指针自动加一,移到下一个记录;如果设置为 0,则数据库指针要手工移动到下一个要读取的记录；

pReq:指向 CENOTIFYREQUEST 结构体的指针,填充有关数据库变化通知的信息。

6. 删除数据库

下面这个函数可用来删除整个数据库：

```
BOOL CeDeleteDatabaseEx (PCEGUID pguid, CEOID oid);
```

其中参数 pguid 是要删除的数据库所在的卷;参数 oid 是要删除的数据库的对象 ID。如果一个数据库已经打开,它将不能被删除。

7. 查找记录

在数据库中查找记录是经常会执行的操作，可以通过调用下面的函数完成记录的查找：

```
CEOID CeSeekDatabaseEx (HANDLE hDatabase, DWORD dwSeekType, DWORD dwValue,
WORD wNumVals, LPDWORD lpdwIndex);
```

其中参数 hDatabase 是已经打开的数据库的句柄；参数 dwSeekType 描述了查找操作的类型；参数 dwValue 表示要查找的值；参数 wNumVals 表示在参数 dwValue 里，CEPROPVAL 结构体数组成员数，当 dwSeekType 为 CEDB_SEEK_BEGINNING 时，此值为 0；参数 lpdwIndex 是查找到的记录的索引。

8. 读记录

在将数据库的指针指向了想要操作的记录后，就可以对这个记录进行读取或写入操作了。在数据库中读取记录可以调用下面这个函数：

```
CEOID CeReadRecordPropsEx (HANDLE hDbase, DWORD dwFlags, LPWORD lpcPropID,
CEPROPID * rgPropID, LPBYTE * lplpBuffer, LPDWORD lpcbBuffer, HANDLE hHeap);
```

其中参数 hDbase 是已经打开的数据库的句柄；参数 dwFlags 可以是 0 或者 CEDB_ALLOWREALLOC，其中后者用于设置函数在必要时自动扩大结果缓冲区；参数 lpcPropID 指向一个 WORD 类型的变量，该变量表示参数 rgPropID 指向的 CEPROPID 结构的数量，这两个参数组合到一起，确定要读取的是记录的哪些属性；参数 lplpBuffer 用于存储读取到的记录信息；参数 lpcbBuffer 表示参数 lplpBuffer 缓冲区的大小；参数 hHeap 允许函数在重分配缓冲区时使用一个不同于本地堆的堆。

9. 写记录

可以使用下面的这个函数向数据库中写入一条记录：

```
CEOID CeWriteRecordProps(HANDLE hDbase,CEOID oidRecord,WORD cPropID,CEPROPVAL * rg-
PropVal)
```

其中参数 hDbase 是已打开数据库的句柄；参数 oidRecord 是要写入记录的对象 ID，如果要创建一个新记录而不是修改原有的记录，该参数值应设置为 0；参数 cPropID 表示要写入记录的字段个数，同时也表示 rgPropVal 参数指向的属性 ID 结构数组的数目；参数 rgPropVal 表示要写入记录的结构体，指定了记录中的哪个属性将被修改以及哪些数据将被写入。

10. 删除记录

可以使用下面的这个函数删除数据库中的一条记录：

```
BOOL CeDeleteRecord(HANDLE hDbase,CEOID oidRec)
```

其中参数 hDbase 是已打开数据库的句柄；参数 oidRec 是要删除记录的对

象 ID。

7.3.3 编程实例

由于 Windows CE 自带的数据库具有数据结构相对简单，操作灵活的特点，因此在存储数据量较小的情况下如通讯簿程序等时，使用 Windows CE 自带的数据库是非常合适的。下面以 EDB 为数据库引擎，介绍使用 Visual Studio 2005 中的 C++开发一个通讯录的全过程。

【例 7-19】 实现一个通讯簿程序，能够添加新的联系人，演示相关的 Windows CE 数据库 API 函数的使用。

① 新建一个名为 WinceDataBase 的智能设备项目，编程语言选择 C++，目标平台选择 Windows CE 6.0，模板类型选择 MFC 智能设备应用程序，设置好保存路径，单击"确定"按钮。

② 在当前项目下添加一个 C++类，类名为 DBContact，该类用于封装操作通讯录数据库的基础函数，包括通讯录数据表的建立、打开、关闭以及添加新的联系人等操作函数。下面介绍 DBContact 类的详细定义。

① 打开 DBContact.h 文件，在其中定义通讯录数据库所在数据卷的文件名，通讯录的表结构以及各字段的标识：

```
//定义数据库文件名
#define DBFILENAME  L"\\My Documents\\contact.vol"
//定义数据库名
#define DBTABLENAME  L"Contact"
//定义联系人数据库表结构
typedef struct
{
TCHAR cNo[7];//联系人编号
TCHAR cName[20] ;//联系人姓名
TCHAR cTelephon[20] ;//联系人电话
}REC_CONTACT, * PREC_CONTACT;
//定义联系人编号字段标识，联系人编号在数据库中，将是唯一型字段
#define PID_NO MAKELONG(CEVT_LPWSTR,1)
//定义联系人姓名字段标识
#define PID_NAME  MAKELONG(CEVT_LPWSTR,2)
//定义联系人电话号码字段标识
#define PID_TELEPHON  MAKELONG(CEVT_LPWSTR,3)
```

在构造函数中添加一些必要的成员变量和成员函数的声明，程序代码如下：

```
class DBContact
{
public:
```

```
DBContact(void);
~DBContact(void);
private:
CEGUID m_VolGUID; //存储数据库文件卷标识
HANDLE m_hDB;//存储数据库句柄
CEOID  m_ceOid;      //存储数据库对象标识
private:
//新建数据库
BOOL DB_Create_Contact(  CEGUID * pCeGuid, const LPCTSTR strDBName);
//获取数据库的记录数目
int GetRecordCount(CEGUID * pCeGuid,CEOID ceOid);
public:
//打开数据库
BOOL DB_Open_Contact(const LPCTSTR strVolumeName = DBFILENAME, const LPCTSTR strDB-
Name = DBTABLENAME);
//关闭数据库
BOOL DB_Close_Contact();
//添加记录
static BOOL AddNewContact(const REC_CONTACT * pRecContact);
//查询所有记录
static BOOL QueryAllRecords(DWORD * pRecordCount, REC_CONTACT * * pRecContact);
};
```

② 打开 DBContact.cpp 文件,给出 DBContact.h 头文件中所声明的各函数的实现代码。首先在构造函数中给头文件中定义的成员变量赋初始值。代码如下:

```
DBContact::DBContact(void)
{
ZeroMemory(&m_VolGUID,sizeof(m_VolGUID));//存储数据库文件卷标识
m_hDB = INVALID_HANDLE_VALUE;//存储数据库句柄
m_ceOid = 0; //存储数据库对象标识
}
```

实现 DB_Create_Contact 函数的定义,其功能是创建通讯录数据表。实现代码如下:

```
BOOL DBContact::DB_Create_Contact(  CEGUID * pCeGuid, const LPCTSTR strDBName)
{
//定义数据库基本信息
CEDBASEINFOEX     DBInfo;
//填充 DBInfo 信息
memset(&DBInfo, 0, sizeof(CEDBASEINFOEX)) ;
DBInfo.wVersion = CEDBASEINFOEX_VERSION;  //版本
```

```
DBInfo.dwFlags |= CEDB_VALIDDBFLAGS | CEDB_VALIDNAME | CEDB_VALIDSORTSPEC;
DBInfo.wNumSortOrder = 2;    //索引个数
wcscpy(DBInfo.szDbaseName , DBTABLENAME);  //数据库名
//定义第 1 个排序方式
DBInfo.rgSortSpecs[0].wVersion = SORTORDERSPECEX_VERSION;
DBInfo.rgSortSpecs[0].wNumProps = 1;
DBInfo.rgSortSpecs[0].wKeyFlags = CEDB_SORT_UNIQUE; //指定 PID_NO 为唯一索引
DBInfo.rgSortSpecs[0].rgPropID[0] = PID_NO;  //联系人编号
DBInfo.rgSortSpecs[0].rgdwFlags[0] = CEDB_SORT_DESCENDING;
//定义第 2 个排序方式
DBInfo.rgSortSpecs[1].wVersion = SORTORDERSPECEX_VERSION;
DBInfo.rgSortSpecs[1].wNumProps = 1;
DBInfo.rgSortSpecs[1].wKeyFlags = 0;
DBInfo.rgSortSpecs[1].rgPropID[0] = PID_NAME;   //联系人姓名
DBInfo.rgSortSpecs[1].rgdwFlags[0] = CEDB_SORT_DESCENDING;
//创建数据库
m_ceOid = CeCreateDatabaseEx2(pCeGuid, &DBInfo);
if (m_ceOid == 0)
{
TRACE(L"创建数据库失败,The Error Code = %d \n",GetLastError());
return FALSE;
}
return TRUE;
}
```

实现 GetRecordCount 函数的定义，其功能是返回通讯录数据表中的记录数。实现代码如下：

```
int DBContact::GetRecordCount(CEGUID * pCeGuid,CEOID ceOid)
{
int iCount;
CEOIDINFOEX  oidinfo;
oidinfo.wVersion = CEOIDINFOEX_VERSION;
//获取数据库信息
if (! CeOidGetInfoEx2(pCeGuid,ceOid,&oidinfo))
{
TRACE(L"获取信息失败\n");
return -1;
}
//判断 oidinfo.wObjType 是否是数据库类型
if (oidinfo.wObjType != OBJTYPE_DATABASE)
{
   return -1;
```

```
}
iCount = oidinfo.infDatabase.dwNumRecords; //得到记录数
return iCount;
}
```

实现 DB_Open_Contact 函数的定义，其功能是挂载数据库卷并打开数据库。其中 strVolumeName 参数指数据库文件卷名称，strDBName 参数指数据库名称，具体实现代码如下：

```
BOOL DBContact::DB_Open_Contact(const LPCTSTR strVolumeName, const LPCTSTR strDBName)
{
BOOL bResult = FALSE;
DWORD dwErrorCode = 0;
//定义排序方式
   SORTORDERSPECEX rgSortSpecs;
   rgSortSpecs.wVersion = SORTORDERSPECEX_VERSION;
   rgSortSpecs.wNumProps = 1;
   rgSortSpecs.wKeyFlags = CEDB_SORT_UNIQUE;
   rgSortSpecs.rgPropID[0] = PID_NO;
   rgSortSpecs.rgdwFlags[0] = CEDB_SORT_DESCENDING;
//1.挂载数据库卷,如果存在则打开,不存在,就新建一个
if (! CeMountDBVol(&m_VolGUID,DBFILENAME,OPEN_ALWAYS))
{
TRACE(_T("打开或新建数据卷失败\n"));
return FALSE;
}
//2.接着打开数据库
  m_hDB = CeOpenDatabaseEx(&m_VolGUID,&m_ceOid,DBTABLENAME,
rgSortSpecs.rgPropID[0], 0,NULL) ;
if (m_hDB == INVALID_HANDLE_VALUE)
{
dwErrorCode = GetLastError();
//3.如果数据库不存在,就新建
if ( dwErrorCode == ERROR_FILE_NOT_FOUND)
{
//创建新数据库
if (! DB_Create_Contact(&m_VolGUID,DBTABLENAME))
{
TRACE(L"打开数据库失败\n");
goto error;
}
//4.创建数据库后,应紧接着打开数据库
```

```
m_hDB = CeOpenDatabaseEx(&m_VolGUID,&m_ceOid,DBTABLENAME,
rgSortSpecs.rgPropID[0], 0,NULL) ;
if (m_hDB == INVALID_HANDLE_VALUE)
{
TRACE(L"打开数据库失败\n");
goto error;
}
}
else
{
TRACE(L"打开数据库失败\n");
goto error;
}
}
return TRUE;
error:
//此处得卸载数据库卷
if (! CeUnmountDBVol(&m_VolGUID))
{
TRACE(_T("卸载数据库文件卷失败"));
}
return FALSE;
}
```

实现 DB_Close_Contact 函数的定义,其功能是关闭数据库并卸载数据库卷。具体实现代码如下:

```
BOOL DBContact::DB_Close_Contact()
{
 //1.关闭数据库
if (m_hDB != INVALID_HANDLE_VALUE )
{
if (! CloseHandle(m_hDB))
{
TRACE(L"关闭数据库失败\n");
return FALSE;
}
}
//2.将数据库卷的数据缓冲到永久存储介质上
if ((m_VolGUID.Data1 != 0) || (m_VolGUID.Data1 != 0) || (m_VolGUID.Data1 != 0) ||
(m_VolGUID.Data1 != 0))
{
if (! CeFlushDBVol(&m_VolGUID))
```

```
{
TRACE(L"缓冲介质失败\n");
return FALSE;
}
}
//3.卸载数据库卷
if ((m_VolGUID.Data1 != 0) || (m_VolGUID.Data1 != 0) || (m_VolGUID.Data1 != 0) ||
(m_VolGUID.Data1 != 0))
{
if (! CeUnmountDBVol(&m_VolGUID))
{
TRACE(L"卸载数据库文件卷失败\n");
return FALSE ;
}
}
return TRUE;
}
```

实现 AddNewContact 函数的定义，其功能是往通讯录数据库中添加记录。具体实现代码如下：

```
BOOL DBContact::AddNewContact(const REC_CONTACT * pRecContact)
{
DBContact tblContact; //定义联系人数据库对象
CEOID ceOid;
//定义字段属性
CEPROPVAL pProps[2];
DWORD dwErrorCode = 0;
DWORD dwWritten = 0;
//打开联系人数据库
if (! tblContact.DB_Open_Contact())
{
return FALSE; //打开联系人数据库失败
}
//给字段属性赋值
ZeroMemory(&pProps[0],sizeof(CEPROPVAL) * 3);
//联系人编号
pProps[0].propid = PID_NO;
pProps[0].val.lpwstr = LPWSTR(pRecContact->cNo);
pProps[0].wFlags = 0;
//联系人姓名
pProps[1].propid = PID_NAME ;
pProps[1].val.lpwstr = LPWSTR(pRecContact->cName);
```

```
pProps[1].wFlags = 0;
//联系人电话
pProps[2].propid = PID_TELEPHON;
pProps[2].val.lpwstr = LPWSTR(pRecContact->cTelephon);
pProps[2].wFlags = 0;
//写入记录
ceOid = CeWriteRecordProps(tblContact.m_hDB,0,3,pProps);
if (ceOid == 0)
{
dwErrorCode = GetLastError();
//若 dwErrorCode  = ERROR_ALREADY_EXISTS (值为 183),表示联系人编号重复
if (dwErrorCode == ERROR_ALREADY_EXISTS)
{
TRACE(L"联系人编号重复\n");
}
else
{
TRACE(L"写入记录失败, Error Code =  %d \n",dwErrorCode);
}
goto error;
}
//关闭数据库
tblContact.DB_Close_Contact();
return TRUE;
error:
//关闭数据库
tblContact.DB_Close_Contact();
return FALSE;
}
```

实现 QueryAllRecords 函数的定义,其功能是查询通讯录数据库中的所有记录。具体实现代码如下:

```
BOOL DBContact::QueryAllRecords(DWORD * pRecordCount,REC_CONTACT * * pRecContact)
{
    //定义联系人数据库对象
    DBContact tblContact;
    CEOID ceOid = 0;
    WORD wProps = 0;
    DWORD dwRecSize = 0;
    PBYTE pBuff = 0;
    DWORD dwIndex = 0;
    PCEPROPVAL pRecord = NULL;
```

```
DWORD dwRecordCount = 0;
//打开联系人数据库
if (! tblContact.DB_Open_Contact())
{
    //打开联系人数据库失败
    return FALSE;
}
//得到数据库记录数
dwRecordCount = tblContact.GetRecordCount(&tblContact.m_VolGUID,
                                          tblContact.m_ceOid);
*pRecordCount = dwRecordCount; //返回记录数
//如果记录数为0,则返回
if (dwRecordCount == 0)
{
    tblContact.DB_Close_Contact();//关闭数据库
    return TRUE;
}
//分配记录数组
*pRecContact = new REC_CONTACT[dwRecordCount];
ZeroMemory(*pRecContact,sizeof(REC_CONTACT)*dwRecordCount);
//读取所有记录
for (int i=0;i<dwRecordCount;i++)
{
    //移动记录指针
    ceOid = CeSeekDatabaseEx(tblContact.m_hDB,
                             CEDB_SEEK_BEGINNING,i,0,&dwIndex);
    ASSERT(ceOid != 0);
    pBuff = 0;
    //读取所有字段值
    ceOid = CeReadRecordPropsEx(tblContact.m_hDB,CEDB_ALLOWREALLOC,
                                &wProps,NULL,&(LPBYTE)pBuff,&dwRecSize,NULL);
    ASSERT(ceOid != 0);
    pRecord = (PCEPROPVAL)pBuff;
    //读取所有字段值存入传出参数 pRecContact
    for (int j=0;j<wProps;j++)
    {
        switch((pRecord+j)->propid)
        {
          //联系人编号
          case PID_NO:
          {
            wcscpy((*pRecContact+i)->cNo,(pRecord+j)->val.lpwstr);
```

```
          break;
        }
        //联系人姓名
        case PID_NAME:
        {
          wcscpy((*pRecContact + i) - >cName,(pRecord + j) - >val.lpwstr);
          break;
        }
        //联系人电话号码
        case PID_TELEPHON:
        {
        wcscpy((*pRecContact + i) - >cTelephon,(pRecord + j) - >val.lpwstr);
        break;
        }
      }
    }
    //释放内存
    LocalFree(pBuff);
  }
  //关闭数据库
  tblContact.DB_Close_Contact();
  return TRUE;
  error:
    //关闭数据库
    tblContact.DB_Close_Contact();
    return FALSE;
}
```

至此基础类 DBContact 类已全部定义好，上层用户界面就可以调用这些封装好的函数来实现相应的功能了，接下来就开始设计用户界面。

③ 在资源管理视图中右击当前项目下的 Dialog 文件夹，在弹出的快捷菜单中选择“添加资源”，添加一个对话框 IDD_DIALOG1，在该对话框中设计如图 7－11所示的界面效果：

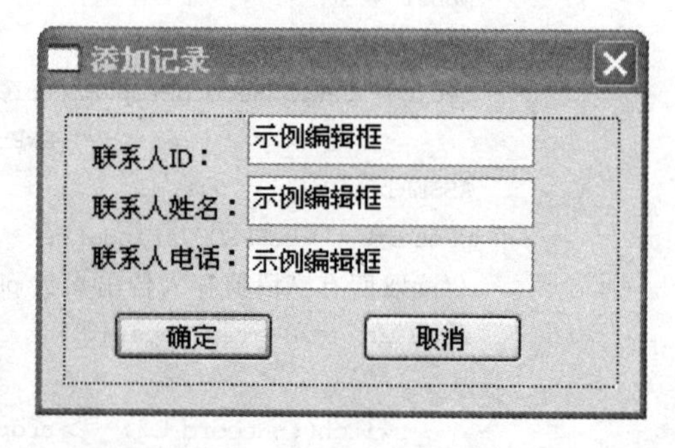

图 7－11　添加记录对话框的界面效果

各控件的说明如表 7－3 所列。

表 7-3 控件的 ID 和属性说明

控件类型	控件 ID	说　明
编辑框	IDC_EDT_NO	用来输入"编号",对应成员变量:m_no
编辑框	IDC_EDT_NAME	用来输入"姓名",对应成员变量:m_name
编辑框	IDC_EDT_TELEPHON	用来输入"电话",对应成员变量:m_telephon
按钮	IDOK	用来确认输入
按钮	IDCANCEL	用来取消所有操作

双击 IDD_DIALOG1 对话框,为其定义相应的类,类名为 InsertDlg。打开 InsertDlg. h 文件,定义如下变量:

```
public:
 CString m_no;
 CString m_name;
 CString m_telephon;
```

打开 InsertDlg. cpp 文件,在其 DoDataExchange 函数中将代码改写为:

```
void InsertDlg::DoDataExchange(CDataExchange * pDX)
 {
 CDialog::DoDataExchange(pDX);
 DDX_Text(pDX, IDC_EDT_NO, m_no);
 DDX_Text(pDX, IDC_EDT_NAME, m_name);
 DDX_Text(pDX, IDC_EDT_TELEPHON, m_telephon);
 }
```

回到 IDD_DIALOG1 对话框的设计界面,分别添加"确定"和"取消"按钮的单击事件:

```
//确定按钮的单击事件
 void InsertDlg::OnBnClickedOk()
 {
 OnOK();
 }
 //取消按钮的单击事件
 void InsertDlg::OnBnClickedCancel()
 {
 OnCancel();
 }
```

④ 在资源管理视图中双击打开 IDD_WINCEDATABASE_DIALOG 对话框,在对话框上创建 3 个 Button 控件和一个 List Control 控件,各控件的属性按表 7-4 进

行设置。

表 7-4 控件的 ID 和属性说明

控件类型	控件 ID	说　明
按钮	IDC_BUTTON1	Caption 值为“打开数据库”，实现打开数据库功能
按钮	IDC_BUTTON2	Caption 值为“添加记录”实现添加记录功能
按钮	IDC_BUTTON3	Caption 值为“关闭数据库”实现关闭数据库功能
列表框	IDC_LIS_CONTACT	View 值为 Report，Single Selection 值为 True，Always Show Selection 值为 True

在 Windows CE DataBaseDlg. h 头文件中添加预处理命令：#include "DBContact. h"，并声明如下成员变量和成员函数：

```
public:  DBContact contact;
public:  void refresh();
```

在 WinceDataBaseDlg. cpp 源文件中添加预处理命令：

```
#include "DBContact.h"
#include "InsertDlg.h"
```

在其 OnInitDialog()函数中添加如下代码：

```
//设置联系人列表框标题
CListCtrl * pListCtrl = (CListCtrl *)GetDlgItem(IDC_LIS_CONTACT);
CRect rt;
pListCtrl->GetClientRect(&rt);
pListCtrl->InsertColumn(0,_T("ID"), LVCFMT_LEFT, rt.Width() * 0.2);
pListCtrl->InsertColumn(1,_T("NAME"), LVCFMT_LEFT, rt.Width() * 0.4);
pListCtrl->InsertColumn(2, _T("TELEPHON"), LVCFMT_LEFT, rt.Width() * 0.4);
//全行选择
::SendMessage(pListCtrl->m_hWnd, LVM_SETEXTENDEDLISTVIEWSTYLE,
LVS_EX_FULLROWSELECT, LVS_EX_FULLROWSELECT);
……
```

给出 refresh()函数的定义：

```
//在列表框中刷新显示记录
void CWinceDataBaseDlg::refresh()
{
    //定义联系人记录对象
    REC_CONTACT * pRecContact = NULL;
    DWORD iRecCount = 0;
    //设置联系人列表框标题
```

```
    CListCtrl * pListCtrl = (CListCtrl * )GetDlgItem(IDC_LIS_CONTACT);
    pListCtrl->DeleteAllItems();  //先删除全部显示
    //查询所有联系人记录
    if (DBContact::QueryAllRecords(&iRecCount,&pRecContact))
    {
        //显示记录
        for (int i = 0;i< iRecCount ; i++ )
        {
            pListCtrl->InsertItem(i,L"");
            //添加联系人编号
            pListCtrl->SetItemText(i,0,(pRecContact + i)->cNo);
            //添加联系人姓名
            pListCtrl->SetItemText(i,1,(pRecContact + i)->cName);
            //添加联系人电话
            pListCtrl->SetItemText(i,2,(pRecContact + i)->cTelephon);
        }
        //释放内存
        for (int i = 0; i<iRecCount;i++ )
        {
            //释放联系人记录数组内存
            delete[] pRecContact;
            pRecContact = NULL;
        }
    }
}
```

分别为 IDD_WINCEDATABASE_DIALOG 对话框中的 3 个按钮添加单击事件，在 Windows CE DataBaseDlg 类中添加如下事件代码：

```
//打开数据库按钮的单击事件代码
void CWinceDataBaseDlg::OnBnClickedButton1()
{
if(! contact.DB_Open_Contact())
{
   MessageBox(L"打开数据库失败!");
}
else
{
  refresh();
}
}
//添加记录按钮的单击事件代码
void CWinceDataBaseDlg::OnBnClickedButton2()
```

```
{
REC_CONTACT  rec_contact;
InsertDlg insertDlg;
if(insertDlg.DoModal() == IDOK)
{
wcscpy(rec_contact.cNo,LPCTSTR(insertDlg.m_no)); //得到编号
wcscpy(rec_contact.cName,LPCTSTR(insertDlg.m_name)); //得到姓名
wcscpy(rec_contact.cTelephon,LPCTSTR(insertDlg.m_telephon)); //得到电话
}
//添加联系人记录
if (! DBContact::AddNewContact(&rec_contact))
{
MessageBox(L"添加记录失败");
}
refresh();  //添加完成之后,调用刷新按钮单击方法
}
//关闭数据库按钮的单击事件代码
void CWinceDataBaseDlg::OnBnClickedButton3()
{
if(contact.DB_Close_Contact())
{
    //设置联系人列表框标题
CListCtrl * pListCtrl = (CListCtrl *)GetDlgItem(IDC_LIS_CONTACT);
    //删除全部显示
    pListCtrl->DeleteAllItems();
}
else
{
   MessageBox(L"关闭数据库失败");
}
}
```

⑤ 按 F5 键编译并部署程序到模拟器或实验箱上可看到如图 7-12 所示的运行界面。

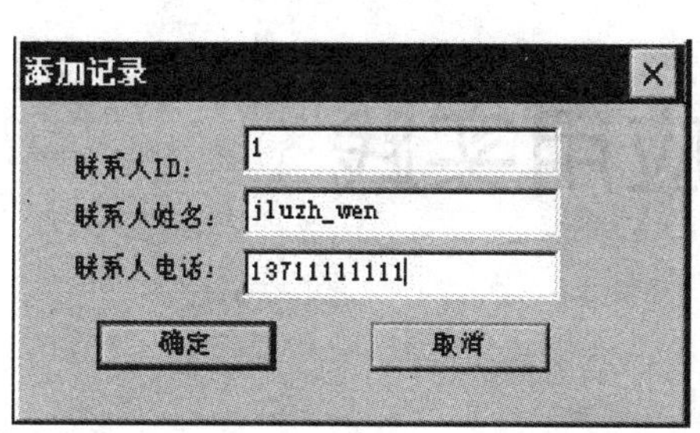

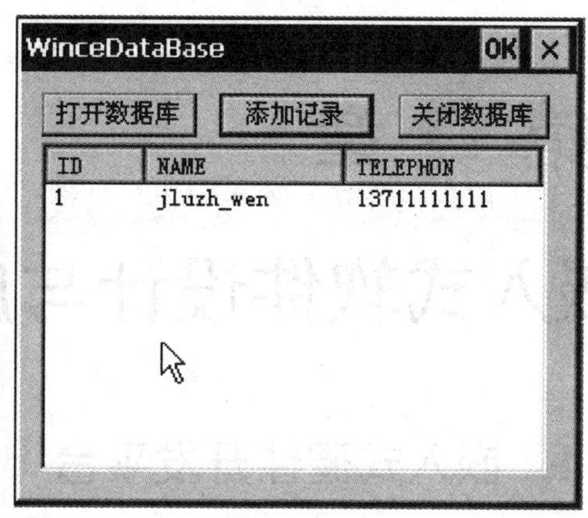

图 7-12 程序运行界面

思考题七

1. 如何向目标平台安装 SQLCE 运行环境?

2. 用 ADO. NET 编程访问 SQLCE 数据库的步骤如何? 需要引用. NET Compact Framwork 中的哪些类?

3. 简述 RDA 远程访问的原理。

4. 比较 SQLCE 两种远程访问方式中 RDA 和 Replication 各自的优缺点。

5. 简述 Windows CE 自带数据库的数据结构特点。

6. 访问 Windows CE 自带数据库的步骤有哪些?

第 8 章

嵌入式软件设计与应用实践

8.1 嵌入式硬件开发平台

一、实验目的

1. 熟悉实验环境。
2. 熟悉嵌入式硬件开发平台，熟悉 ARM11 实验箱的各种资源。
3. 熟悉基于 Windows CE 的嵌入式软件开发工具。

二、实验设备

硬件：PC 机、ARM11 实验箱。

软件：VS2005 开发工具、Windows CE 6.0 嵌入式操作系统。

三、实验预习要求

1. 阅读 1.4、2.3、3.2 节内容。
2. ARM11 实验箱说明书。
3. ARM11 实验箱配套资料。

四、实验内容

1. 熟悉实验箱硬件

(1) 开发平台硬件介绍

图 8－1 是北京博创科技有限公司生产的 S2410/S2440/P270/6410 平台，该平台是目前国内软硬件配置比较完善的嵌入式开发平台，国内很多高校嵌入式实验室用户均选择采用这款平台。

图 8－2 所示为 6410 的核心板。

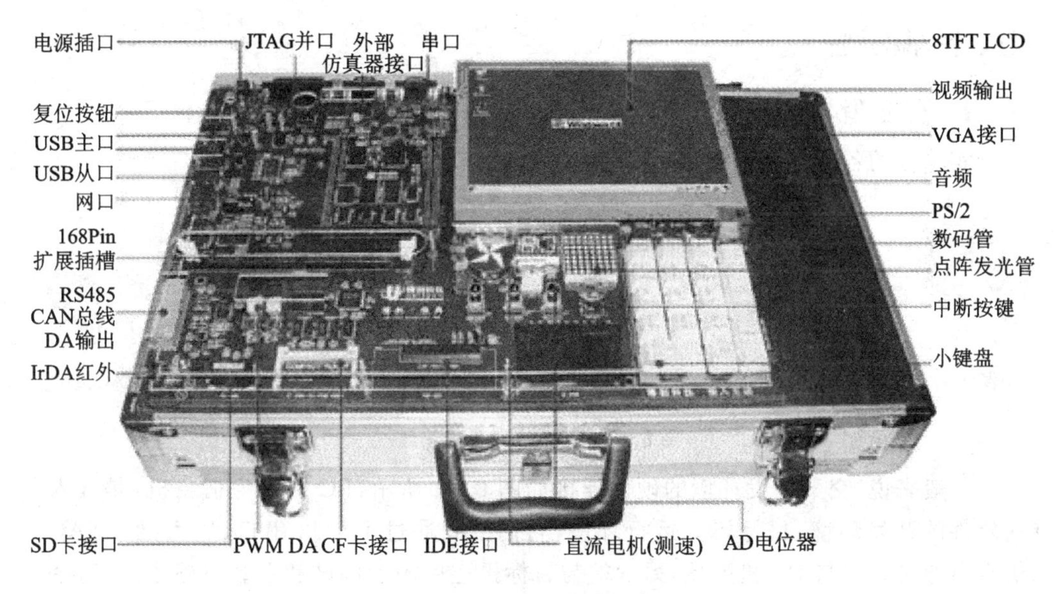

图 8－1　2410 实验平台

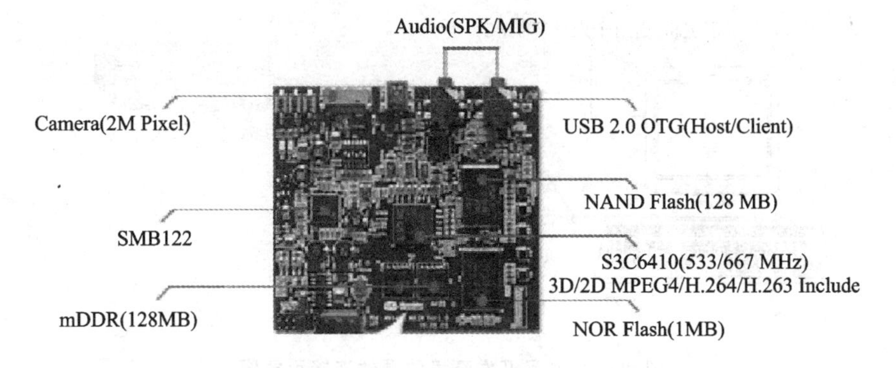

图 8－2　6410 核心板

(2) 开发箱与 PC 机的硬件连接

(3) 超级终端的设置

2. 软件开发环境一

(1) Windows CE 4.2 嵌入式操作系统

(2) EVC 应用程序开发环境

3. 软件开发环境二

(1) Windows CE 6.0 嵌入式操作系统

(2) VS2005 应用程序开发环境

五、实验步骤

1. 开发箱与 PC 机的硬件连接

实验箱的各种连线如图 8－3 所示。

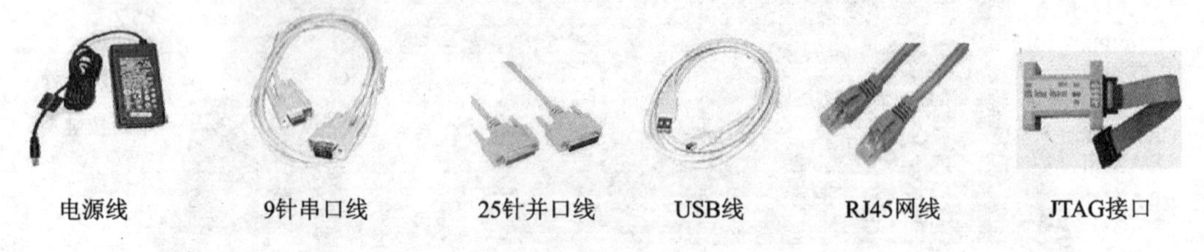

图 8－3　实验箱的各种连线

一般来说，交叉开发环境的硬件连接如图 8－4 所示，PC 机作为宿主机，是嵌入式软件的开发环境，目标机为运行环境，它们之间通过 RS232 串口、以太网、JTAG 仿真器通过并口与 PC 机连接，另一端与目标机连接用于调试和下载目标程序，有些实验箱是通过 USB 接口连接 PC 机的，另外 USB 也用于 Activesync 软件同步。

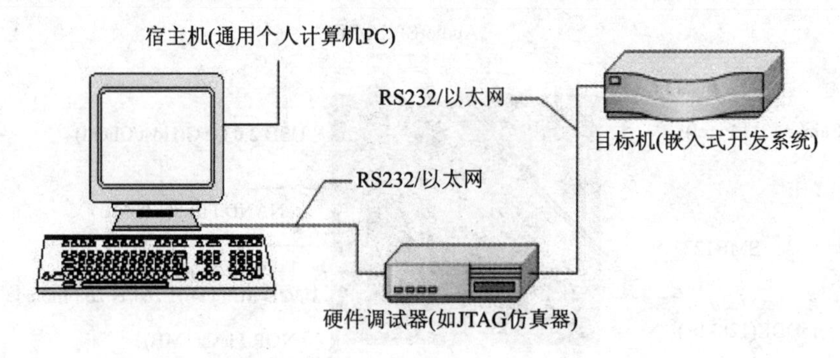

图 8－4　交叉开发环境的硬件连接示意图

2. 超级终端的设置

由于目标板启动时没有驱动显示设备，有些产品甚至没有显示设备，那么目标板中的软件运行情况如何监控呢？通过串口将目标板的输出信息在宿主机的超级终端中显示出来，便于监控和调试目标程序。超级终端在“开始→附件→通信”中可以找到，可以根据实际平台建立相应的超级终端，如图 8－5 所示。将超级终端做如图所示设置，然后保存。

硬件连接好之后，首先在 PC 上集中启动超级终端，然后打开实验箱的电源，就可以看到类似于图 8－6 所示的信息，这就是目标平台运行程序的一些输出信息，当然前提是目标板中已经写入了程序。

图 8-5 配置超级终端

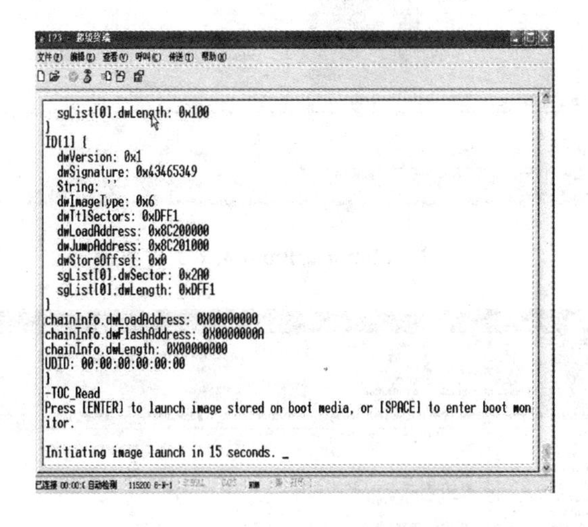

图 8-6 超级终端显示输出信息

3. Platform Build 4.2 介绍

Microsoft Platform Builder for Windows CE(一般简称为 Platform Builder 或 PB)是用于创建基于 Windows CE 的嵌入式操作系统设计的一个集成开发环境(IDE),它集成了设计、产生、构建和调试 Windows CE 操作系统设计所需要的所有开发工具。Windows CE 4.2 以前的版本中,Platform Builder 和 EVC 是分开的,Platform Build 4.2 启动界面如图 8-7 所示。本实验中只要求大家熟悉开发环境,如何定制操作系统将在后面的实验中介绍。

4. EVC 开发环境介绍

EMbedded Visual C++(简称为 EVC)是用于创建 Windows CE 应用程序的一个集成开发环境,目前常用的版本为 EMbedded Visual C++ 4.0 加 Service Pack 4。该软件启动的界面如图 8-8 所示。

这里开发了一个基于对话框的程序,编译完成后,来看一下文件夹下 Debug 和 Release 版本产生的文件,Release 文件夹下可以发现很多编译过程中和编译后的文件,找到 helloworld.exe 文件就是需要执行的文件,注意这个文件不能在 PC 机下执

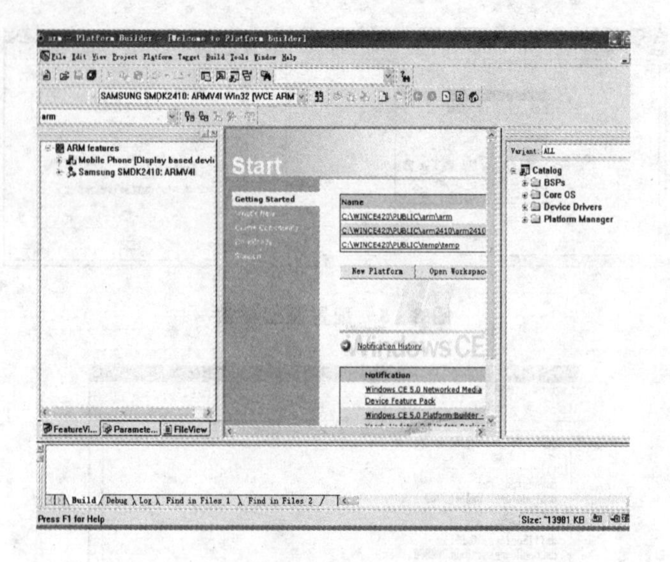

图 8-7　Platform Build 4.2 工作界面

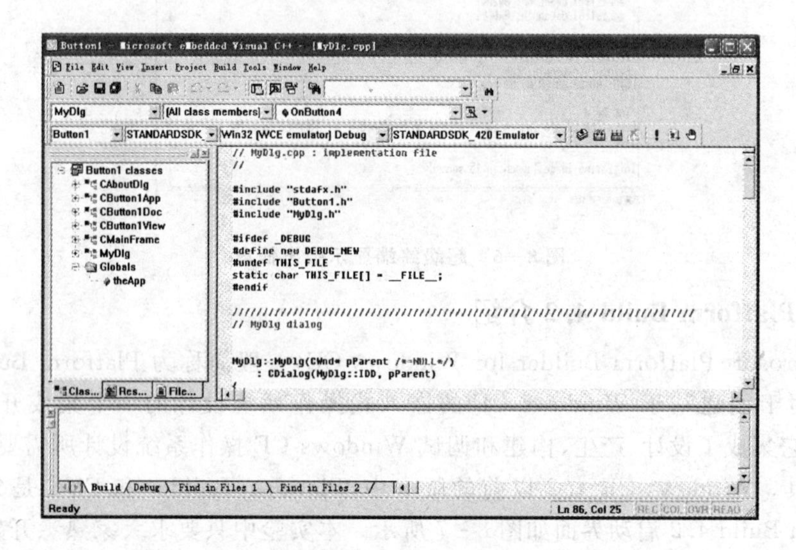

图 8-8　EVC 工作界面

行，只能在模拟器中或相应的硬件平台下运行。其运行结果如图 8-9 所示。

5. VS2005 开发环境和 Platform Build 6.0

Windows CE 5.0 以后的版本中，Platform Builder 作为一个插件继承在 Visual Studio 集成开发环境中了，本书采用的是 Windows CE 6.0 版本。安装好 Platform Build 6.0 之后，启动 VS2005，就会发现多了一个 Platform Builder 插件，如图 8-10 所示。

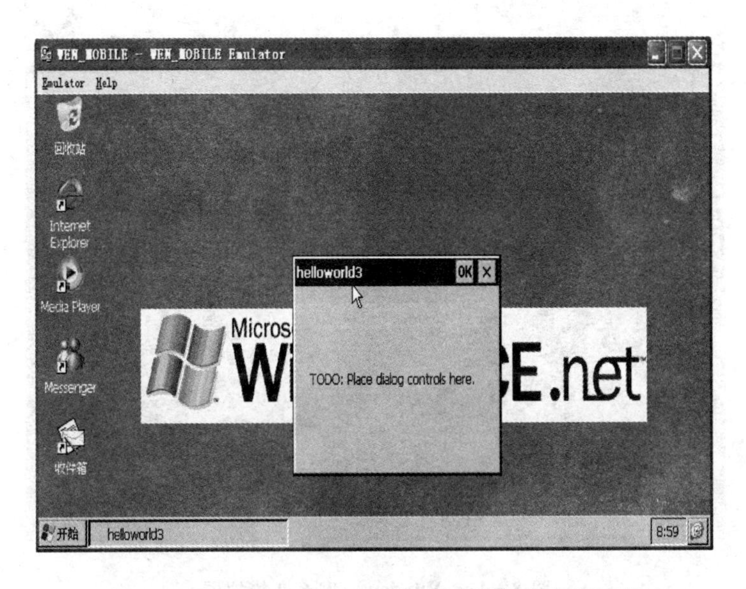

图 8-9 Windows CE 4.2 模拟器中执行的应用程序

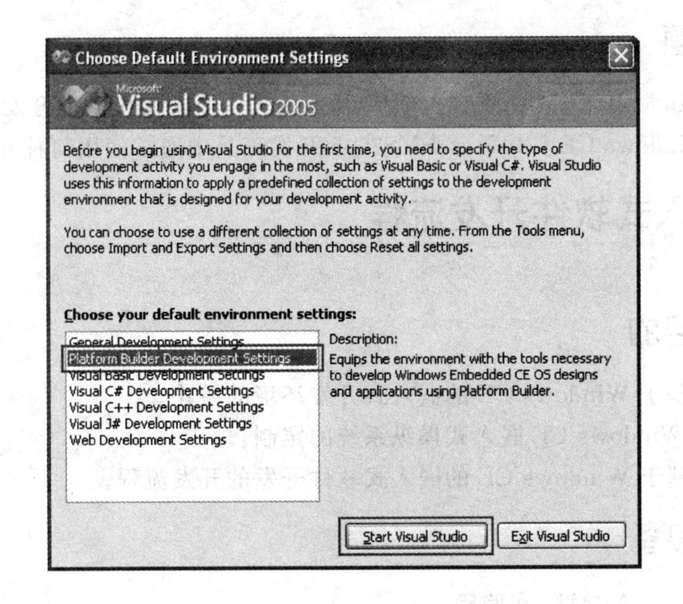

图 8-10 Platform Builder 插件

安装好 SDK 后，就可以用 VS2005 新建一个智能设备项目，选择新建项目，然后可以使用 C# 开发应用程序，然后下载到 Windows CE 6.0 模拟器中运行，如图 8-11 所示。

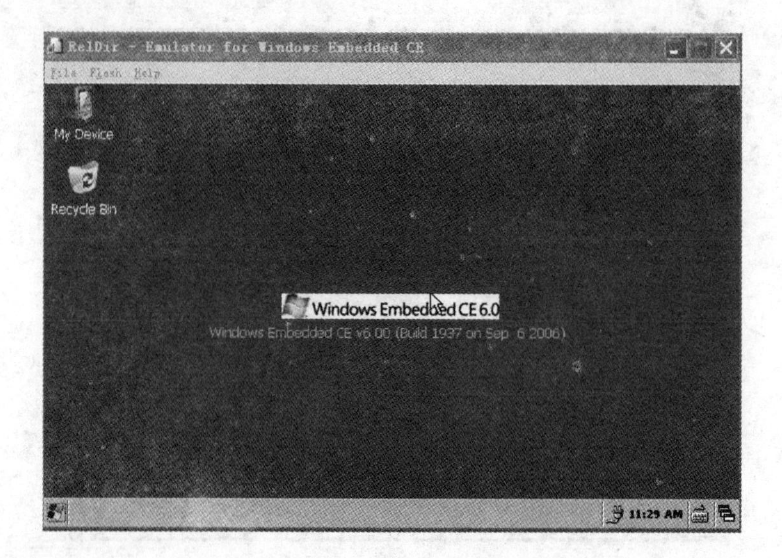

图 8-11　Windows CE 6.0 模拟器

六、思考题

1. 在 Windows CE 4.2 平台＋EVC 开发工具中通常使用何种开发语言?
2. 在 Windows CE 6.0 平台＋VS2005 开发工具中通常使用何种开发语言?

8.2　嵌入式软件开发流程

一、实验目的

1. 掌握基于 Windows CE 的嵌入式开发环境的搭建。
2. 熟悉 Windows CE 嵌入式操纵系统的定制。
3. 掌握基于 Windows CE 的嵌入式软件开发的开发流程。

二、实验设备

硬件:PC 机、ARM11 实验箱。

软件:EVC 开发工具、VS2005 开发工具、Windows CE 4.2 嵌入式操作系统、Windows CE 6.0 嵌入式操作系统。

三、实验预习要求

1. 阅读 1.4、2.3、3.2、3.3 节内容。
2. ARM11 实验箱说明书。
3. ARM11 实验箱配套资料。

四、实验内容

1. 基于 Windows CE 4.2 的嵌入式开发环境的搭建。
2. 基于 Windows CE 6.0 的嵌入式开发环境的搭建。
3. 基于 Windows CE 4.2 的嵌入式软件开发的开发流程。
4. 基于 Windows CE 6.0 的嵌入式软件开发的开发流程。

五、实验步骤

基于 Windows CE 的嵌入式开发环境的搭建，请大家参考 3.2.3 小节和视频，这里仅以 Windows CE 6.0 为例给出步骤。

1. 安装 Platform Build

Windows CE 6.0 的 Platform Builder 不像 Windows CE 5.0 以前的版本是独立的，而是作为 VS2005 的插件，以后建立和定制 OS、编译调试全部在 VS2005 里完成。所以先要安装好 VS2005 和相关补丁。作为学习，本教程使用的是 Windows Embedded CE 6.0 评估版，该版本可以到微软公司的网站上直接下载，只需要注册获得注册码即可，在安装过程中按照提示输入注册码，如图 8－12 所示。

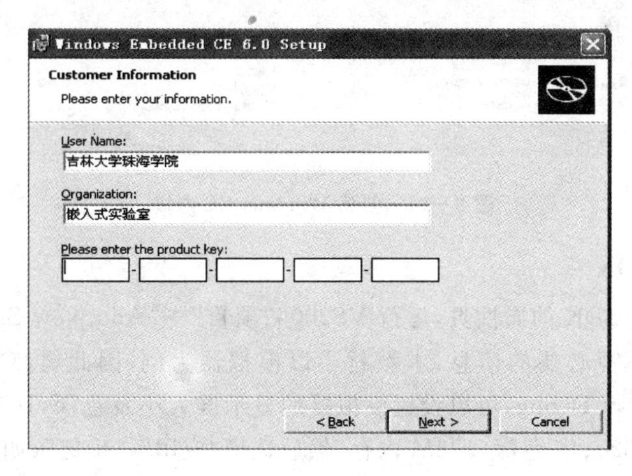

图 8－12　安装 Platform Build

2. 安装 BSP

BSP 一般由硬件厂商提供，本教材使用的开发平台是北京博创公司提供的 MV6410 开发平台，如图 8－13 所示。不同平台的 BSP 安装稍有区别，不过按照厂商提供的参考资料，一般都能安装成功。

3. Windows CE 的定制

启动 VS2005 开发环境，选择“文件”→“新建”菜单项，如图 8－14 所示，按照创建向导的提示就可以创建一个新的操作系统。请参考本书 3.5.2 小节。

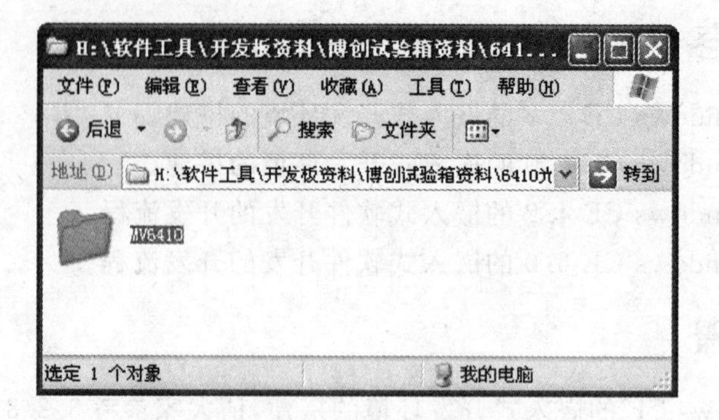

图 8-13　安装 BSP

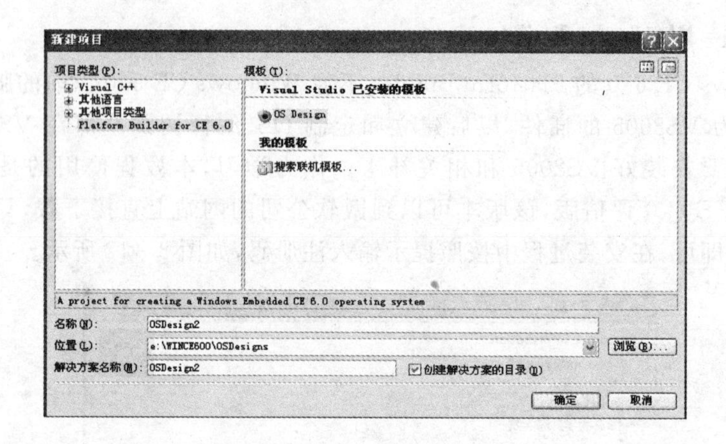

图 8-14　创建 Windows CE 内核

4. 生成 SDK

首先要设置 SDK 的属性页，运行 VS2005"项目"→"Add New SDK"菜单项，在 SDK 属性页中填写必要的信息，本教材中以模拟器为例，因此属性"Emulation"中 Configuration 选择 Debug，可以设置模拟器的显示屏大小及色深，还有内存大小，在此设置为 240×320、16 色深、128M 内存、然后选择"应用"、"确定"，如图 8-15 所示。

5. 安装 SDK

安装生成好的 SDK1. msi，如图 8-16 所示。运行 Visual Studio 2005，选择"工具→选项"菜单项，打开选项设置对话框，从左边的树型列表中选择"设备工具→设备"，右边的下拉列表框拉到底可以看到"jluzh_sdk"，这就是刚刚生成的那个模拟器。

6. 使用自己定制的 SDK 开发应用程序

基于 Windows CE 的嵌入式软件开发的开发流程，请大家参考 3. 3. 2 小节和视频，这里仅给出步骤。对于只开发应用程序的用户而言，前面 3 个步骤参照实验步骤

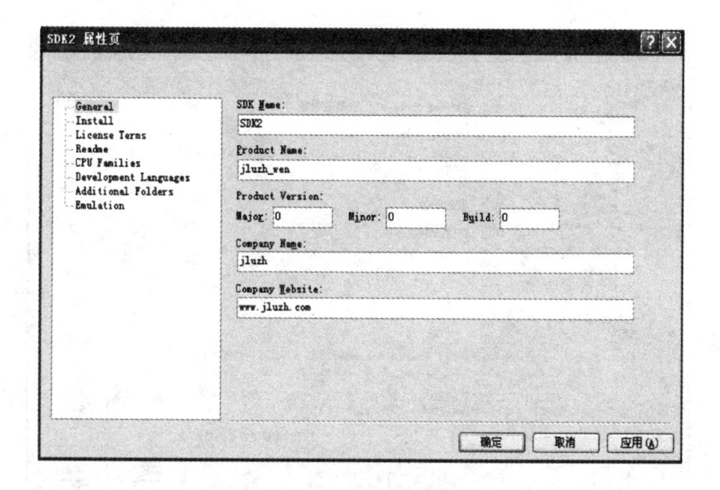

图 8-15　创建 SDK

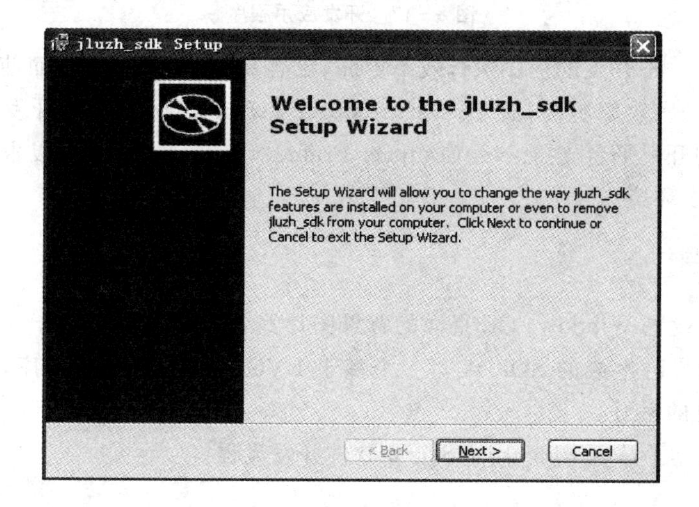

图 8-16　安装 SDK

1 做一次即可，从而直接进行应用程序的开发，从这个角度看，嵌入式软件的开发过程和基于 PC 机的软件开发过程没有本质的区别。

① 定制操作系统得到映像文件。

② 设置平台特性。

③ 导出 SDK。

④ 开发应用程序。

安装好 SDK 后，就可以用 VS2005 新建一个智能设备项目，选择“新建”项目，如图8-17 所示。

基于 Windows CE 4.2 的系统软件开发一般使用 C++语言和 MFC，基于 Windows CE 6.0 和 VS2005 的系统软件开发一般使用 C#语言和.Net Compact Frame-

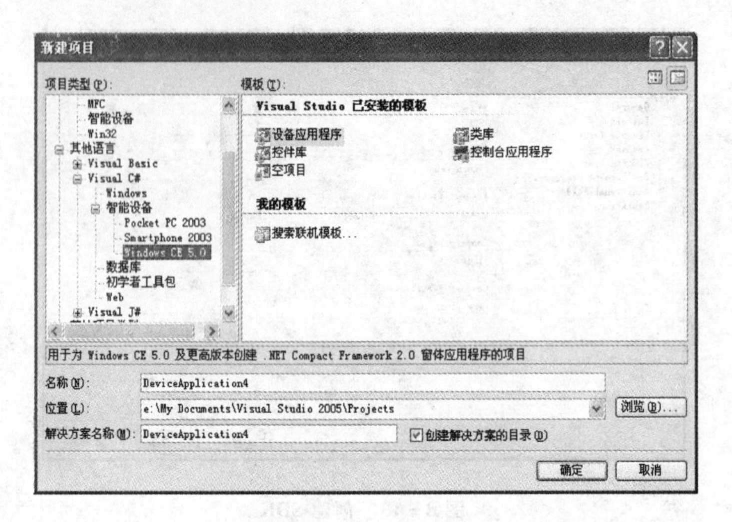

图 8－17　开发应用程序

work，使用C＋＋开发的程序执行效率更高，更容易控制底层硬件，而使用C＃开发应用程序则开发效率更高，有了.Net Compact Framework 的支持开发者很容易入门，本书中的开发平台支持.Net Compact Framework 3.5。读者可以根据实际情况选择一种开发环境。

六、思考题

1. 如何设置 Windows CE 桌面的背景图片？

2. 使用自己生成的 SDK 编写一个基于 EVC 单文档的应用程序，显示一字符串，包含自己的学号。

3. 自己动手掌握 PB5.0＋VS2005 软件开发流程。

8.3　Windows CE 内核的定制与裁减

一、实验目的

1. 掌握 Windows CE 内核的定制。

2. 掌握应用程序和 Windows CE 的集成。

3. 熟悉基于 Windows CE 组件的裁减。

二、实验设备

硬件：PC 机、ARM11 实验箱。

软件：EVC 开发工具、VS2005 开发工具、Windows CE 4.2 嵌入式操作系统、

Windows CE 6.0 嵌入式操作系统。

三、实验预习要求

1. 阅读 3.4～3.7 节内容。
2. ARM11 实验箱说明书。
3. ARM11 实验箱配套资料。

四、实验内容

1. Windows CE 的定制与裁减。
2. 应用程序作为开机 shell。

五、实验步骤

1. Windows CE 的定制与裁减

启动 VS2005 集成开发环境，选择“文件→新建→项目”，出现如图 8－18 所示界面，选择“Platform Builder for CE 6.0”，然后输入项目的名称和所在位置，这里选默认，不做任何修改，单击“确定”。接下来启动了 Windows CE 6.0 系统创建向导，具体步骤请参考 3.5.2 小节和相关视频。

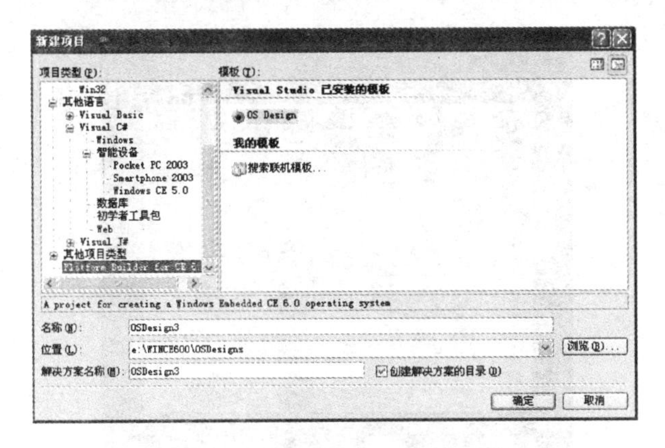

图 8－18 定制 Windows CE 内核

2. 修改桌面背景图

实际应用中，可以通过改变位图和代码来改变某些用户界面组件的外观。Microsoft 在 Windows CE .NET 中提供了两种皮肤：Windows 95 外观和 Windows XP 外观。这些分别为通用控件、Windows 控件、和非客户区提供 Windows 外观。在步骤 1 创建的 Windows CE 内核的基础上，通过修改位图的配置来修改 Windows CE 的桌面背景。修改的效果如图 8－19 所示。具体的操作步骤参考 3.7.2 小节。

图 8-19　修改系统背景图

3. 应用程序作为开机 shell

Windows CE 开机即运行定制的 Shell 是很多系统的基本要求，有时还需要屏蔽 Windows CE 自带的 Shell。在步骤 1 创建的 Windows CE 内核的基础上，通过修改配置文件的方法将应用程序 LinkGame. exe 作为应用程序开机 shell，如图 8-20 所示。具体步骤参考 3.7.3 小节。

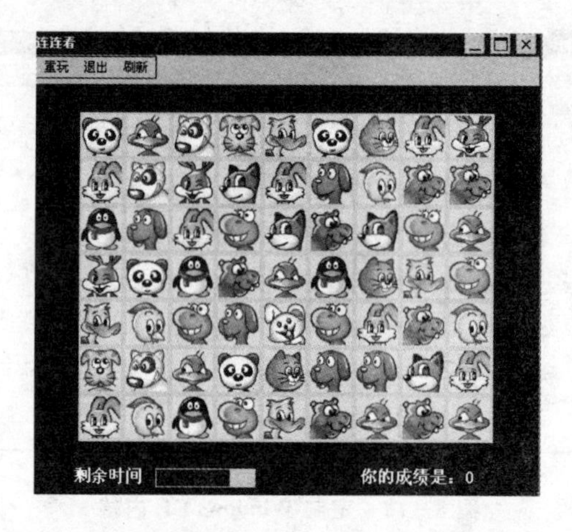

图 8-20　应用程序作为开机 shell

六、思考题

1. 写出开机自启动设置的详细步骤。
2. 写出应用程序作为开机 shell 的详细步骤。
3. 分别用动态链接库和静态链接库的方式实现上述两种情况。

8.4 EVC 应用程序开发一

一、实验目的

1. 掌握静态文本控件和编辑控件的设计。
2. 掌握按钮类控件的设计。
3. 掌握列表和组合控件的设计。
4. 掌握滚动条、滑动条、进度条控件的设计。
5. 掌握静态链接库方式与静态链接库方式编译程序。

二、实验设备

硬件:PC 机、ARM11 实验箱。

软件:EVC 开发工具、VS2005 开发工具、Windows CE 4.2 嵌入式操作系统、Windows CE 6.0 嵌入式操作系统。

三、实验预习要求

1. 阅读 4.1～4.5 节内容。
2. ARM11 实验箱说明书。
3. ARM11 实验箱配套资料。

四、实验内容

1. MFC 中的消息映射机制。
2. 对话框数据交换机制。
3. 简易计算器的设计。

五、实验步骤

1. 消息映射机制

MFC 中的消息映射机制,要实现的功能如图 8-21 所示,在选择 Edit→ShowMyDlg 命令时将触发一个命令消息,从而启动一个消息处理函数,该函数则调用一个对话框类并显示该对话框。详细步骤请参考 4.3.2 小节。

2. 对话框数据交换机制

对话框数据交换(DDX,Dialog Data Exchange)用于初始化对话框中的控件并获取用户的数据输入,而对话框数据验证(DDV,Dialog Data Validation)则用于验证对话框中数据输入的有效性。MFC 在每个对话框类中提供了一个用于重载的虚函数——DoDataExchange 来实现对话框数据交换和验证工作。运行结果如图 8-22

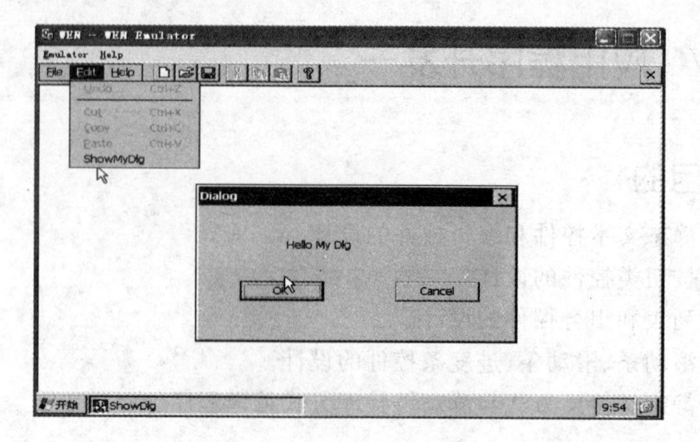

图 8-21 消息机制

所示,其运行机制是这样的:在编辑框中输入字符串,然后修改按钮的标题,具体操作步骤请参考 4.4.2 小节。

图 8-22 对话框数据交换机制

3. 简易计算器的设计

通过一个综合实例来说明如何利用按钮和编辑框控件编程,该例子实现了一个简易计算器的功能,其界面如图 8-23 所示,具体步骤请参考 4.5.4 小节。

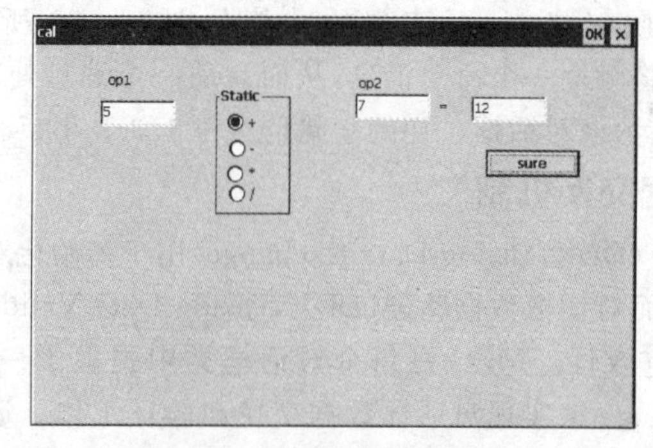

图 8-23 简易计算器

六、思考题

1. 请使用按钮类设计,完成如图 8-24 所示功能。

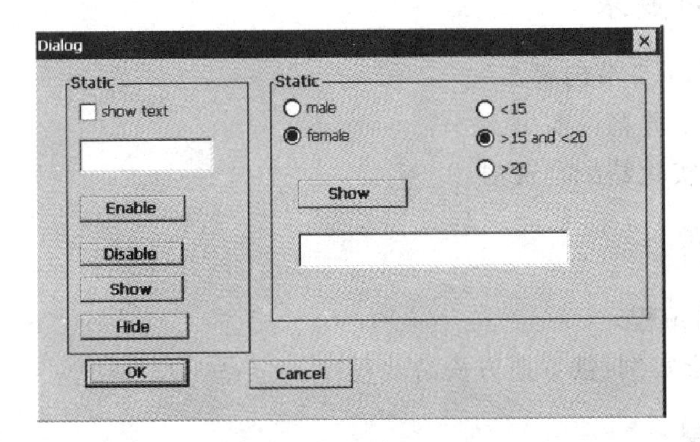

图 8-24 要求实现功能一

2. 请使用列表框和组合框编程,完成如图 8-25 所示功能。

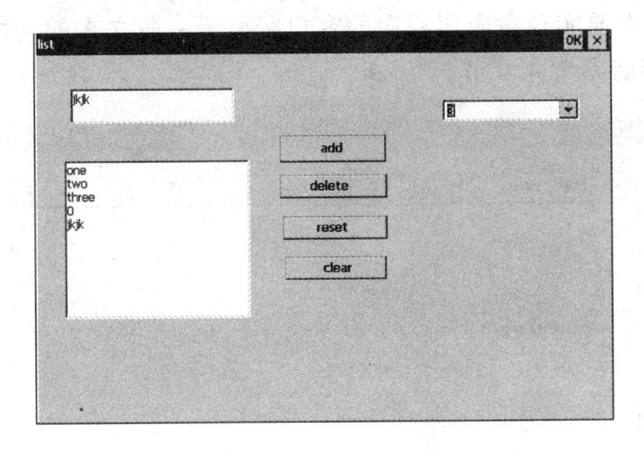

图 8-25 要求实现功能二

8.5 EVC 应用程序开发二

一、实验目的

1. 图形设备接口编程。
2. 掌握 EVC 应用程序的调试方法。
3. 熟悉俄罗斯方块游戏程序的编写和调试。

二、实验设备

硬件:PC 机、ARM11 实验箱。

软件:EVC 开发工具、VS2005 开发工具、Windows CE 4.2 嵌入式操作系统、Windows CE 6.0 嵌入式操作系统。

三、实验预习要求

1. 阅读 4.6、4.7 节内容。
2. ARM11 实验箱说明书。
3. ARM11 实验箱配套资料。

四、实验内容

1. 图形接口编程。
2. EVC 综合实例:俄罗斯方块游戏程序。

五、实验步骤

1. 图形接口编程

① 在本小节中要实现在应用程序的客户区显示一段文本的功能,如图 8-26 所示,具体操作步骤请参考 4.6 节。

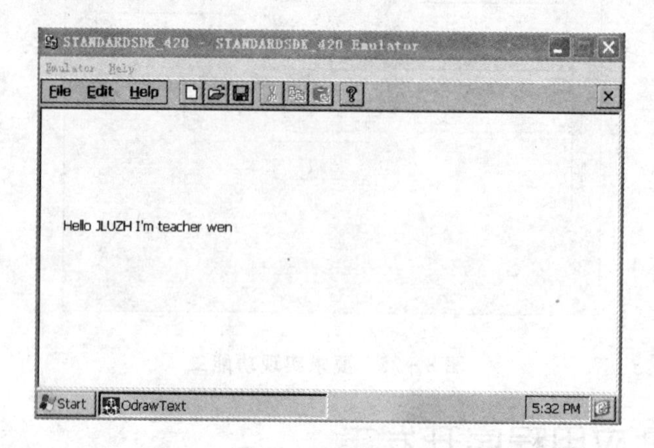

图 8-26 输出文本

② 基本图形图像操作包括画点、画线、画图形,实现的功能如图 8-27 所示,具体代码请参考 4.6 节。

2. MFC 综合实例:简易画图程序

实现简易的画图程序,在主菜单上增加形状和颜色两个主菜单,在每个菜单项中按自己的需求添加子菜单,实现鼠标左键按下时开始画图,随着鼠标的移动不断变换图形的大小和形状,当鼠标左键弹起时出现最终的图形绘制效果,如图 8-28 所示。具体步骤和代码参考 4.6.4 小节。

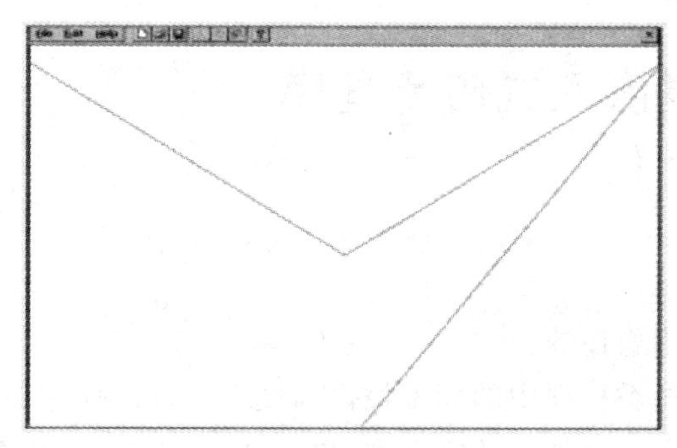

图 8-27　画线功能

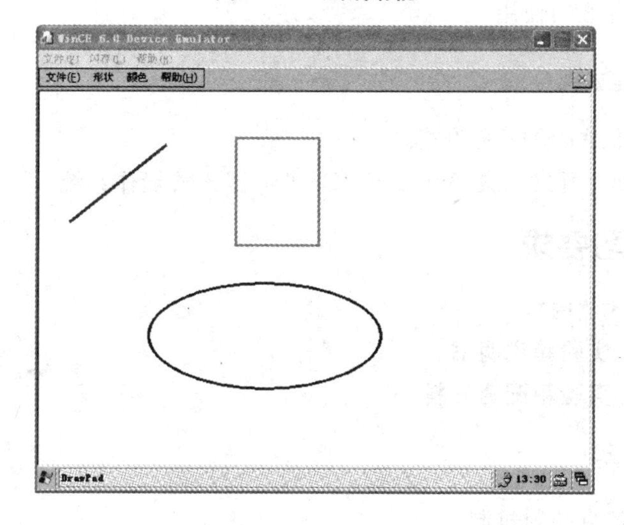

图 8-28　绘图功能

六、思考题

1. 利用画图形的功能实现如图 8-29 所示功能，椭圆的填充色为蓝色。

2. 阅读简易画图程序的源码，说明 OnMouseMove(UINT nFlags, CPoint point)函数的功能。

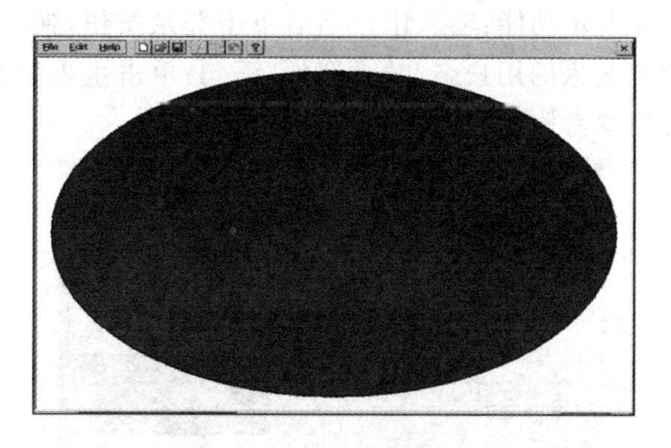

图 8-29　图形功能

8.6 C#开发嵌入式应用程序

一、实验目的

1. 掌握窗体常用属性的使用。
2. 掌握文本操作类控件中的标签控件和文本控件的使用。
3. 掌握选择操作类控件中的复选框、单选框、列表框、组合框的使用。
4. 掌握消息框的使用。

二、实验设备

硬件：PC 机、ARM11 实验箱。

软件：VS2005 开发工具、Windows CE 6.0 嵌入式操作系统。

三、实验预习要求

1. 阅读 5.3 节内容。
2. ARM11 实验箱说明书。
3. ARM11 实验箱配套资料。

四、实验内容

1. 窗体的消息映射机制。
2. 控件之间的数据交换。
3. 字体设置对话框的设计。

五、实验步骤

1. 窗体的消息映射机制

实现如图 8－30 所示功能：输入用户名后单击登录按钮，弹出右图消息框，要求在消息框中显示用户输入的用户名和“欢迎你”语句；单击主界面的取消按钮结束程序运行。具体步骤请参考附带视频 FormMessage.exe。

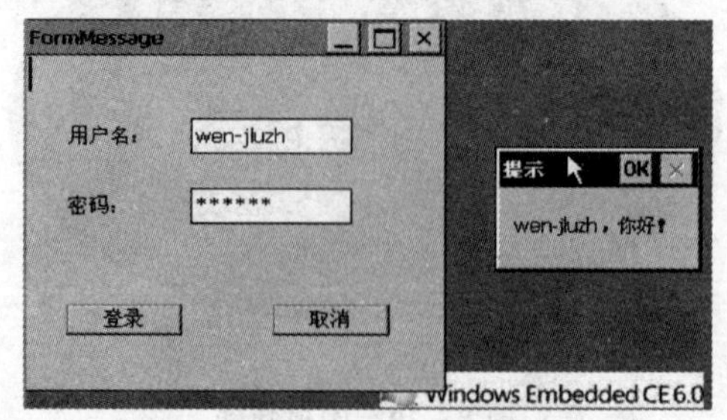

图 8－30 窗体的消息机制

2. 控件之间的数据交换

实现如图8-31所示功能：单击“红色”按钮，将文本框中的文字颜色变成红色；单击“黑色”按钮，将文本框中的文字颜色变成黑色；单击“复制文本”按钮将文本框内容复制到下方标签里。具体步骤请参考附带视频 DataExchange. exe。

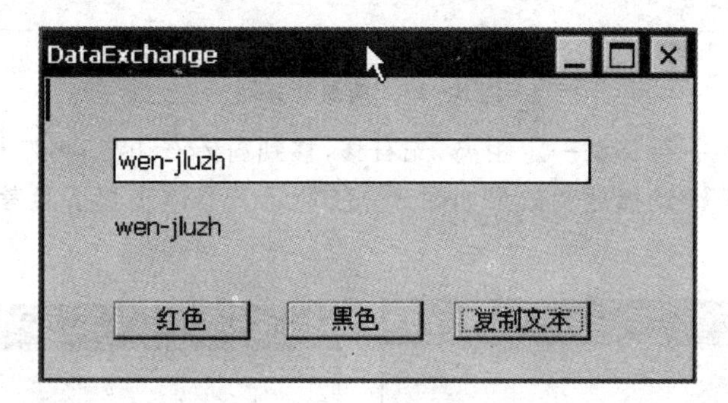

图8-31 控件之间的数据交换

3. 字体设置对话框的设计

实现如图8-32所示的功能：实现对文本框中的文本进行字体、大小和效果的设置；单击“清除文本”按钮可清除文本框中的文字内容，单击“退出程序”按钮可退出应用程序。具体步骤请参考附带视频 FontSet. exe。

图8-32 字体设置对话框

六、思考题

1. 请使用按钮类控件和文本框控件设计一个简易的计算器，实现功能：让用户输入操作数和操作符，单击“=”按钮后，显示结果。效果如图8-33所示。具体步骤请参考附带视频 SimpleCalculator. exe。

2. 请使用定时器组件设计一个文字动态滚动播放效果，实现功能：在窗体中显

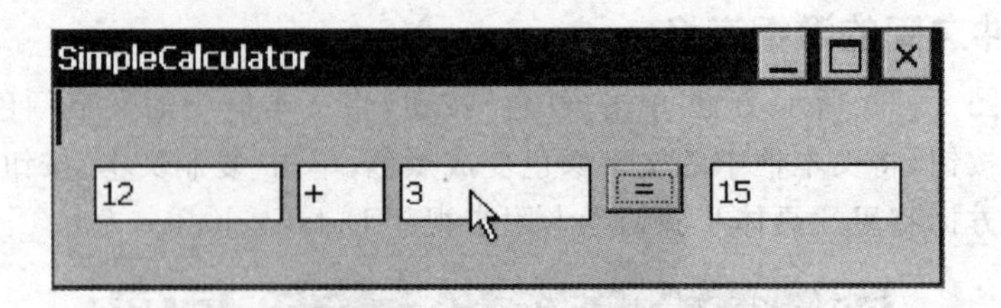

图 8-33　简易计算器

示字符，每隔 1 秒字符移动一定距离，先右移，移到窗体右边界，再左移，移到左边界，再右移，如此循环滚动播放。效果如图 8-34 所示。具体步骤请参考附带视频 RollingText. exe。

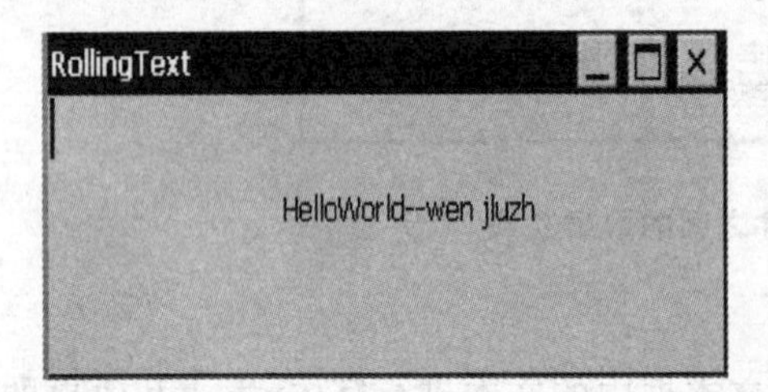

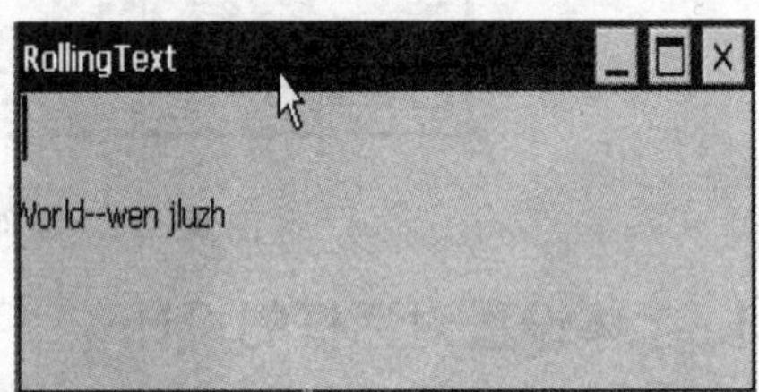

图 8-34　文字动态播放效果

3. 请使用列表框控件编程，实现功能：在文本框中输入水果，单击“添加”按钮将输入的水果添加到列表框中，如果列表框中已存在此种水果则不添加；在列表框中选中某些水果后单击“删除”按钮，删除这些水果；单击“清除”按钮将列表框中的所有水果都清除。效果如图 8-35 所示。具体步骤请参考附带视频 FruitListBox. exe。

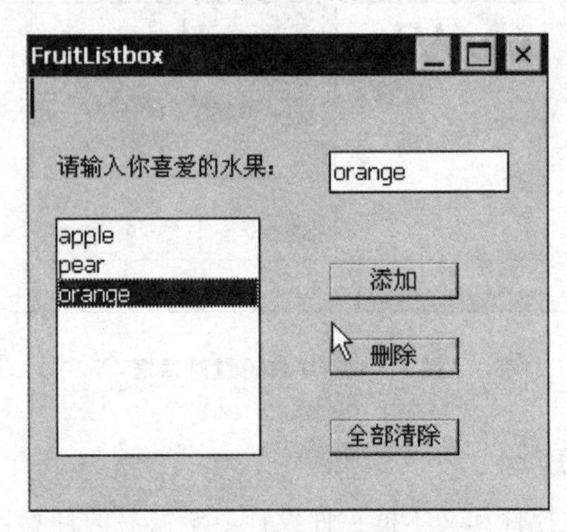

图 8-35　文字动态播放效果

8.7 C#嵌入式应用程序综合实例

一、实验目的

1. 掌握读/写文件操作。
2. 掌握用图形设备接口编程。
3. 掌握组件编程。
4. 熟悉连连看游戏程序的编写和调试。

二、实验设备

硬件:PC机、ARM11实验箱。

软件:VS2005开发工具、Windows CE 6.0嵌入式操作系统。

三、实验预习要求

1. 阅读5.4～5.8节内容。
2. ARM11实验箱说明书。
3. ARM11实验箱配套资料。

四、实验内容

1. 实现文本编辑器的部分功能。
2. 实现图形绘制软件的部分功能。
3. 调试连连看游戏。

五、实验步骤

1. 文本编辑器

设计一个类似于Windows XP操作系统中记事本的文本编辑器,如图8-36所示。使其具备打开、保存、剪切、粘贴和复制的功能,详细步骤请参考5.4节内容或附带资料中的视频TextEditExample.exe。

2. 图形绘制软件

设计一个类似于Windows XP操作系统中画图软件的图形绘制软件,如图8-37所示。能让用户在其上绘制直线、椭圆、矩形等基本图形。具体操作步骤请参考5.5节内容或附带视频DrawingBoard.exe。

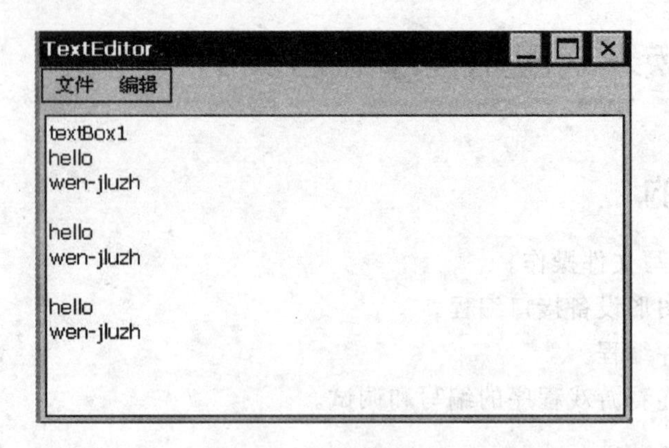

图 8－36　文本编辑器

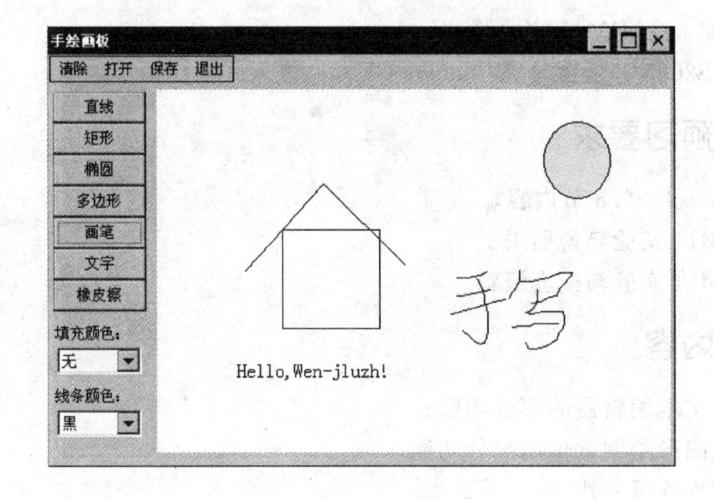

图 8－37　图形绘制软件

3. C♯综合实例:连连看游戏

连连看游戏是目前非常流行的一款小游戏,其游戏规则为:用鼠标选出游戏界面中的两张相同的图形卡片,如果这两张卡片的连线中没有别的图形遮挡,并且连接的线段中最多只存在两个拐点,就可以消去这两张彼此相连的卡片。在规定的时间内,玩家消掉的卡片越多,其得分也就越高。编写和调试连连看游戏,其效果如图 8－38 所示,具体步骤请参考 5.8 节内容或附带视频 LinkGame.exe。

六、思考题

1. 请使用 C♯的图形绘制功能绘制如图 8－39 所示的图形。

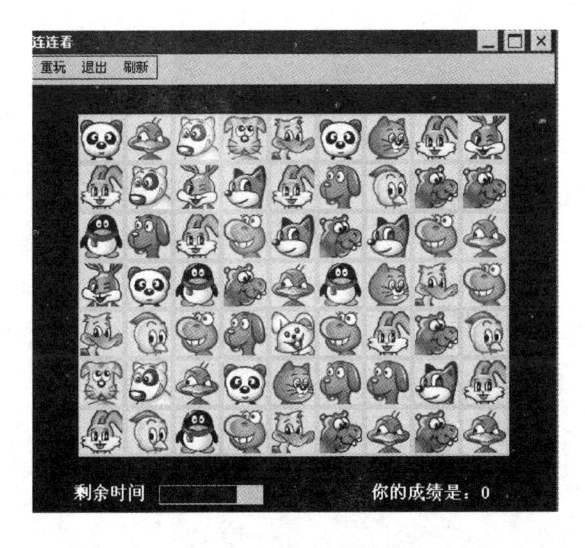

图 8-38 连连看游戏

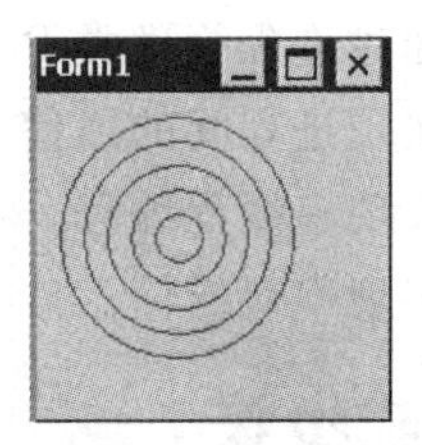

图 8-39 绘制同心圆

2. 请使用 C# 的组件编程技术制作一个如图 8-40 所示的数字时钟控件。

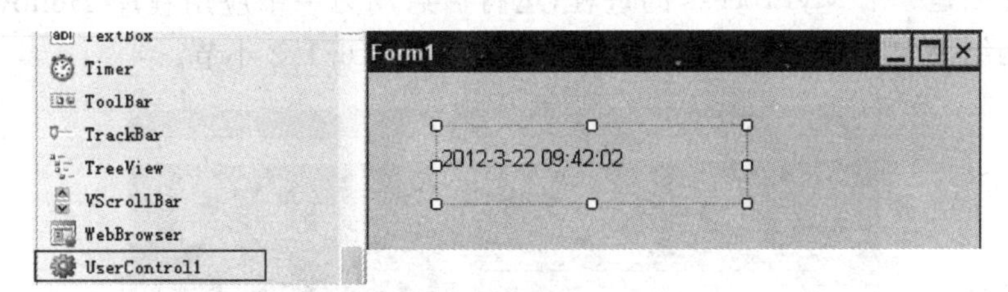

图 8-40 数字时钟控件

8.8 嵌入式通信编程

一、实验目的

1. 掌握进程间通信技术。
2. 掌握多线程编程。
3. 掌握串口编程技术。
4. 熟悉网络编程知识。

二、实验设备

硬件：PC 机、ARM11 实验箱。

软件：VS2005 开发工具、Windows CE 6.0 嵌入式操作系统。

三、实验预习要求

1. 阅读6.1～6.4节内容。
2. ARM11实验箱说明书。
3. ARM11实验箱配套资料。

四、实验内容

1. 通过进程管理类Process启动进程。
2. 实现进程间的通信。
3. 实现多线程编程。
4. 实现串口通信。

五、实验步骤

1. 通过进程管理类Process启动进程

首先创建一个MyProcess的进程，运行后启动另一个应用程序Helloworld，程序运行的结果如图8-41所示。具体源代码请参考6.1.2小节。

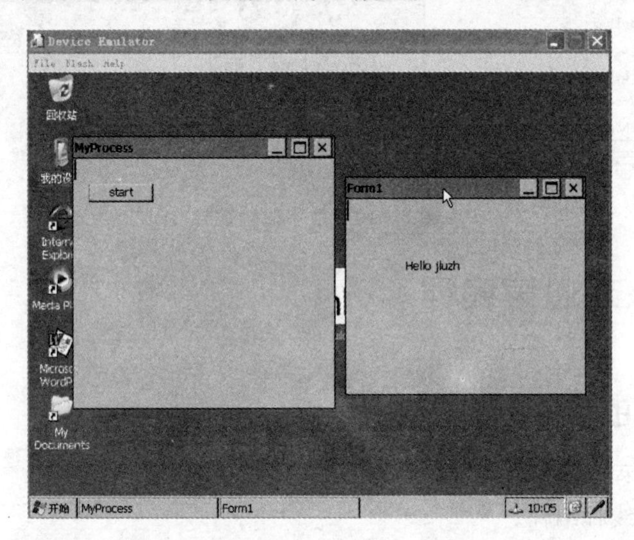

图8-41　process启动另一个进程

2. 实现进程间的通信

程序运行结果如图8-42所示，有两个进程分别是Send窗口和Receive窗口，在Send窗口中通过发送消息，在Receive窗口中能收到Send窗口发过来的消息。

3. 实现多线程编程

通过线程来显示时间的例子，其运行结果如图8-43所示，单击Start Clock按

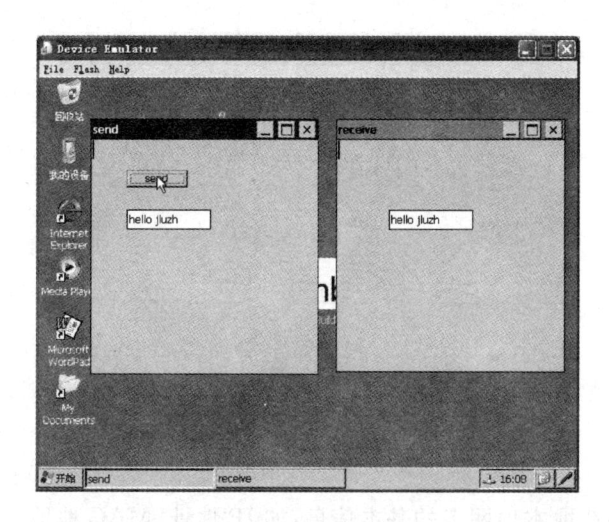

图 8-42　进程间通信

钮启动线程后，将更新显示状态栏中的时间，单击 Stop Clock 按钮将停止。

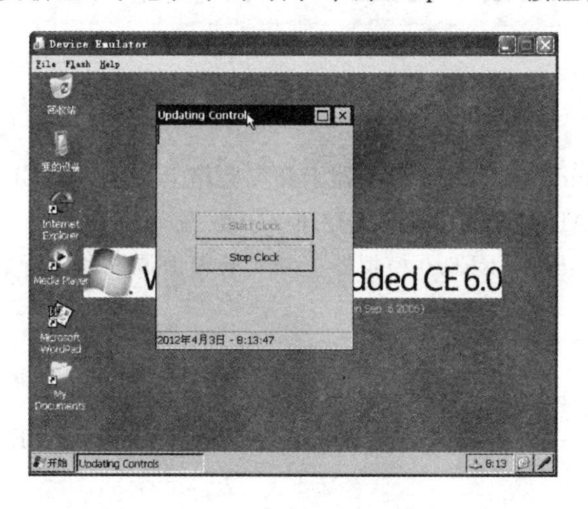

图 8-43　多线程编程

4. 实现串口通信

下面展现串口通信过程，首先点击 Open 打开串口然后点击 Send 发送，通过 Loopback 模式，串口又会收到自己发送的信息，如图 8-44 所示。

考虑模拟器下映射到本机串口存在问题，本例子是在 X86 架构下 PC 机运行，需要 PC 机有串口接口，另外需要一根串口线，并将串口线的 2、3 引脚短接，物理上实现串口的回环模式。具体源代码可参考 6.3.3 小节。

六、思考题

1. 将串口通信程序移植到开发板上，并实现与 PC 机串口的通信。

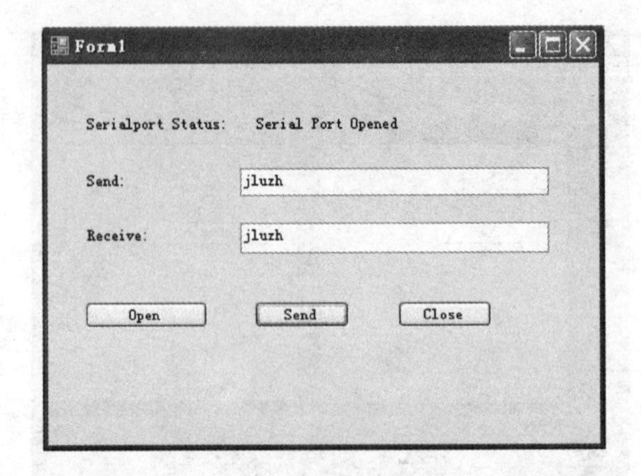

图 8-44　串口通信

2. 编程实现获取本地网卡的基本信息，如 IP 地址、MAC 地址。

8.9　嵌入式数据库编程

一、实验目的

1. 掌握在 Windows CE6.0 模拟器上和实验箱上安装 SQLCE 3.0 环境。
2. 掌握使用 ADO.NET 访问 SQLCE 3.0 数据库文件。
3. 掌握在 Windows CE6.0 模拟器上和实验箱上调试和运行数据库程序。

二、实验设备

硬件：PC 机、ARM11 实验箱。

软件：VS2005 开发工具、SQLCE 3.0 安装包、Windows CE 6.0 嵌入式操作系统。

三、实验预习要求

1. 阅读 7.2 节内容。
2. ARM11 实验箱说明书。
3. ARM11 实验箱配套资料。

四、实验内容

1. 使用远程文件查看器往模拟器或开发板上导入文件。
2. SQLCE 3.0 安装过程。
3. ADO.NET 中常用方法的使用。

4. 用 SQL 语言实现对数据库的查询、更新、修改和删除操作。

五、实验步骤

1. 用远程文件查看器导入 CAB 文件

Visual Studio 2005 开发平台中包含 6 个远程工具，使用其中的远程文件查看器可以将 PC 机上的文件导入到 Windows CE6.0 模拟器或 Windows CE6.0 设备上。本实验首先需要将 VS2005 默认目录："C:\Program Files\Microsoft Visual Studio 2005\SmartDevices\SDK\SQL Server\Mobile\v3.0\wce500 \armv4i"中的 sqlce30.wce5.armv4i、sqlce30.repl.wce5.armv4i、sqlce30.dev.CHS.wce5.armv4i 导入到模拟器和实验箱中。

单击"开始→程序→Microsoft Visual Studio 2005→Visual Studio Remote Toos→远程文件查看器"菜单项，在弹出的对话框中选择"Windows CE 6.0 SDK Emulator"，单击"确定"按钮。

与模拟器创建好连接后，在远程文件查看器中单击"File→Export File"菜单项，打开上面的那个目录，选择以上 3 个文件，单击"打开"按钮。可以看到在模拟器的相应目录下已导入 3 个 CAB 文件。在实验箱上导入文件的过程与上面的类似。

具体步骤请参考 SQLCEDatabase.exe 视频。

2. 在模拟器中安装 SQLCE 3.0

打开 Windows CE 6.0 模拟器，按顺序依次安装 sqlce30.wce5.armv4i、sqlce30.repl.wce5.armv4i、sqlce30.dev.CHS.wce5.armv4i 3 个 CAB 文件。安装完成后可以在看到一个名为"CN"的文件夹里有 SQL Server CE3.0 的查询分析器 isqlw30.exe，双击打开查询分析器，可以在其中创建数据库、创建表、执行 SQL 语句。界面如图 8-45 所示。具体操作步骤参考 SQLCEDatabase.exe 视频。

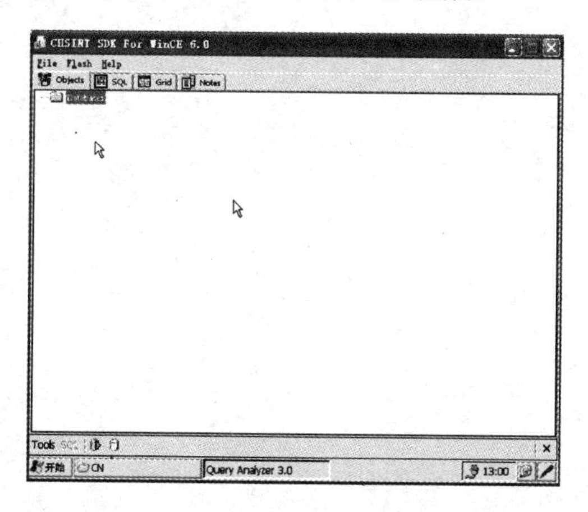

图 8-45 SQL Server CE 3.0 的查询分析器

3. 使用 ADO. NET 组件和 SQL 语言编写数据库程序

实现对 StudentDB. sdf 数据库中学生基本信息的编辑操作，包括查询、添加、更改、删除操作。程序运行界面如图 8－46 所示。具体操作步骤请参考 SQLCEDatabase. exe 视频。

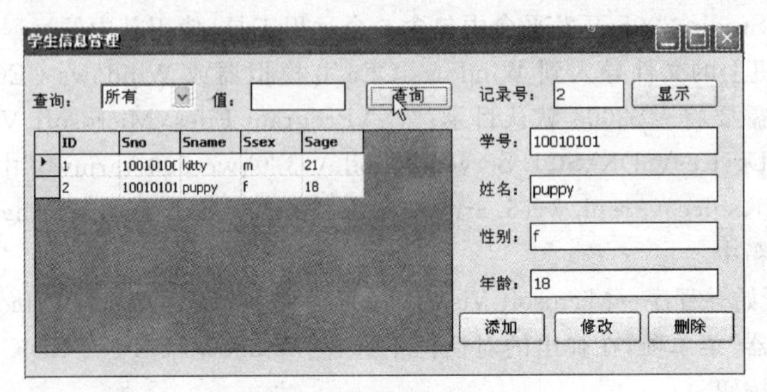

图 8－46　程序运行界面

六、思考题

1. 写出使用 VS 2005 自带的远程文件查看器从 PC 机上下载文件到模拟器和实验箱上的详细步骤。

2. 写出安装 SQLCE 程序环境的具体步骤。

3. 写出用 ADO. NET 访问本地数据库的具体步骤。

4. 尝试用 Windows CE 自带的数据库实现本实验程序的功能。

参 考 文 献

[1] 王少平,王京谦,钱玮. 嵌入式系统的软硬件协同设计. 北京:现代电子技术,2005年第2期.

[2] 张冬泉. Windows CE 实用开发技术(第2版). 北京:电子工业出版社,2008.

[3] 崔海舰,叶敦范. 基于PXA255的Windows CE.NET的Bootloader的开发. 山西:微计算机信息,2006年第5期.

[4] 马俊. C#网络应用编程. 北京:人民邮电出版社,2010.

[5] 汪兵,李存斌,陈鹏. EVC高级编程及其应用开发. 北京:中国水利水电出版社,2005.

[6] 耿肇英,耿燚. C#应用程序设计教程. 北京:人民邮电出版社,2007.

[7] 文全刚. 汇编语程序设计——基于ARM体系结构. 北京:北京航空航天大学出版社,2007.

[8] 文全刚. 嵌入式系统接口原理与应用. 北京:北京航空航天大学出版社,2009.

[9] 文全刚. 嵌入式Linux操作系统原理与应用. 北京:北京航空航天大学出版社,2011.

[10] 张海林,杜忠友,姜玉波. Visual C++简明教程. 北京:电子工业出版社,2007.